复杂难采煤层岩层控制理论与技术

杨胜利　李良晖　岳　豪　著

科学出版社
北　京

内 容 简 介

本书针对复杂难采煤层的岩层控制难题，结合作者多年理论与工程经验，系统总结了急倾斜煤层、近直立煤层群、坚硬顶板煤层、深埋弱胶结厚冲积层薄基岩煤层、野青灰岩顶板薄煤层、资源重叠区煤与天然气共采等复杂难采煤层条件下的岩层控制基础理论与关键技术。

本书可供从事采矿工程、智能采矿工程等方面的科研人员、工程技术人员、设计人员，以及相关科技管理人员参考和使用，也可作为高等院校相关专业研究生及高年级本科生的教学参考书。

图书在版编目(CIP)数据

复杂难采煤层岩层控制理论与技术 / 杨胜利，李良晖，岳豪著. -- 北京：科学出版社, 2025. 3. -- ISBN 978-7-03-081370-1

Ⅰ. TD325

中国国家版本馆CIP数据核字第2025DU5540号

责任编辑：李　雪 / 责任校对：王萌萌
责任印制：师艳茹 / 封面设计：无极书装

科学出版社出版
北京东黄城根北街 16 号
邮政编码：100717
http://www.sciencep.com
北京市金木堂数码科技有限公司印刷
科学出版社发行　各地新华书店经销
*
2025 年 3 月第　一　版　开本：720 × 1000　1/16
2025 年 3 月第一次印刷　印张：22
字数：444 000

定价：140.00 元

（如有印装质量问题，我社负责调换）

前　言

在我国，复杂难采煤层分布广泛、储量丰富。近年来，随着煤炭资源开采强度不断增加，储量丰富、赋存条件简单的煤层日趋减少，开采环境逐步向深部、薄煤层、急倾斜煤层、复合坚硬顶板以及高瓦斯等复杂条件转移，煤矿开采面临的技术难度与安全风险不断提升。据不完全统计，目前我国约有 1500 处煤矿涉及复杂难采煤层条件，这些煤矿每年产出的煤炭量，接近全国煤炭总产能的 40%。复杂难采煤层受地质构造、赋存条件、瓦斯与水环境、围岩特性等多重因素影响，普遍存在采动应力复杂、岩层运动剧烈、围岩控制困难等难题，严重制约了煤炭工业的高质量发展进程。因此，系统深入地研究复杂难采煤层岩层运动特征，以及相关的岩层控制理论与技术，对于突破煤炭安全高效开采技术瓶颈，持续强化煤炭生产供应能力，具有极为重要的现实意义，是推动煤炭行业稳健前行的关键所在。

复杂难采是一个相对概念，其内涵在不同科技发展阶段和不同研究领域有所差异。近些年，我国煤炭行业在新技术、新理论、新装备等方面实现了重大突破，取得许多举世瞩目的成就。曾经被认定为开采难度大的复杂难采煤层，随着技术装备的持续迭代升级，如今从开采难度上看，或许已不再被列入此类范畴。此外，不同研究领域的学者也会从各自的研究视角划分复杂和容易。作者在近二十年里，主要开展矿山压力与岩层控制相关科研和教学工作，研究重点始终是围绕岩层运动与控制实现煤炭绿色安全高效开采。在这过程中，承蒙一些煤炭生产企业的信任，得以深入生产一线，有机会解决一些生产实际难题。研究了复杂难采煤层岩层控制技术理论，开发了一些岩层控制新技术、新装备，本书筛选了一些与岩层控制相关的复杂难采典型案例，总结研究过程中的经验和教训，希望能给相关专业学生、科研人员以及类似条件下煤炭生产提供参考。

本书共 8 章，主要针对急倾斜煤层、近直立煤层群、坚硬顶板煤层、深埋弱胶结厚冲积层薄基岩煤层、野青灰岩顶板薄煤层、资源重叠区煤与天然气共采等复杂条件下岩层运动特征与控制技术难题开展系统科研攻关，深入探讨复杂难采煤层岩层控制科学问题，开发复杂条件下岩层控制技术装备，也初步探讨了复杂难采煤层采场围岩智能控制技术路径，提出了一些复杂难采煤层采场围岩智能控制技术的未来设想。本书研究内容来源于现场，很多理论与技术也已在现场进行了应用。在技术研发、应用和撰写本书过程中得到了我的导师中国矿业大学(北京)王家臣教授，团队成员潘卫东教授、李杨教授、王兆会副教授、张锦旺副教授、魏炜杰讲师，张燊博士、李强博士、翟瑞昊博士、李猛博士、崔轩博士、陈肖龙博士、张康宁博士、吴山西博士、杨帅博士、刘凤琪博士、安博超博士、王雨兵博士、高帅博士、陈勇升博士、宋世雄博士、宋宇航硕士、李鑫林硕士、余明辉硕士、王泽伟硕士、程心阳硕士、赵勇凯硕士、支浩宇硕士、惠鼎恒硕士、刘佳琪硕士、高梓誉硕士、王翱翔硕士、白玉岐硕士、李国浩硕士等的帮助，也得到了技术应用企业的支持，在此一并致谢。同时也要感谢国家自然科学基金委员会项目(重点项目(51934008)、面上基金项目(51974320)、创新群体项目(52121003)、青年基金项目(52404159))，国家重点研发计划课题(2023YFC2907501)的支持。
由于作者水平和精力有限，书中如有疏漏和不妥之处，敬请读者批评指正。

作　者

2025年3月

目　录

第 1 章　复杂难采煤层开采概述

煤炭是我国的主体能源，约占化石能源储量的 94%。随着我国煤炭资源开发强度不断增大，优质、易采煤炭资源逐渐越少，为了保障国家能源安全和区域经济发展，不得不开采复杂难采煤层。复杂难采煤层的开发关系到能源供给安全，同时也对技术革新和装备升级提出了更高的要求。本章从复杂难采煤层的定义入手，梳理其开采现状与技术瓶颈，为实现该类煤层安全高效开采提供基础。

1.1　复杂难采煤层的定义

复杂难采煤层是指由于地质构造复杂、赋存不稳定、开采过程中安全隐患较大等原因，在现有技术条件下，需要采取特殊技术措施才能开采，或者因技术限制无法开采的煤层[1,2]。在煤炭资源储量相对丰富的时期，煤矿通常优先开采赋存条件良好的煤层，而对复杂难采煤层采取避而不采的策略。随着煤炭开采量的逐渐增加，优质煤层储量不断减少，人们愈加关注复杂难采煤层的开采。这类煤层通常经历了复杂的地质作用，赋存条件特殊，但煤质通常较好，也不乏稀缺煤种，是重要的战略资源，这是这类煤层虽然难采但仍然有必要开采的原因之一。

据不完全统计，我国涉及复杂难采煤层的煤矿超过 1000 处，合计产能超过 20 亿吨，遍布 23 个产煤省区。常见类型包括但不限于坚硬顶板、薄基岩、高温深井、急倾斜煤层、极薄/特厚煤层以及遗煤残煤等。这些煤层在开采过程中存在采动应力复杂、岩层运动剧烈、采场围岩控制困难等诸多复杂难题，要求采用先进的采煤工艺、智能的采掘装备、可靠的监测手段以及合理的工程规划和管理措施，以实现安全高效的资源获取。

1.2　复杂难采煤层开采技术难题

1.2.1　地质构造复杂

复杂地质构造的煤层在开采过程中面临诸多技术难题，这些难题主要源于地质构造的多样性和不确定性。断层的存在会导致煤层错动，煤层在断层带处可能发生位移、错断甚至局部消失，显著增加了煤层连续性开采的难度。在工作面穿越断层时，围岩往往表现出松散、破碎或易坍塌的特性，给顶板管理带来极大挑战，并显著增加了开采的安全风险。

断层错动还会导致煤层高度和倾角剧烈变化，对采掘设备的稳定运行造成不利影响。这不仅加剧了设备的磨损，增加了维护与更换频率，还可能在设备运行过程中引发卡机、脱轨或倾斜等问题。穿越断层带作业需要处理复杂的支护、设备调整、瓦斯排放和排水等任务，施工组织难度显著增加，一旦协调不当，容易引发安全事故。

此外，断层带常为瓦斯聚集区，煤层破碎和断层错动可能进一步提高瓦斯突出的风险。瓦斯突出的发生不仅严重危及作业安全，还可能导致停产，造成经济损失和生产计划的延误。这些因素综合作用，使得复杂地质条件下的煤层开采充满挑战，亟须针对性技术手段和高效管理措施加以应对。

1.2.2　煤层赋存条件复杂

对于特厚煤层，由于开采高度较大，顶板支护的难度显著增加，必须采用更加复杂且有效的支护措施以确保顶板的稳定性和安全性。同时，特厚煤层所需的巷道断面较大，这进一步提高了巷道支护的复杂性。煤层厚度的增加也导致采煤过程中容易出现煤损和资源浪费，进而降低煤炭资源的回收率[3-5]。此外，特厚煤层综放工作面端头的顶煤破碎与放出困难、端头顶煤运移规律不明确，以及缺少专用端头放煤设备等问题，构成了开采技术的关键难题[4]。特厚煤层的开采需要依赖先进的技术装备，如大功率采煤机、重型液压支架和大型刮板输送机。然而，这些装备的适应性和可靠性问题仍是制约特厚煤层高效开采的重要因素。

薄煤层开采则因回采高度较小，人员出入、作业以及设备移动都十分困难，巷道掘进率较高且采掘比小，工作面接替困难。薄煤层的采煤机械和液压支架因空间尺寸限制，设计难度较大，对地质条件的要求较高。此外，薄煤层开采受煤层厚度和地质构造的影响远大于中厚及厚煤层，导致机采工作面的布置更加复杂，进一步加大了开采难度，因此薄煤层工作面的智能化需求更为迫切。

急倾斜煤层的开采同样面临诸多挑战。由于煤层倾角较大，支架和设备的稳定性差，容易发生倒架、咬架等事故，采场围岩控制难度高，经常出现煤壁片帮、冒顶和滑底等现象。当煤层倾角超过 45°时，通常采用水平分段放顶煤开采。然而，顶煤放出的规律尚不清楚，急倾斜厚煤层综放开采缺乏系统的放煤理论指导，这进一步限制了开采效率的提升。

针对特厚煤层、薄煤层和急倾斜煤层的开采技术难题，需要进一步发展针对性的理论体系和技术装备，实现安全高效开采。

1.2.3　瓦斯环境复杂

在开采复杂瓦斯环境的矿井中，面临一系列严峻的技术挑战。高瓦斯矿井中瓦斯浓度较高，瓦斯泄漏风险显著增加，极易引发爆炸或中毒等严重事故。因此，必须采取严格的通风措施和高效的瓦斯抽放技术，确保矿井内瓦斯浓度始终维持在安全范围内。同时，矿井的通风系统设计也变得更加复杂，需要保证充足的通风量和合理的气流分布，以防止瓦斯积聚，提高矿工的工作环境安全。

瓦斯的排放是另一个关键问题。为此，需要先进的瓦斯抽放技术和气体排放设备，这些既要满足高效的抽采效率，还必须能够在高瓦斯浓度环境中长期稳定运行。此外，开采过程中煤层气体的释放对矿井的稳定性和作业安全构成威胁，因此需要实时监测气体浓度，并进行有效管理，以降低潜在的风险。

矿井安全监测系统的部署也至关重要。主要包括瓦斯检测仪、气体报警装置等，能够及时发现潜在安全隐患并采取快速应对措施，极大提升了矿井安全管理的水平。同时，高瓦斯环境对矿工生命健康有潜在威胁，需要为矿工配备适当的个人防护装备，并实施严格的健康监测措施，以降低健康风险。

要解决这些复杂的技术难题，需要综合运用现代化的技术手段和科学的管理方法。从瓦斯治理、通风优化到安全监测和矿工健康保护，各个环节的协同配合至关重要，只有形成全方位的防控体系，才能保障矿井的安全运营和生产效率的提升。

1.2.4　水环境复杂

在开采涉及承压水和老窑水的矿井时，技术难题主要集中在水害的控制和管理上。承压水通常位于矿井下方，具有较大的压力。在开采过程中，必须有效控制承压水的流入，避免因水压过高而引发危险。常用的控制方法包括安装高效的排水系统和加固井壁等工程措施，以确保井下安全。

矿井涌水管理是另一个重要挑战。承压水的存在可能显著增加矿井的涌水量，如果处理不及时，可能导致水位上升并影响矿井的正常作业。因此，需要建立完善的涌水管理系统，包括高效排水泵、储水池等设施，以便及时排出涌水，维持矿井的稳定运行。

承压水还对矿井的地质稳定性产生较大影响。开采过程中，水压的变化可能导致井壁失稳或塌方。因此，在开采前需进行详细的地质勘察，并制定科学合理的支护方案，以确保矿井结构的安全性。

抽采承压水需要依赖专门的设备和技术。深井泵、多级泵系统等设备在高压力环境下的稳定运行显得尤为重要。设备的选型与维护需充分考虑承压水的压力和流量特性，以确保抽采工作的连续性和安全性。

此外，实时监测矿井承压水的压力变化是关键。通过安装压力监测系统，可以准确监测水压变化，并根据实时数据调整排水和抽采策略，以应对可能发生的突发情况。这些措施的综合实施，能够有效保障矿井的安全和高效生产。

1.2.5 围岩环境复杂

围岩环境是矿井开采过程中不可忽视的关键因素。复杂的围岩条件直接影响矿压显现规律、支护系统设计以及安全生产的可靠性。随着矿井埋深的增加和地质条件的多样化，围岩环境的复杂性日益凸显，对开采技术提出了更高的要求。深入研究不同围岩环境的特点及其对开采的影响，对于实现安全、高效的矿井作业至关重要。

在坚硬厚顶板条件下，顶板垮落步距较大，来压强度显著，动载现象尤为明显。现有的矿压理论多以薄板理论为基础，难以解释坚硬厚顶板的一些破坏特征与力学行为。因此，发展中厚板和厚板理论是分析顶板破坏机理的必要途径，也是优化支护设计的重要方向。

在三软煤层中，由于顶板较软，容易发生冒顶或坍塌，形成较大的安全隐患。为此，需要采用强度高、稳定性好的支护系统，如锚杆支护和喷射混凝土支护，以加强顶板支撑。此外，软弱的底板可能引发巷道底鼓变形，需要频繁进行卧底作业，进一步增加了开采的复杂性。同时，煤层软弱导致片帮严重，可能进一步引发冒顶问题，对工作面生产造成不利影响。

深埋厚冲积层和薄基岩条件下，矿压显现尤为强烈，顶板管理难度显著增加，围岩稳定性较差，同时容易对地下水及周边生态环境造成破坏。这种复杂环境下的矿压问题主要由以下因素造成：一是埋深大，地应力水平显著升高，地质条件复杂，顶板呈现分区破断的特性；二是冲积层厚且强度低，失去平衡后易造成大范围冒落；三是薄基岩条件下载荷传递速度快，顶板破裂时部分应变能转化为岩块动能，厚冲积层的冒落进一步导致顶板全厚切落破坏，给支架稳定性带来极大压力。

因此，复杂的围岩环境显著增加了矿井开采的难度。坚硬厚顶板的强动载效应、三软煤层的弱化特性以及深埋厚冲积层的动态破坏效应，构成了围岩控制中的核心问题。面对这些复杂工况，需要综合考虑矿压规律、地质特性和支护技术，制定系统的解决方案，为矿井的安全、高效和可持续开采提供技术保障。

参 考 文 献

[1] 孟宪锐，徐永勇，刘环宇. 难采煤层的分类标准与定量化研究[J]. 煤炭学报，2000，25（4）：348-351.

[2] 霍丙杰. 复杂难采煤层评价方法与开采技术研究[D]. 阜新：辽宁工程技术大学，2011.

[3] 王家臣. 我国放顶煤开采的工程实践与理论进展[J]. 煤炭学报，2018，43（1）：43-51.

[4] 吴健. 我国放顶煤开采的理论研究与实践[J]. 煤炭学报，1991，16（3）：1-11.

[5]王家臣，张锦旺，王兆会. 放顶煤开采基础理论与应用[M]. 北京：科学出版社，2018：400-454.

第 2 章　急倾斜煤层开采岩层运动特征及控制

急倾斜煤层是指倾角大于 45°的煤层，广泛分布于我国新疆、内蒙古、山西、陕西等多个矿区，储量占全国煤炭总储量的 25%。由于开采难度大，目前急倾斜煤层产量不足 10%。针对急倾斜煤层，已形成伪俯斜柔性掩护支架、水平分段综放开采、倾斜分层走向综采等多种采煤方法，但仍存在支架倒架、煤壁片帮冒顶、飞矸伤人等问题，严重影响安全生产。本章以急倾斜煤层走向长壁工作面为研究对象，分析了开采过程中岩层运动特征，提出了岩层控制方法，为改善支架与围岩关系、提升设备稳定性、提高采出率、实现急倾斜煤层安全高效开采提供借鉴。

2.1　急倾斜煤层赋存特征

我国煤炭的赋存条件多样，其中急倾斜或大倾角煤层(图 2-1)是典型的复杂煤层地质条件，特别是在我国的西部矿区，50%以上矿井开采的是急倾斜煤层，如新疆、内蒙古、山西、陕西、四川、重庆、云南、贵州、甘肃、宁夏等的急倾斜煤层是许多矿区或矿井的主采煤层。

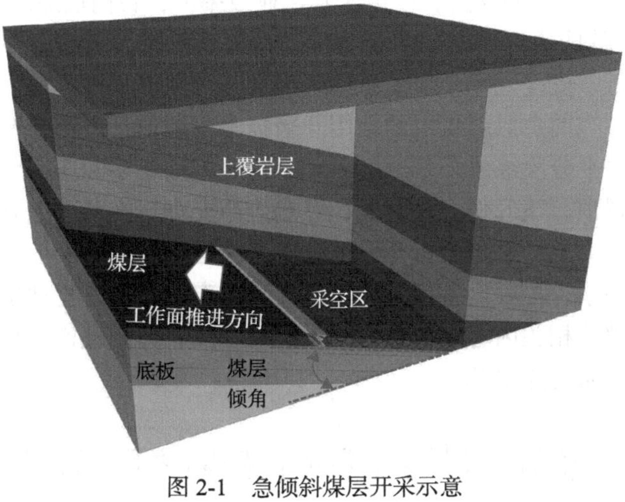

图 2-1　急倾斜煤层开采示意

随着我国西部大开发战略的实施，我国矿产资源开采重点西移，煤炭资源开采已成为西部地区区域经济发展的重要支柱，加强对急倾斜煤层开采地表沉陷机理的研究是西部煤炭开采的重大课题。同时，东部矿区赋存条件较好的煤层越来越少，加上多年来高强度的开采，浅部赋存条件较好煤层的开采也日益枯竭，从而使急倾斜煤层问题日益引起重视，如山东兖州矿区、河北邢台和开滦矿区、安徽淮南与淮北矿区、江苏徐州矿区等的许多矿井不得不由条件相对优越的煤层开采转向复杂的急倾斜煤层开采[1]。

急倾斜煤层通常赋存焦煤、无烟煤等稀缺煤种，因此研究其安全、高效、绿色开采具有重要意义。然而，传统的急倾斜煤层开采方法机械化程度低，安全性较差，主要包括倒台阶采煤法、伪倾斜柔性金属掩护支架采煤法、水平分层采煤法和仓储采煤法[2]。倒台阶采煤法通过在急倾斜煤层中布置沿走向的长壁工作面，并将其划分为多个小工作面，形成折线形的倒台阶结构，下部工作面超前上部工作面。该方法主要用于薄煤层开采，但由于机械化程度低、开采效率低、安全性差，目前已基本淘汰。伪倾斜柔性金属掩护支架采煤法适用于煤层厚度 1.8～4.0m、倾角较大的急倾斜煤层。该方法通常将煤层沿竖直方向分为 15～40m 的区段，每个区段沿走向分别布置回风平巷（上部）和运输平巷（下部），并在运输平巷上方 3～5m 布置超前运输巷，从而形成伪倾斜布置的工作面。该方法安全性较高，但劳动强度大、作业环境恶劣，难以实现机械化，目前仅在少数矿井仍有应用。水平分层采煤法主要适用于厚煤层，将煤层自上而下划分为若干个高 2～3m 的水平或倾斜分层，逐层开采。该方法基本已被水平分段（层）放顶煤开采方法取代。仓储采煤法则是在区段范围内沿走向划分若干仓房，每个仓房内布置仰斜推进的工作面，采出的煤暂时储存于采空区，待该仓房采完后集中放煤。该方法适用于煤层厚度小于 3m 的急倾斜煤层，但由于其作业效率低，目前已逐渐被淘汰[3]。

传统的急倾斜煤层开采方法，除水平分层采煤法外，普遍存在难以实现机械化、开采效率低、安全性差、作业条件恶劣及劳动强度大等问题。根据煤层厚度和倾角的不同，当前急倾斜煤层的常用开采技术主要包括走向长壁综采、走向长壁综放开采和水平分段综放开采[4,5]。然而，这些方法在实际应用中仍面临支架倒架、煤壁片帮冒顶、飞矸伤人等问题，影响生产安全。本章以急倾斜煤层走向长壁工作面为研究对象，重点分析开采过程中岩层运动特征及其控制方法，以期优化支架与围岩关系、提升设备稳定性、提高采出率，并最终实现急倾斜煤层的安全高效开采。部分相关内容在《急倾斜煤层采场围岩控制理论与技术》中已有详细阐述，这里作简要介绍[1]。

2.2 急倾斜煤层开采顶板破断岩层运移规律

2.2.1 工作面倾向顶板破断特征

在急倾斜煤层工作面，由于煤层倾角较大，冒落的矸石在采空区向下滑动并在工作面下巷附近充填，如图 2-2 所示。沿工作面倾斜方向，工作面可分为密实充填段、不均匀充填段和非充填段[6]。

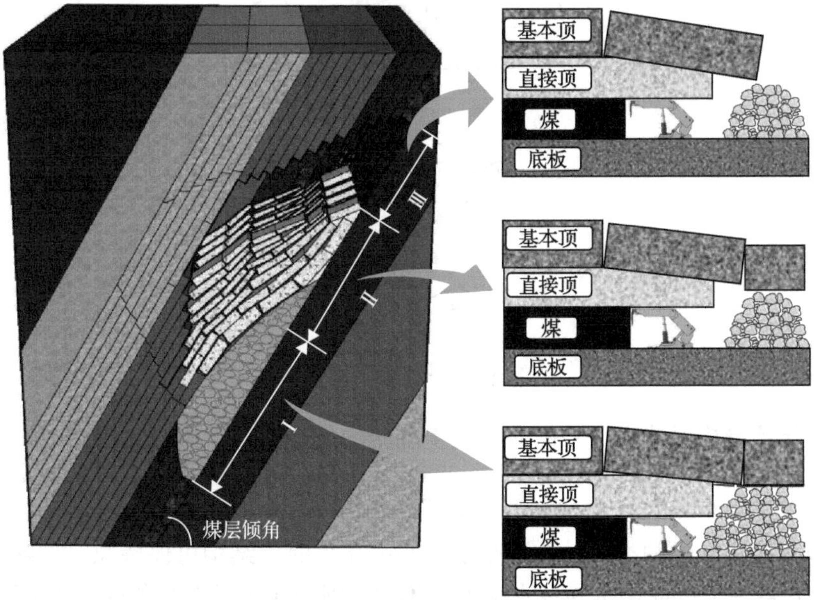

图 2-2　采空区三段式充填示意

在密实充填段，顶板在垮落矸石支撑下形成长悬臂梁结构，垮落带高度较小；在不均匀充填段，下方为垮落矸石，上方为整齐排列的破断岩块，垮落带发育层位较高；在非充填段，受覆岩压力倾向分力及矸石下滑影响，上部易悬空，顶板形成无矸石支撑的短悬臂梁结构。

冒落后的直接顶岩层在垂向上可分为上下两部分，下位直接顶破碎程度较大，呈无规则排列；上位直接顶以较大块度为主，随机排列形成类拱结构。高位覆岩则呈双关键块控制的静定三角拱结构，随工作面推进，这两种平衡结构交替失稳，导致周期来压。

上位直接顶由不同长度的断裂岩块组成(图 2-3)，一端依靠采空区矸石支撑，另一端搭接在高位直接顶悬臂梁上，其稳定性来源于矸石的支撑力 $\boldsymbol{F}_2$ 与摩擦力 $\boldsymbol{F}_3$，以及悬臂梁的水平推力 $\boldsymbol{F}_1$，形成暂时的平衡结构。

直接顶结构在沿倾斜方向保持平衡的条件为

$$\boldsymbol{F}_1+(\boldsymbol{G}_1+\boldsymbol{G}_2+\boldsymbol{G}_3)\sin\theta=\boldsymbol{F}_3 \tag{2-1}$$

直接顶结构在垂直于倾斜方向保持平衡的条件为

$$(\boldsymbol{G}_1+\boldsymbol{G}_2+\boldsymbol{G}_3)\cos\theta=\boldsymbol{F}_2 \tag{2-2}$$

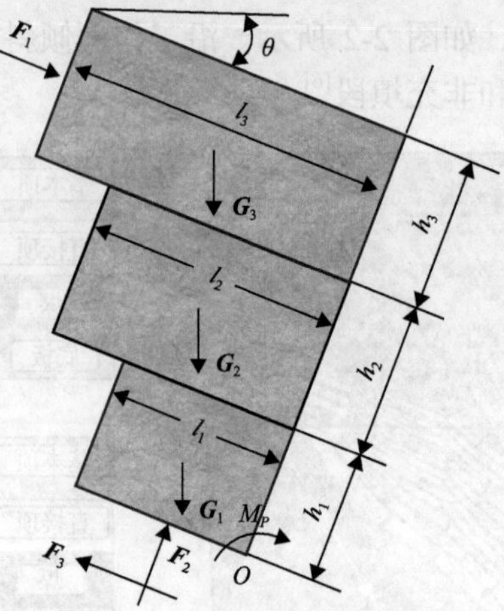

图 2-3　直接顶受力分析

直接顶结构保持力矩平衡而不发生翻转的条件为

$$\sum M_O = 0 \tag{2-3}$$

当直接顶形成的类拱结构满足受力平衡条件时，结构可保持稳定。随工作面推进，若悬顶下沉或垮落导致水平推力不足，则无法满足平衡条件，结构将失稳。失稳的直接顶冲击采空区矸石，由于矸石堆的缓冲作用，使冲击对支架载荷影响较小。此时，工作面支架应具备足够的稳定性和掩护能力，以防止失稳矸石运动窜入工作面，影响正常生产。

2.2.2　覆岩冒落形态与运移规律

以山西大远煤业 1201 急倾斜综放工作面为工程背景，研究了急倾斜煤层综放工作面倾向方向覆岩冒落形态与运移规律，为确定支架与围岩关系、计算顶板载荷等提供依据[1]。

1. 实验设备

选用细砂作为骨料，石膏、石灰和黏土作为胶结料，实验平台尺寸为 1800mm×1500mm×160mm(长×高×厚)，通过预实验确定骨料与胶结料的合理配比，使模型满足相似模拟实验几何相似、运动相似和动力相似的基本要求。

2. 覆岩冒落形态

对搭建完成的模型进行开挖，以模拟工作面某放煤循环的作业过程，从工作面下巷至上巷依次进行放煤作业。上端头附近的冒落岩块向下端头方向堆积，上端头区域形成一定的悬露空间，这种悬露状态可能导致支架无法有效接顶，影响支架的稳定性。下端头附近岩层垮落角(54°～57°)普遍小于上端头(65°～66°)(图 2-4)。

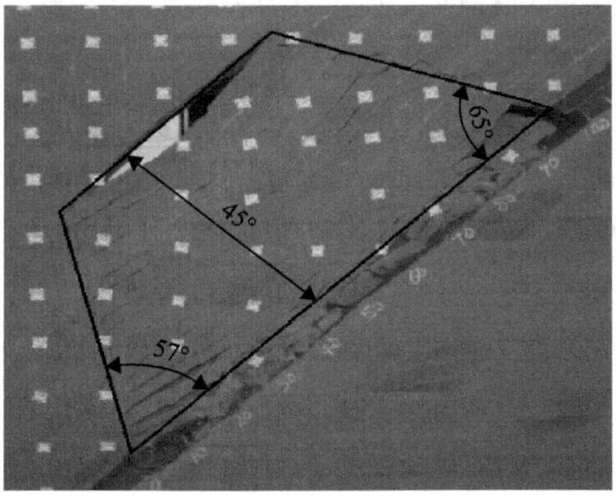

图 2-4　覆岩冒落形态

通过数值模拟进一步对放煤过程中的采场覆岩的垂直位移和水平位移分布进行了分析，具体结果如图 2-5 所示。在放煤过程中，顶板逐渐垮落并整齐排列，由于急倾斜煤层在垂直岩层方向的载荷相对较小，因此垮落范围有限。但是由于上端头直接顶和煤壁较软，出现滑移破坏，导致上巷附近离层空间较大。这表明在放煤过程中，应加强上巷的支护与管理，确保安全生产。

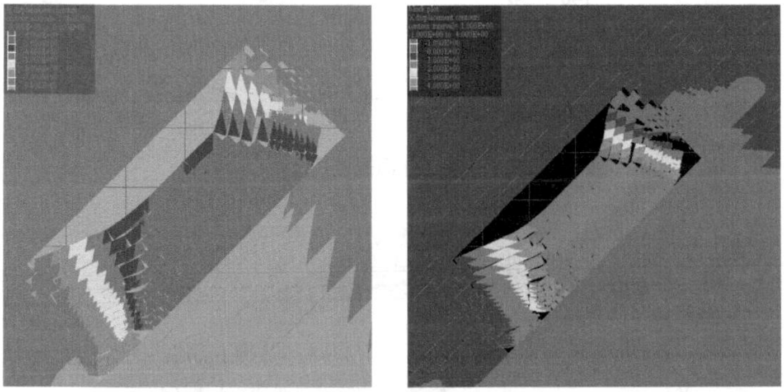

(a) 垂直位移　　(b) 水平位移

图 2-5　覆岩位移分布

2.3　急倾斜煤层开采矿压显现规律

2.3.1　工作面超前支承压力分布特征

对山西大远煤业急倾斜厚煤层走向长壁综放、山东肥城陈蛮庄煤矿急倾斜走向长壁综采等工作面超前支承压力分布的研究表明，急倾斜煤层采场顶板岩层的变形、破坏及运动形式不同于近水平或缓倾斜煤层。急倾斜煤层工作面的支承压力沿倾向分布呈现显著非对称性，上部压力显著大于下部，且超前支承压力分布范围较小。沿倾向，采场顶板的低位与高位岩层均表现出非对称的力学特征，破坏与运移具有时序性和不均衡性。此外，覆岩在煤层走向和倾向方向均表现出周期性破断，倾斜方向上的“三带”结构呈现明显的非对称特征[1]。

图 2-6 为急倾斜煤层工作面推进不同距离时，工作面超前支承压力分布特征。随着工作面的推进，采空区应力逐步恢复，超前支承压力的分布特征发生显著变化。初期推进时，采空区应力降低，前方形成应力增高区，且下部垂直应力较大，工作面中部的超前支承压力峰值高于上下端头。随着推进距离增加，采空区的卸压范围和超前支承压力影响范围逐渐扩大，后方覆岩尚未充分移动，垮落矸石未完全压实，支承压力峰值不断增大。推进至一定距离后，采空区下部矸石被压

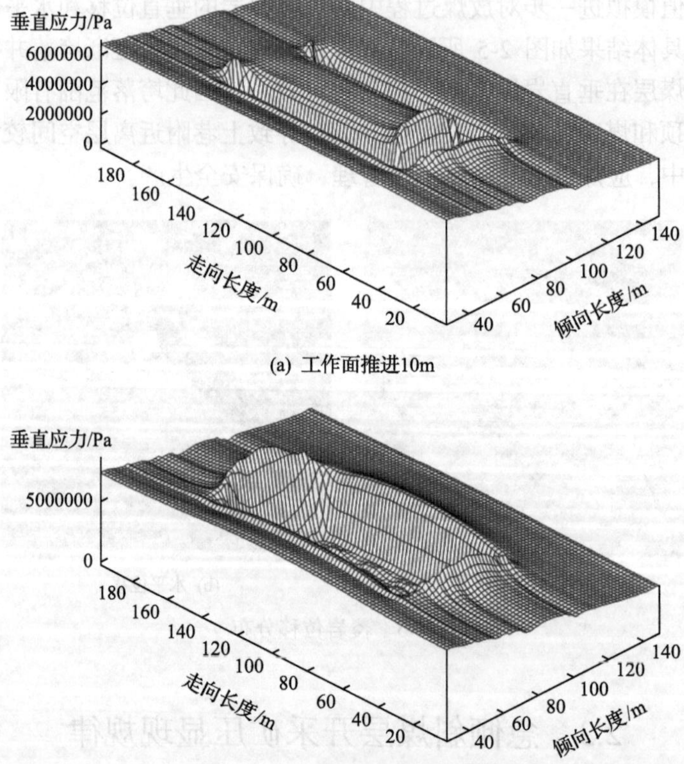

(a) 工作面推进10m

(b) 工作面推进100m

图 2-6　工作面超前支承压力分布

实并表现出应变硬化特征，覆岩载荷逐步由矸石承担，应力逐步恢复；而上部由于充填不足，仍存在应力集中现象。当工作面推进至足够距离时，覆岩充分下沉，采空区应力基本恢复，垮落矸石压实承载，上、中、下部前方的支承压力趋于稳定，工作面实现稳定回采。

图 2-7 为工作面不同位置的支架在不同推进距离条件下的工作阻力。

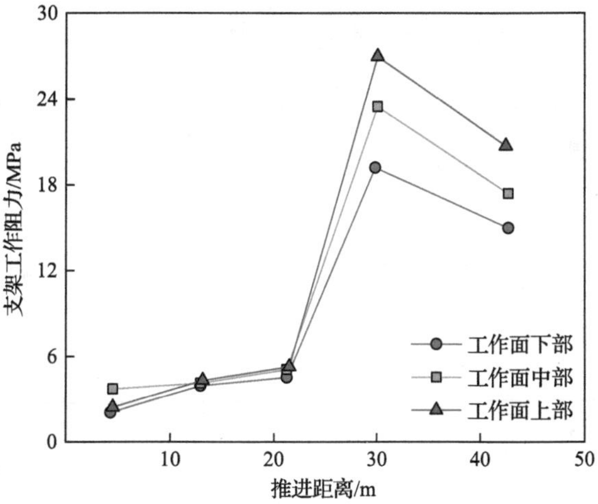

图 2-7　支架工作阻力分布

在工作面从开切眼到初次来压前，上、中、下部支架的平均工作阻力差异较小。初次来压时，3 个位置的支架平均工作阻力均有所增加，其中上部支架增幅最大，动载系数为 1.15。周期来压时，上部支架的平均工作阻力增幅依然最大，动载系数为 1.11。

因此，急倾斜工作面支承压力分布具有明显的非对称性，工作面上部压力显著高于下部，而超前支承压力的分布范围相对较小。这种压力分布特性应当在支护设计和矿压管理中被重视。

2.3.2　工作面采场应力分布特征

在地下开采中，随着煤层倾角增大，煤层稳定性下降，开采难度显著增加[7,8]。尤其是倾角超过 45°的煤层，其结构和应力特征更加复杂，常伴随围岩不稳定、顶板压力增大等问题，增加了矿井的冒顶、片帮等事故风险。本节以北辛窑矿 8103 工作面作为工程背景，探讨了倾角因素对于工作面采动应力分布的影响[9]。

随着工作面推进，采空区面积逐渐增大，覆岩发生破坏，应力重新分布，从而达到新的平衡。图 2-8 和图 2-9 为不同倾角下垂直应力与垂直位移分布情况。随着煤层倾角的增大，覆岩应力分布发生变化，卸压区域呈现明显的非对称性，大倾角工作面覆岩破坏向上巷偏转，工作面下巷应力集中系数明显高于上巷。

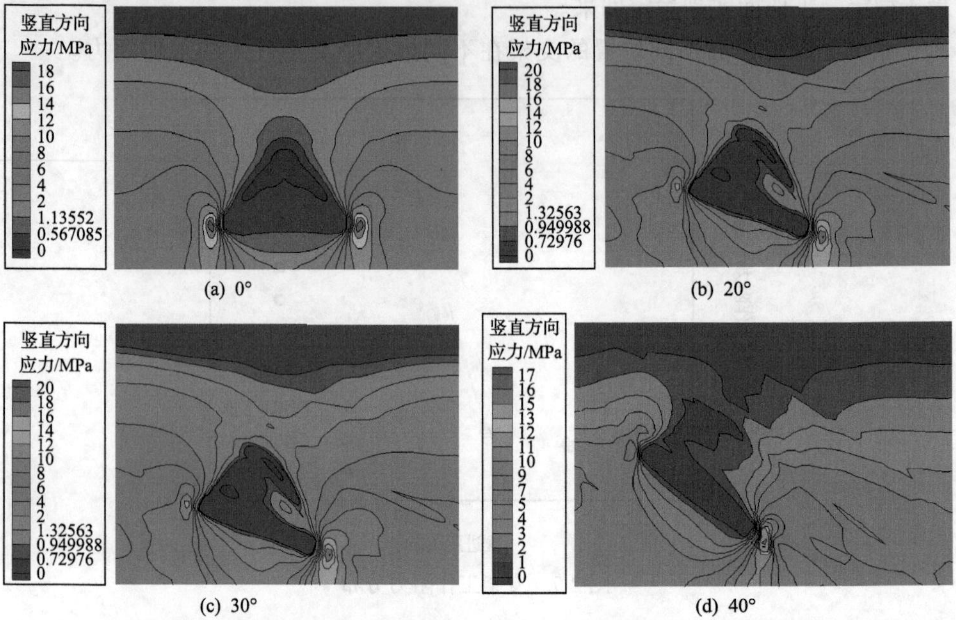

图 2-8 覆岩垂直应力分布情况

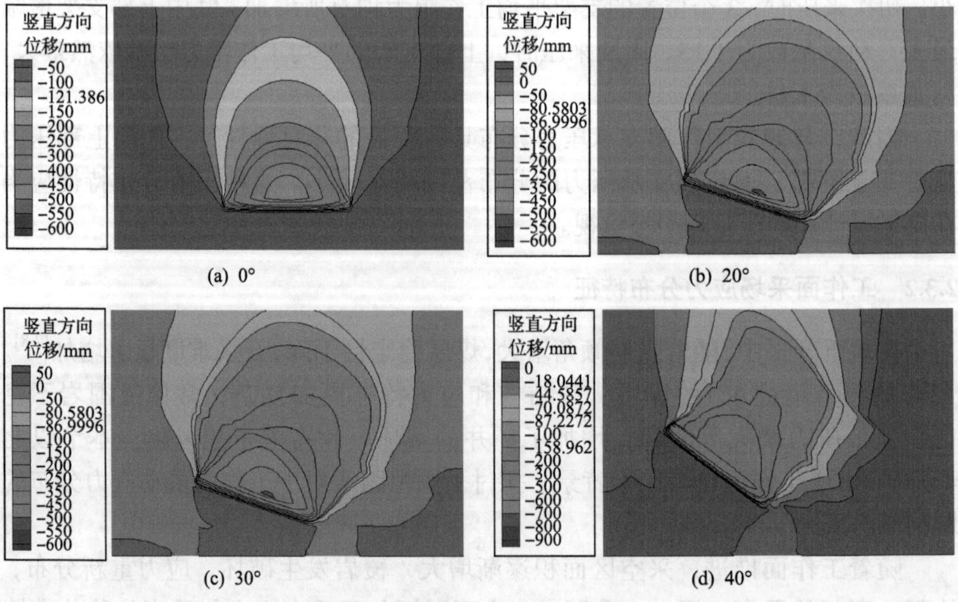

图 2-9 覆岩垂直位移分布情况

2.4　急倾斜煤层采场围岩稳定性分析

2.4.1　支架与围岩的关系

1. 影响因素分析

支架与围岩的相互作用受支架性能、顶底板及煤体性质、采煤方法和煤层倾角等因素影响。支架刚度和初撑力直接决定顶板稳定性，合理设计可在保障稳定的同时降低支撑力。顶底板刚度较小时，支架活柱缩量增大，导致系统刚度降低，进而加剧顶板下沉，影响支护效果。不同采煤方法会改变支架承载状态，采放比的变化直接影响支架对顶板的支撑能力。煤层倾角较大时，顶板和顶煤沿倾向的分力增大，易导致顶板破坏，同时影响支架稳定性，可能引发倒架、咬架等问题。此外，矸石沿倾向滑移形成自下而上充填逐渐减少的分布，上部易形成“三铰拱”结构，而下部矸石充填密实，有助于分担上覆岩层重力，影响支架与围岩系统的稳定性[1]。

2. 工作面上、中、下部支架与围岩的关系

急倾斜综放工作面开采过程中，冒落的直接顶会下滑、充填下部采空区，限制下部顶板的运动，而上部覆岩垮落运动范围加大，上端头覆岩破断下沉时就会对上部支架产生冲击，形成一定程度的动载影响[图 2-10(a)]；工作面中部采空区

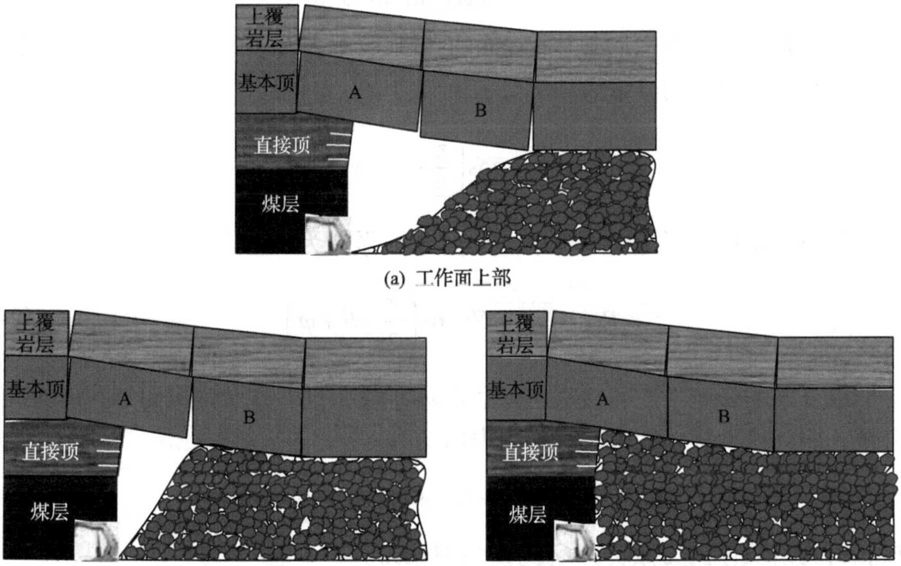

(a) 工作面上部

(b) 工作面中部　　(c) 工作面下部

图 2-10　工作面不同位置支架与围岩的关系

的充填介于上部和下部之间[图 2-10(b)]，下部岩层由于充填程度较密实，在垂直方向岩层的垮落范围减小，采空区的矸石承担相当一部分的顶板压力，最终致使下端头支架压力较小，来压步距较大甚至无明显的周期来压[图 2-10(c)]。

2.4.2　工作面底板稳定性分析及控制

1. 底板稳定性理论分析

工作面推过后，控顶范围内上端头底板形态如图 2-11(a)所示，上端头直接底在巷道掘进及工作面回采双重扰动下极易发生滑坡，将滑移曲线简化为直线，如图 2-11(b)所示[10]，其中 v 为滑动块体的速度，φ 为滑动块体的速度方向同破坏面之间的夹角，θ 为滑动块体在发生滑动后底板的倾角。

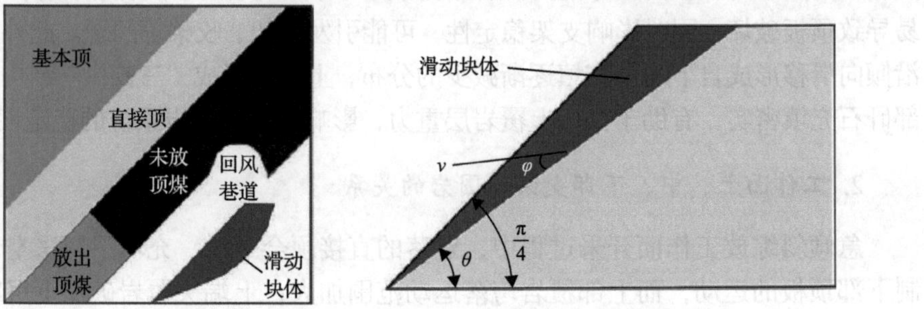

(a) 控顶范围内上端头底板形态　　(b) 底板力学模型

图 2-11　底板简化力学模型

滑动块体的速度方向同破坏面之间的夹角等于直接底的内摩擦角 φ，则滑块速度 v 在垂直方向上的分量为

$$v_{\perp} = v\cos\left(\frac{\pi}{2} - \theta + \varphi\right) \tag{2-4}$$

底板滑动块体变形运动过程中，其重力 G 做功为

$$P_{\rm o} = Gv_{\perp} = Gv\cos\left(\frac{\pi}{2} - \theta + \varphi\right) \tag{2-5}$$

假设在采动影响下，直接底进入后破坏阶段，仅剩残余内聚力和内摩擦角抵抗外载，因此滑动块体变形过程中内力做功为

$$P_i = C_r \cos\varphi + G\cos\theta\tan\varphi v\sin\varphi \tag{2-6}$$

式中，P_i 为滑块体内力做功；C_r 为残余内聚力。

由极限分析定理可知，当直接顶承受外力功率同其内力功率相等时，达到承载极限，发生滑坡时满足条件

$$Gv\cos\left(\frac{\pi}{2}-\theta+\varphi\right)=C_r v\cos\varphi+G\cos\theta\tan\varphi v\sin\varphi \tag{2-7}$$

底板滑块处于平衡状态的最大岩块重力为

$$G=\frac{C_r\cos\varphi}{\left[\cos\left(\frac{\pi}{2}-\theta+\varphi\right)-\cos\theta\tan\varphi\sin\varphi\right]} \tag{2-8}$$

可以看出，底板可保持平衡状态的滑块重力随着残余黏聚力及内摩擦角的增大而增大，而在掘进及回采的双重影响下直接底黏聚力迅速弱化，仅剩残余黏聚力，因此上端头底板极易发生滑移，严重影响支架的稳定性。

在开采过程中，可以在工作面上端头底板打入锚索或采取其他措施以固定滑体桩，保证急倾斜工作面上端头底板及支架的稳定性，实现上端头的放煤工作。

2. 底板滑移数值分析

建立了急倾斜煤层底板滑移数值模型[图 2-12(a)]，由于接触面抗剪强度低，底板沿接触面出现明显的滑移现象[图 2-12(b)]，说明工作面底板若不进行人为加固，工作面设备及顶板控制难度较大。

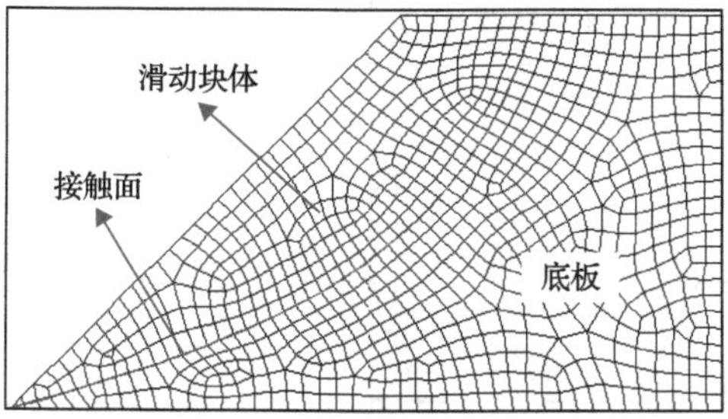

(a) 急倾斜煤层底板滑移数值模型

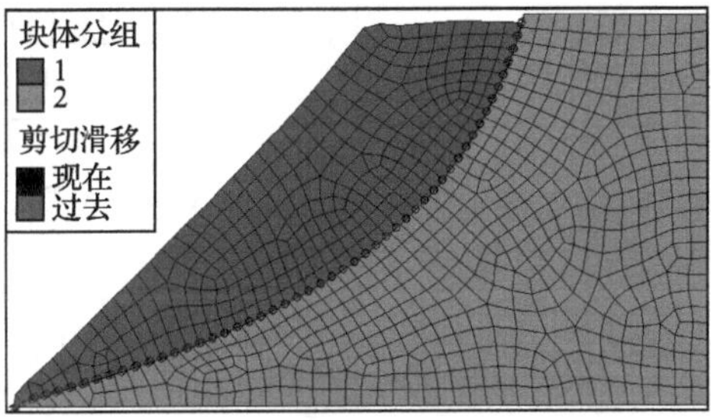

(b) 底板滑移现象

图 2-12　急倾斜煤层底板滑移数值模型及滑移现象

在上端头底板打入锚索，由于锚索的加固及抗剪拉作用，因此底板潜在滑动块体未滑移，仅在接触面两侧出现应力不连续分布现象，起到了固定滑体桩的作用(图 2-13)。

3. 底板加固方案

工作面安装前切眼底板、枕木全部采用锚网加固。底板加固采用ϕ18mm×1800mm 全螺纹等强锚杆，锚杆与 150mm×150mm×10mm 托盘、350mm×280mm×3mm 钢带护板配合使用。为确保轨道的稳定性，枕木间距为 500mm×

500mm，且每根枕木用一根锚杆固定，如图 2-14 所示。

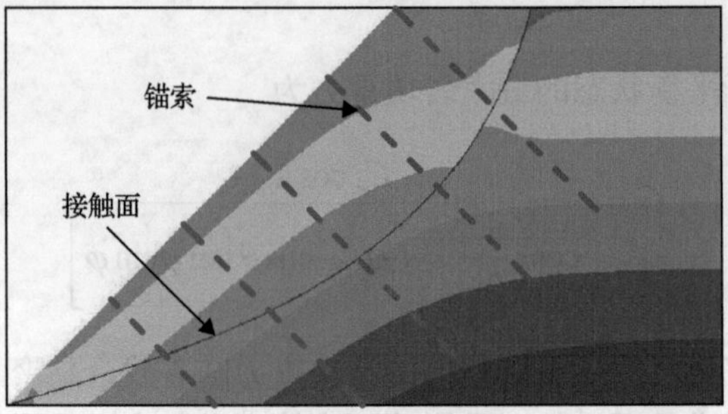

图 2-13　底板加固效果

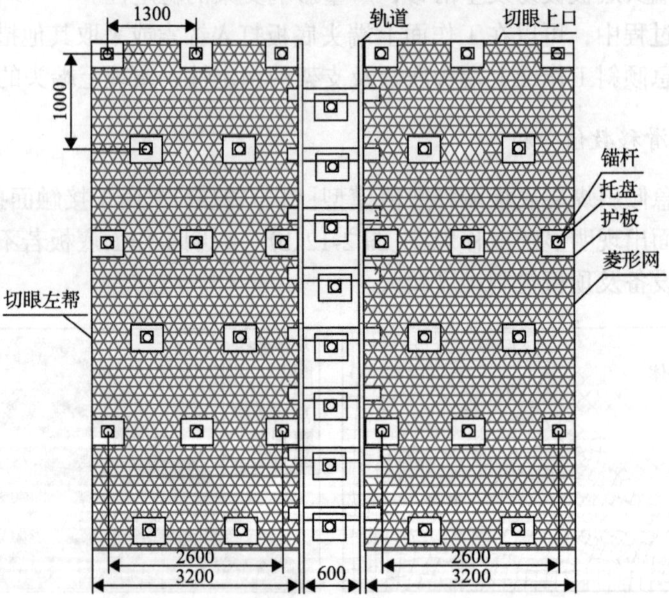

图 2-14　工作面切眼底板加固(单位：mm)

2.4.3　煤壁稳定性分析与柔性加固技术

1. 煤壁剪切破坏一般机理

煤壁剪切破坏面多为曲面，将其简化为平面 abc，顶板压力简化为均布力 q，如图 2-15 所示。S 为剪切面 ab 的滑动力；N 为滑移面所受的正压力；q 为作用在滑动体上的均布载荷；L 为滑移面的长度；q_0 为护帮板作用在煤壁上的载荷集度；H 为煤层的开采高度；H_1 为护帮板的作用范围；H_2 为滑动体的破坏高度；G 为滑动体的重力；α 为滑移线与煤壁的夹角[11]。

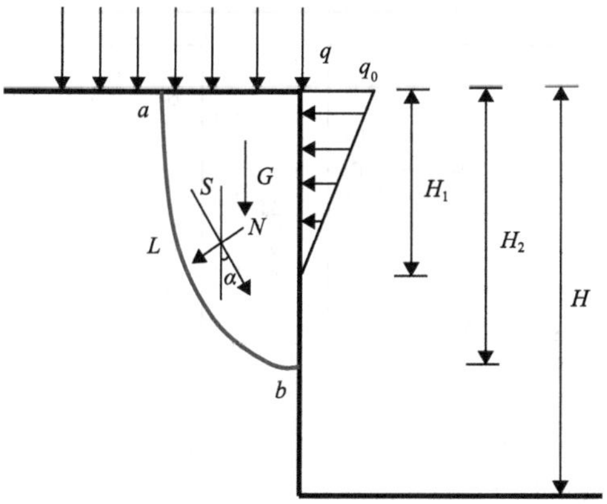

图 2-15　煤壁剪切破坏力学分析

煤壁的安全系数为

$$K = \frac{cL + N\tan\varphi}{S} \tag{2-9}$$

式中，c 为煤的内聚力；φ 为煤的内摩擦角。

由于 Q 远大于 G，因此滑动体重力 G 可忽略不计，即

$$K = \frac{2cH_2 + (2qH_2\tan\alpha\sin\alpha + q_0H_1\cos\alpha)\tan\varphi}{2qH_2\tan\alpha\cos^2\alpha - q_0H_1\sin\alpha\cos\alpha} \tag{2-10}$$

若安全系数小于 1，则煤壁发生剪切破坏，否则煤壁稳定。

2. 煤壁破坏的敏感度分析

假设工作面基础参数为 H=2.6m，c=0.5MPa，φ=25°，H_1=2m，α 为单轴压缩下剪切破坏角，α=45°–φ/2。分别变化 q、c、φ、H_1 、q_0，对安全系数 K 的敏感度进行分析，如图 2-16 所示。

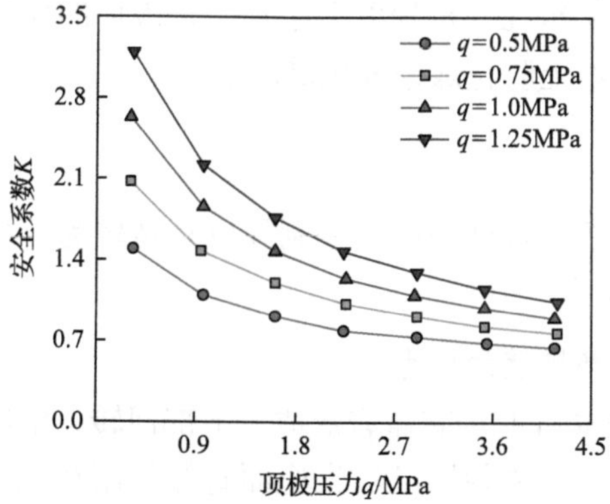

(a) 不同顶板压力q

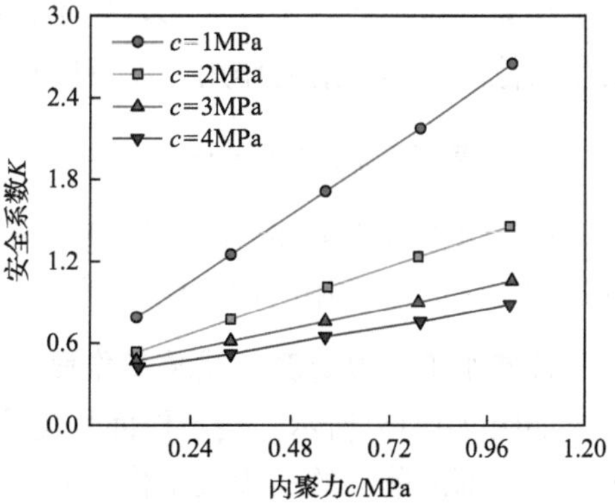

(b) 不同内聚力c

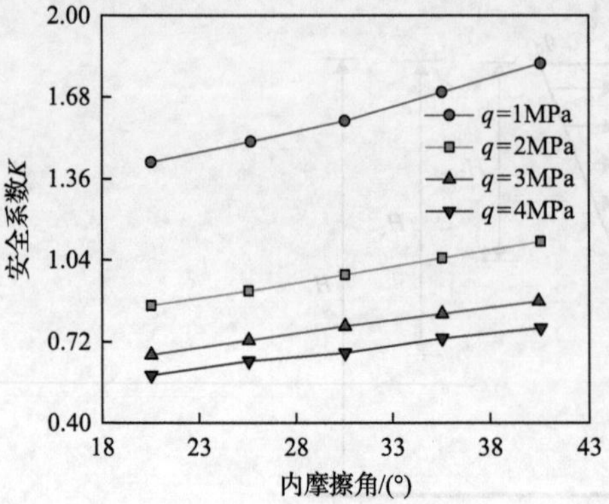

(c) 不同内摩擦角φ

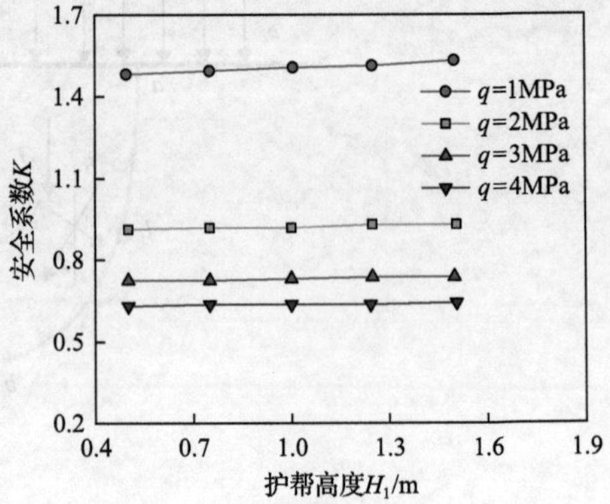

(d) 不同护帮高度H_1

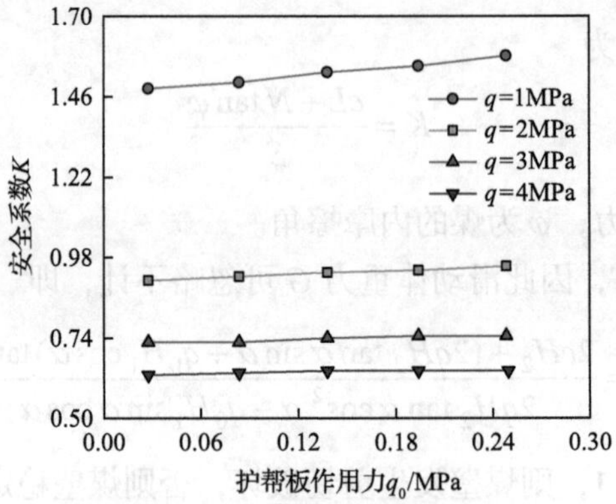

(e) 不同护帮板作用力q_0

图 2-16　安全系数 K 的变化曲线

可以看出，板压压力 q 是煤壁发生破坏的最主要原因。煤的内聚力 c、内摩擦角 φ、护帮高度 H_1 越大，护帮板作用力 q_0 越大，安全系数就越大。煤的内聚力 c 较小是煤壁发生剪切破坏的内因。相对而言，煤层的内摩擦角、护帮板作用力及护帮高度对煤壁稳定性的影响较小，护帮板在一定程度上起到防止破坏的煤体发生大范围突然片落的作用，而难以从根本上防止煤壁发生破坏。

3. 煤壁稳定性控制措施

通过以上分析可知，减缓煤壁压力和提高煤体强度是控制煤壁片帮较为行之有效的方法[12]。常用的治煤壁片帮措施如下。

1) 减小工作面长度，减缓工作面中上部煤壁的压力

如图 2-17(a) 所示，当工作面长度为 150m 时，其覆岩形成“下部回转，中部沉降，上部滑落”的三段式结构。其中，中部岩块因已经失稳而直接作用在煤壁

上，致使工作面中部煤壁所受压力过大而容易出现片帮。当工作面长度减至 60m 时[图 2-17(b)]，工作面覆岩形成砌体梁结构，覆岩的载荷主要由工作面两端支架与围岩承载，而煤壁所受载荷较小，故片帮问题得到有效防治。

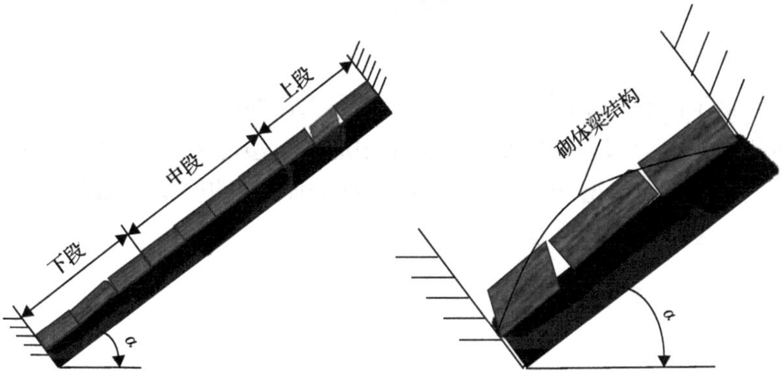

(a) 工作面长150m　　(b) 工作面长60m

图 2-17　不同工作面长度顶板岩层结构

2)煤层注水，提高煤体内聚力和抗剪强度

防治煤壁片帮的关键在于提高煤壁的内聚力和抗剪强度，同时降低其抗压强度。煤层注水对煤体内摩擦角影响较小，但可显著提高内聚力。某工作面初采阶段，煤壁片帮现象较为频繁；后来矿井涌水，煤层遇水软化，煤体内聚力增加，反而有助于控制煤壁片帮的发生。

3)提高支架初撑力与工作阻力

如图 2-18 所示，支架与煤壁共同承担顶板压力，当支架工作阻力增大时，煤壁所受压力相应减小。

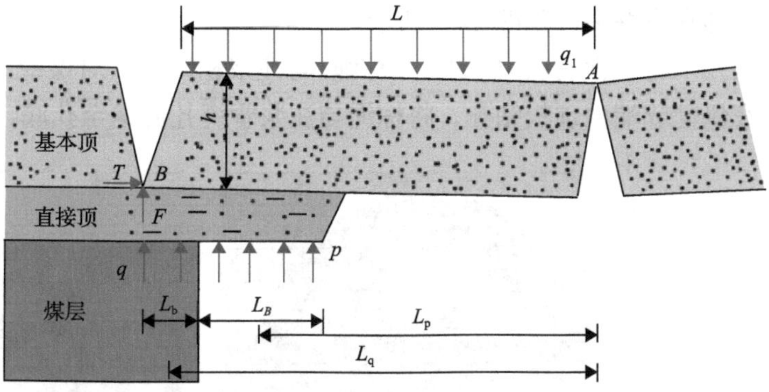

图 2-18　煤壁受力模型

对于极软煤层放顶煤开采，支架不仅需实现对顶煤的全封闭，也需具备合理的工作阻力，以支撑顶板、抵抗顶板来压，并缓解煤壁压力，减少甚至消除煤壁片帮和端面漏冒。因此，从顶板支护的角度来看，极软煤层及软顶底板条件下，所需支架工作阻力相对较小。然而，为缓解煤壁片帮，较高的支架工作阻力有助于降低煤壁压力，从而有效控制片帮现象。

4)适当降低采高

适当降低采高有助于缓解煤壁片帮，提高工作面的稳定性。随着采高增大，超前支承压力峰值前移，煤壁承受更大集中应力，塑性区范围扩大，导致煤体内部裂隙加剧，片帮风险增加。此外，较高采高会加剧顶板沉降，降低煤壁稳定性，严重时可能引发端面漏冒，影响安全生产。

4. 大变形煤壁柔性加固技术

1)技术简介

一般情况下，当工作面片帮和冒顶不严重时，可通过加快推进速度确保安全回采；片帮严重时，可采取移架、减小控顶距、提高初撑力等措施。若仍无法保障推进，则需实施工程技术措施加以控制[11,12]。

传统的提升工作面煤壁和端面稳定性的方法有注浆和锚杆加固[13]。大量的工程应用表明，传统的木锚杆、竹锚杆、玻璃钢锚杆等，存在支护强度低、支护距离短、支护效率低等问题；而注化学浆是较方便的方法，但其存在浆液无序流动、注浆量大、注浆成本高等问题，因此不作为常规方法来治理煤壁片帮和冒顶事故。

煤壁破坏和端面失稳治理的关键是避免滑落煤体进入工作面，消除对人员安全和生产的影响。笔者提出了一种煤壁和端面柔性加固技术，当顶板压力较小时，通过增强煤体的强度避免煤壁和端面失稳；当顶板压力较大导致失稳时，可以将滑落的煤体悬挂在煤壁上，如图 2-19 所示。

柔性加固技术将柔性材料(如剑麻白棕绳)与注浆相结合，对煤壁进行加固。该技术通过在煤壁或端面顶板钻孔，将棕绳与注浆管绑扎后送至孔底，并注入浆

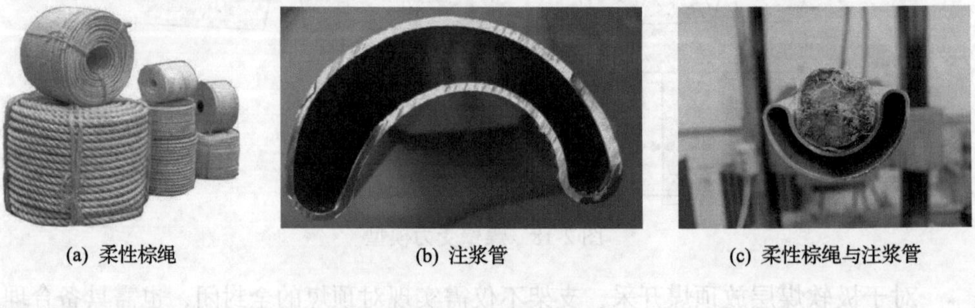

(a) 柔性棕绳　　(b) 注浆管　　(c) 柔性棕绳与注浆管

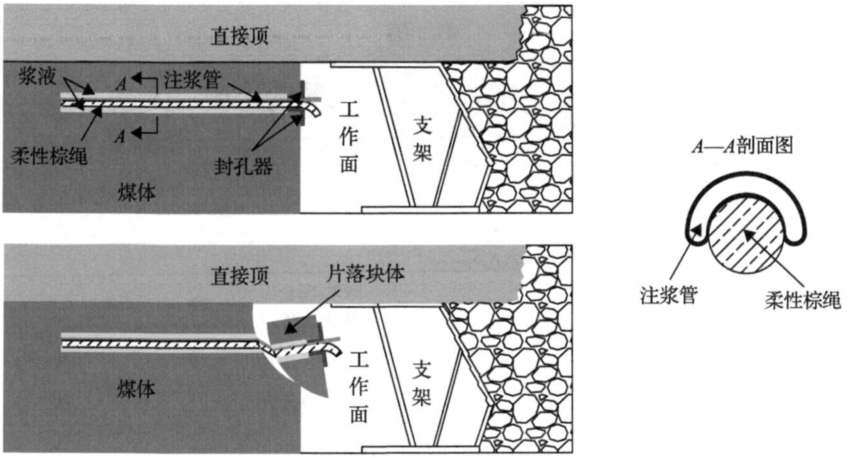

(d) 技术原理

图 2-19　柔性加固技术

液，使其与煤体形成柱状全长锚固体。柔性加固材料不会影响采煤机割煤，具有支护距离长、成本低、效果好的优点，尤其对坚硬顶板引发的煤岩体灾变具有良好的加固效果。

2) 柔性加固系统力学模型

柔性棕绳拉拔实验表明，当直径 15～25mm 的棕绳受力不超过 6～10kN 时，处于可恢复的弹性状态；超过 10kN，撤去外力后变形不可恢复，进入塑性阶段。因此，棕绳的本构模型可归结为具有硬化作用的弹塑性模型(图 2-20)。在弹性阶段，棕绳的变形可适应大变形煤体的形变；煤体破坏后，棕绳进一步变形并缓解应力，避免拉断，同时对片落煤壁进行悬吊，避免坠落影响作业安全。

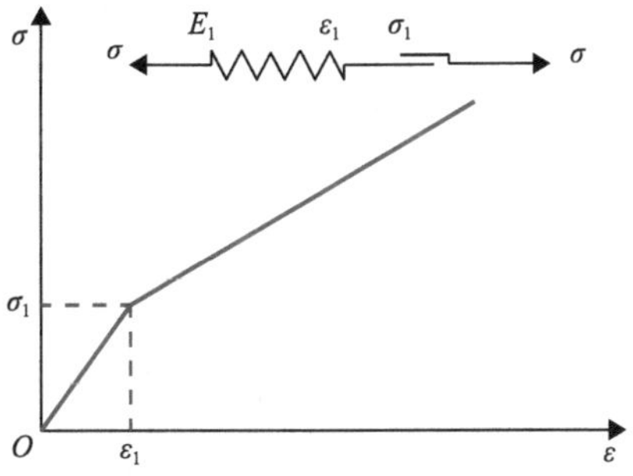

图 2-20　柔性棕绳应力-应变曲线

3) 煤壁煤体本构模型

煤壁破坏过程可视为已处于塑性状态的煤体在采煤机开挖卸荷作用下，发生瞬时弹性变形和弹性后效变形。其中，瞬时弹性回弹较强烈，变形量较大，若支护体的容许变形量不足，强烈回弹可能导致支护体破断。因此，煤壁的本构模型可采用基于摩尔-库仑塑性屈服准则的修正广义开尔文模型进行描述，如图 2-21 所示。其中，E_1 为发生瞬时弹性变形的煤体弹性模量；E_2 为发生弹性后效时煤体弹性模量。

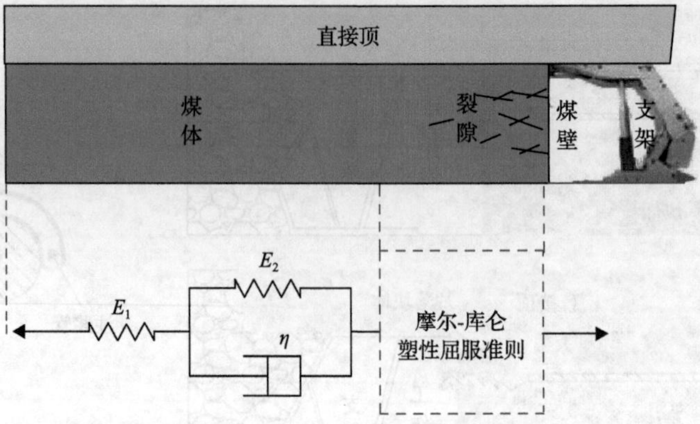

图 2-21　修正广义开尔文模型

4) 柔性支护系统本构模型

对煤壁实施柔性加固，一方面，浆液可密实充填塑性破裂区，改善煤壁完整性，使裂隙煤体恢复至近似弹性状态，消除塑性变形影响；另一方面，棕绳在浆液的黏性作用下形成全长锚固，提高煤壁整体的稳定性。因此，在煤壁修正广义开尔文模型中，可简化遵循摩尔-库仑准则的塑性变形，并结合棕绳的支护作用，建立“柔性棕绳-浆液-煤体”支护系统的本构模型(图 2-22)。

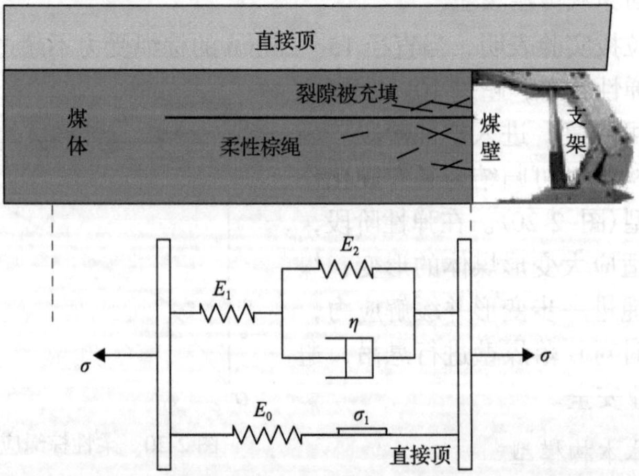

图 2-22　“柔性棕绳-浆液-煤体”支护系统的本构模型

组合体总应变等于并联中各元件的应变，组合体总应力等于并联中所有元件应力之和；组合体总应力等于串联中各元件的应力，组合体总应变等于串联中所有元件应变之和。假设柔性支护体所受的应变为 ε_r，煤壁的总应变为 ε_z，煤壁柔

性加固体系总应变为[14]

$$\varepsilon_z(t)=(\sigma_0+\sigma_1)\left[\frac{1}{E_1}+\frac{1}{E_2}\right]-\frac{\sigma_0+\sigma_1 e^{\frac{E_2}{\eta}t_0}}{E_2}e^{-\frac{E_2}{\eta}t} \tag{2-11}$$

式中，t_0 为历史流变的时间，s；t 为后续的流变时间，s；σ_0 为开挖卸荷前的应力，Pa；σ_1 为开挖卸荷产生的岩体应力，Pa；E_1 为发生瞬时弹性变形的煤体弹性模量，Pa；E_2 为发生弹性后效时煤体弹性模量，Pa；η 为牛顿黏滞性系数，Pa·s。

煤壁柔性加固体系总延伸率为

$$\delta_z=\delta_0+\delta_1+\delta_2 \tag{2-12}$$

式中，δ_0 为历史延伸率；δ_1 为开挖卸荷时的瞬时延伸率；δ_2 为随时间发生的延伸率。

根据现场观测，并考虑煤层赋存和开采条件的差别，预计 δ_0、δ_1、δ_2 延伸率分别为 3%～4%、2%～3%、3%～5%。经估算，煤壁柔性加固体系总延伸率为 8%～12%，小于柔性棕绳伸长率 15%。因此，棕绳的伸长率能够适应煤壁的大变形特征，其足够的抗拉强度可有效防止煤体滑落。此外，浆液沿裂隙流动能够密实塑性破坏区，使煤体恢复至近似弹性状态，从而提高整体稳定性，保障工作面安全回采。该项技术已在赵固二矿、瑞隆煤矿、陈蛮庄煤矿等进行应用。

2.5　急倾斜煤层开采支架稳定性分析

2.5.1　支架抗倾倒稳定性分析能力计算

急倾斜或大倾角工作面支架失稳主要是两种形式，一种是支架倾倒失稳，另一种是支架滑动失稳(俗称倒架)[15]。一般情况下支架倾倒失稳更容易发生，尤其在综放工作面放煤过程中，支架顶部作用力减小，此时支架侧护板在防止支架倾倒时具有极其重要的作用[16]。

对 N+1 号支架进行受力分析，如图 2-23 所示，可简化为受顶板压力 $Q_{(N+1)}$，其中 $Q_{S(N+1)}$、$Q_{N(N+1)}$分别为 $Q_{(N+1)}$的切向和法向分量；重力 W，其中 W_S、W_N分别是 W 的切向和法向分量；支架底座反力 $R_{(N+1)}$；支架上下两侧侧护板受力 $T_{U(N+1)}$、$T_{L(N+1)}$;支架与顶底板间摩擦力 $F_{R(N+1)}$、$F_{B(N+1)}$。

由支架在垂直工作面底板方向受力平衡，可得

$$Q_{N(N+1)}+W_N=R_{(N+1)} \tag{2-13}$$

支架倾倒时以图 2-23 中的 O 点为旋转点，对 O 点列矩平衡方程：

$$(T_{L(N+1)}+F_{R(N+1)}-T_{U(N+1)}-Q_{S(N+1)})H_S+(Q_{N(N+1)}+W_N)\frac{B}{2}-W_SH_W-R_{(N+1)}B_{R(N+1)}=0 \tag{2-14}$$

式中，H_S 为支架高度，m；B 为支架宽度，m；H_W 为重心高度，m；$B_{R(N+1)}$为底座反力 $R_{(N+1)}$对 O 点力臂，m；α 为工作面倾角，(°)。

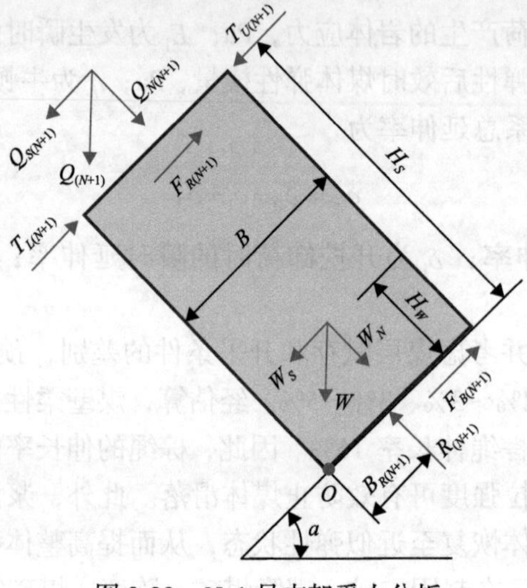

图 2-23　N+1 号支架受力分析

化简得

$$\Delta T_{(N+1)}=T_{L(N+1)}-T_{U(N+1)}=Q_{S(N+1)}+W_S\frac{H_W}{H_S}+R_{(N+1)}\frac{B_{R(N+1)}}{H_S}-F_{R(N+1)}-\frac{B}{2H_S}(Q_{N(N+1)}+W_N) \tag{2-15}$$

取工作面上端头方向为正方向，则 N+1 号支架正常工作时 $F_{R(N+1)}$为正，其最大值为最大静摩擦力 $f_1Q_{N(N+1)}$，即

$$0\leqslant F_{R(N+1)}\leqslant f_1Q_{N(N+1)} \tag{2-16}$$

式中，f_1 为支架顶梁与顶煤间的摩擦系数。

化简得

$$\left(Q_{(N+1)}+W\frac{H_W}{H_S}\right)\sin\alpha+\left[\frac{(W+Q_{(N+1)})(2B_{R(N+1)}-B)}{2H_S}-f_1Q_{(N+1)}\right]\times\cos\alpha\leqslant\Delta T_{(N+1)}\leqslant\left(Q_{(N+1)}+W\frac{H_W}{H_S}\right)\sin\alpha+\frac{(W+Q_{(N+1)})(2B_{R(N+1)}-B)}{2H_S}\cos\alpha \tag{2-17}$$

假设基本顶传递下来的载荷是均布载荷，当第 $N+1$ 号支架放煤后，由于煤层倾斜角度超过了煤的自然安息角，因此 $N+1\sim N+M$ 号支架上方的破碎顶煤不同程度地流向 $N+1$ 号支架，同时 $N+2\sim N+M$ 号支架后方采空区处的矸石也会向 $N+1$ 号支架后方采空区流动，使其被充分填充，$N+2\sim N+M$ 号支架后方采空区依次逐渐变疏。支护系统从工作面推进方向来看是“煤壁-支架-采空区矸石”的综合作用，因此这种结果导致工作面支架受力不均匀，$N+1\sim N+M$ 号支架上方顶板压力 Q 逐渐增大，设顶板压力 Q 与支架重力 W 的比值为 K，则 $K_{(N+1)}<\cdots<K_{(N+i)}<\cdots<K_{(N+M)}$，现场实测结果也证实了这一点。一般情况下，支架的实际工作阻力 P 与顶板对支架的法向压力是相等的，因此 $P=Q\cos\alpha=Q_N$，可得

$$K=\frac{Q}{W}=\frac{P}{W\cos\alpha}=\frac{Q_N}{W\cos\alpha} \tag{2-18}$$

将 $K_{(N+1)}$代入不等式(2-17)，可得

$$W(A_{(N+1)}\sin\alpha+C_{1(N+1)}\cos\alpha)\leqslant\Delta T_{(N+1)}\leqslant W(A_{(N+1)}\sin\alpha+C_{2(N+1)}\cos\alpha) \tag{2-19}$$

式中：

$$A_{(N+1)}=K_{(N+1)}+\frac{H_W}{H_S}$$

$$C_{1(N+1)}=(1+K_{(N+1)})\frac{2B_{R(N+1)}-B}{2H_S}-f_1K_{(N+1)}$$

$$C_{2(N+1)}=(1+K_{(N+1)})\frac{2B_{R(N+1)}-B}{2H_S}$$

同理，可以分别求出 $\Delta T_{(N+i)}$的值域为

$$W(A_{(N+i)}\sin\alpha+C_{1(N+i)}\cos\alpha)\leqslant\Delta T_{(N+i)}\leqslant W(A_{(N+i)}\sin\alpha+C_{2(N+i)}\cos\alpha) \tag{2-20}$$

式中，$1\leqslant i\leqslant M$。

设 $y_1=A_{(N+i)}\sin\alpha+C_{1(N+i)}\cos\alpha$，$y_2=A_{(N+i)}\sin\alpha+C_{2(N+i)}\cos\alpha$，则 y 是一个关于 K 的函数，分别对 y_1、y_2 求导可得

$$\frac{\mathrm{d}y_1}{\mathrm{d}K}=y_1'=\sin\alpha+\cos\alpha\left(\frac{2B_{R(N+i)}-B}{2H_S}-f_1\right) \tag{2-21}$$

$$\frac{\mathrm{d}y_2}{\mathrm{d}K}=y_2'=\sin\alpha+\cos\alpha\left(\frac{2B_{R(N+i)}-B}{2H_S}\right) \tag{2-22}$$

式中，$B_{R(N+i)}$为 $N+i$ 号支架底座等效集中应力 $R_{(N+i)}$对 O 点的力臂。

底座反力 $R_{(N+i)}$的分布情况如图 2-24 所示，分为 3 种分布方式，则由计算得 $(1/3)B \leqslant B_{R(N+i)} \leqslant (1/2)B$，可得

$$\sin\alpha-\left(f_1+\frac{B}{6H_S}\right)\cos\alpha \leqslant y_1' \leqslant \sin\alpha - f_1\cos\alpha \tag{2-23}$$

$$\sin\alpha-\frac{B}{6H_S}\cos\alpha \leqslant y_2' \leqslant \sin\alpha \tag{2-24}$$

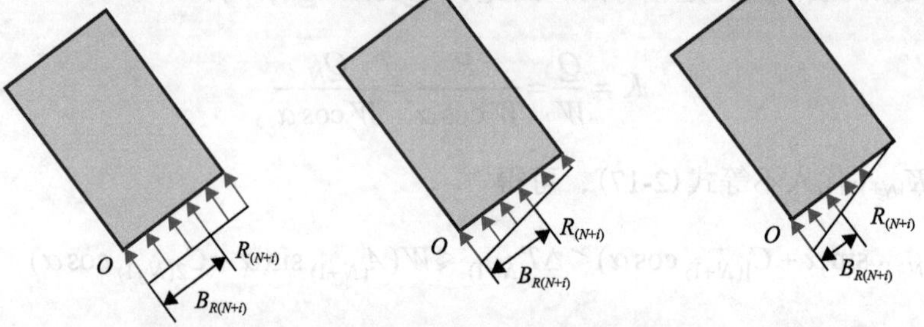

图 2-24　底座反力 $R_{(N+i)}$的分布情况

一般情况下，若为急倾斜煤层，则 $\alpha \geqslant 45°$，由此可得 $y_1' > 0$，$y_2' > 0$。因此，y_1、y_2随着 K 的增大而增大，即 $\Delta T_{(N+i)}$随着 K 的增大而增大，随着支架编号的增大而增大。同理，由 $B_{R(N+1)}$的范围可得 y_1、y_2的范围，即

$$\left(K_{(N+i)}+\frac{H_W}{H_S}\right)\sin\alpha-\left[\frac{\left(1+K_{(N+i)}\right)B}{6H_S}+f_1K_{(N+i)}\right]\cos\alpha \leqslant y_1 \leqslant \left(K_{(N+i)}+\frac{H_W}{H_S}\right)\sin\alpha - f_1K_{(N+i)}\cos\alpha \tag{2-25}$$

$$\left(K_{(N+i)}+\frac{H_W}{H_S}\right)\sin\alpha-\left[\frac{\left(1+K_{(N+i)}\right)B}{6H_S}\right]\cos\alpha \leqslant y_2 \leqslant \left(K_{(N+i)}+\frac{H_W}{H_S}\right)\sin\alpha \tag{2-26}$$

由 y_1、y_2的取值范围，得到 $\Delta T_{L(N+i)}$的最大取值范围为

$$W\left(K_{(N+i)}+\frac{H_W}{H_S}\right)\sin\alpha-W\left[\frac{(1+K_{(N+i)})B}{6H_S}+f_1K_{(N+i)}\right]\cos\alpha \leqslant \Delta T_{L(N+i)} \leqslant W\left(K_{(N+i)}+\frac{H_W}{H_S}\right)\sin\alpha \tag{2-27}$$

设 $N+i$ 号支架侧护板左右两侧所受力分别为 $T_{L(N+i)}$和 $T_{U(N+i)}$，则第 $N+i$ 号支

架左侧护板受力 $T_{L(N+i)}$ 为

$$T_{L(N+i)}=\sum_{j=N+i}^{N+M}\Delta T_j+T_{U(N+M)},\ 1\leqslant i\leqslant M \tag{2-28}$$

$N+M$ 号支架所受力 $T_{U(N+M)}$ 取为 0，即认为段外 $N+M+1$ 号支架可以自稳，对 $N+M$ 号支架不产生挤压力或较小的挤压力，因此 $T_{L(N+i)}=\sum\limits_{j=N+i}^{N+M}\Delta T_j$，则

$$\sum_{j=N+i}^{N+M}W(A_j\sin\alpha+C_{1j}\cos\alpha)\leqslant T_{L(N+\mathrm{i})}\leqslant\sum_{j=N+i}^{N+M}W(A_j\sin\alpha+C_{2j}\cos\alpha) \tag{2-29}$$

$N+i$ 号支架临界倾倒时左侧护板受力 $T_{L(N+i)倾倒}$ 的最大取值范围为

$$\begin{aligned}T_{L(N+i)\min 倾倒}&=\sum_{j=N+i}^{N+M}W\left(K_{(N+i)}+\frac{H_W}{H_S}\right)\sin\alpha\\&\quad-\sum_{j=N+i}^{N+M}W\left[\frac{(1+K_{(N+i)})B}{6H_S}+f_1K_{(N+i)}\right]\cos\alpha\leqslant T_{L(N+i)倾倒}\\&\leqslant\sum_{j=N+i}^{N+M}W\left(K_{(N+i)}+\frac{H_W}{H_S}\right)\sin\alpha=T_{L(N+i)\max 倾倒}\end{aligned} \tag{2-30}$$

式中，$T_{L(N+i)\min倾倒}$ 为 $N+i$ 号支架临界倾倒时左侧护板受力最小值，N；$T_{L(N+i)\max倾倒}$ 为 $N+i$ 号支架临界倾倒时左侧护板受力最大值，N。

由上述求得的结果，以支架编号为横坐标，支架临界倾倒时左侧护板受力 $T_{L(j)倾倒}$ ($j=N+i$) 为纵坐标建立直角坐标系，用平滑曲线将 M 个 $T_{L(j)倾倒}$ 连接起来，则 $T_{L(j)倾倒}$ 与支架编号 j 的关系曲线如图 2-25 所示。

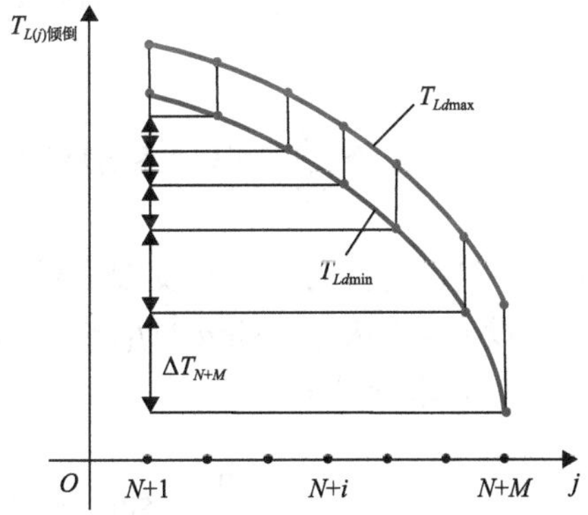

图 2-25　支架临界倾倒左侧护板受力 $T_{L(j)倾倒}$ 与支架编号 j 的关系曲线

可以看出，随着支架编号逐渐变小，支架临界倾倒时左侧护板受力是先快后慢逐渐增大的，$N+1$ 号支架左侧护板受力最大，其是 $N+1$～$N+M$ 号支架挤压力累积的结果。为保证液压支架不倾倒，侧护板不回缩，侧护板的抗倾倒能力 $T_{L抗倾倒}$ 需不小于 $T_{L(N+1)倾倒}$ 的最小值，即

$$T_{L抗倾倒}\geqslant T_{L(N+1)\min 倾倒} \tag{2-31}$$

2.5.2 支架抗下滑稳定性分析

根据图 2-23 中 N+1 号支架在工作面布置方向受力平衡，得式(2-32)，且支架抗下滑能力需不小于下滑力才能保证支架稳定。

$$T_{L(N+1)}+F_{R(N+1)}+F_{B(N+1)}=Q_{S(N+1)}+T_{U(N+1)}+W_S \tag{2-32}$$

化简得

$$\Delta T_{(N+1)}=Q_{S(N+1)}+W_S-(F_{R(N+1)}+F_{B(N+1)}) \tag{2-33}$$

同理，由 F_B 为支架底座与顶板的静摩擦力得 $0\leqslant F_{B(N+1)}\leqslant f_2R_{(N+1)}$，即

$$W(1+K_{(N+1)})\sin\alpha-W[(f_1+f_2)K_{(N+1)}+f_2]\cos\alpha\leqslant\Delta T_{(N+1)}\leqslant W(1+K_{(N+1)})\sin\alpha \tag{2-34}$$

式中，f_2 为支架底座与底板间的摩擦系数。

同理，也可得到 $\Delta T_{(N+i)}$ 的范围，为

$$W(1+K_{(N+i)})\sin\alpha-W[(f_1+f_2)K_{(N+i)}+f_2]\cos\alpha\leqslant\Delta T_{(N+i)}\leqslant W\left(1+K_{(N+i)}\right)\sin\alpha \tag{2-35}$$

进而得到 N+i 号支架临界下滑时左侧护板受力 $T_{L(j)\text{下滑}}$ 的取值范围，为

$$T_{L(j)\min\text{下滑}}=\sum_{j=N+i}^{N+M}W(1+K_{(j)})\sin\alpha-\sum_{j=N+i}^{N+M}W[(f_1+f_2)K_{(j)}+f_2]\cos\alpha\leqslant T_{L(j)\text{下滑}}$$

$$\leqslant\sum_{j=N+i}^{N+M}W(1+K_{(j)})\sin\alpha=T_{L(j)\max\text{下滑}} \tag{2-36}$$

式中，$T_{L(j)\min\text{下滑}}$ 为 N+i 号支架临界下滑时左侧护板受力最小值，N。

设 $y_3=(1+K_{(N+i)})\sin\alpha-[(f_1+f_2)K_{(N+i)}+f_2]\cos\alpha$，$y_4=(1+K_{(N+i)})\sin\alpha$，则 y 为 K 的函数，对 K 求导可得

$$\frac{\mathrm{d}y_3}{\mathrm{d}K}=\sin\alpha-(f_1+f_2)\cos\alpha,\ \frac{\mathrm{d}y_4}{\mathrm{d}K}=\sin\alpha \tag{2-37}$$

显而易见，$y_4'>0$，而 y_3' 的值则分以下 3 种情况。

(1)当 $y_3'>0$ 时，说明 y_3 随着 K 的增大而增大，即 $\Delta T_{(N+i)}$ 随着 K 的增大而增大，$T_{L(j)\text{下滑}}$ 与支架编号的关系曲线如图 2-26(a)所示。

(2) 当 $y_3' = 0$ 时，说明 y_3 不随着 K 的变化而变化，即 $\Delta T_{(N+i)}$ 为一常数，$T_{L(j)下滑}$ 与支架编号的关系曲线如图 2-26(b) 所示。

(3) 当 $y_3' < 0$ 时，说明 y_3 随着 K 的增大而减小，即 $\Delta T_{(N+i)}$ 随着 K 的增大而减小，$T_{L(j)下滑}$ 与支架编号 j 的关系曲线如图 2-26(c) 所示。

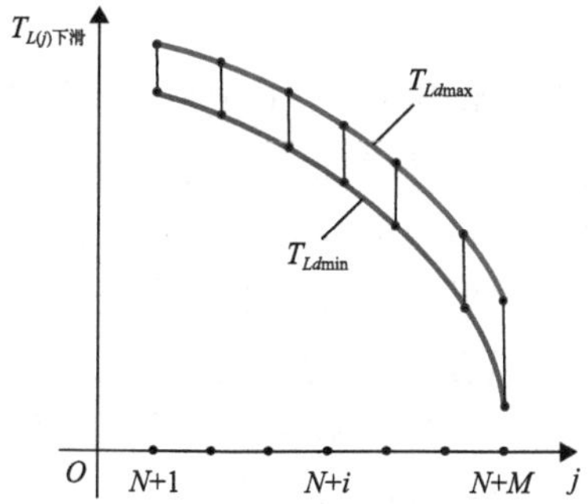

(a) $y_3'>0$，$y_4'>0$

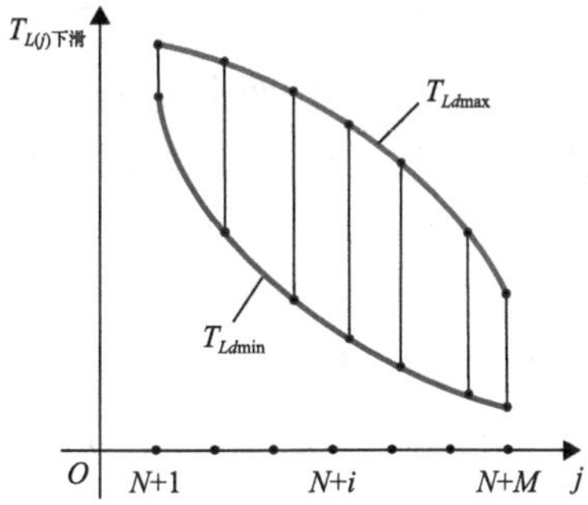

(b) $y_3'=0$，$y_4'>0$

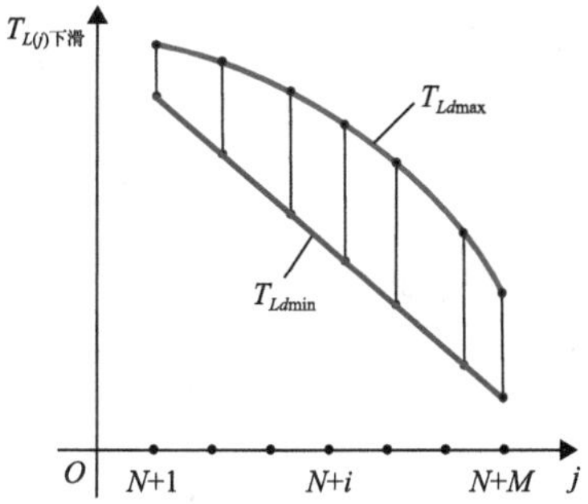

(c) $y_3'<0$，$y_4'>0$

图 2-26　支架临界下滑左侧护板受力 $T_{L(j)下滑}$ 与支架编号 j 的关系

与图 2-26(a) 和 (b) 相比，图 2-26(c) 中的曲线说明，支架临界下滑时左侧护板受力最小值更加小，即在相同综放支架条件下，更能保证侧护板可以安全使用。因此，选择或设计支架时，应使 $(f_1+f_2)>\tan\alpha$。

同样，由图 2-26 可以看出，N+1 支架左侧护板受力最大，为保证段内支架不下滑，需要求支架侧护板的抗下滑能力 $T_{L抗下滑}$ 至少不小于 $T_{L(N+1)下滑}$ 的最小值，即

$$T_{L抗下滑} \geqslant T_{L(N+1)\min下滑} \tag{2-38}$$

得到支架侧护板的抗挤压能力为

$$T_{L抗挤压} \geqslant \max\left\{T_{L(\mathrm{N}+1)\min倾倒}, T_{L(\mathrm{N}+1)\min下滑}\right\} \tag{2-39}$$

即能保证工作面正常生产时液压支架设计需达到的最小抗挤压能力值。

2.6 急倾斜煤层开采地表沉陷特征

2.6.1 地表沉陷范围与最大下沉量

煤层开采后，工作面直接顶、基本顶顶板开始垮落，引起上覆岩层发生沉陷。随着工作面的持续推进，覆岩破坏加剧，地表下沉速率加快，地表沉陷主要集中在工作面采空区正上方。煤层倾角会影响地表沉陷的影响范围与最大下沉量[9]。

图 2-27 展示了不同倾角工作面推进 500m 时的地表倾向下沉曲线。研究表明，在工作面倾角 0°～20°范围内，地表影响范围随煤层倾角的增大而扩大，倾向下沉量较大；而在 20°～40°范围内，随着煤层倾角的增加，地表影响范围逐渐缩小，形成沿走向方向的狭长沉陷区域，且最大下沉量位置偏向下巷对应的地表。

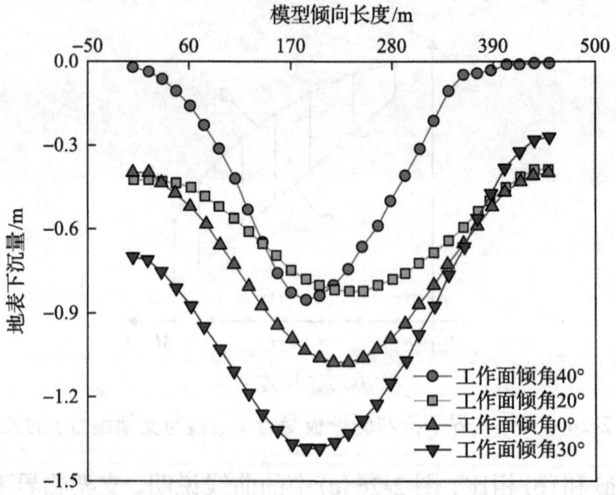

图 2-27　地表倾向下沉曲线

由于工作面倾角的存在，工作面倾向上部顶板发生破断，但覆岩最大下沉量向下巷方向偏移，这是地表下沉盆地最大下沉位置不同的主要原因。

图 2-28 展示了不同倾角工作面推进 500m 时的地表倾向水平位移曲线。随着煤层倾角的增大，煤层上部区域的地表水平位移明显大于下巷对应地表。同时，煤层倾角增大使上巷地表曲率增大，而下巷地表的影响范围则显著大于上巷。

2.6.2 地表裂缝发育

不同倾角下急倾斜煤层开采的地表塑性区发育特征如图 2-29 所示。覆岩关键层顶板的破坏导致地表黄土层依次经历拱的形成与失稳破坏。在较小倾角（0°、

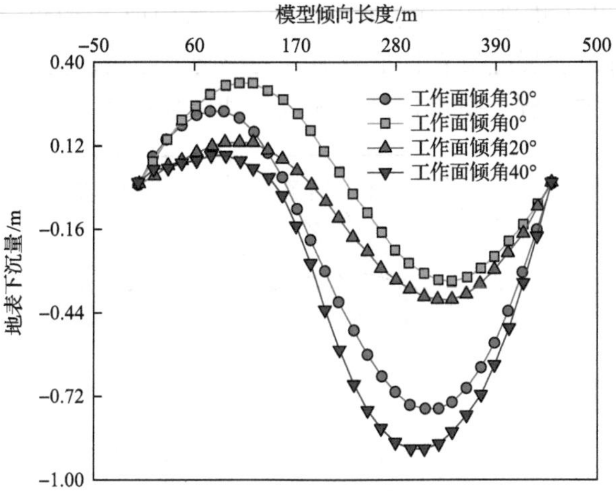

图 2-28　地表倾向水平位移曲线

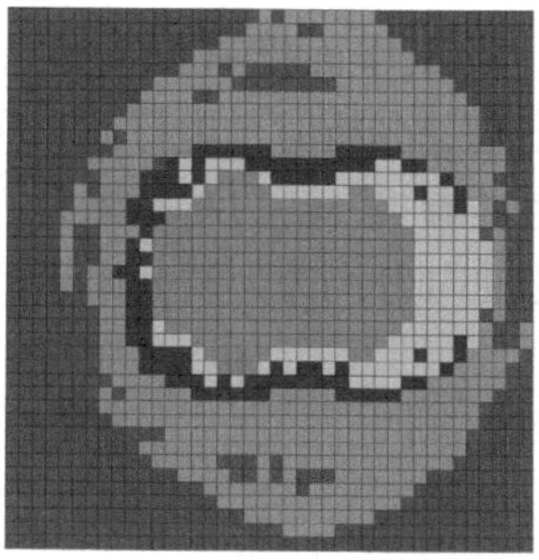

(a) 0°倾角工作面

(b) 10°倾角工作面

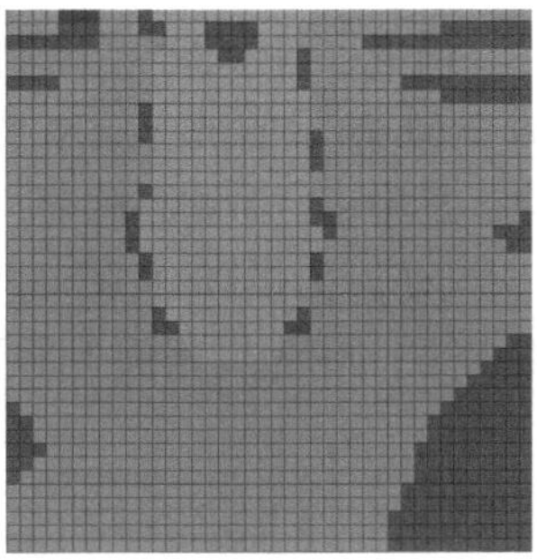

(c) 20°倾角工作面

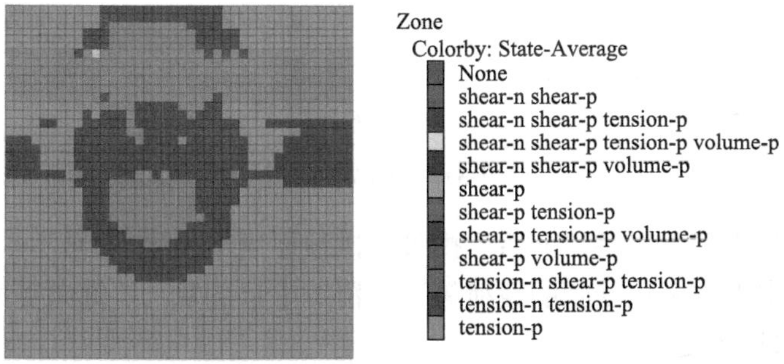

(d) 30°倾角工作面

图 2-29　不同倾角工作面地表塑性区发育特征

20°)条件下，裂缝沿工作面倾向方向发育；而在较大倾角(30°、40°)时，裂缝主要沿走向方向扩展。另外，开采初期地表下沉速率较缓，随着工作面推进至一定距离后，下沉速率显著增加。这主要是由于高层位主关键层破断失稳，导致地表沉降加速，沉降量迅速增大[9]。

建立了沿工作面推进方向倾斜和工作面长度方向地表散体压力拱，如图 2-30 所示。压力拱对地表裂缝发育特征有显著的影响。运用压力拱的曲线方程，求解压力拱拱内应力方程、拱垮比、破坏位置和破坏模式[17]。

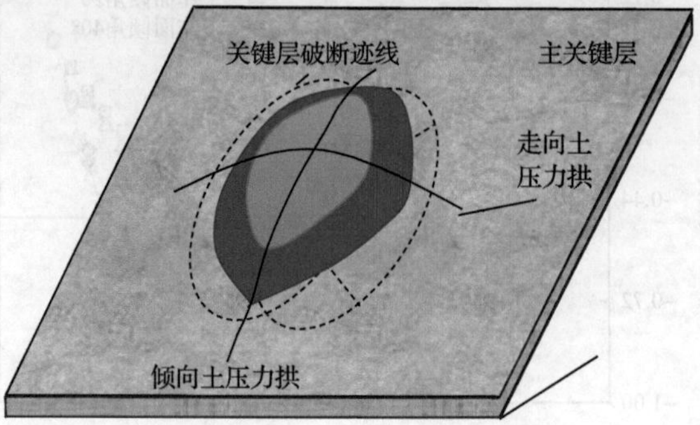

图 2-30　地表散体压力拱

研究了主关键层破断后地表黄土层拱形态特征，沿工作面推进方向建立图 2-31 所示的黄土层水平拱力学模型。在对松散拱进行理论分析时，进行适当简化。其中，q 为均布载荷；λ 为侧压系数；F_{HA} 与 F_{HC} 为拱脚 A、C 的水平撑力；F_{VA} 与 F_{VC} 为拱脚 A、C 的竖向支撑力；Q_p 为拱截面上的轴向力；Q_r 为拱截面上的切向力；M 为拱截面上所受到的变矩。

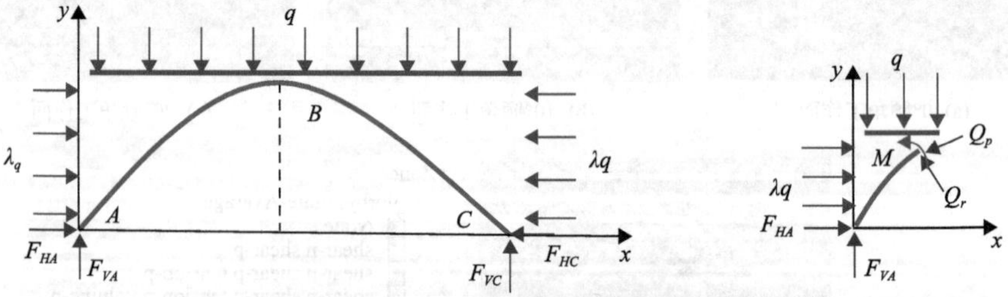

图 2-31　黄土层水平拱力学模型

(1) 认为黄土层拱自前后两拱脚至拱顶厚度不发生变化。

(2) 水平拱拱顶受到的载荷等于上覆黄土层的重力，侧向受力为线性分布，侧压系数保持不变。

通过分析黄土层土压力拱内力与力矩平衡关系，假设三铰拱为稳定的无弯矩状态，黄土层拱内不承受弯矩及剪力的作用，地表压力拱层不发生破断的临界高度为

$$\sum H \geqslant i\left(L_m \frac{2\sum h}{\tan\alpha}\right) + \frac{\gamma H_0 L}{\left[\gamma(H_0 + iL)\tan\left(45^\circ + \frac{\varphi}{2}\right) + 2C\right]\tan\left(45^\circ + \frac{\varphi}{2}\right)\cos\varphi} \tag{2-40}$$

式中，α 为靠近地表基岩破断角，(°)；L、H_0 分别为地表黄土层内土压力拱跨度和矢高，m；$\sum h$ 为控制地表主关键层底界面至地表的距离，m。

研究表明，地表水平拱的形态及其破坏高度主要受主关键层的破坏特征控制，关键层破断导致地表产生裂缝。对某大倾角工作面地表裂缝进行的从工作面推进至终线的全过程连续统计也验证了该结论，如图 2-32 所示。

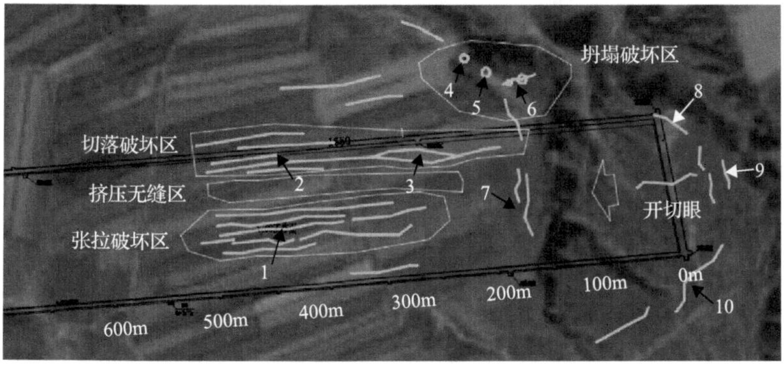

图 2-32　地表裂隙分布素描

参 考 文 献

[1] 杨胜利. 急倾斜煤层采场围岩控制理论与技术[M]. 北京: 煤炭工业出版社, 2016.

[2] 杜计平. 采矿学[M]. 徐州: 中国矿业大学出版社, 2019.

[3] 王家臣，杨胜利，刘淑琴，等. 急倾斜煤层开采技术现状与流态化开采构想[J]. 煤炭科学技术，2022, 50(1): 48-59.

[4] 王家臣，赵兵文，赵鹏飞，等. 急倾斜极软厚煤层走向长壁综放开采技术研究[J]. 煤炭学报，2017, 42(2): 286-292.

[5] 王家臣，杨胜利，李良晖. 急倾斜煤层水平分段综放顶板“倾倒-滑塌”破坏模式[J]. 中国矿业大学学报，2018, 47(6): 1175-1184.

[6] 伍永平，解盘石，王红伟，等. 大倾角煤层开采覆岩空间倾斜砌体结构[J]. 煤炭学报, 2010, 35(8): 1252-1256.

[7] 钱鸣高，许家林，王家臣，等. 矿山压力与岩层控制[M]. 北京: 中国矿业大学出版社, 2021.

[8] Wang J, Yang S, Li Y, et al. A dynamic method to determine the supports capacity in longwall coal mining[J]. International Journal of Mining, Reclamation and Environment, 2015, 29(4): 277-288.

[9] 张康宁. 大倾角煤层走向长壁工作面顶板破断与地表沉陷规律研究[D]. 北京: 中国矿业大学(北京), 2020.

[10] 李小萌. 急倾斜综放采场围岩控制技术及支架稳定性研究[D]. 北京: 中国矿业大学(北京), 2016.

[11] 杨胜利. 基于中厚板理论的坚硬厚顶板破断致灾机制与控制研究[D]. 徐州: 中国矿业大学, 2019.

[12] 杨胜利，赵斌，李良晖. 急倾斜煤层伪俯斜走向长壁工作面煤壁破坏机理[J]. 煤炭学报, 2019, 44(2): 367-376.

[13] 杨胜利，孔德中，杨敬虎，等. 综放仰斜开采煤壁稳定性及注浆加固技术[J]. 采矿与安全工程学报，2015, 32(5): 827-833, 839.

[14] 杨胜利，孔德中. 大采高煤壁片帮防治柔性加固机理与应用[J]. 煤炭学报, 2015, 40(6): 1361-1367.

[15] 解盘石，伍永平，王红伟，等. 大倾角煤层长壁采场倾斜砌体结构与支架稳定性分析[J]. 煤炭学报，2012,

37(8): 1275-1280.
[16] 王家臣, 魏炜杰, 张锦旺, 等. 急倾斜厚煤层走向长壁综放开采支架稳定性分析[J]. 煤炭学报, 2017, 42(11): 2783-2791.
[17] 汪锋, 许家林, 陈绍杰, 等. 松散层拱结构模型及其对覆岩运动的影响[J]. 采矿与安全工程学报, 2019, 36(3): 497-504, 512.

第 3 章　近直立煤层群开采岩层运动特征及控制

近直立煤层是指赋存角度接近垂直的急倾斜煤层，主要分布在我国内蒙古、甘肃、新疆等西部地区，如内蒙古阿刀亥矿、甘肃窑街三矿及新疆乌东煤矿等。水平分段综放开采是当前近直立特厚煤层的主要开采方式。近直立煤层的特殊赋存状态多与其复杂构造应力场有关，开采过程中矿压显现规律不同于近水平或倾角较小的急倾斜煤层，常面临冲击地压防治的难题。本章基于近直立煤层群大段高综放开采的工程特点，研究了大段高开采过程中岩层倾倒-滑塌规律、应力演化、冲击动载效应及采场围岩失稳特征，提出了多手段联合的动力灾害防治技术，为解决近直立煤层群开采中的动力灾害控制难题提供了科学参考。

3.1　近直立煤层赋存特征

近直立煤层是指煤层倾角为 85°～90°的煤层。在地壳运动作用下，煤层经历大幅度弯曲、扭转，发生直立或倒转，从而形成了近直立的煤层产状，如图 3-1 所示。

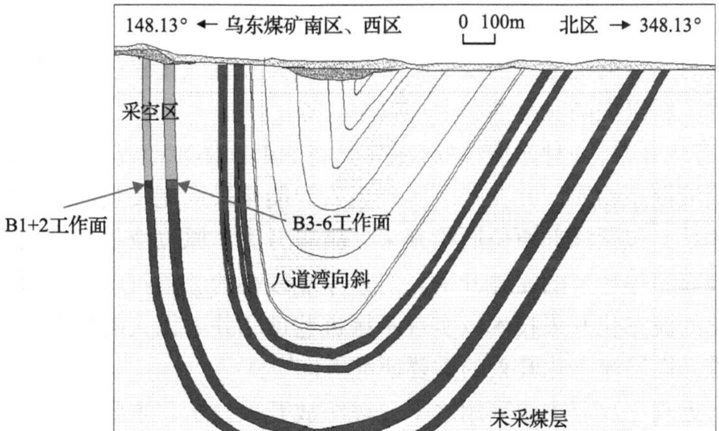

图 3-1　近直立煤层赋存特征

近直立煤层的特点如下。

(1) 特殊的地质构造。近直立煤层由于经历了地壳运动中的大幅度弯曲和扭转，因此形成了独特的地质构造。这种构造导致煤岩体在受力和变形过程中，应力分布呈现出明显的非对称性，这给开采设计和安全管理带来了额外的复杂性。

(2) 煤层厚度较大。放顶煤开采易产生较大的动载扰动，这种扰动可能导致冲击地压等灾害，对矿工安全和开采效率构成威胁。

(3) 冲击地压显现的临界采深小。近直立煤层冲击地压显现的临界采深小于大多数冲击地压矿井。这种煤层最常见的开采方式为水平分段开采，该开采方法采出煤量大，采场周围应力集中程度更高，甚至会出现动力冲击现象。

针对近直立煤层的开采，目前主要采用以下几种技术。

(1) 水平分段综放开采技术：将急倾斜厚煤层自上而下分为若干个水平采煤分段，在每个分段内进行综放开采。水平分段综放开采技术适用于煤层厚度大于20m、倾角大于50°的条件。其优点是工作面可以水平布置，作业条件好，工作面产量较大；缺点是工作面短，长度通常是煤层的水平厚度，顶煤放出率较低，导致工作面的整体采出率较低。

(2) 斜坡采煤法：在近直立薄煤层开采中广泛采用的一种技术，通过设置多个短长度工作面(约 90m)并沿煤层划分为斜形开采条带来进行开采。这种开采方式的特点是工作面数量多，巷道采用多溜槽布置，首采斜坡倾角控制在 24°～25°，并且工作面与主斜坡边界重合。每隔一定距离设置分斜坡，其倾角略大于主斜坡，以优化煤的流动和运输。开采过程中，从上至下依次或同时回采两个分斜坡工作面，以保持生产的连续性和效率。落煤主要依靠爆破方式，而出煤则通过自溜至采区溜煤眼或煤仓，减少人力需求，提高出煤效率。尽管斜坡采煤法在急倾斜煤层开采中具有一定的优势，但也面临劳动强度大和机械化程度低的挑战，需要不断进行技术革新以提高安全性和生产效率。

(3) 流态化开采：一种颠覆性的技术，其将深部固体矿产资源原位转化为气态、液态或气固液混态物质，并在井下实现无人智能化采选充及热电气转化的流态化开采技术体系，包括深部原位盾构开采、破碎分离、原位液化、电化、气化，以及原位负碳充填等环节的完整开采。对于厚度较小的急倾斜煤层，探索类似于煤炭地下气化的流态化开采技术以实现不掘进巷道和井下无人的远程水力采煤，是未来复杂难采煤层流态化开采的重要研究方向[1]。

目前，近直立煤层主要采用水平分段综放开采技术，主要技术难题包括提高顶煤采出率和开采效率，特别是在煤体坚硬、裂隙不发育时，顶煤的冒放性较差，会有成拱现象。此外，智能化开采技术还需进一步发展，以提高工作面单产、卸压效果与采出率。开采近直立煤层时可能发生的灾害包括冲击地压、瓦斯灾害、水害等。深部开采后，冲击地压风险将显著增加，高地应力作用下，巷道岩体强度降低，影响巷道稳定性，高渗透压力极易引发地质灾害。由此，近直立岩层运动特征与控制研究显得十分必要。受到开采扰动和地质条件的影响，岩层运动特征与控制研究对于预防和控制近直立煤层开采中的冲击地压、瓦斯灾害和水害等具有重要意义。例如，针对近直立煤层开采的冲击地压问题，研究人员提出了多种防治措施，包括爆破、水压致裂、建立保护层等，以及通过充填采空区技术来降低开采分段周围煤岩体的应力集中现象。因此，通过深入分析岩层运动特征，可以更有效地控制和管理近直立煤层的开采风险，保障矿工安全，提高开采效率，减少环境影响。

3.2　近直立煤层群开采围岩应力演化特征

3.2.1　近直立煤层群应力场分布特征研究

1. 地应力场分布特征

乌东煤矿是一典型的近直立煤层，位于八道湾向斜的南翼。根据现场资料，乌东煤矿在+475m、+450m、+350m 3 个水平进行了地应力测量，具体数据如表 3-1 所示[2,3]。

表 3-1　乌东煤矿南采区地应力测量结果

钻孔位置	埋深/m	地应力				垂直应力/MPa
		主应力	大小/MPa	方位角/(°)	倾角/(°)	
+475m 水平 B_1 微震探头硐室	323	σ_H	15.19	338.02	15.56	8.23
		σ_h	10.68	188.30	−72.13	
+475m 水平 B_1 充电硐室	323	σ_H	14.10	337.37	12.95	8.10
		σ_h	8.39	189.42	−74.82	
+450m 水平石门	348	σ_H	15.77	338.51	25.96	8.84
		σ_h	10.27	192.99	−59.43	
	348	σ_H	15.43	340.50	33.59	8.11
		σ_h	9.90	178.77	−55.03	
+350m 水平北车场联络巷	467	σ_H	23.08	338	10	11.36
		σ_h	10.65	248	−13	
	467	σ_H	22.70	334	−17	11.54
		σ_H	10.76	244	−6	

注：σ_H 为最大主应力，σ_h 为最小主应力。

可以看出，各测点的最大水平主应力均大于垂直应力，最大主应力为自重应力的 1.74～2.03 倍，表明该区域为典型的水平地应力主导的应力场。此外，垂直应力和水平应力均随着埋深的增加而逐渐增大(表 3-2)。通过拟合得到的垂直地

应力和水平地应力为

$$\sigma_Z = 0.0235H + 0.449 \tag{3-1}$$

$$\sigma_H = 0.0585H - 4.486 \tag{3-2}$$

表 3-2　应力大小与测点埋深关系

测点位置		最大水平主应力 σ_H/MPa	最大水平主应力均值/MPa	垂向应力 σ_z/MPa	垂向应力均值/MPa	深度/m
+475 水平	测点 1	15.19	14.645	8.23	8.165	323
	测点 2	14.10		8.10		323
+450 水平	测点 1	15.77	15.6	8.84	8.475	348
	测点 2	15.43		8.11		348
+350 水平	测点 1	23.08	22.89	11.36	11.45	467
	测点 2	22.70		11.54		467

垂直地应力的增大梯度基本等于上覆岩层的容重，而水平地应力的增大梯度约为垂直应力梯度的 2.49 倍，表明水平应力增大的速度显著高于垂直应力，反映出显著的水平应力主导特征。

乌东煤矿南采区 3 个开采水平测得的最大水平主应力与垂向应力的比值如表 3-3 所示。乌东煤矿南采区的水平构造应力场作用显著，且随着埋深增加，最大水平主应力与垂直应力的比值呈增大趋势。

表 3-3　最大水平主应力与垂向应力比值

测点位置		最大水平主应力 σ_H/MPa	垂向应力 σ_z/MPa	比值
+475 水平	测点 1	15.19	8.23	1.84
	测点 2	14.10	8.10	1.74
+450 水平	测点 1	15.77	8.84	1.78
	测点 2	15.43	8.11	1.90
+350 水平	测点 1	23.08	11.36	2.03
	测点 2	22.70	11.54	1.96

综上所述，受矿区构造应力的影响，乌东煤矿南采区表现出明显的水平地应力场特征。垂直应力的大小基本等于上覆岩层的重力，而水平地应力随埋深增加的速度大于垂直应力，且水平应力与垂直应力的比值随埋深增加而升高。

2. 实测超前支承压力分布特征

1) 实测方案

对乌东煤矿西区+443B_{3+6} 工作面和南区+425B_{1+2} 工作面进行测试，选用 YHY30 矿用本安型钻孔应力传感器对工作面前方支承压力分布特征进行监测。

(1) +443B_{3+6}工作面。

在 B_6 巷距离工作面 20m、40m、60m 设置 3 个测点，每个测点布置 2 个钻孔应力计，深度分别为 10m 和 6m，钻孔间距 1m，钻孔直径 42mm，如图 3-2 所示。

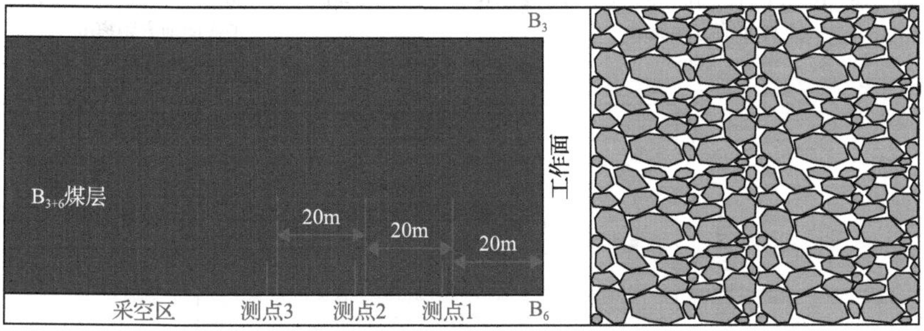

图 3-2 +443B_{3+6}工作面钻孔应力计布置

(2) +425B_{1+2} 工作面。

在 B_2 巷距离工作面 40m、60m、80m 设置 3 个测点，每个测点布置 2 个钻孔应力计，深度分别为 14m 和 6m，钻孔间距 1m，钻孔直径 42mm，如图 3-3 所示。

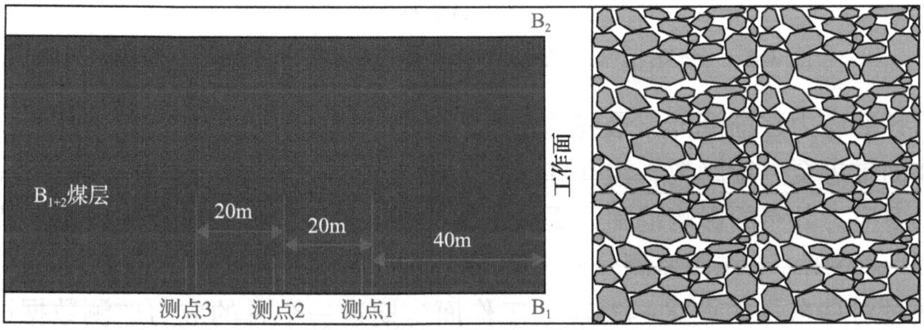

图 3-3 +425B_{1+2}工作面钻孔应力计布置

2) 采动应力实测分析

(1) +443B_{3+6}工作面监测分析。

通过对乌东煤矿西区+443B_{3+6} 工作面为期近一个月的应力监测数据进行整理，对工作面 20m、40m、60m 处应力计测站数据进行处理分析，如图 3-4 所示。

研究表明，随着工作面推进，超前支承压力趋于稳定，不同孔深条件下的压力分布存在差异，浅孔压力通常早于深孔压力开始下降。应力监测数据显示，安

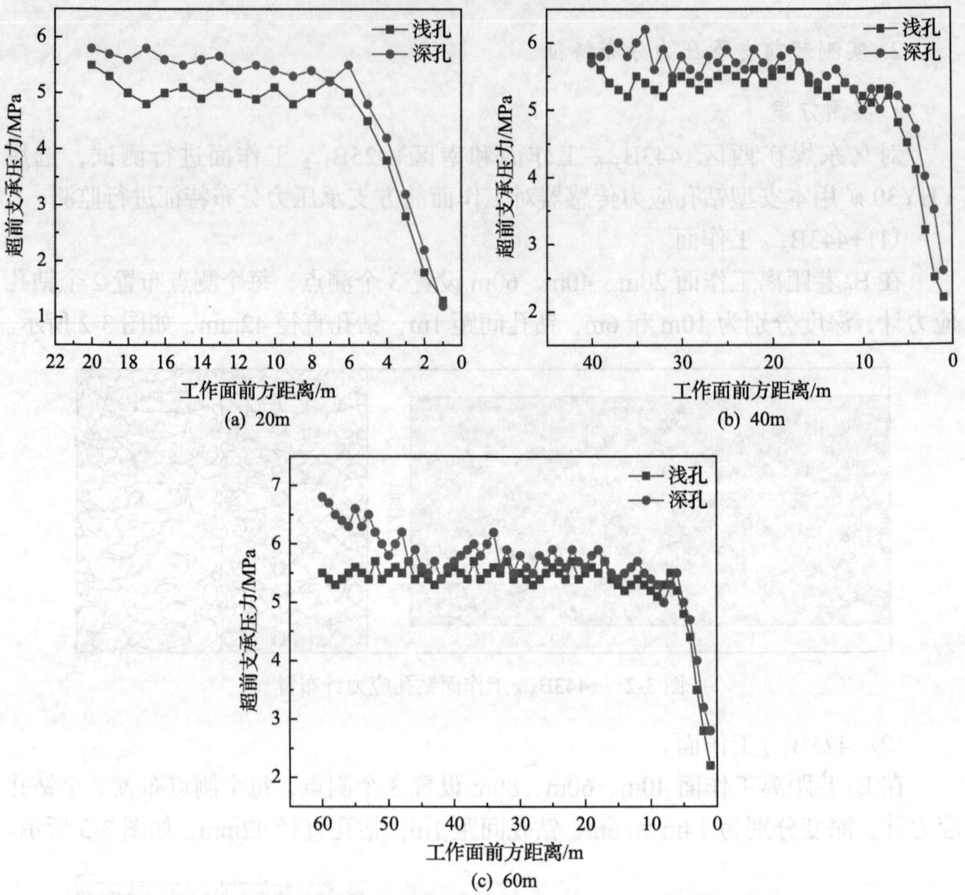

图 3-4　$+443B_{3+6}$ 工作面回采过程中工作面前方支承压力分布

装应力计后应力逐渐降低，最终趋于稳定，但浅孔与深孔的稳定值有所不同。随着工作面推进至一定距离，浅孔和深孔的应力会同时下降。这进一步证实了工作面采动对应力分布的影响范围，提供了在不同条件下制定安全措施的参考依据。

(2) $+425B_{1+2}$ 工作面监测分析。

通过对乌东煤矿西区 $+425B_{1+2}$ 工作面为期近一个月的应力监测数据进行整理，对工作面 40m、60m、80m 处应力计测站数据进行处理分析，如图 3-5 所示。

随着工作面推进，前方超前支承压力呈现出一定的规律性。深孔的应力在距工作面 7m 处逐渐增高，但增幅较小，随后迅速回落；浅孔的支承压力在距工作面 6m 处达到峰值，并随后降低。此外，浅孔与深孔的应力峰值系数均较小，表明工作面前方的超前支承压力变化相对稳定。

(3) $+425B_{1+2}$ 工作面水平应力监测。

$+425B_{1+2}$ 工作面回采过程中顶煤水平应力检测结果如图 3-6 所示。

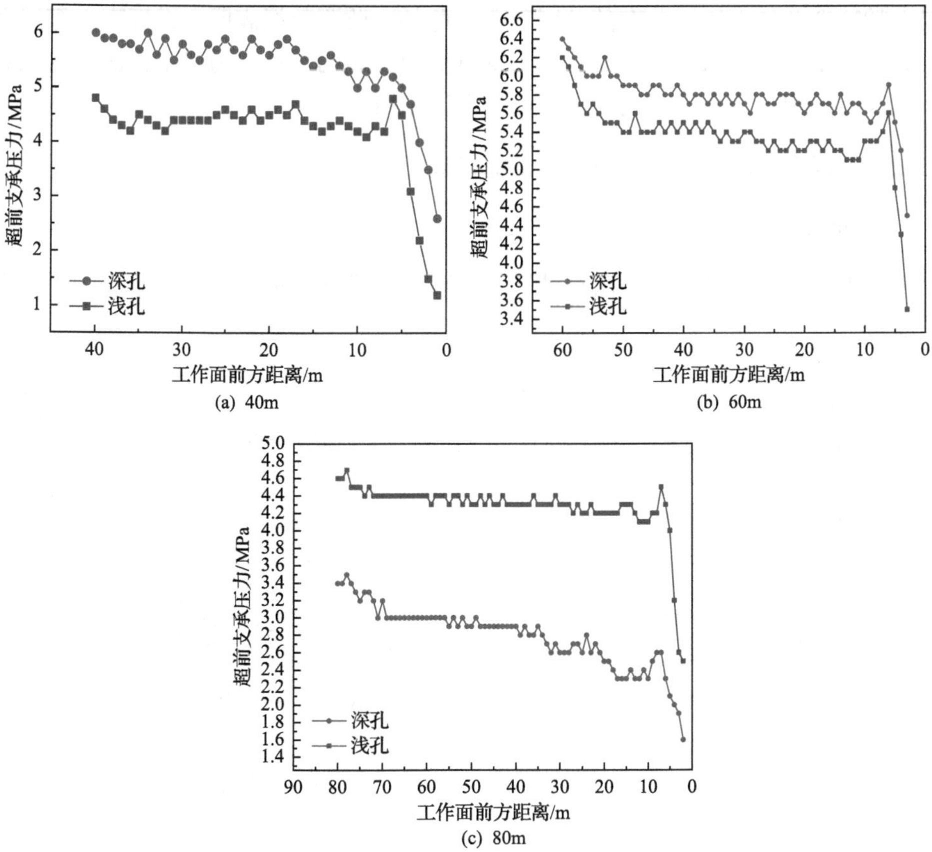

图 3-5　+425B_{1+2}工作面回采过程中工作面前方支承压力分布

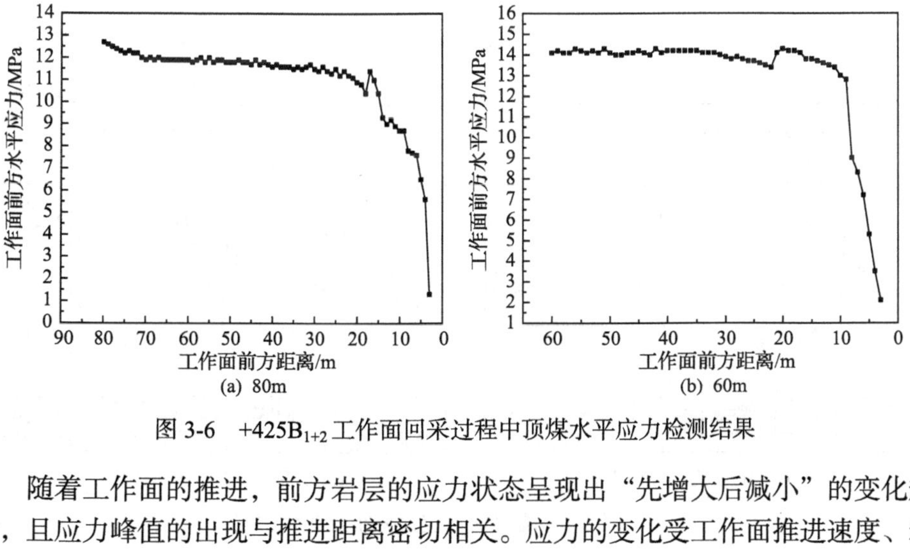

图 3-6　+425B_{1+2}工作面回采过程中顶煤水平应力检测结果

随着工作面的推进，前方岩层的应力状态呈现出“先增大后减小”的变化规律，且应力峰值的出现与推进距离密切相关。应力的变化受工作面推进速度、岩层力学特性及矿山压力分布的共同影响。此外，监测数据表明，在近直立煤层大段高开采条件下，水平应力显著大于垂直应力，表明水平应力对工作面稳定性具有更大的影响，需在支护设计中重点考虑其作用。

3.2.2　多因素影响下围岩应力演化特征研究

1. 开采深度对围岩应力演化特征影响研究

近直立煤层群随两工作面交替开采，随着开采深度增加，围岩垂直应力分布及演化情况如图 3-7 所示。

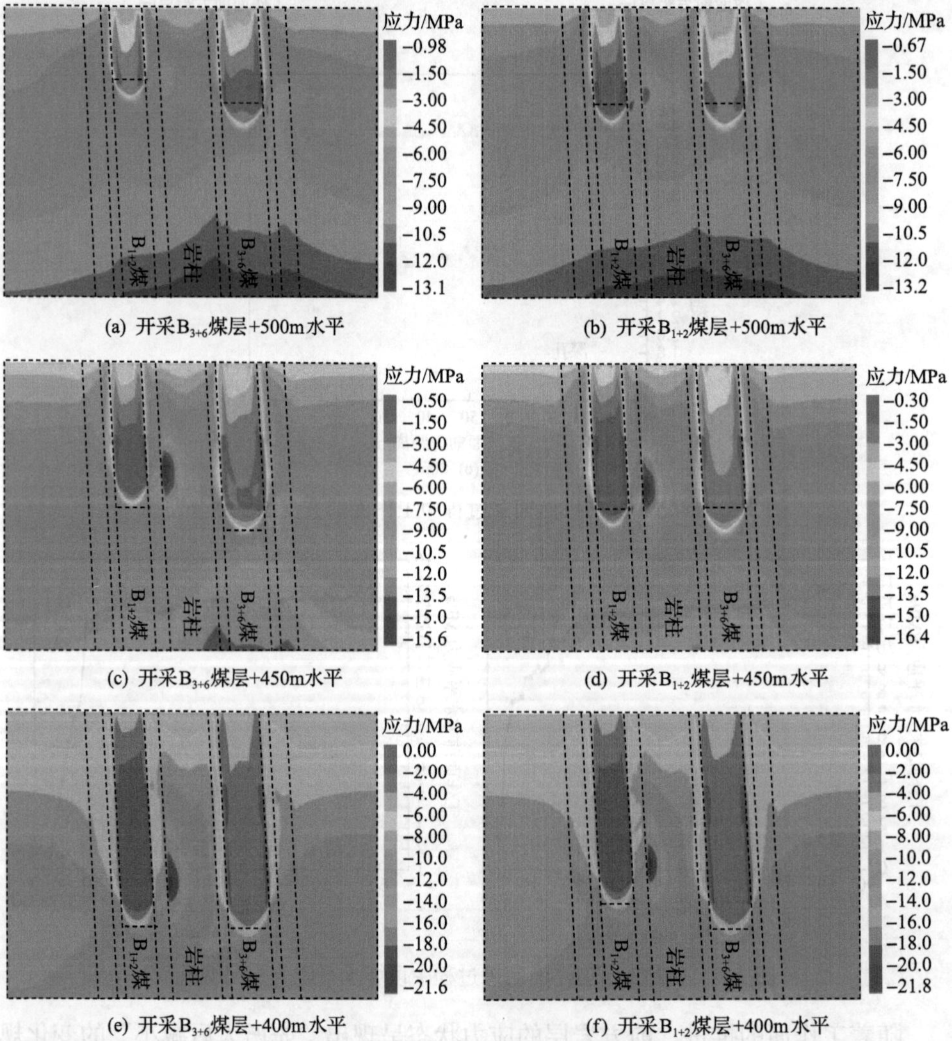

(a) 开采B_{3+6}煤层+500m水平　(b) 开采B_{1+2}煤层+500m水平

(c) 开采B_{3+6}煤层+450m水平　(d) 开采B_{1+2}煤层+450m水平

(e) 开采B_{3+6}煤层+400m水平　(f) 开采B_{1+2}煤层+400m水平

图 3-7　围岩垂直应力分布及演化情况

两工作面各分段交替开采过程中，随开采深度增加，围岩应力也呈现动态演化规律，采空区逐渐被压实，从上到下垂直应力逐渐降低，采空区两侧围岩应力先升高后降低；受煤层倾角影响，两侧工作面采空后岩柱在重力作用下呈现“撬转”趋势，在靠近 B_2 煤层顶板位置处形成垂直应力集中，应力集中中心不断下移，应力集中峰值不断增大，开采至+400m 水平时，垂直应力集中峰值可达 21.63MPa。

近直立煤层群随两工作面交替开采深度增加围岩水平应力分布及演化情况如图 3-8 所示。

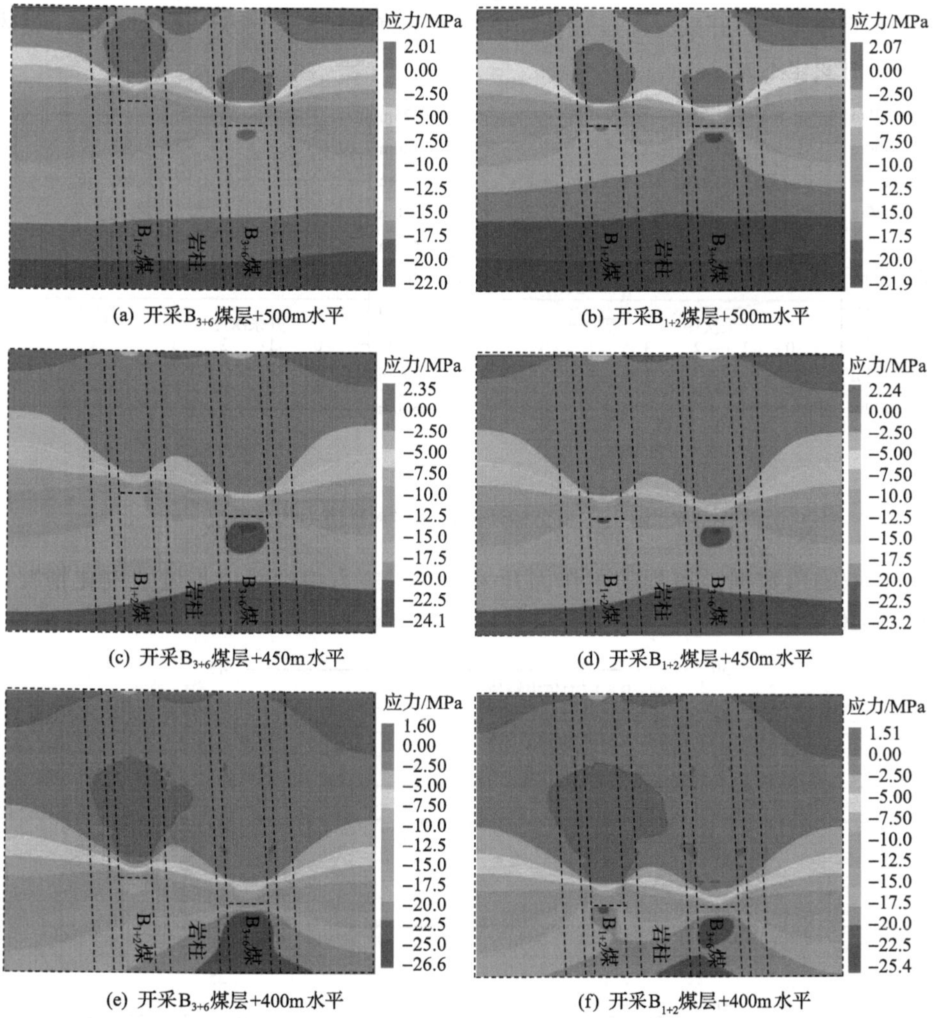

图 3-8 围岩水平应力分布及演化情况

工作面开采后，水平应力向深部转移，在工作面下方煤体形成应力集中区。随着开采深度不断增加，应力集中中心不断下移，应力集中峰值不断增大。同水

平 B_{3+6} 工作面作为保护层优先开采，对 B_{1+2} 工作面起到卸压保护作用，减弱了 B_{1+2} 煤体应力集中程度，降低了应力集中峰值。本水平 B_{1+2} 工作面开采后，B_{1+2} 工作面下方煤体应力集中程度再度升高，应力集中峰值增大。随两工作面交替开采，B_{1+2} 煤体应力集中呈现周期性先升高再降低的特征。

为对两煤层工作面下方应力集中演化特征进行进一步定量分析，沿两煤层中部倾向方向布置测线，随工作面交替开采两煤层水平应力演化情况如图 3-9 所示。沿煤层倾向方向向下，煤体水平应力分布呈现先增大后减小再继续增大的分布特征。随工作面开采深度增加，两煤层应力集中峰值整体呈增大趋势。随着同水平两工作面分段交替开采，B_{1+2} 煤体应力峰值重复先减小后增大的趋势，B_{3+6} 煤体应力峰值变化不大。

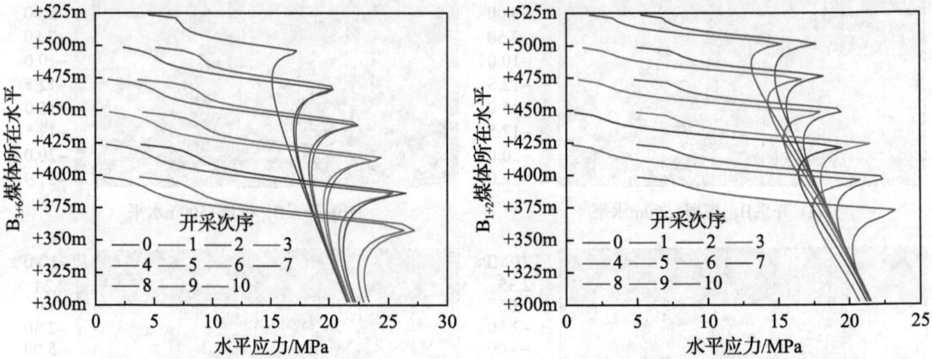

(a) B_{3+6}煤层　　(b) B_{1+2}煤层

图 3-9　随工作面交替开采两煤层水平应力演化情况

提取峰值数据，得到随工作面开采两煤层应力集中峰值与位置变化情况，如图 3-10 所示。随工作面交替开采，煤体应力集中峰值呈“锯齿状”波动增长，

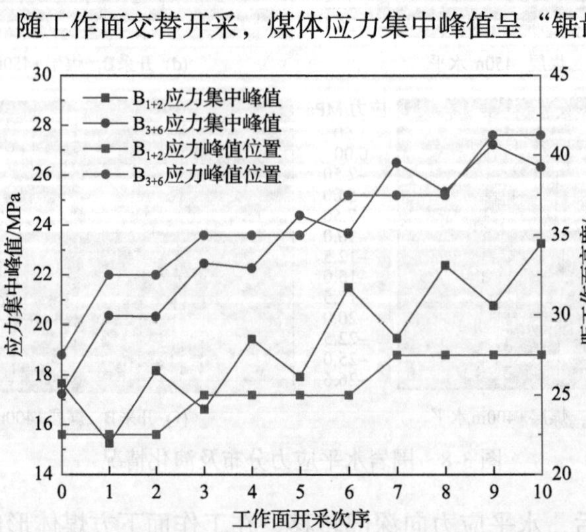

图 3-10　两工作面交替开采应力集中峰值与位置变化情况

应力峰值点下移距离呈“阶梯状”增长，且 B_{3+6} 煤体应力峰值始终大于 B_{1+2} 煤体，B_{3+6} 煤体应力峰值位置始终低于 B_{1+2} 煤体应力峰值位置。进一步得到应力集中峰值与应力峰值位置与工作面开采深度的关系，如图 3-11 所示，得出应力集中峰值与应力峰值位置与两工作面开采深度呈正线性相关关系，为预测随工作面开采深度增加煤体的应力集中程度与集中位置提供了计算依据。

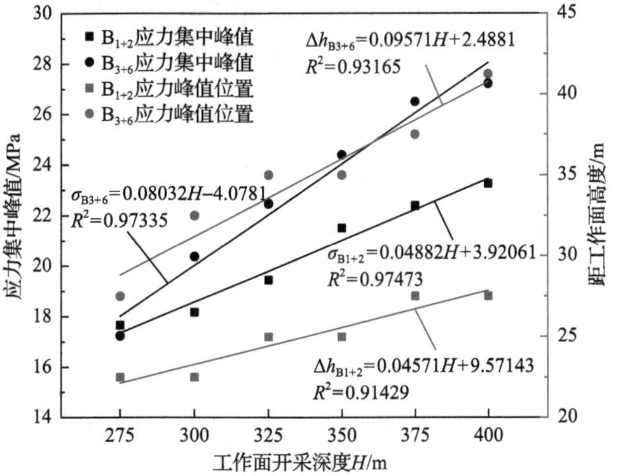

图 3-11　不同开采深度下的应力集中峰值与位置变化情况

2. 采空区充实度对围岩应力演化特征影响研究

不同采空区充实度对围岩应力分布特征具有显著影响。以+450m 水平 B_{3+6} 工作面为例，随充实度增大围岩应力演化情况如图 3-12 所示。围岩垂直应力受采空区充实度变化影响较小，表明采空区对垂直应力的作用较为有限；然而，水平应力分布则表现出随充实度增大而逐渐降低的趋势，说明充实度较高的采空区对煤体两侧围岩具有一定的支撑作用，能够缓解部分水平应力，降低煤体的应力集中程度，进而改善工作面稳定性。

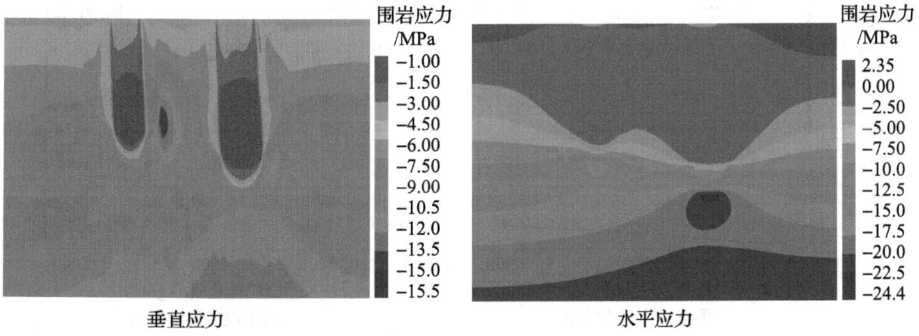

(a) 1000kg/m³

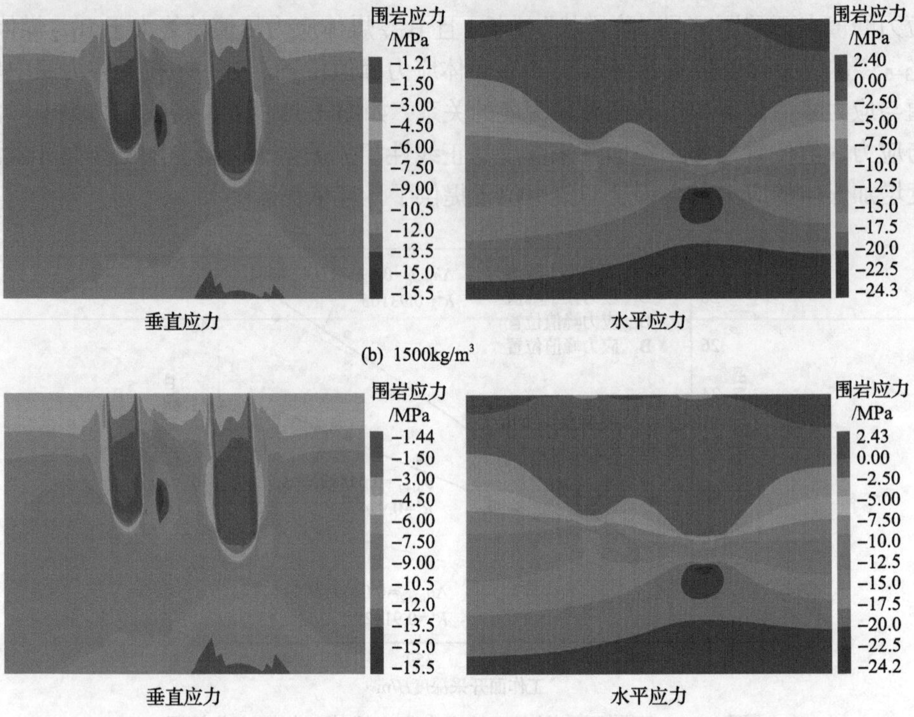

(b) 1500kg/m³

(c) 2000kg/m³

图 3-12　随充实度增大围岩应力演化情况

研究还表明，随着充实度的提高，工作面下方煤体的应力集中区域逐步减小，围岩压力向深部煤体转移，从而减少对煤体的直接影响。这表明合理的充实度可以在一定程度上分散应力，降低工作面围岩的不稳定因素，优化开采过程中应力的重新分布，保障工作面安全。

提取+500m、+450m 和+400m 3 个水平的垂直应力与水平应力峰值，绘制变化趋势，如图 3-13 所示。随着采空区充实度增大，岩柱中的垂直应力峰值呈增大

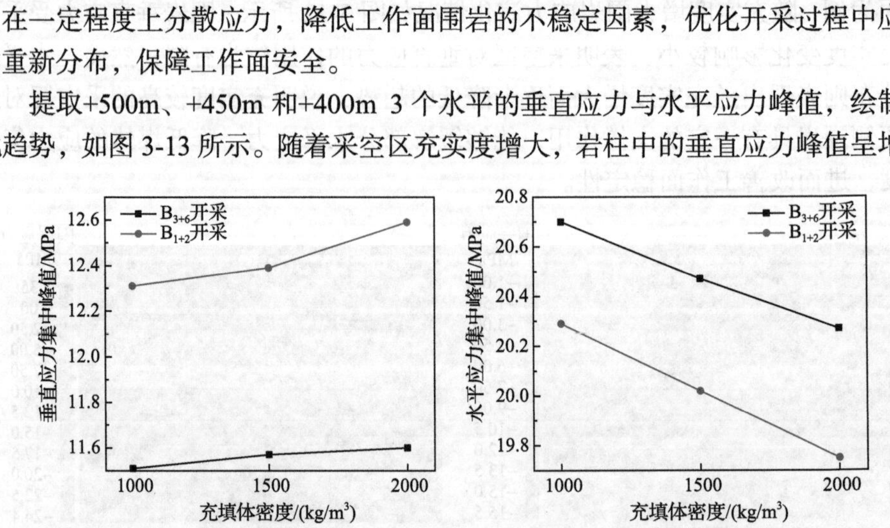

(a) +500m水平

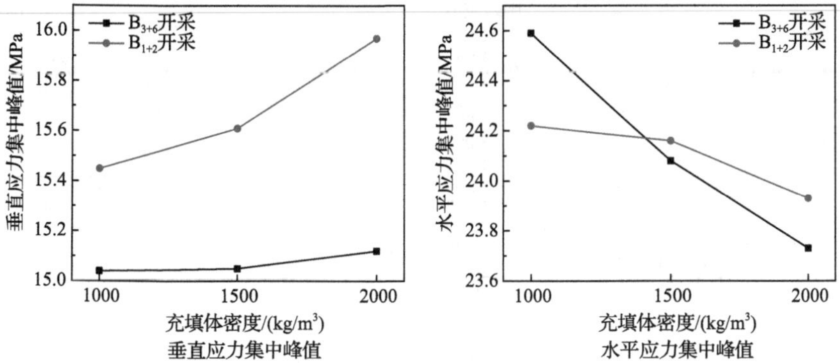

(b) +450m水平

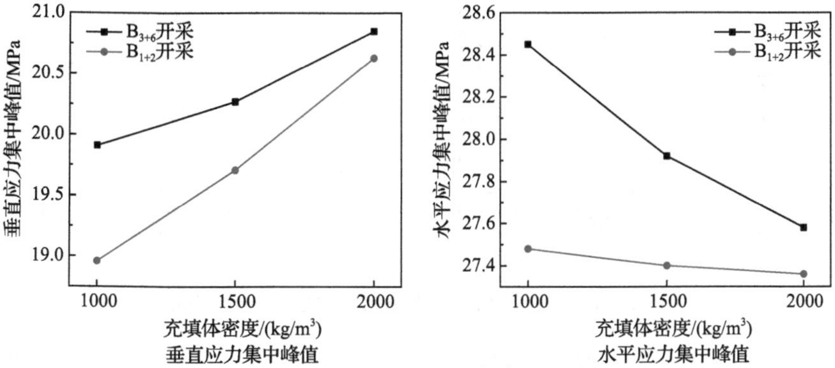

(c) +400m水平

图 3-13　随采空区充实度增大围岩应力演化情况

趋势，而水平应力峰值呈降低趋势，说明采空区可对工作面顶底板岩层起到一定的支撑作用，抵消一部分水平地应力对工作面煤体的挤压作用，从而降低水平应力集中。由近直立煤层处于水平地应力为主导的构造应力场中，水平应力集中是工作面发生煤岩灾变的重要原因之一，故可通过提高采空区充实度来提高采场围岩的稳定性，降低发生灾害的可能性。

3. 岩柱宽度对围岩应力演化特征影响研究

以工作面开采至+450m 水平时的情况为例分析岩柱宽度对围岩应力演化的影响，如图 3-14 和图 3-15 所示。

在+450m 水平 B_{3+6} 工作面开采过程中，靠近 B_{1+2} 工作面顶板的岩柱内形成垂直应力集中区，且应力集中程度随岩柱宽度的增加逐渐降低。当岩柱宽度较小时，应力峰值主要位于 B_{1+2} 工作面顶板岩柱内；而当岩柱宽度增大至一定程度后，应力集中峰值逐步向深部岩体转移。随着岩柱宽度的增加，围岩垂直应力集中峰值逐渐减小。

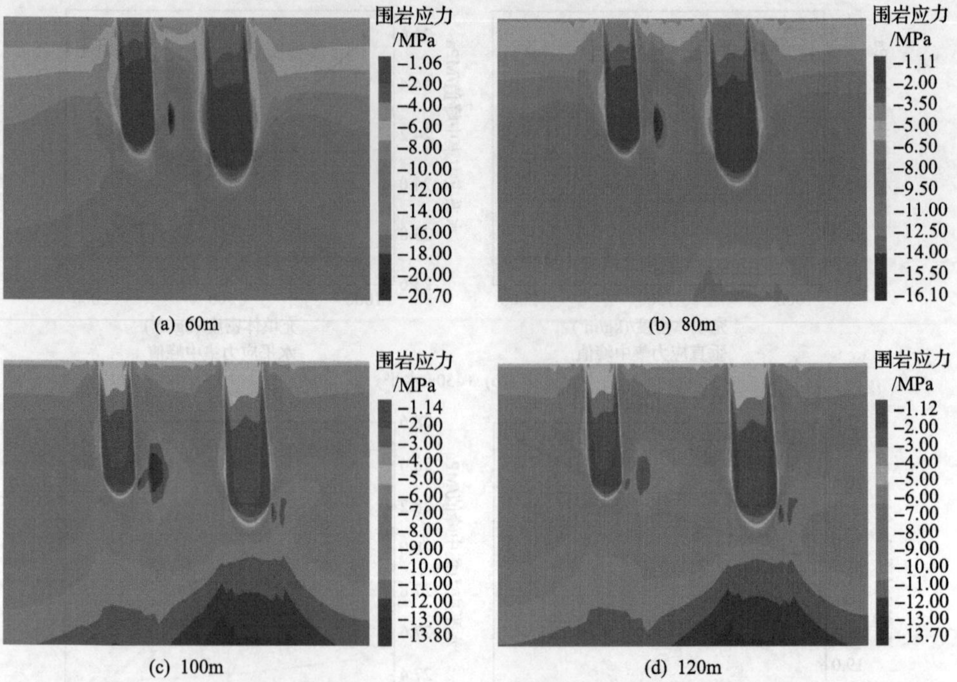

图 3-14　随岩柱宽度增大围岩垂直应力演化情况

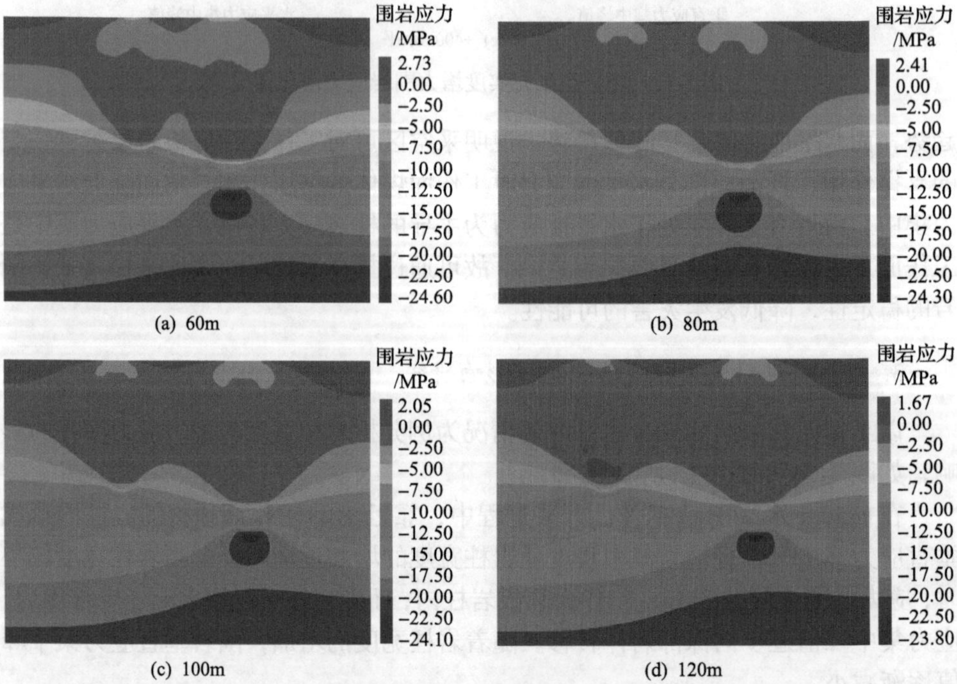

图 3-15　随岩柱宽度增大围岩水平应力演化情况

此外，两工作面下方煤体中形成了水平应力集中区，且水平应力集中峰值始终位于 B_{3+6} 工作面下方煤体内。随着岩柱宽度的增加，围岩水平应力集中峰值逐渐减小。

提取+500m、+450m 和+400m 3 个水平的水平应力峰值，绘制围岩水平应力峰值随岩柱宽度演化情况(图 3-16)。结果表明，随着岩柱宽度的增大，水平应力集中峰值不断减小，围岩应力集中程度降低。由此可推测，在近直立煤层条件下，岩柱较窄的区域更容易导致煤体应力集中，增加煤岩破坏失稳的风险。

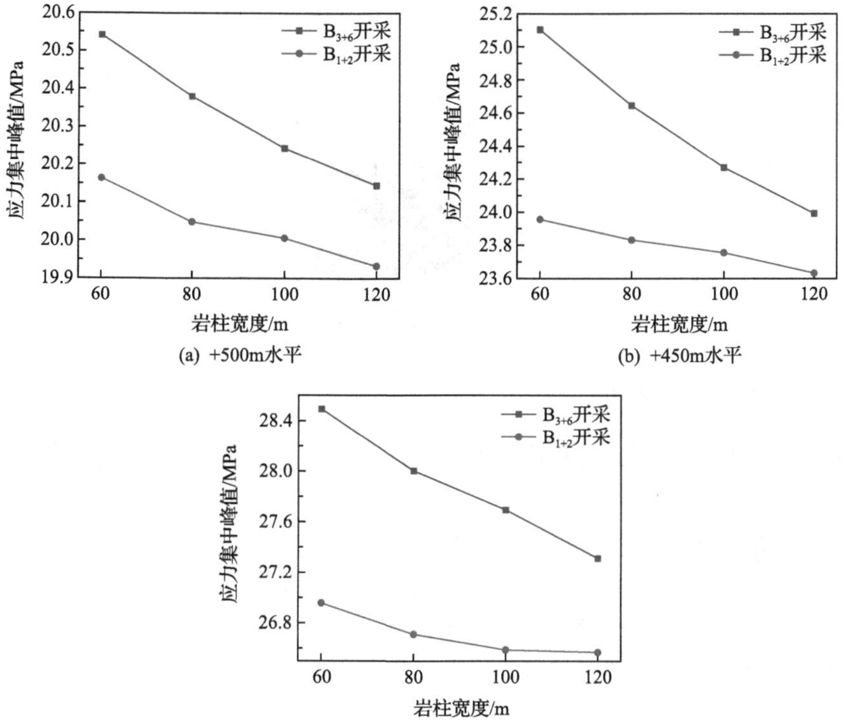

(a) +500m水平　(b) +450m水平　(c) +400m水平

图 3-16　围岩水平应力峰值随岩柱宽度演化情况

3.3　近直立煤层群开采顶底板失稳特征及判据

3.3.1　近直立煤层开采顶底板破坏特征

1. 顶板垮落模式分析

在倾角与采动作用下，顶板受重力产生弯矩，后缘拉应力集中并形成拉裂缝。随着开采深度增加，裂缝逐步扩展，底部岩体沿斜截面发生拉剪破坏，最终导致失稳。其破坏过程表现为顶板倾倒裂缝出现，底部拉剪破坏形成，最终发生整体滑移或局部垮落，且随着开采深度的增加可能反复发生，如图 3-17 所示[4,5]。

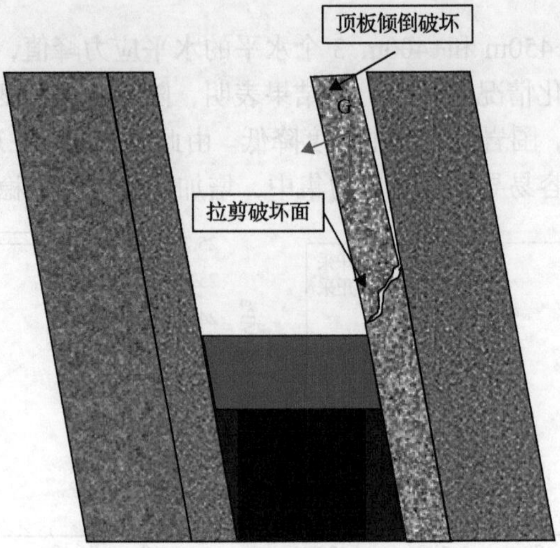

图 3-17　顶板倾倒

2. 底板垮落模式分析

在近直立煤层群开采过程中，开采引起的应力重新分布，使底板同时承受垂直和水平方向的力，影响其稳定性。当底板存在断层、节理或层理等结构面时，由于这些薄弱面的剪切强度低于周围岩体，因此底板易沿其发生滑塌破坏。随着开采深度的增加，底板在结构面与采动扰动的反复加卸载作用下，剪应力逐渐积累，容易沿薄弱结构面向采空区发生滑塌破坏，进而导致局部或整体失稳，严重威胁矿井安全生产，如图 3-18 所示。

3.3.2　近直立煤层群开采顶底板力学分析

1. 顶板破断力学分析

与缓倾斜或近水平煤层相比，近直立煤层在开采过程中最大的差异在于顶板的受力情况。由于近直立煤层的顶板倾角接近垂直，顶板自身及上覆岩层的载荷在垂直方向上的分力较小，使其破断特征显著不同于其他煤层。本节建立了近直立煤层首分段顶板破断的两端固支梁力学模型，其受力分析如图 3-19 所示。其中，$P(x)$ 为均布载荷；$\tau(x)$ 为切向受力载荷；M_A 为 A 点变矩；F_A 是顶板 A 点压力；F_B 是顶点 B 点拉力。

顶板底部剪力 F_A 和弯矩 $M(x)$ 分别为

$$F_{\mathrm{A}} = l\gamma \sin\alpha \left(\frac{1}{2}H - \frac{1}{6}l\sin\alpha \right) \tag{3-3}$$

$$M(x) = \gamma\cos\alpha \left[\frac{1}{6}x^3\sin\alpha - \frac{1}{2}Hx^2 + \left(\frac{1}{2}Hl - \frac{3}{20}l^2\sin\alpha \right)x + \frac{1}{30}l^3\sin\alpha - \frac{1}{12}Hl^2 \right] \tag{3-4}$$

式中，H 为采深，m；l 为悬顶距离，m；γ 为顶板容重，kg/m^3，取 26.7kN/m^3；α 为顶板倾角，(°)，取 87°。

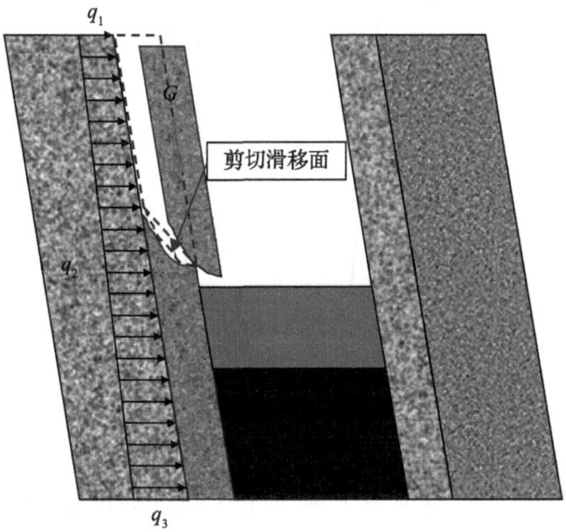

图 3-18　底板滑塌

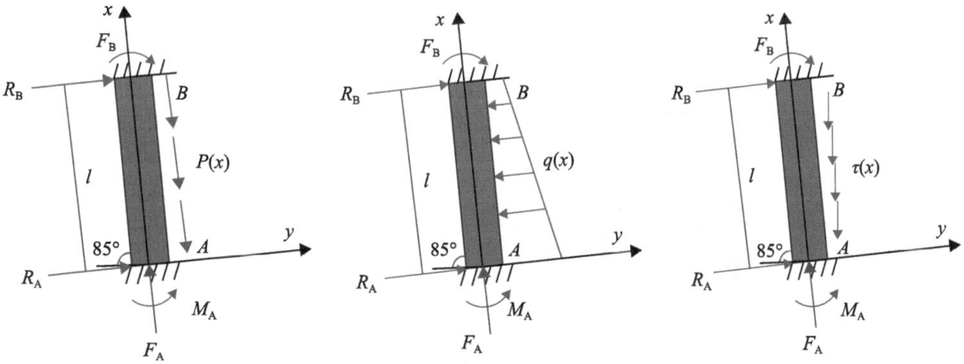

(a) 两端固支梁结构　(b) 法向受力　(c) 切向受力

图 3-19　两端固支梁结构受力分析

如图 3-20 所示，顶板拉应力最大值出现在顶板上端，表明顶板上端最易发生拉破断。

顶板上端最大拉应力为

$$\sigma_{c\max 1}=\frac{\gamma l\sin\alpha\left(\dfrac{1}{2}H-\dfrac{1}{6}l\sin\alpha\right)}{h}+\frac{\gamma l^2\cos\alpha\left(\dfrac{1}{2}H-\dfrac{1}{5}l\sin\alpha\right)}{h^2} \tag{3-5}$$

式中，h 为顶板厚度，m，取 5m。

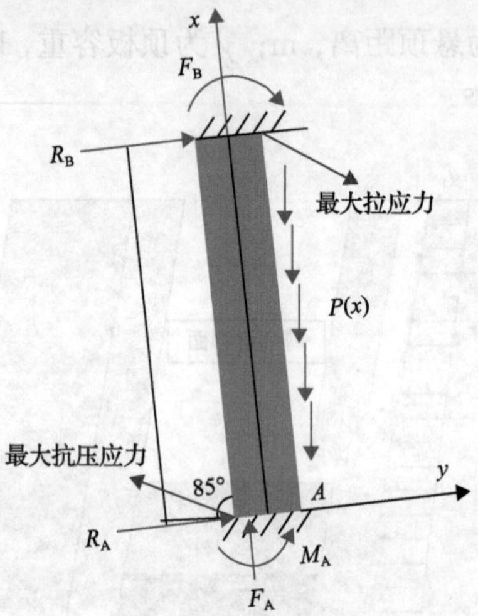

图 3-20　顶板应力分布

令 $\sigma_{c\max 1}$ ≥1.5MPa，解得顶板上端发生拉破坏时的悬顶步距为 28m。

计算表明，当直接顶厚度为 5m、倾角为 87°、容重为 26.7kg/m^3、弹性模量为 20GPa，顶板悬露长度达到 43m 时，其底部拉应力超过 1.5MPa，发生拉破坏，理论破断步距为 43m，如图 3-21 所示。由于计算中将顶板上端简化为自由端，实际

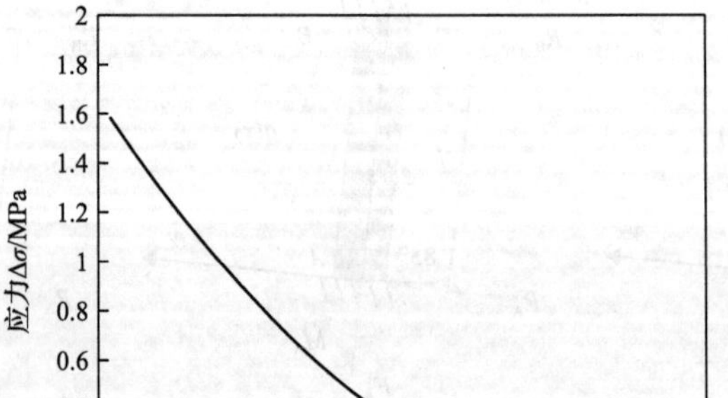

图 3-21　顶板应力分布与悬空距离关系

情况下其为简支端，因此实际破断步距应大于 43m。

2. 底板破断力学分析

近直立煤层底板滑塌力学模型如图 3-22 所示。其中，$G\sin\alpha$ 为上端底板的重力分量，F_{N1} 和 F_{N2} 分别为工作面临空段基本底和煤体挤压段基本底对直接底的支撑力，f 为基本底与直接底间摩擦力，F_A 为下端底板支撑力，$q(x)$ 为煤体对直接底的挤压作用力。

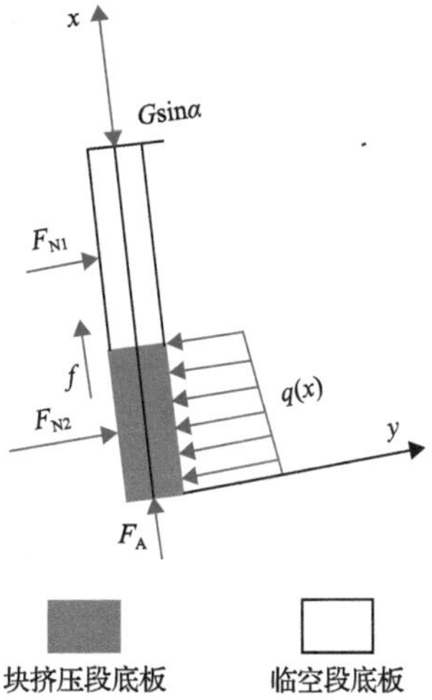

图 3-22　底板滑塌力学模型

当 B_{1+2} 工作面采深达到一定深度时，在工作面下方处的底板将存在高程度的应力集中现象，其集中力源主要是来自经煤层传递的层间岩柱挤压作用力 $q(x)$ 和自身重力。工作面下方底板水平应力集中随工作面采深增大，应力集中峰值随之增大。煤体挤压段底板岩体在高应力集中条件下，将经历压剪塑性屈服，岩体内部将产生新的裂缝，已有的裂缝也将发生扩展；当底板岩体进入工作面临空阶段时，底板岩体原先所承受的高载荷突然卸载，由此可能造成严重的反弹变形，底板岩体强度大幅下降，且该现象随着采深的增加而愈发严重。当底板岩体强度下降至易发生整体破坏时，会受到工作面的顶板倾倒或岩柱较大破坏运动等影响，工作面处底板将在自身重力作用下发生压剪型破坏，并沿剪切面整体发生滑塌。此外，层间岩柱的周期性破断会改变岩柱对煤体的撬转挤压作用，进而影响底板的周期性破坏的形式和程度。

随着 B_{1+2} 工作面开采深度的增加，工作面下方底板将出现显著的应力集中现象，主要来源于煤层传递的层间岩柱挤压作用力及自身重力。底板水平应力集中程度随采深增加而增大，应力峰值不断提高。在高应力条件下，底板岩体经历压剪塑性屈服，内部裂缝逐渐扩展，已有裂缝进一步发展。

当底板进入工作面临空阶段时，原先承受的高载荷骤然卸载，可能导致剧烈的反弹变形，显著降低岩体强度，并随着采深的增加而加剧。当底板强度降至临界状态时，在顶板倾倒或岩柱破坏等因素的共同作用下，底板可能发生压剪型破坏，并沿剪切面整体滑塌。此外，层间岩柱的周期性破断会改变对煤体的撬转挤压作用，影响底板的周期性破坏特征及破坏程度。

近直立特厚煤层群开采岩层运移模型如图 3-23 所示。在近直立特厚煤层群开采条件下，B_{3+6} 煤层顶板在首分段破断时主要发生倾倒式破坏；而在下分段破断时，倾倒式破坏仍为主要破坏模式，但也可能发生滑塌式破坏，这取决于煤层倾角、节理裂隙等因素。B_{1+2} 煤层底板在首分段和下分段破断时，在重力和侧向煤体挤压力作用下，可能发生滑塌式破坏。层间坚硬岩柱在采动过程中持续向 B_{1+2} 煤层采空区方向发生位移变形，并最终在岩柱底端产生大规模破坏。

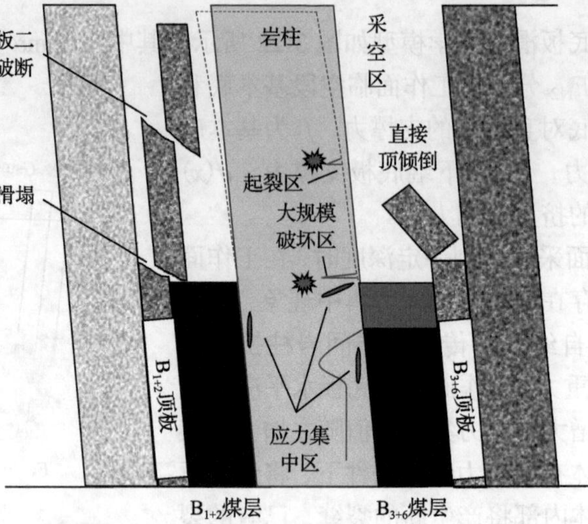

图 3-23　近直立特厚煤层群开采岩层运移模型

3.4　近直立煤层群开采岩柱变形的远近场效应

3.4.1　煤层群岩柱运移特征

1. 空区回填黄土支撑下岩柱变形分析

本节以乌东煤矿南采区为工程背景建立了近直立特厚煤层群空区回填黄土支撑下的岩柱变形力学模型，如图 3-24 所示。在该模型中，将失去煤体支撑的岩柱简化为悬臂梁，其地表端作为自由端，岩柱受煤层夹持端设为坐标原点。B_{3+6} 和 B_{1+2} 工作面开采后的黄土充填采空区被简化为对岩柱提供支撑作用的弹簧体。受自身重力影响，岩柱向 B_{1+2} 采空区方向发生弯曲变形[6-8]。

在顶底板的夹持作用下，包括岩柱应变能、采空区黄土充填体弹性势能及岩柱载荷做功等在内的层间岩柱的总势能为

$$\Pi=\frac{1}{2}\int_0^l EIw''^2\,\mathrm{d}x+\frac{\left(\dfrac{H}{\sin\alpha}-l\right)^2\gamma_1^2h^2l\sin^2\alpha}{2Ebh}+\frac{1}{2}kw^2(l)-\left[\int_0^l qw\mathrm{d}x+\left(\frac{H}{\sin\alpha}-l\right)\gamma_1hw(l)\cos\alpha\right] \tag{3-6}$$

式中，E 为岩柱弹模量，GPa；I 为岩柱惯性矩，其值为 $bh^3/12$；b 和 h 分别为岩柱单位宽度和平均厚度，m；w 为岩柱下沉曲线，m；l 为悬露的层间岩柱任意点处距工作面的距离，m；q 为单位高度的岩柱自重分量，MPa；k 为采空区的支撑弹簧刚度，kN/m；H 为工作面埋深，m；α 为层间岩柱倾角，(°)；γ_1 为层间岩柱容重，kg/m^3。

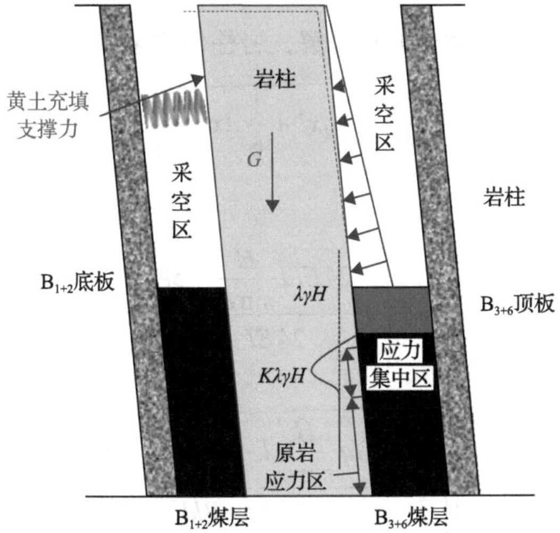

图 3-24　岩柱变形力学模型

根据最小势能原理，稳定状态下的层间岩柱结构总势能的一次变分为 0，即

$$\int_0^l EIw''\delta w''\mathrm{d}x + kw(l)\delta w(l) - \int_0^l q\delta w\mathrm{d}x - \left(\frac{H}{\sin\alpha} - l\right)\gamma_1 h\delta w(l)\cos\alpha = 0 \tag{3-7}$$

可得

$$\begin{aligned} & EIw''\delta w'\Big|_0^l - EIw^{(3)}\delta w\Big|_0^l + \int_0^l EIw^{(4)}\delta w\mathrm{d}x + kw(l)\delta w(l) \\ & -\int_0^l q\delta w\mathrm{d}x - \left(\frac{H}{\sin\alpha} - l\right)\gamma_1 h\delta w(l)\cos\alpha = 0 \end{aligned} \tag{3-8}$$

层间岩柱在两侧煤体夹持端的边界条件可简化为固支端，由材料力学理论可知，在固支边界条件下，层间岩柱的位移和转角均等于 0。将该条件代入式(3-8)，可得

$$EIw''\delta w'\Big|_l + \left[kw(l) - EIw^{(3)} - \left(\frac{H}{\sin\alpha} - l\right)\gamma_1 h\cos\alpha\right]\delta w\Big|_l + \int_0^l (EIw^{(4)} - q)\delta w\mathrm{d}x = 0 \tag{3-9}$$

由此可得

$$\left.\begin{aligned} &w''=0 \\ &kw(l)-EIw^{(3)}-\left(\frac{H}{\sin\alpha}-l\right)\gamma_1 h\cos\alpha=0 \end{aligned}\right\}(x=l) \tag{3-10}$$

$$EIw^{(4)}-q=0(0<x<l) \tag{3-11}$$

结合边界条件，可得微分方程的解，岩柱偏移量为

$$w=\frac{1}{EI}\left(\frac{1}{24}qx^4+\frac{1}{6}Ax^3+\frac{1}{2}Bx^2\right) \tag{3-12}$$

式中：

$$A=\frac{1}{6}\left(-\frac{24EIq\dfrac{H}{\sin\alpha}+5kql^4}{24EI+8kl^3}\right) \tag{3-13}$$

$$B=\frac{1}{2}\left(\frac{24EIq\dfrac{H}{\sin\alpha}l-12EIql^2+kql^5}{24EI+8kl^3}\right) \tag{3-14}$$

取岩柱的弹性模量为 20GPa，工作面埋深为 375m，层间岩柱的容重为 24.83kN/m^3，岩柱的平均厚度为 80m，层间岩柱的倾角为 85°，采空区的支撑弹簧刚度为 1000kN/m，得到岩柱偏移量与岩柱悬空距离的关系，如图 3-25 所示。当采深在 375m 左右时，若岩柱未发生破断，则岩柱在自身重力作用下可向 B_{1+2} 采空区偏移 50cm 以上。

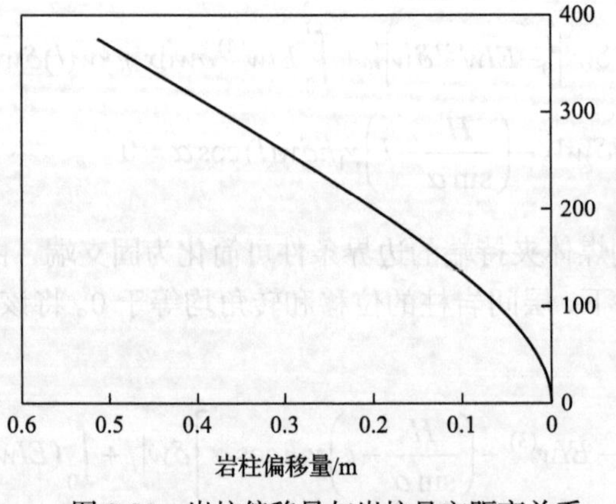

图 3-25　岩柱偏移量与岩柱悬空距离关系

2. 空区回填黄土支撑下岩柱破坏分析

依据构建的回填黄土支撑下厚硬岩柱力学模型求解得到的岩柱挠度曲线函数，经下式求解后可得岩柱的应力分布曲线：

$$M(x) = -EIw'' \tag{3-15}$$

$$\sigma_x = \frac{M_x y}{I} \tag{3-16}$$

岩柱的应力分布曲线函数为

$$\sigma_x = (Ax^2 - Bx + C)y \tag{3-17}$$

式中：

$$A = \frac{6q}{bh^3}$$

$$B = \frac{72EIq\dfrac{H}{\sin\alpha} + 15kql^4}{6EIbh^3 + 2bh^3kl^3}$$

$$C = \frac{72EIqy\dfrac{H}{\sin\alpha}l - 36EIqyl^2 + 3kqyl^5}{6EIbh^3 + 2bh^3kl^3}$$

已知岩柱的抗拉强度为 σ_b =1.5MPa，由于岩石的抗拉强度远远小于抗压强度，因此认为岩柱的主要破坏形式为拉破坏。当 $\sigma_{x_0} \geqslant \sigma_b$ 时，x_0 位置处的岩柱发生破坏。

根据式(3-17)，随着开采深度的增加，岩柱各点的应力逐渐增大，且无论采深如何变化，岩柱的最大应力始终集中于底端。这表明在 B_{3+6} 煤层群夹持岩柱结构下，存在 3 个主要的应力集中区，分别为 B_{1+2} 煤层受挤压应力区、B_{3+6} 煤层撬转应力区及岩柱底端应力集中区，如图 3-26 所示。

当采深增大时，岩柱的悬空距离变大，底端的应力集中程度也会升高。如图 3-27 所示，令中性轴距离 y 等于 $h/10$，当 i 等于 10 时，岩柱底端最大应力为 2.05MPa，超过了岩柱的拉应力强度极限，而岩柱 175m 处开裂处的最大应力为 0.54MPa，远小于拉应力强度极限，因此在开采埋深为 350m 的煤层时，岩柱悬露 175m 处的破坏截面扩展并不显著，而靠近岩柱中性轴的 $h/10$ 位置处的岩柱底端发生了开裂，此时认为岩柱起裂点以下位置均会发生拉破坏，尤其是岩柱底端发生了大规模破坏。

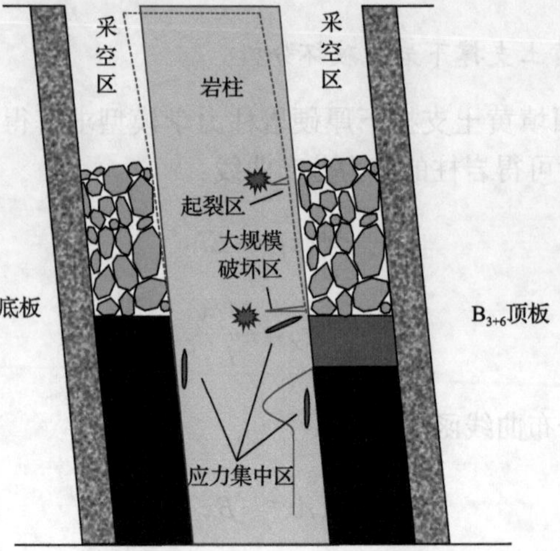

图 3-26　岩柱破坏

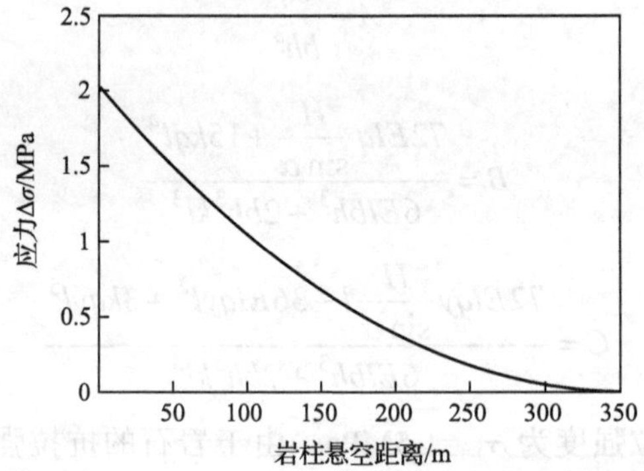

图 3-27　岩柱悬空距离 350m 时的岩柱应力分布

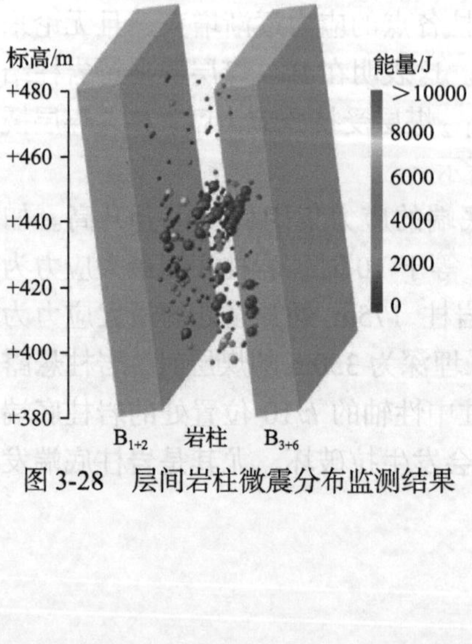

图 3-28　层间岩柱微震分布监测结果

3. *岩柱破坏微震监测*

对坚硬岩柱中的微震分布监测的数据进行统计，如图 3-28 所示，当开采深度达到 350m，即开采至标高 450m 左右时，岩柱中开始出现高能级微震事件集中分布现象，岩柱内部有较大规模的破坏现象，但岩柱未发生破断，验证了岩柱破坏理论的合理性和可靠性[9-11]。

4. 岩柱变形破坏分析

进一步分析近直立煤层群随开采深度变化的岩柱变形破坏特征，为更加直观地观察厚硬岩柱的变形，对采空区不进行充填处理，如图 3-29～图 3-31 所示。随着开采深度的增大，岩柱内的应力增高，塑性区分布范围更广，岩柱的位移更大，存在失稳风险。

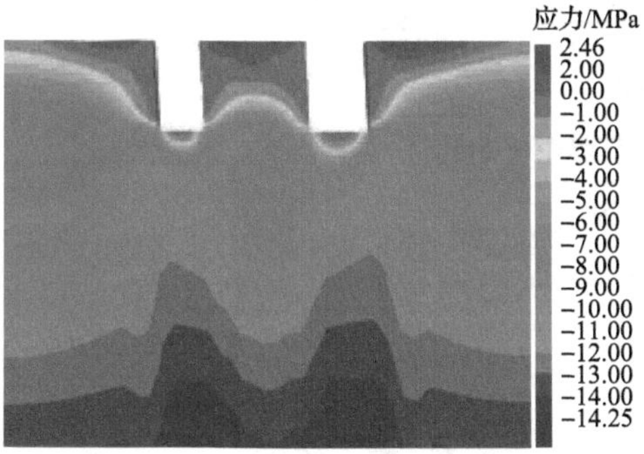

(a) 最大主应力分布

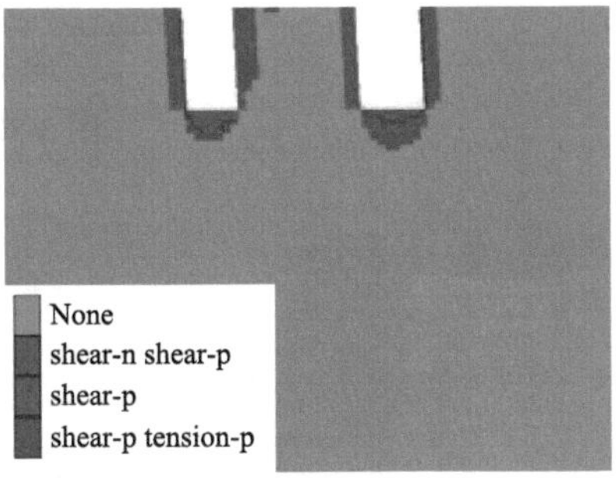

(b) 塑性区分布

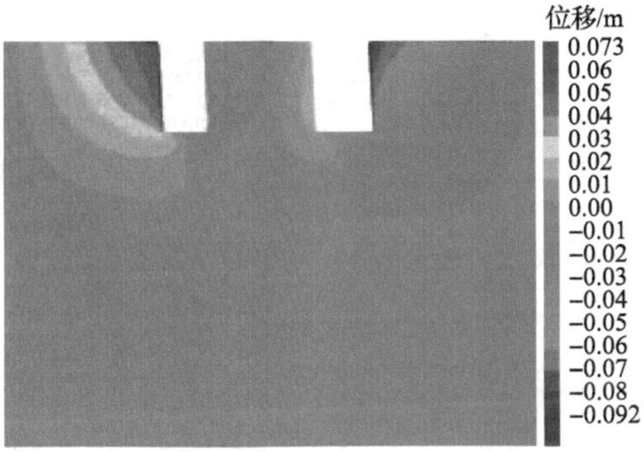

(c) 位移云图

图 3-29　岩柱悬空 70m

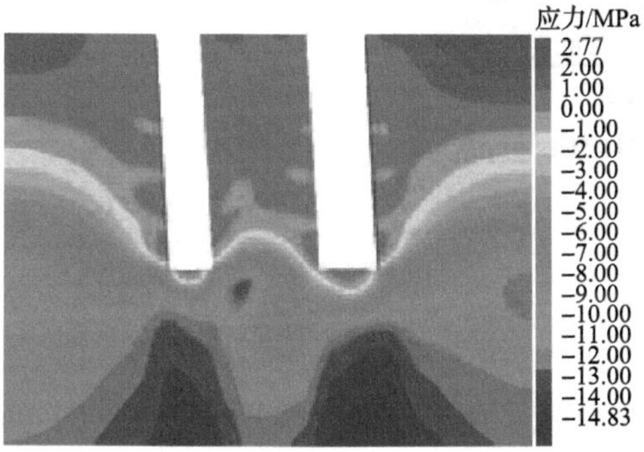

(a) 最大主应力分布

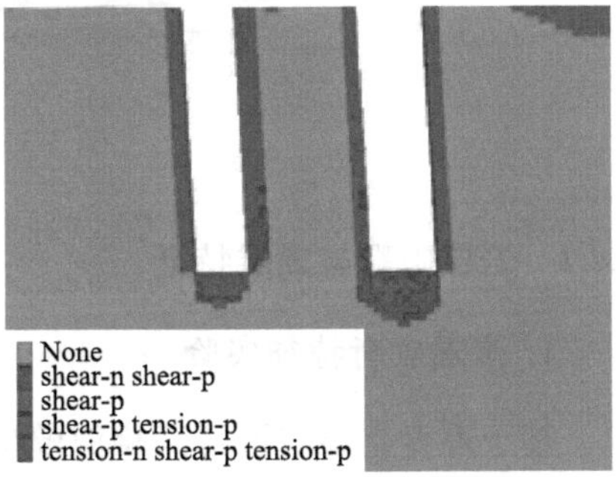

(b) 塑性区分布

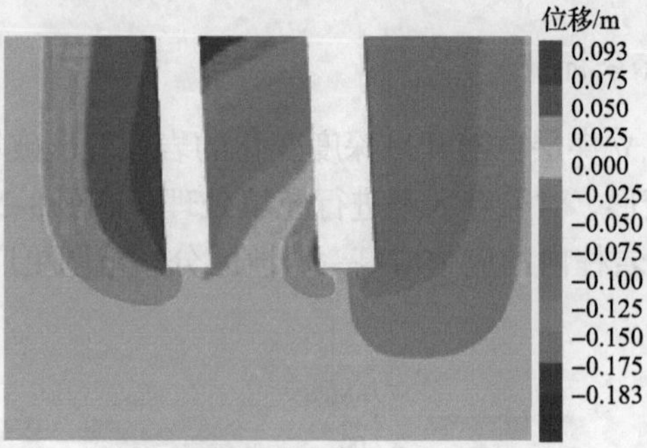

(c) 位移云图

图 3-30 岩柱悬空 175m

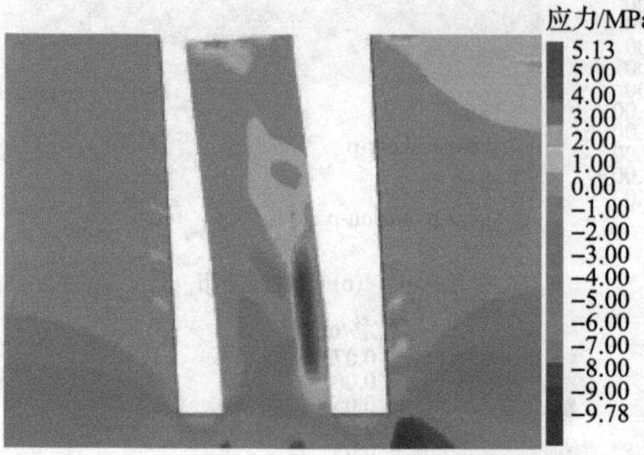

(a) 最大主应力分布

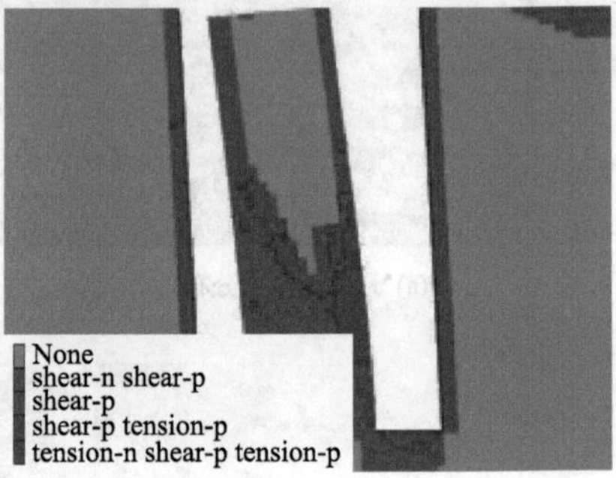

(b) 塑性区分布

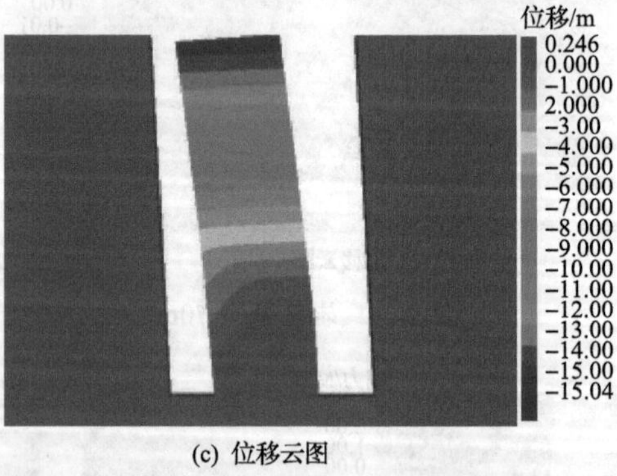

(c) 位移云图

图 3-31 岩柱悬空 280m

3.4.2 岩层破断与离层特征

1. 岩层破断特征实验

基于近直立煤层群开采相似模拟实验探究了两工作面交替开采条件下围岩破坏特征及垮落运移规律[12]。研究表明，如果直接顶板能够随采随冒并及时垮落填充采空区，将对下分段顶煤起到缓冲作用，降低顶板压力，有利于下分段工作面的安全开采；如果直接顶板未能及时垮落，在采空区上方形成大面积悬空顶板，则易导致顶板垮断，形成开采过程中的“最危险状态”。在受采动影响下，悬空顶板失稳后可能发生突然垮落，对下分段煤体及工作面产生剧烈冲击，增大矿压显现强度，并在应力集中区域诱发冲击地压等动力灾害，严重威胁开采安全，如图 3-32 所示。

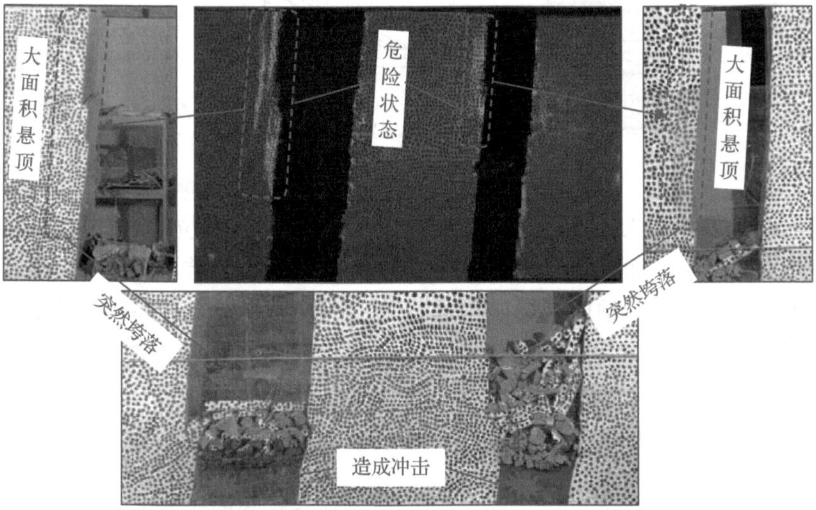

图 3-32　开采过程顶板垮断“最危险状态”

2. *岩层离层现场实测*

选用 GYW 系列围岩移动传感器，沿 B_{3+6} 工作面两巷布设监测点。从距离工作面 40m 处开始，每隔 10m 设置 1 个钻孔，两巷共布置 6 个钻孔。钻孔深度为 15m，施工角度设为 30°，钻孔直径为 32mm，在钻孔内安装围岩移动传感器。钻孔布置平面示意如图 3-33 所示，围岩移动传感器安装示意如图 3-34 所示。

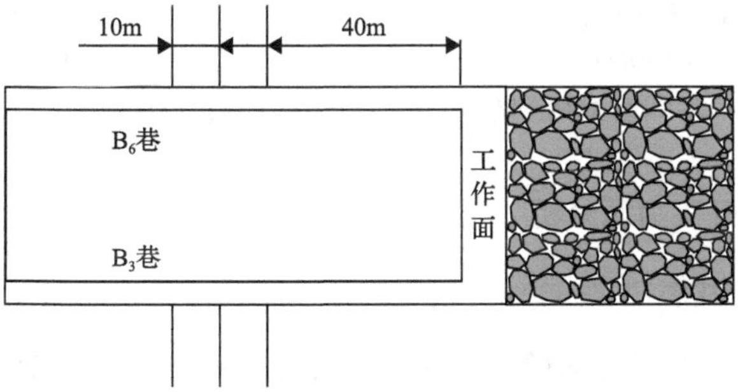

图 3-33　钻孔布置平面示意

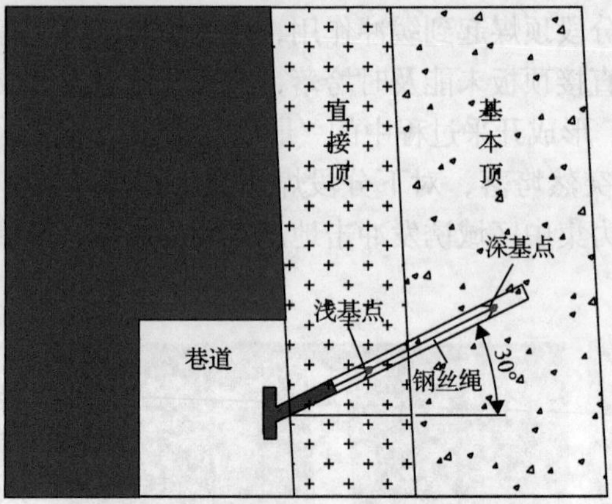

图 3-34　围岩移动传感器安装示意

监测结果如图 3-35 所示，浅基点位移始终大于深基点位移，表明直接顶活动剧烈，易发生离层；而基本顶较稳定，受采动影响较小。首次离层发生在距工作面约 40m 处，可能由顶底板爆破引起；第二次较大离层出现在距工作面约 15m 处，与超前支承压力导致的顶板破断有关。总体来看，随着工作面推进，位移量和离层量逐渐增大并趋于稳定，岩层运动主要表现为直接顶的破断和移动，基本顶相对稳定，对工作面起到支撑作用，现场监测数据与模拟实验结果一致。

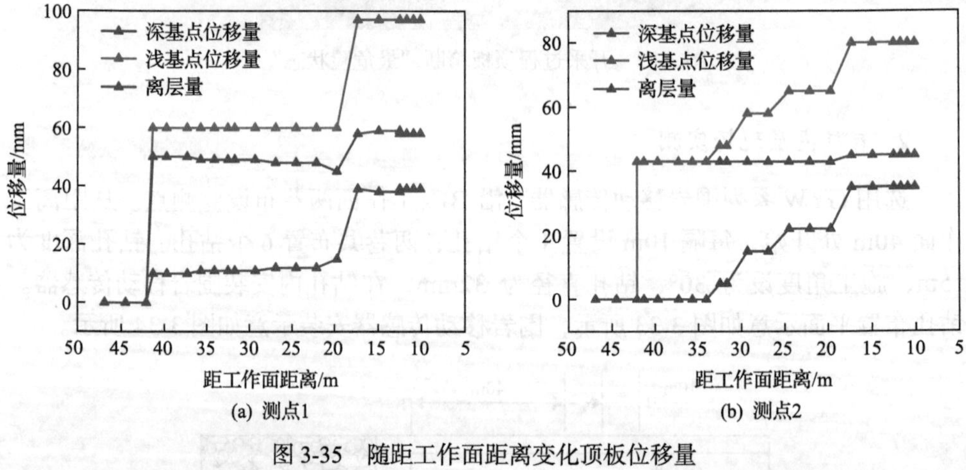

图 3-35　随距工作面距离变化顶板位移量

3.4.3　水平分段开采力源分析

1. 静载力源因素

由建立的岩柱变形力学模型可知，煤层群层间岩柱会向 B_{1+2} 采空区发生弯曲变形，对两侧煤体产生撬转挤压作用[13-20]。同时，由图 3-36 可知，随着开采深度增加，岩柱变形偏移量逐渐增大，对未开采煤层区域的撬转挤压作用也逐渐增强。

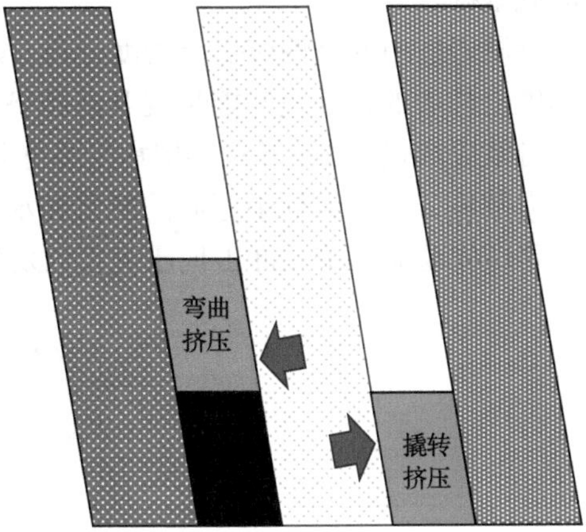

图 3-36　煤体受岩柱撬转挤压示意图

为量化岩柱对两侧煤体的撬转挤压作用，近似认为 B_{3+6} 工作面下的煤层位移变形与悬露的岩柱变形具有比例关系[式(3-18)]，如图 3-37 所示。

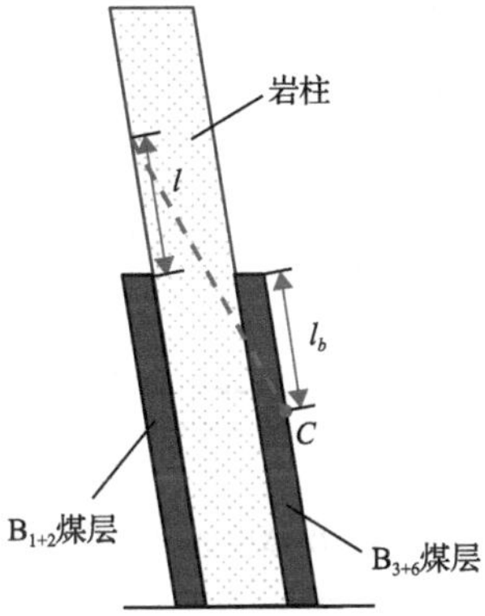

图 3-37　煤层位移变形与岩柱变形的比例关系

$$w_b(l_b)=\frac{l_b}{l}w(l) \tag{3-18}$$

当埋深为 H 时，取 $l=H/2\sin\alpha$，对 B_{3+6} 工作面下方 30 m 处的 C 点岩柱进行分析：

$$\varepsilon=\frac{w_b(l_b)}{h_{\mathrm{B3+6}}} \tag{3-19}$$

$$\Delta\sigma=E\varepsilon \tag{3-20}$$

式中，l_b 为岩柱上 C 点距离撬转点的长度，m；w_b 为岩柱上 C 点处的岩柱偏移量，m；$h_{\mathrm{B3+6}}$ 为 B_{3+6} 煤层的平均厚度，m。

挤压应力为

$$\Delta\sigma=\frac{55L^3}{h_{\mathrm{B3+6}}I}\left(\frac{q}{192}+\frac{240EIq-kqL^3}{4608EI+64kL^3}\right) \tag{3-21}$$

将岩柱、煤层物理力学参数代入式(3-21)，可得挤压应力与岩柱悬空距离的分布曲线，如图 3-38 所示。随着开采深度增加，岩柱变形量增大，对煤层施加的挤压应力逐渐增大，煤层内部水平应力集中程度也随之升高，进而导致煤体内部应变能逐渐积聚。同理，B_{3+6} 煤层坚硬基本顶对煤体存在类似作用，最终为动力灾害的发生提供了高静载基础。

采用上限定理得到厚硬岩柱中的弹性应变能密度分布，如图 3-39 所示。随着埋深的增加，存储于厚硬岩柱中的弹性应变能呈现升高趋势，岩柱断裂后，挟持段对未采煤层的动载冲击效应增强，最终导致煤层承受高静载-强动载组合应力状态，煤体发生大范围动力破坏，厚硬岩柱中存储的能量和水平应力集中产生的煤体应变能全部转化为破碎煤体动能，诱发冲击地压灾害的发生。

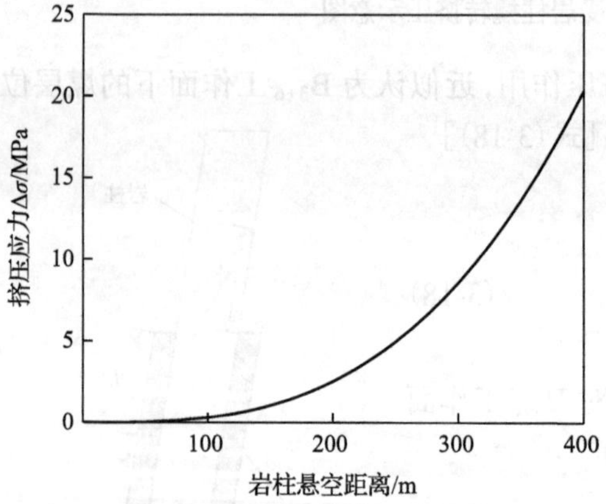

图 3-38　煤体受岩柱挤压应力与岩柱悬空距离关系

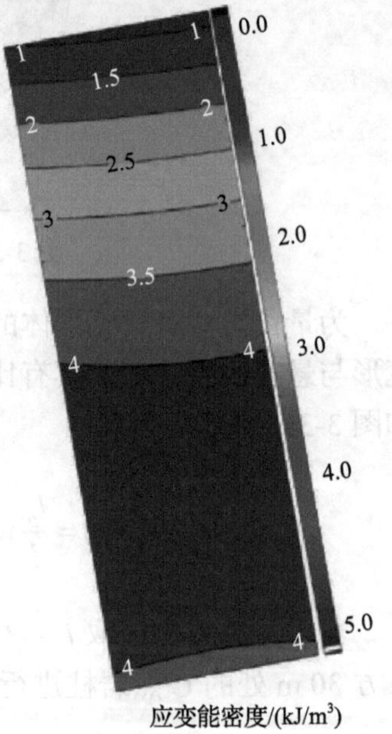

图 3-39　岩柱弹性应变能密度分布

2. 动载力源因素

层间岩柱破坏是近直立特厚煤层群动力灾害主要的动载力源。岩柱内的拉应力分布如图 3-40 所示，随着岩柱悬露长度和所受外部载荷的增加，拉应力逐渐升高；随着岩柱厚度的增加，拉应力逐渐降低。近直立煤层分段开采条件下，顶底板仅发挥底部挟制作用，作用于厚硬岩柱上的载荷很小，主要为岩柱自重载荷沿垂直于层面方向的分量。岩柱不易发生破断，具有较强的悬露自稳能力[21-25]。

当工作面采深达到 350m 时，岩柱内部分布的最大拉应力达到厚硬岩柱抗拉强度后，厚硬岩柱应力状态进入拉伸破断区，岩柱发生破坏，存储在岩柱内部的应变能释放，转变为作用于煤层之上的冲击载荷，即

$$F=\frac{m}{t}\sqrt{\frac{2Q^2}{EHL\rho\tan\varphi(\sin\beta+\cos\beta\tan\varphi)^2}}+Q \tag{3-22}$$

式中，m 为破断岩柱自身质量，kg；Q 为破断岩柱重力，kg·m/s^2；E 为岩柱弹性模量，Pa；H、L 分别为岩柱的厚度和悬露长度，m；β 为岩柱倾角，(°)；φ 为厚硬岩柱内摩擦角，(°)。

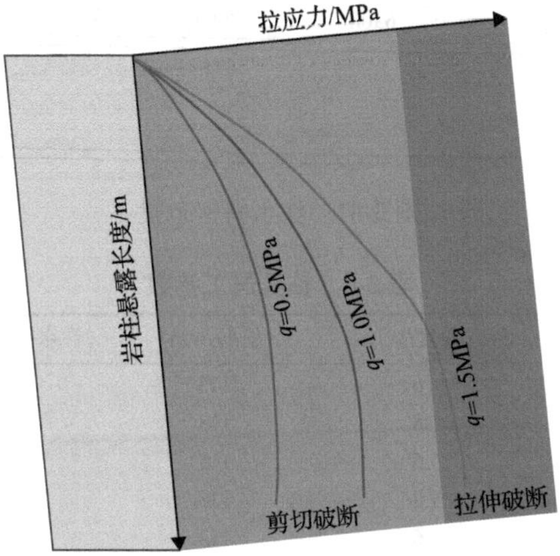

图 3-40　岩柱内的拉应力分布

顶板或岩柱的冲击载荷与自身重力呈现正相关，由于岩柱的破断步距和厚度远大于顶板，因此岩柱造成的冲击载荷也远大于顶板，即岩柱是主要的动载力源因素。

此外，随着采深的不断增加，底板受压剪塑性屈服和卸荷影响越大，底板破坏风险越大，因此底板将是动力灾害潜在的动载力源。

3.5　近直立煤层群开采动力灾害防治技术

3.5.1　动力灾害防治措施

1. 大直径卸压钻孔

大直径卸压钻孔是指通过在煤层中钻成一定尺寸的卸压孔，从而减少地下矿山的压力，确保矿井的安全生产。卸压钻孔一般采用在煤层中钻孔的方法来实现，通过钻孔将煤岩体中聚积的弹性能释放出来，从而消除应力增高区。通常在掘进面迎头施工一个不小于ϕ150mm 孔径的卸压孔，孔深大于 1.5 倍当日掘进量(若煤体爆碎段，可以分班施工)。

2. 煤(岩)层注水

煤层注水可降低工作面超前应力集中程度，利用+425 水平 B_6 巷掘进期间施工的注水硐室对煤体走向方向进行注水。为此，在+425 水平 B_6 巷 325m、470m、630m、750m、920m、1055m 处注水硐室布置钻孔，进行注水，每个硐室中布置 2 个钻孔，如图 3-41 所示，钻孔施工参数如表 3-4 所示。

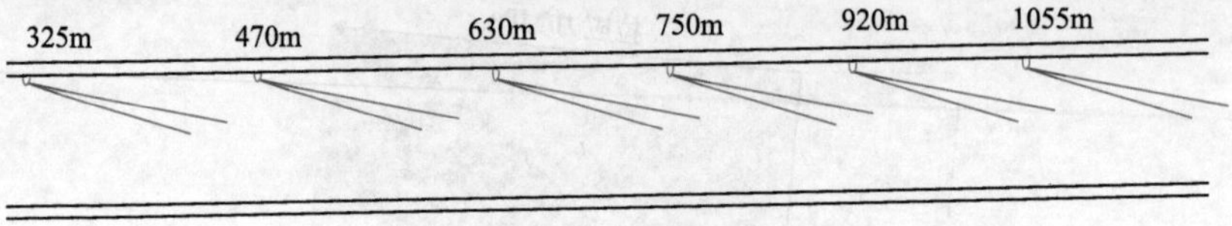

图 3-41　注水硐室布置

表 3-4　钻孔施工参数

钻孔位置/m	编号	角度/(°)	孔径/mm	注水孔长度/m	封孔长度/m
320	1	6	113	90	20
		8	113	90	20
470	2	6	113	125	20
		8	113	74	20
630	3	6	113	95	20
		8	113	63	20
750	4	6	113	95	20
		8	113	63	20
925	5	6	113	95	20
		8	113	62	20
1055	6	6	113	95	20
		8	113	62	20

在+425 水平 B_{3+6} 煤层 1750m、1180m 处联络煤门内分别向东西两侧各施工 2 个注水孔，如图 3-42 所示。

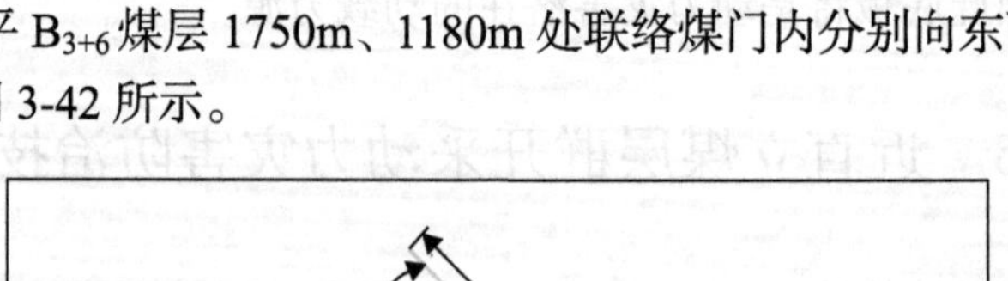

图 3-42　煤体倾向注水孔施工立面图

对煤体走向注水盲区进行注水弱化。在 B_3 巷沿煤体倾向方向施工注水孔，施工参数如表 3-5 所示。

表 3-5　注水孔施工参数

编号	走向	设计长度/m	孔径/mm	角度/(°)	封孔长度/m
1	东侧	28	113	45	10
2	西侧	37	113	20	12

3. 顶底板深浅孔爆破

在煤层开采后，顶底板受到采动扰动，能量逐渐聚集，当能量累积到一定程度时，容易引发动力灾害[25-30]。为了缓解灾害的发生，可通过预先爆破顶底板，防止能量的大量聚集。浅层爆破孔布置方案如下：每隔 10m 布置一排 3 个孔径为 113mm 的钻孔，孔长分别为 25m、25m 和 35m，装药长度分别为 15m、15m 和 23m，钻孔角度分别为 25°、45°和 60°。深层爆破孔布置方案如下：每隔 30m 布置一排 2 个孔径为 113mm 的钻孔，孔长为 50m，钻孔角度分别为 25°和 35°，封孔长度为 30m，装药长度为 20m，如图 3-43 所示。

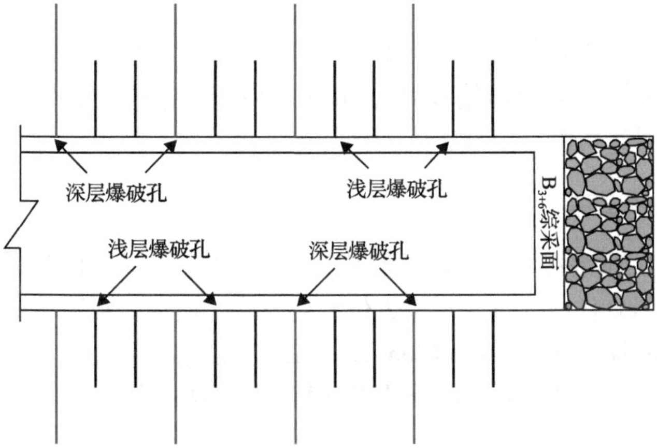

(a) 顶底板深浅爆破孔施工平面图

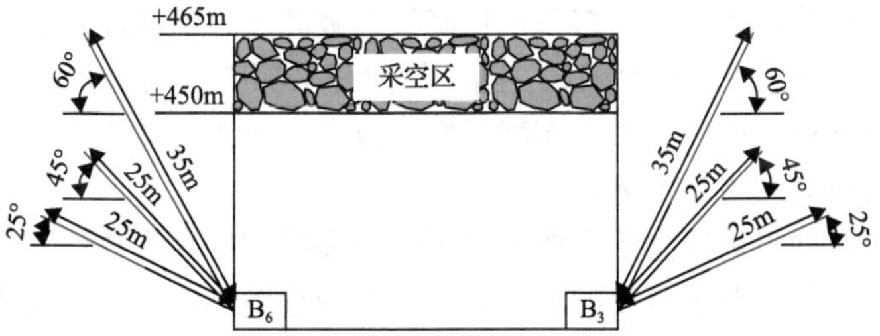

(b) 顶底板浅层爆破孔施工平面图

(c) 顶底板深层爆破孔施工立面图

图 3-43　顶底板深浅孔爆破施工图

4. 中间岩柱爆破

在靠近 B_2 巷道侧岩柱中部区域存在强度较高的粉砂岩，为缓解岩柱应力集中，采用爆破预裂的方式对岩柱进行处理。

在硐室周围布置 2 排 20 个孔径为 113mm 的爆破孔，如图 3-44 所示，具体参数如表 3-6 所示。钻孔采用孔间串联和孔内并联的连线方式，正向装药，黄土封孔，每个硐室分 2 次起爆，实现沿煤层走向方向 140m、垂直方向 40m 范围的岩体预裂，有效降低岩柱中的应力集中风险。

5. 卸压槽设计

为缓解巷道帮部可能出现的变形，可以在 B_3 巷南帮下部设置一条卸压槽方案，如图 3-45 所示。该卸压槽尺寸为 40cm×40cm，布置在工作面前方 200m 处。卸压槽需定期进行保养和清理，以确保其有效性。

6. 顶底板浅层爆破技术

在原 B_3、B_6 顶底板深浅孔爆破的基础上，沿煤层走向对原顶板爆破孔未爆破区域进行浅层爆破作业，进一步全方位预裂岩体，避免“板”状结构的形成，同时将浅部应力向深部转移。在+450m 水平 B_3、B_6 顶底板两侧，每隔 20m 布置 1 组爆破孔，每组包含 3 个孔，具体施工参数如图 3-46 所示。

3.5.2　近直立煤层群卸压防冲技术优化方案

近直立煤层冲击地压防治多采用顶底板爆破卸压、煤体注水、施工卸压槽等方式，现场取得了很好的治理效果。随工作面开采深度增大，应力集中程度增大，集中位置不断下移，围岩应力分布特征发生改变，应当对冲击地压防治方案进行优化调整，从而提高防治效果。

近直立煤层冲击地压防治主要通过顶底板爆破卸压、煤体注水、施工卸压槽等手段，随着工作面开采深度的增加，应力集中程度逐渐加大，集中位置不断下移，围岩应力分布特征发生变化。因此，需要对冲击地压防治方案进行优化调整，

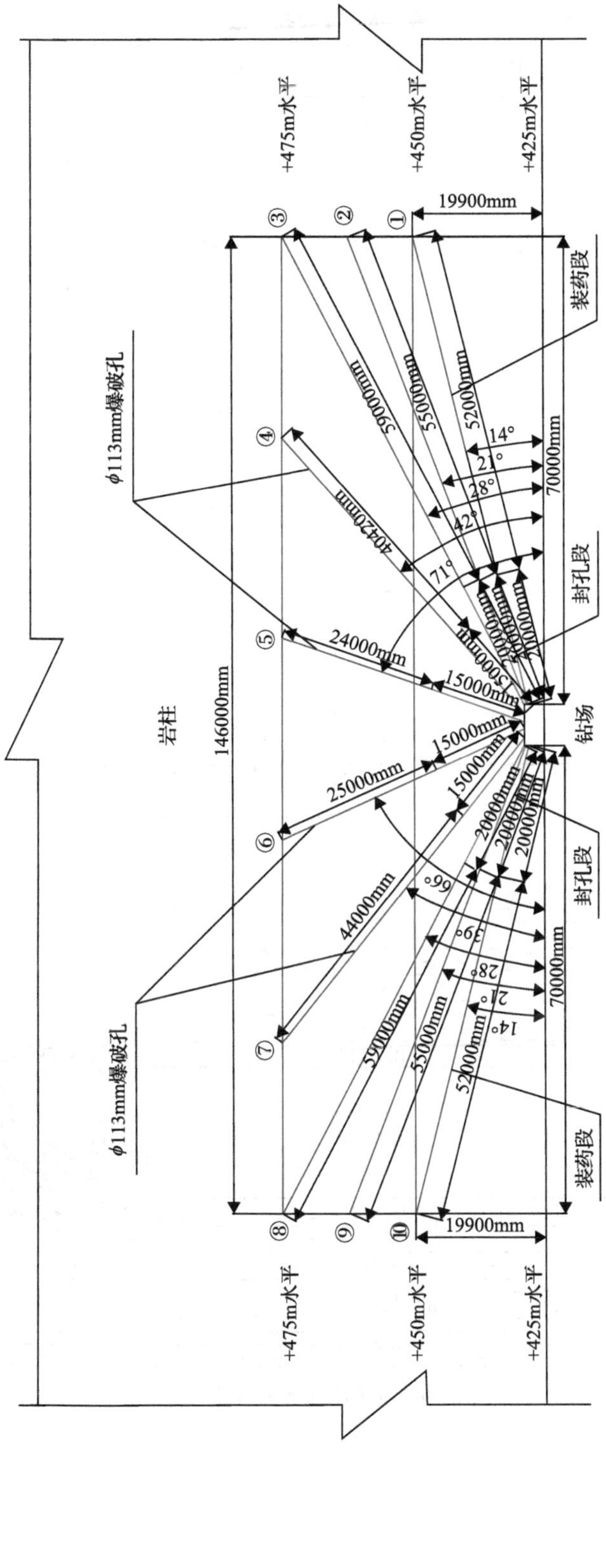

图 3-44　爆破孔布置立面图

表 3-6 爆破孔参数

编号	角度/(°)	设计长度/m	孔径/mm	封孔长度/m	孔/排/m	装药长度/m
1	14	72	113	52	10	20
2	21	75	113	55	10	20
3	28	79	113	59	10	20
4	42	55.5	113	40.5	10	15
5	71	39	113	24	10	15
6	66	40	113	25	10	15
7	39	59	113	44	10	15
8	28	79	113	59	10	20
9	21	83	113	63	10	20
10	14	72	113	52	10	20

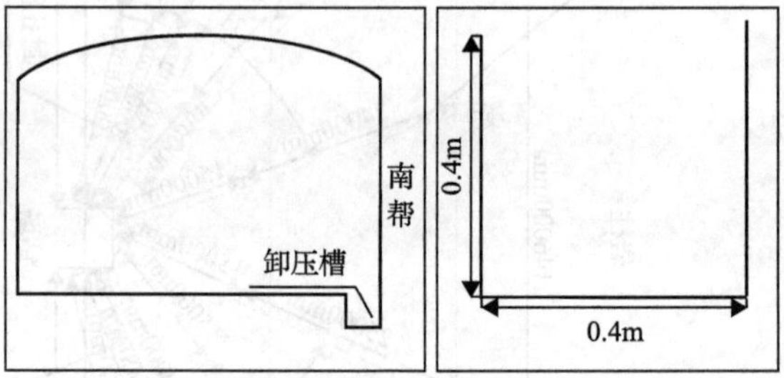

图 3-45 卸压槽

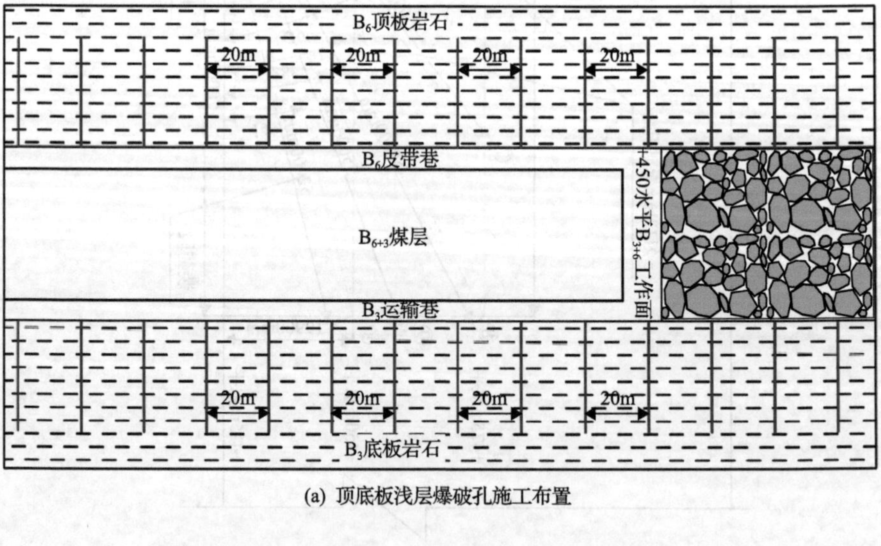

(a) 顶底板浅层爆破孔施工布置

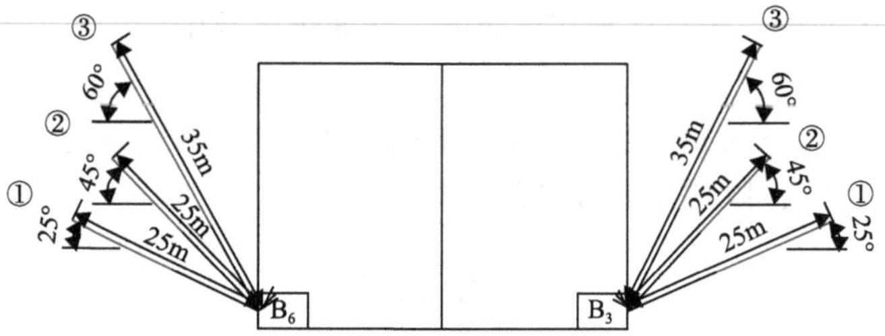

(b) 顶底板浅层爆破孔施工立面图

图 3-46　顶底板浅层爆破孔施工图

以进一步提高防治效果，主要包括以下几个方面。

(1)分段高度动态调整。随着工作面推进，前方煤体及采空区下方煤体会形成应力集中区。例如，在+425m 水平开采、+400m 水平掘进时，应力集中峰值通常位于工作面下方 22.5～41.5m 范围内，若巷道布置在此区域，易引发动力灾害。

随着工作面开采深度增加，工作面下方煤体的应力集中峰值大小及其距工作面的距离在动态发生变化，可动态调整分段高度，优化巷道布置，避开应力峰值位置，确保掘进安全，如图 3-47 所示。

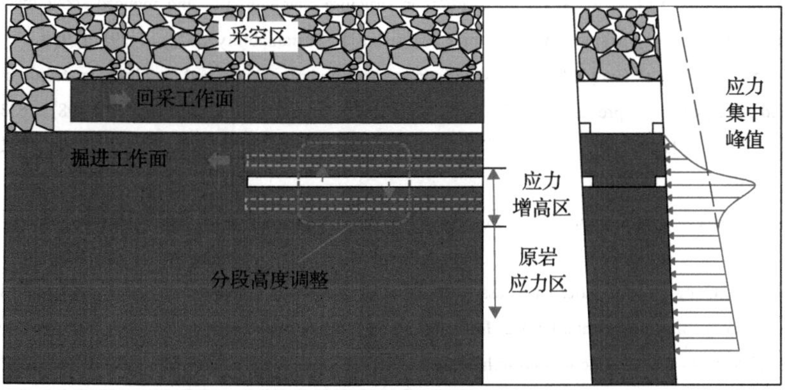

图 3-47　分段高度动态调整卸压原理

(2)顶底板爆破参数优化。近直立煤层采用顶底板爆破来减弱水平地应力向工作面的传递，进而对工作面煤体及两巷起到卸压效果。随着水平应力集中程度增大，可对爆破参数进行优化，如加大钻孔深度、减小间排距、改变装药长度等，提高爆破卸压效果。

(3)煤体注水参数优化。煤体注水可使煤体脆性降低，降低工作面前方应力集中程度。按照开采深度与注水压力的经验关系式，随着分段开采深度增大，相应的注水压力也应当增大；同时，也可增大注水量，增加注水孔数量，以提高卸压效果。

(4)采空区处理。采空区充实度影响工作面煤体及围岩的应力分布与演化特征，充实度越高，顶底板岩层的承载能力越强，可有效减弱水平应力对煤体的挤压作用。为提高采空区充实度，可采用地面深孔爆破、采空区定时回填、上向钻孔爆破放顶等方法，以减少动力灾害风险。

参 考 文 献

[1] 王家臣，杨胜利，刘淑琴，等．急倾斜煤层开采技术现状与流态化开采构想[J]．煤炭科学技术，2022，50(1)：48-59.

[2] 钟涛平，李振雷，陈建强，等．近直立特厚煤层应力调控防冲方法及机制[J]．中国矿业大学学报，2024，53(2)：291-306.

[3] 刘传义，杨胜利，冯攀飞，等．近直立煤层群水平分段开采应力分布与演化特征[J]．煤矿安全，2022，53(1)：205-211.

[4] 张国军，张勇．近直立特厚煤层直接顶初次破坏特征[J]．煤炭学报，2018，43(5)：1220-1229.

[5] 王家臣，杨胜利，李良晖．急倾斜煤层水平分段综放顶板"倾倒-滑塌"破坏模式[J]．中国矿业大学学报，2018，47(6)：1175-1184.

[6] 吴振华，潘鹏志，赵善坤，等．近直立特厚煤层组"顶板-岩柱"诱冲机理及防控实践[J]．煤炭学报，2021，46(S1)：49-62.

[7] Ge S, Yuan C, Chang Q, et al. Study on overburden structure characteristics and induced scour mechanisms of horizontal sublevel mining in steep and extra-thick coal seams[J]. Sustainability, 2022, 14(19): 11980.

[8] He S, Song D, He X, et al. Coupled mechanism of compression and prying-induced rock burst in steeply inclined coal seams and principles for its prevention[J]. Tunnelling and Underground Space Technology, 2020(98): 103327.

[9] 曹民远，陈建强，闫瑞兵，等．基于数据分析的近直立煤层冲击地压致灾因素研究[J]．煤炭科学技术，2019，47(12)：32-37.

[10] 何学秋，陈建强，宋大钊，等．典型近直立煤层群冲击地压机理及监测预警研究[J]．煤炭科学技术，2021，49(6)：13-22.

[11] He J, Dou L, Gong S, et al. Rock burst assessment and prediction by dynamic and static stress analysis based on micro-seismic monitoring[J]. International Journal of Rock Mechanics and Mining Sciences, 2017(93): 46-53.

[12] Xu H, Lai X, Shan P, et al. Energy dissimilation characteristics and shock mechanism of coal-rock mass induced in steeply-inclined mining: comparison based on physical simulation and numerical calculation[J]. Acta Geotech, 2023, 18(2): 843-864.

[13] He M, Ren F, Liu D. Rockburst mechanism research and its control[J]. Int J Min Sci Technol, 2018(28): 837.

[14] 高明仕，赵一超，高晓君，等．近直立特厚煤层组中间岩板诱发冲击矿压机理及其防治[J]．采矿与安全工程学报，2019，36(2)：298-305.

[15] 崔峰，张随林，来兴平，等．急倾斜巨厚煤层组开采煤岩体联动诱冲机制与防冲调控[J]．岩石力学与工程学报，2023，42(S1)：3226-3241.

[16] Dou L M, Mu Z L, Li Z L, et al. Research progress of monitoring, forecasting, and prevention of rockburst in underground coal mining in China[J]. Int J Coal Sci Technol, 2014, 1(3): 278-288.

[17] 李东辉，何学秋，陈建强，等．乌东煤矿近直立煤层冲击地压机制研究[J]．中国矿业大学学报，2020，49(5)：835-843.

[18] Cao J, Dou L, He J, et al. Mechanism of the coal bursts in the working face during mining of steeply inclined and

extra thick coal seam[J]. Geomatics, Natural Hazards and Risk, 2023, 14 (1) : 2206511.

[19] Wang S, Cao A, Wang Z, et al. Study on mechanism of rock burst in horizontal section mining of a steeply inclined extra-thick coal seam[J]. Lithosphere, 2022 (special 11) : 7058797.

[20] He S, Song D, Mitri H, et al. Integrated rockburst early warning model based on fuzzy comprehensive evaluation method[J]. International Journal of Rock Mechanics and Mining Sciences, 2021 (142) : 104767.

[21] 李安宁，窦林名，王正义，等. 近直立煤层水平分段开采夹持煤体型冲击机理及防治[J]. 煤炭学报，2018, 43 (12) : 3302-3308.

[22] 曹民远，孙雪亮，杨磊，等. 急倾斜煤层综放工作面冲击危险性评价研究[J]. 煤炭科学技术，2019, 47 (2) : 47-52.

[23] Cai W, Dou L, Si G, et al. A principal component analysis/fuzzy comprehensive evaluation model for coal burst liability assessment[J]. International Journal of Rock Mechanics and Mining Sciences, 2016 (81) : 62-69.

[24] 杜涛涛，李康，蓝航，等. 近直立特厚煤层冲击地压致灾过程分析[J]. 采矿与安全工程学报，2018, 35 (1) : 140-145.

[25] 刘旭东，刘传义，刘垚，等. 近直立煤层深浅孔爆破卸压技术与效果分析[J]. 煤炭工程, 2022, 54 (3) : 79-83.

[26] Li Z L, Dou L M, Wang G F, et al. Risk evaluation of rock burst through theory of static and dynamic stresses superposition[J]. Journal of Central South University, 2015, 22 (2) : 676-683.

[27] He S, Chen T, Vennes I, et al. Dynamic modelling of seismic wave propagation due to a remote seismic source: A case study[J]. Rock Mechanics and Rock Engineering, 2020, 53 (11) : 5177-5201.

[28] He S, Song D, Li Z, et al. Mechanism and prevention of rockburst in steeply inclined and extremely thick coal seams for fully mechanized top-coal caving mining and under gob filling conditions[J]. Energies, 2020, 13 (6) : 1362.

[29] Wang Y, Yu S, Rong H, et al. Research on optimal design of pressure relief blasting parameters of middle rock pillar in near vertical coal seam[J]. Shock and Vibration, 2022 (2022) : 1-14.

[30] Gogolewska A B, Smolak D. Seismic activity reduction with the use of blasting and passive seismic tomography control, a case study from copper ore mine, Poland[J]. ACTA Geophysica, 2021 (69) : 681-689.

第 4 章　坚硬顶板煤层开采岩层运动特征及控制

在我国煤炭资源开采当中，井工开采中有 90%的煤炭产量源自长壁开采，其中长壁开采中有 95%以上采用垮落法管理顶板，这与世界其他主要采煤国家有很大差别。长壁开采需要有一个稳定的回采空间，因此需要对采场岩层进行有效控制。在坚硬厚顶板工作面，容易发生大面积切顶来压、支架压死、煤壁片帮与冒顶等事故，严重影响工作面的安全回采。本章通过研究典型坚硬顶板工作面来压特征与覆岩运动规律，分析了坚硬顶板工作面支架与围岩的关系，提出围岩稳定性控制方法，为坚硬顶板煤层安全高效开采提供理论与技术基础。

4.1　坚硬顶板煤层赋存特征

顶板事故是煤矿事故中的主要类型之一，尤其是在坚硬厚顶板条件下开采，对煤矿安全生产的影响更为突出。在我国大同、北京、枣庄、通化、艾维尔沟、鹤岗、阳方口、七台河、靖远及神府和东胜煤田等，都存在坚硬难冒顶板控制问题，其中的冒顶事故占工作面事故的 70%～80%，支柱、支架损坏严重，产量低，效率低，冲击地压频繁，煤炭回收率低，大面积顶板瞬时冒落和基本顶强烈初次来压及周期来压等严重威胁矿井的安全生产(图 4-1)。

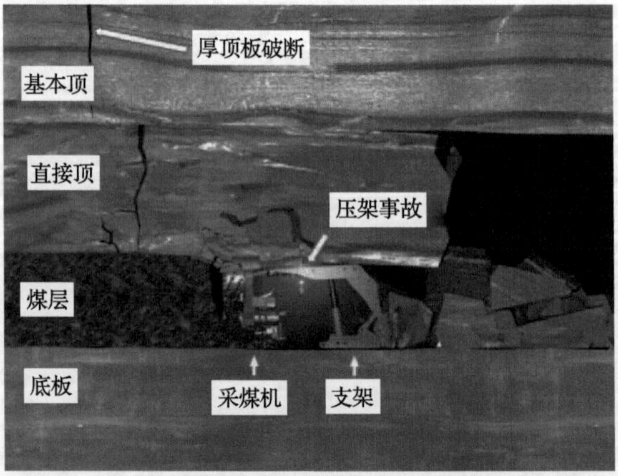

图 4-1　坚硬顶板破断造成工作面事故

目前国内外使用比较多的坚硬顶板控制方法有煤柱支撑法、矸石局部充填法、水砂充填法、工作面步距爆破放顶法、采空区爆破法、超前工作面深孔爆破法、超前工作面高压预注水法等，使用的采煤方法有房柱法、短壁法、刀柱法和长壁采煤方法等。随着综合机械化采煤技术的发展和对资源回收率要求的提高，长壁垮落法采煤已被普遍使用。为了适应长壁垮落采煤法和综合机械化连续采煤的需要，20 世纪 70 年代以来，超前工作面高压预注水压裂和软化顶板方法、深孔预爆破方法得到了比较快的发展。根据现场应用调查深孔超前预爆破方法在我国未能广泛应用，主要原因除了爆破技术问题外，关键是高爆破力炸药爆破时，往往会产生较多的有害气体，对井下空气污染较严重，对人身安全也有危害。其他控制坚硬顶板的方法如充填法、煤柱支撑法等因受经济、安全、资源回收率和技术上等的限制，在煤矿应用还有比较大的难度；房柱法、刀柱法正在逐步被淘汰中。工作面高压预注水压裂通过物理和化学作用，使顶板岩体压裂和软化，改变坚硬岩体的结构和物理力学特性，改变岩体的冒落特性，使不冒和难冒顶板变为可冒顶板，使岩体由整体冒落变为层状冒落，由大面积大块冒落变为小面积小块冒落和随采随冒，降低冲击载荷对支架的破坏作用，彻底消除大面积瞬时来压危害，改善工作面的安全条件和工作环境。对于坚硬顶板的控制，必须要研究坚硬顶板煤层开采岩层运动特征，分析顶板覆岩运动规律，确定坚硬顶板条件下支架与围岩的关系。

4.2　典型工作面来压特征

4.2.1　工作面矿压显现特征

1. 煤层赋存与开采条件

1) 赋存条件

口孜东煤矿 121304 工作面主要开采 13-1 煤层，煤层全厚度为 2.20～6.66m，平均厚度为 5.18m(含夹矸)，硬度系数约为 1.6，容重为 $1.4t/m^3$，平均倾角 9°，最大倾角 13°，埋深约 900m。直接顶为平均厚度 4.2m 的泥岩，基本顶为由 3.25m 厚的砂质泥岩、2.7m 厚的泥岩及 2.2m 厚的细砂岩组成的复合顶板；直接底为厚度 5.5m 的泥岩，基本底为平均厚度 2.69m 的砂质泥岩。

2) 开采条件

121304 工作面位于矿井一水平(–967m)西翼采区，是西翼采区 13-1 煤层的第 3 个综采工作面。该工作面南侧邻接西翼回风大巷、西翼主运胶带机大巷和西翼轨道大巷，北侧紧邻 13-1 煤防砂煤柱线，东北方向与已回采的 111304 工作面相邻，东侧与正在回采的 121303 工作面相邻，西侧接 F5 断层；上距第四系松散层底界面 66.7～345.8m，下距 11-2 煤层 56.7～84.6m，平均距离约为 70.7m。采煤方法为单一倾斜长壁一次采全高，采用全部垮落法管理顶板。工作面推进长度约为 1110m，倾斜方向正常段长度为 350m。

回采期间发现，工作面在来压阶段煤壁破坏严重，部分区域发生了大范围的塑性破坏，影响了正常回采。同时，回采巷道的超前段也发生了严重变形，两帮变形显著且下沉明显。这表明工作面的破坏与顶板的动载来压有显著关联，而回采巷道的变形主要受到静压的影响。此外，工作面来压还进一步加剧了巷道超前段的矿压显现。

2. 测试方案及仪器选用

在 121304 大采高工作面中进行了超前支承压力、顶板离层、顶板裂隙及工作面支架载荷特征等方面的监测和分析，如表 4-1 所示。

表 4-1　121304 大采高工作面矿压观测内容

编号	观测内容	设备名称	观测量
1	超前支承压力	钻孔应力计	前期 8 台，后期 6 台，共 14 台
2	顶板离层	深基点	机巷 3 台，风巷 7 台，共 10 台
3	顶板裂隙	窥视仪	超前影响段，采动影响范围之外段
4	顶板载荷特征	支架阻力	工作面推进的 500m 范围内

监测测站布置情况如图 4-2 和图 4-3 所示，各设备的位置以距离停采线的距离为基准，具体位置见图中的数字标注。停采线前为第一期监测，停采线后为

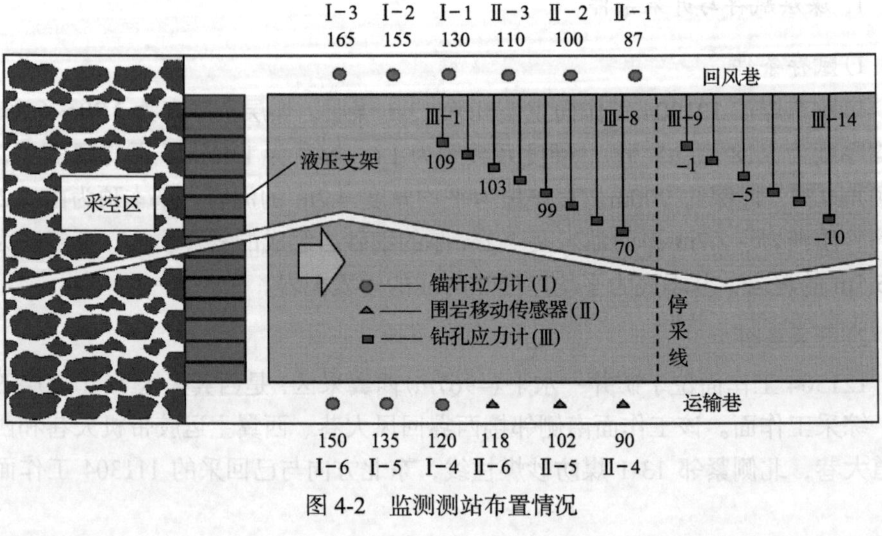

图 4-2　监测测站布置情况

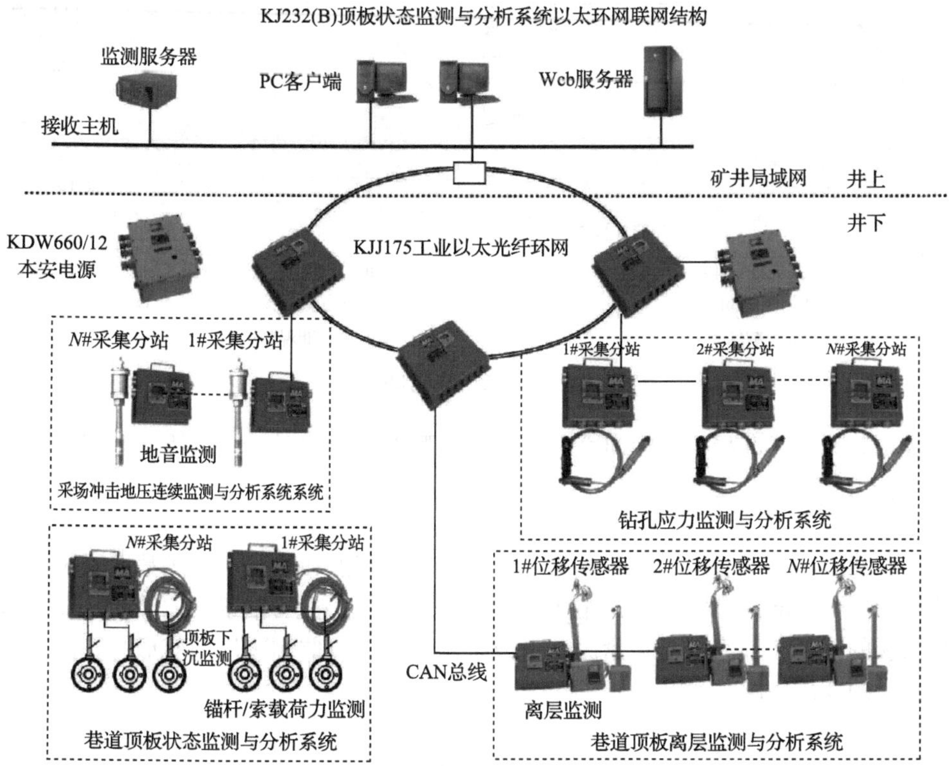

图 4-3　三维采动应力与顶板载荷综合监测系统

第二期监测。锚杆拉力计在回风巷和运输巷分别布置了 3 个测站，测站间隔为 10～15m，每个测站在煤帮和顶板处各布置一台拉力计，监测采动应力的变化及锚杆的工作状况。同时，在工作面液压支架立柱上安装了液压监测装置，以监测工作面推进过程中支架立柱的下缩量及支架阻力的变化特征，确定千米深井超长工作面的顶板活动特征。此外，在距工作面 10～20m 处进行了钻孔窥视，以分析顶板岩层裂隙的发育特征。

3. 采动应力分布特征测定

随着工作面的逐步推进，煤壁与测力计的相对位置不断变化，定期读取应力计的数据并记录其与煤壁的相对位置。绘制应力随工作面推进的变化曲线，以分析工作面超前支承压力的分布及采动应力的动态迁移特征，如图 4-4 所示。

可以看出，采动应力的影响范围约为 110m。Ⅲ-14 钻孔埋深 17m，应力集中系数为 2.5；Ⅲ-9 和Ⅲ-10 钻孔埋深分别为 3m 和 5m，应力集中系数为 2。应力集中系数在工作面的倾向方向上从两端头向中间逐渐增大，且受回采巷道影响显著。煤壁到前方支承压力峰值的距离约为 10m，即煤体前方 10m 内煤体均处于破裂

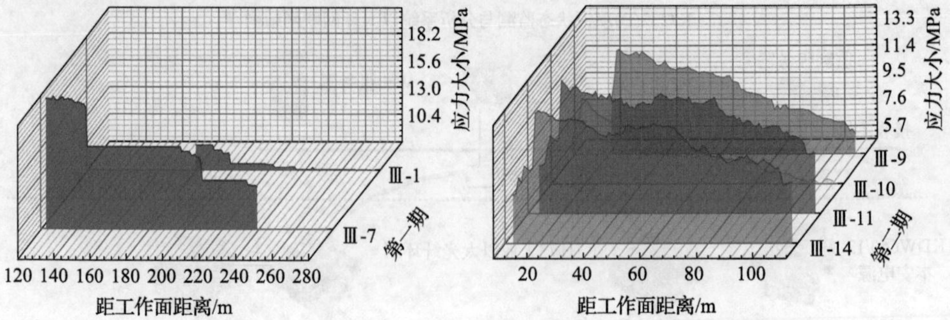

(a) 第一期观测结果　　(b) 第二期观测结果

图 4-4　钻孔应力计实测结果

状态，反映出深部超长工作面支承压力的影响范围较常规工作面(5～7m)更大。

4. 巷道围岩变形及受力

在巷道超前支承压力影响范围之外布置了深基点和浅基点，浅基点安装在直接顶中(深 3.5m)，深基点安装在基本顶中(深 9m)。锚杆/锚索拉力计安装在两帮及顶板的锚杆和锚索托盘与紧固螺母或锁具之间，以监测围岩的变形力，同时验证巷道的变形情况。

1) 围岩移动传感器

1#、2#、3#深基点分别位于距离停采线 87m、100m、110m 的回风巷顶板，最大离层量分别为 55mm、53mm、23mm；4#、5#、6#深基点位于距离停采线 90m、102m、118m 的运输巷顶板，最大离层量分别为 36mm、33mm、17mm。整体上看，回风巷顶板的下沉量大于运输巷顶板的下沉量；无论在回风巷还是运输巷，浅基点(3.5m)位移均大于深基点(9m)位移。

从图 4-5 可以看出，回风巷顶板离层量变化较快且增幅较大，主要原因是 3 个

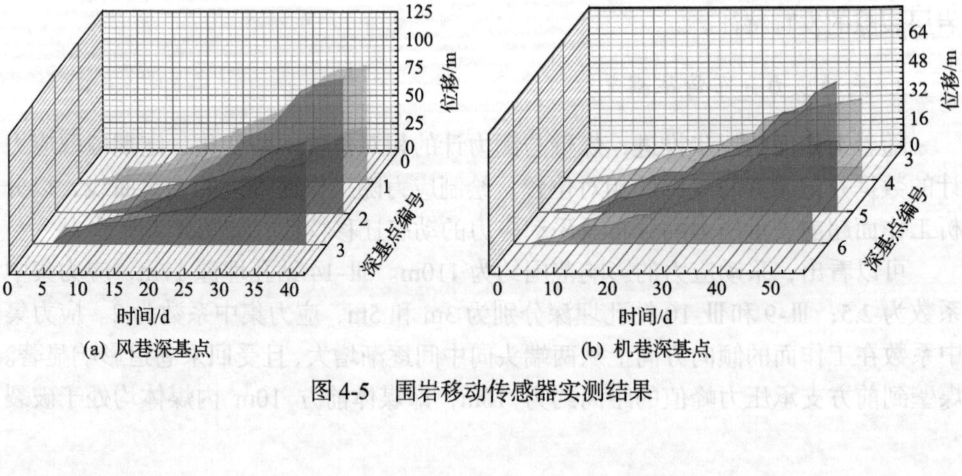

(a) 风巷深基点　　(b) 机巷深基点

图 4-5　围岩移动传感器实测结果

测点基本处于采动影响范围内，工作面接近停采线时，深基点变形较大。相比之下，4#、5#、6#深基点位于采动影响较小的区域，离层发育速度较慢，且最大值也低于回风巷。此外，顶板直接顶内的浅基点变化量明显大于深基点，表明直接顶和基本顶之间存在显著的离层。

2) 锚杆拉力计

1#、2#、3#拉力计分别位于距离停采线 130m、155m、165m 处的风巷，4#、5#、6#拉力计分别位于距离停采线 120m、135m、150m 处的机巷。锚杆拉力计实测(图 4-6)结果显示，帮部锚杆拉力计受力普遍大于顶部锚杆，巷道两帮的变形较大，帮部锚杆的工作阻力增幅也比顶板锚杆大，反映出深部巷道两帮的控制较为困难。部分测点应力的突然降低是由于压力过大使锚杆断裂或锚杆托盘连同拉力计陷入煤体，应及时更换以保证足够的支护阻力。

对回采巷道的变形和受力分析表明，受采动影响较大，回采巷道的变形和受力较为严重，其中直接顶和浅部煤体是围岩控制的重点。此外，巷道的变形和受力与顶板来压有明显关系，顶板来压期间，巷道围岩的变形和受力显著增加，变

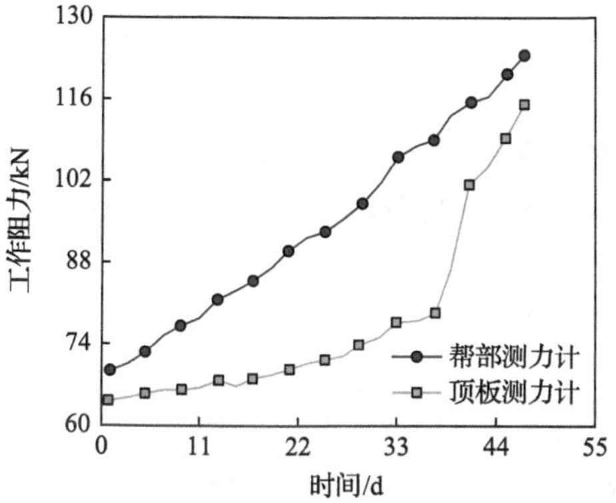

(a) 1#测站

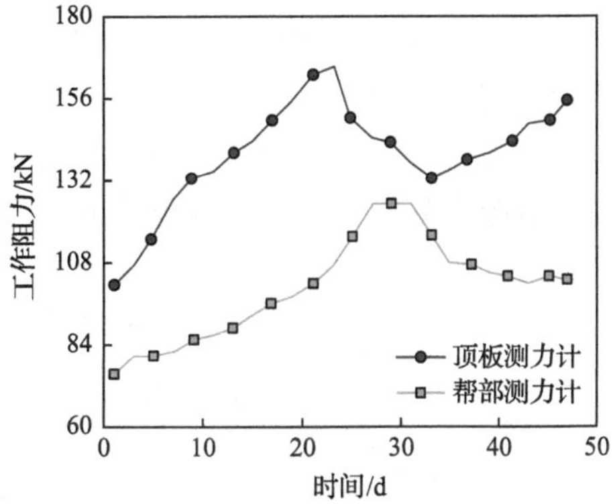

(b) 2#测站

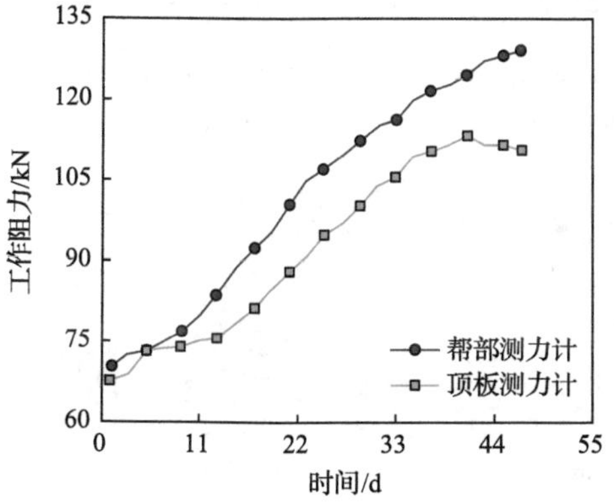

(c) 3#测站

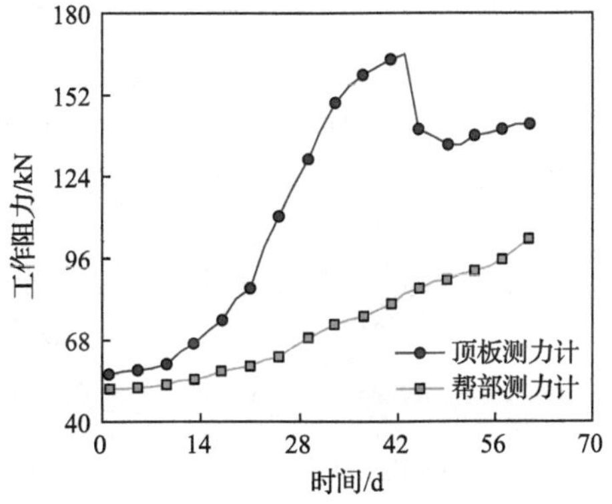

(d) 4#测站

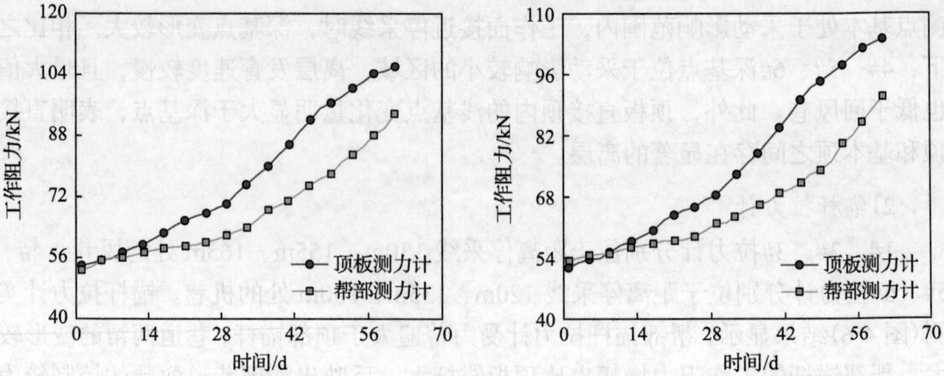

(e) 5#测站　　(f) 6#测站

图 4-6　锚杆拉力计实测结果

形和离层量也明显增大。因此，为了防止大面积煤岩灾变的发生，通常在工作面超前位置对回采巷道进行扩帮或补强支护。

5. 顶板岩层裂隙发育特征

在 121304 工作面运输巷道靠近工作面的位置对顶板进行了窥视，顶板岩层裂隙发育特征如图 4-7 和图 4-8 所示。

1#观测点(距工作面 10m)：初次观测时，在垂直钻孔中发现直接顶岩层内节理和裂隙十分发育，并形成连续的破碎带，上部泥岩顶板有多条大裂隙，分析认为这是处于工作面采动支承压力峰值所致。随着工作面逐渐推进，测孔位置逐渐接近煤壁，裂隙数量增加，裂隙之间的错动加剧。

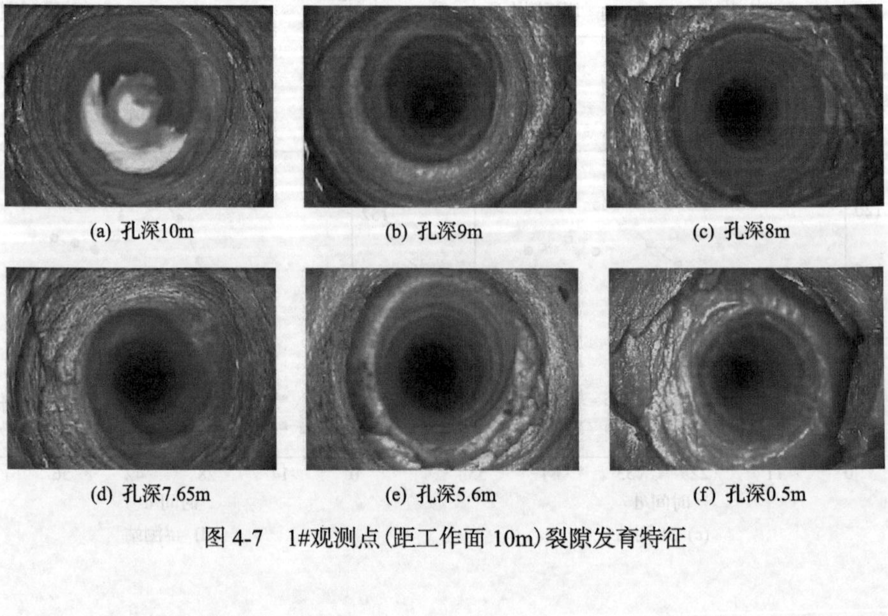

(a) 孔深10m　　(b) 孔深9m　　(c) 孔深8m

(d) 孔深7.65m　　(e) 孔深5.6m　　(f) 孔深0.5m

图 4-7　1#观测点(距工作面 10m)裂隙发育特征

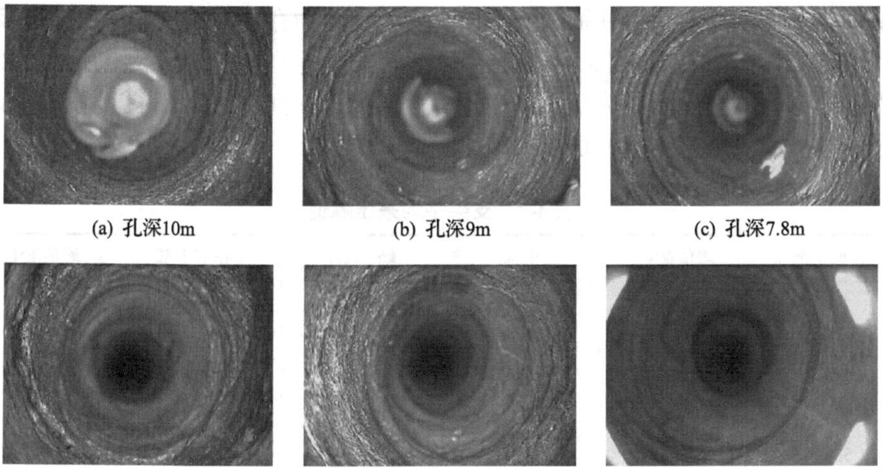

(a) 孔深10m　(b) 孔深9m　(c) 孔深7.8m

(d) 孔深7.2m　(e) 孔深5m　(f) 孔深0.6m

图 4-8　2#观测点(距工作面 20m)裂隙发育特征

2#观测点(距工作面 20m)：初次观测时，在垂直钻孔中发现顶板岩层内节理和裂隙发育，顶板偏向于横向层理发育。相比 1#测点，2#观测点的顶板深部的裂隙数量和裂隙规模较小，且多为整合的原生裂隙；但在钻孔浅部，受采动应力影响，巷道变形和下沉量增加，裂隙发育尤为明显，尤其是在直接顶区域。

综合分析表明，直接顶泥岩和基本顶之上的泥岩更容易发生大范围离层(横向节理)，因此直接顶一般不会形成较大面积的悬顶，而是会随着工作面的推进逐步冒落。同时，砂质泥岩基本顶会伴随小范围的纵向节理产生，但整体仍保持较好的连贯性，这对复合顶板整体强度的削弱具有重要影响。然而，随着工作面长度的增加，裂隙对基本顶整体的影响逐渐减小。

6. 工作面顶板载荷特征

121304 工作面于 2017 年 7 月 24 日扩宽至 355m，并于 2018 年 3 月 31 日推进至停采线，其间回风巷推进了约 729m，运输巷推进了约 697m。5#(运输巷端头)～195#支架(回风巷端头)共 19 个支架在该期间的平均来压峰值，如表 4-2 所示。

由表 4-2 可知，中部工作面的支架来压峰值低于两端，说明工作面顶板存在分区破断现象，倾斜方向破断块度较小；而两端受侧向约束影响，来压步距和破断块度增加，导致支架工作阻力增大，从而使两端成为围岩控制重点区域。

2017 年 12 月 18 日～2018 年 1 月 7 日(推进约 100m)期间，9#、40#、80#、130#、160#、191#支架的载荷情况如图 4-9 所示。对每次割煤后的循环末阻力进行分析，以判断顶板周期来压情况。当末阻力与加权阻力均超过相应判据时，即表明发生了周期来压。工作面倾斜方向上支架末阻力存在显著差异，表明顶板来压后支架工作阻力不同，来压步距和持续时间也有所差异，如图 4-10 所示。两端支架来压末阻力更剧烈，来压周期表现为两端大、中间小，验证了工作面顶板发生了分区破断及竖直方向的切落式破坏。

表 4-2　支架平均来压峰值

工作面下部	峰值/kN	中部	峰值/kN	工作面上部	峰值/kN
5#	9700	75#	4600	145#	9200
15#	9500	85#	4300	155#	4800
25#	9000	95#	9300	165#	7500
35#	9600	105#	9100	175#	9000
55#	9700	115#	4400	185#	5100
65#	9800	125#	5200	195#	9000
—	—	135#	9300	—	—

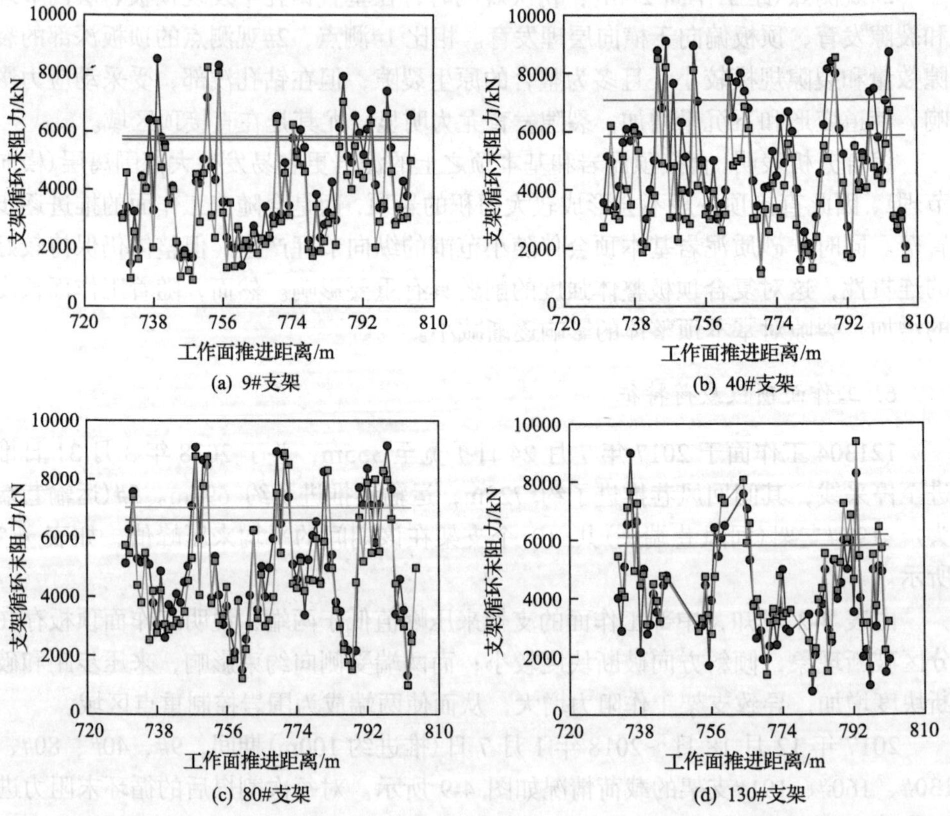

(a) 9#支架　(b) 40#支架

(c) 80#支架　(d) 130#支架

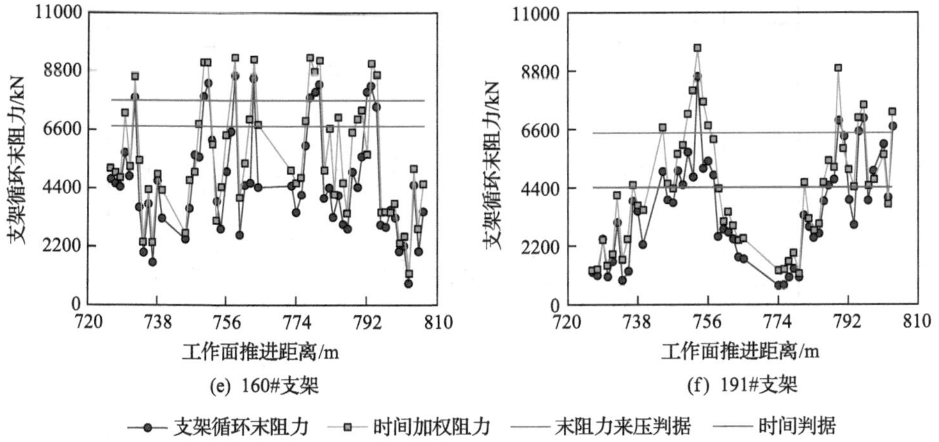

(e) 160#支架　　(f) 191#支架

图 4-9　工作面支架载荷分析

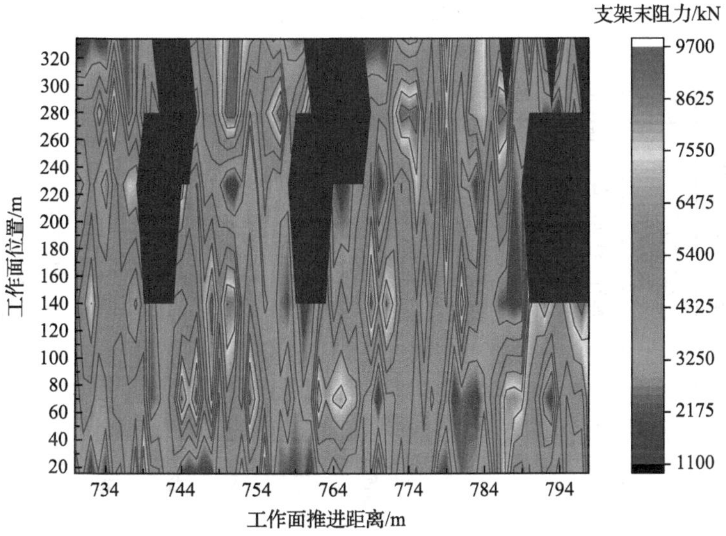

图 4-10　支架末阻力等值线图

4.2.2　典型坚硬顶板工作面来压特征

典型坚硬工作面煤层赋存与来压特征[1]如表 4-3 所示。大同矿区属于典型的“两硬”工作面，煤层硬、基本顶硬且厚度大，加之大采高综放开采时采厚大，因此周期来压和初次来压均较大，需采取措施(如水压致裂、预裂爆破)处理顶板，并加大液压支架选型，加强工作面管理以实现安全回采。

相比于大同矿区，神东矿区的补连塔矿和上湾矿埋藏深度较小，但基岩薄、上覆厚松散层，顶板难形成稳定结构，易出现顶板载荷大、突水溃砂等事故。

表 4-3　典型坚硬工作面煤层赋存与来压特征

编号	煤矿名称	工作面名称	平均埋深/m	煤层平均厚度/m	直接顶岩性及厚度/m	基本顶岩性及厚度/m	采煤方法	工作面长度/m	平均采高/m（采放比）	支架型号	初次来压步距/m	周期来压步距/m
1	塔山矿	8102	474	14.35	泥岩及砂岩 7.9～12.4	泥岩、砂质泥岩 7.8～20	放顶煤	230	3.5（1：4）	ZF15000/25/38	34～36	17
2	同忻矿	8100	447	15.3	砂质泥岩 0.8～6.5	粗粒砂岩 4.40～13.48	放顶煤	193	3.9（1：2.9）	ZF15000/27.5/42	37.4	20.8
3	永定庄	8106	426	15.49	泥岩、粉砂岩 1.59	高岭质泥岩、砂质泥岩、粉砂岩 5.8	放顶煤	151	—	ZZS5600/14/28	47	27.25
4	补连塔	22303	170	7.55	细砂岩及砂质泥岩 0.96～4.2	粉砂岩及中砂岩 25.82～34.86	大采高	301	6.8	ZY16800/32/70	48.5	15.4
		32301	212	7.61	砂质泥岩及细砂岩 3～7	砂岩互层＞20	大采高	301	6.1	ZY10800/28/63	53	13
5	上湾矿	51104	150	7.2	砂质页岩 0～15	砂岩 6～15m	大采高	300	7.1	—	27.20	16.24
6	布尔台煤矿	42106	375	6.5	砂质泥岩 5～25	砂质泥岩及细砂岩 6～39	放顶煤	309	3.6（1：0.83）	ZFY12500/25/39	51.4	16.4
7	赵固二矿	11011	689	3.3	泥岩为主 1～6.5	粗、中、细砂岩 7.46	综采	180	3.5	ZF8600/20/38	22～34	9～12
		11060	700	6.1	砂质泥岩 6.8	中砂岩、细砂岩 5.76～8.5	大采高	160	6.2	ZY18000/30/63 D	37	20

布尔台煤矿主采煤层埋藏深度增加，放顶煤开采使得更高层位岩层形成稳定结构，导致初次来压步距较大，而周期来压变化不明显。赵固二矿采深大、基岩薄，分层综采和大采高开采的来压步距不同，开采高度增加导致初次来压和周期来压步距显著增加，大采高开采时液压支架工作阻力达到 18000kN，而分层开采为 8600kN。

上述来压特征主要通过现场实测、模拟实验、数值计算及理论分析获得。一般长壁工作面开切眼长度为 150～350m，远大于初次来压前的垮距，因此理论分析时仅需考虑垮落步距和顶板厚度。在厚坚硬顶板条件下，分析基本顶的受力和破断时，使用中厚板理论更为合理。

此外，除考虑煤层赋存条件(如埋深、基本顶厚度、煤层倾角等)外，理论分析还应考虑开采条件，包括工作面长度、开采高度及开采顺序等。

坚硬顶板条件下的矿压显现具有以下特征[2]。

(1)基本顶初次来压和周期来压强烈，来压步距大，动载系数高。坚硬难冒顶板大面积冒落时，由于顶板冲击和空气冲击的双重作用，动载系数大，一般为 1～3；工作面初次来压步距一般大于 50m，特殊条件下甚至超过 150m，周期来压步距一般也不小于 20m，大部分液压支架的损坏均发生在基本顶的初次和周期来压期间。

(2)坚硬难冒落顶板的碎胀系数小，顶板活动波及层位高，垮落块度大，呈反台阶悬顶。具体而言，采空区的顶板随着工作面的推进逐步分层垮落，随着采空区面积逐渐增大，高位坚硬顶板岩层呈整体一次切落，并带动上方软弱顶板垮落，冒落高度不断增加，靠近煤柱侧形成明显的三角形悬顶。

(3)工作面周期来压有大小周期之分。下位顶板岩层垮落，工作面产生低强度的小周期来压；高位顶板岩层垮落，经常发生在采空区大范围悬顶之后，工作面产生高强度的大周期来压。

(4)坚硬顶板工作面支架载荷周期性强且分布不均匀。非周期来压阶段，支架载荷很小，处于初撑状态，初次来压或周期来压时支架载荷迅速增加，瞬间载荷超过支架额定阻力，支架安全阀开启，甚至破坏；顶板来压期间，支架后柱的增阻速度和增阻值明显大于前柱，由于安全阀来不及开启而发生的立柱爆裂事故也基本发生在支架后柱，支架载荷合力点靠近后排支柱。

4.3　关键岩层变形及破断特征研究

4.3.1　厚硬顶板岩石力学特性

随着煤炭的开采，高位关键层应力集中，当应力超过极限承载能力时顶板发生破断，若顶板以上存在承压水或松散层，极容易形成突水溃砂通道，最终诱发突水溃砂灾害[3-6]。顶板中微裂隙的发展是顶板破断的根本原因[7-9]，在发生突水溃砂现象之前，大量的砂体进入关键层的裂隙中，从而形成含砂岩石，这是加速裂隙发展的直接原因。图 4-11 是含砂裂隙岩石的形成过程。从宏观上来看，裂隙在砂子的介入下，导致顶板强度降低，形成溃砂通道，带来地表开裂、植被破坏等问题。其本质是砂子流体进入岩石裂隙后，引发流固耦合作用，导致其关键层强度降低。

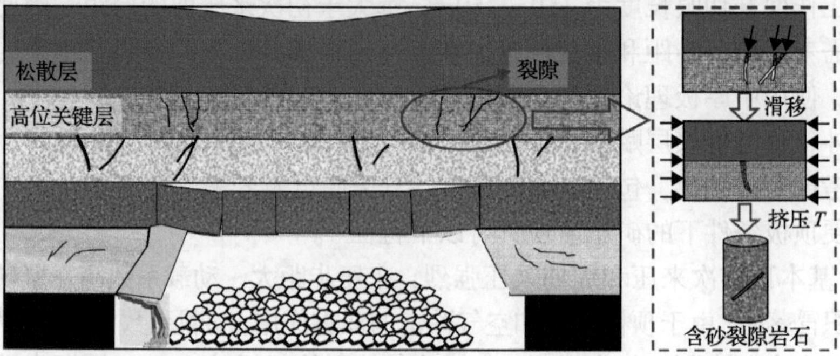

图 4-11　含砂裂隙岩石的形成过程

以神东矿区布尔台煤矿顶板中粒砂岩为研究对象，同时利用高强度石膏制作类岩石材料试件，通过理论推导、数值模拟和声发射等手段分析含砂岩石的破坏特征及其致灾机制，并构建充砂力学模型和数值模型[10]，为突水溃砂灾害的防治提供了理论基础。

1. 实验方案

1) 试样制备

本次实验岩石选用布尔台煤矿 12301 工作面顶板中粒砂岩，用试错法配置与现场性质相近的类岩石材料。由于中粒砂岩具有拉压比大、脆性高的特点，因此选择高强度石膏进行模拟，通过不断尝试，最终确定石膏∶水∶缓凝剂=1∶0.3∶0.005[11-13]。配置出来的类岩石材料与现场中粒砂岩的单轴抗压强度分别为 30.44MPa 和 29.62MPa，弹性模量分别是 11.32GPa 和 13.16GPa，密度分别为 2.51g/cm^3 和 2.93g/cm^3，参数如表 4-4 所示，应力-应变曲线如图 4-12 所示，可以发现两者强度、

表 4-4　原岩与类岩石材料参数

参数	原岩	类岩石材料	误差/%
抗压强度/MPa	29.62	30.44	2.6
弹性模量/GPa	13.16	11.32	13.98
密度/(g/cm^3)	2.93	2.51	14.33

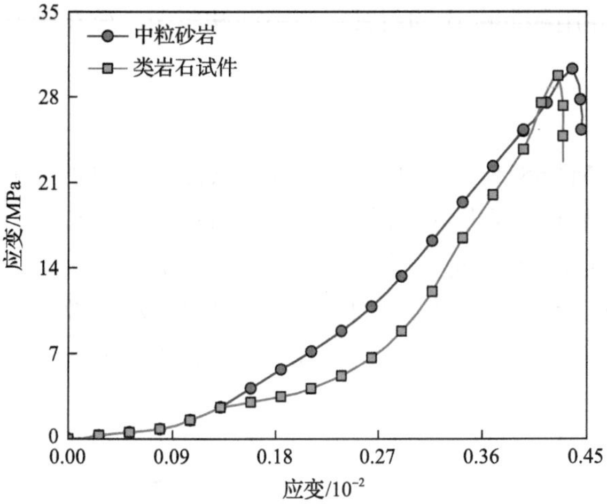

图 4-12　中粒砂岩和类岩石试件应力-应变曲线

弹性模量和密度均较为接近，故认为该配比下的类岩石材料能够较好地模拟现场的中粒砂岩。

按照上述配比，利用预制裂隙模具制作裂隙岩石和含砂岩石，模具尺寸为 50mm×100mm，通过预埋钢片的方法来制作预制裂隙，钢片尺寸为 60mm×14mm×2mm[14,15]。其具体制作方法是将混合液充分搅拌后倒入模具中，将钢片上下刷油插入模具的空隙中，30min 后取出钢片，1d 后脱模。图 4-13 是模具和脱模后裂隙岩石。

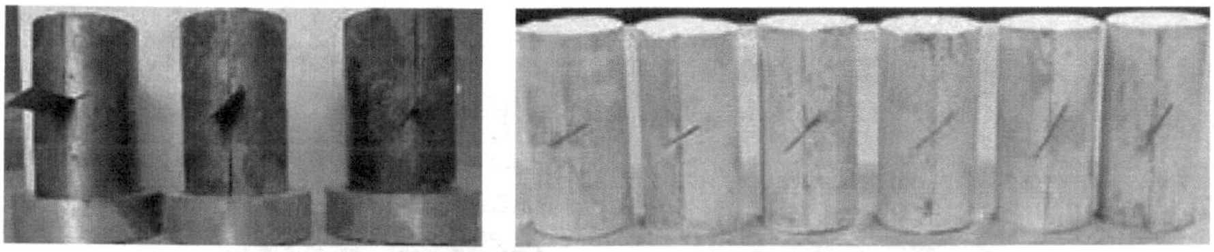

图 4-13　模具和脱模后裂隙岩石

裂隙岩石脱模 1 天以后制作含砂岩石，考虑到砂体充填裂隙需要满足一定的孔隙率，筛选出直径在 0.5～1.2mm 的河砂[16,17]，如图 4-14 所示。将砂子注入

图 4-14　筛选河砂

岩石的裂隙中，并用相同配比的石膏将裂隙两端封闭，放在阴凉处养护 7d，得到含砂岩石试件。

2) 实验方法

本实验采用 MTS815 岩石力学实验机对试件进行单轴压缩，并通过声发射系统对试件损伤破坏程度进行分析。声发射设备为北京软岛时代公司 DS5 声发射系统，监测系统为 16 通道，前置放大器为 40dB，门槛值为 40dB，谐振频率为 150～750kHz。为了保证声发射传感器和试件的耦合效果，在传感器端部涂抹凡士林并将传感器固定至指定位置。图 4-15 和图 4-16 为测试系统示意图和实物图。

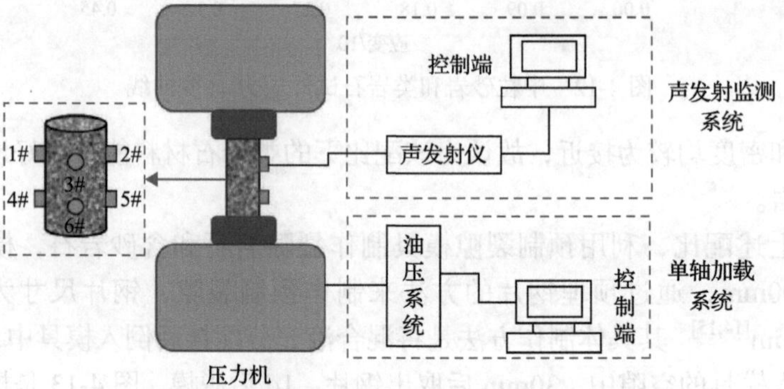

图 4-15　测试系统示意图

图 4-16　测试系统实物图

本次实验变量为裂隙倾角和裂隙含砂量，共设有 30°、45°和 60°三种裂隙角度，以及裂隙含砂和裂隙无砂 2 种裂隙含砂量，同时每种裂隙角度岩石对应一种含砂岩石。分别测试不同角度裂隙岩石和含砂岩石的单轴抗压强度及声发射信号，将裂隙岩石记为 *L-α*，含砂岩石记为 *S-α*，其中 *α* 可取 30°、45°和 60°。压缩实验如图 4-17 所示，不同类型岩石的参数及编号如表 4-5 所示。

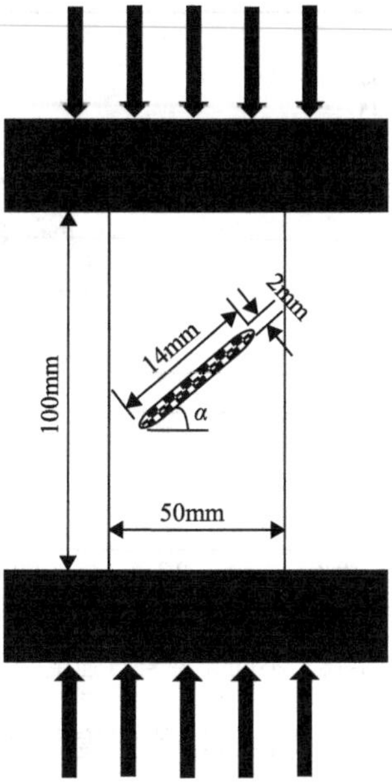

图 4-17　压缩实验

表 4-5　不同类型岩石的参数及编号

岩石类型	编号	长度/mm	直径/mm	质量/g	密度/(g/cm^3)
完整	*W*-1	99.82	49.84	488.80	2.51
30°裂隙	*L*-30	98.86	49.97	463.37	2.39
30°含砂	*S*-30	97.97	49.99	465.33	2.42
45°裂隙	*L*-45	100.41	49.65	460.74	2.37
45°含砂	*S*-45	98.43	49.16	459.57	2.46
60°裂隙	*L*-60	99.32	48.96	448.77	2.40
60°含砂	*S*-60	99.24	49.77	476.88	2.47

2. 实验结果及分析

1) 应力-应变

图 4-18 是不同类型岩石强度曲线，强度从高到低分别是 *L*-60、*L*-45、*S*-60、*L*-30、*S*-45、*S*-30，其强度分别为 23.28MPa、20.43MPa、20.16MPa、19.15MPa、18.75MPa、18.23MPa，说明裂隙岩石和含砂岩石均会影响岩石强度，并且随着裂隙角度的变化其强度也会明显变化。

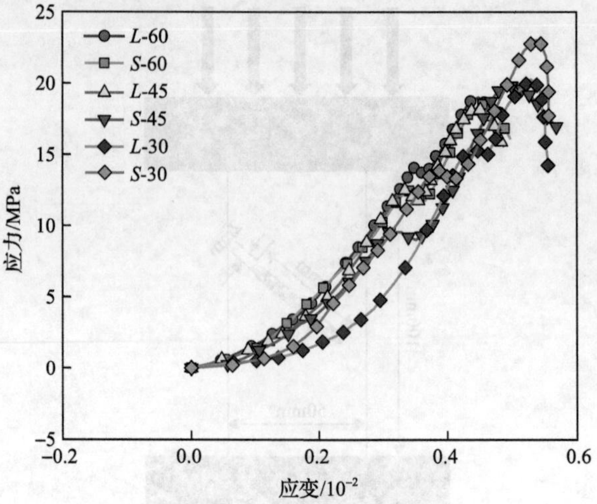

图 4-18　不同类型岩石强度曲线

图 4-19 和图 4-20 是不同类型岩石峰值强度与强度弱化系数。根据岩体强度的差异定义了裂隙和砂体弱化系数，如式(4-1)～式(4-3)所示。由图 4-19 可知，不同类型的岩石随着裂隙角的增加，其强度均在增加。相同裂隙角条件下的含砂岩石强度小于裂隙岩石，说明砂子进入裂隙后会降低岩体强度。在工程上当顶板中产生裂隙后，砂体逐渐进入顶板的裂隙中，导致顶板的强度明显降低，此时在理论计算方面如果仍然按照普通岩石的单轴抗压强度计算，会导致液压支架选型设计偏小，来压步距理论值偏大，对于工作面的安全生产极为不利。在这种条件下，应当对岩体的单轴抗压强度乘以砂体弱化系数 $\eta_{3-\alpha}$。由图 4-20 可知，砂体弱化系数与裂隙角呈正相关关系，即工程中的顶板破断角影响砂体弱化效应，顶板破断角越大，砂体进入顶板后对于顶板强度的弱化能力越强。

$$\eta_{1-\alpha}=\frac{\sigma_{W-1}-\sigma_{L-\alpha}}{\sigma_{W-1}} \tag{4-1}$$

$$\eta_{2-\alpha}=\frac{\sigma_{W-1}-\sigma_{S-\alpha}}{\sigma_{W-1}} \tag{4-2}$$

$$\eta_{3-\alpha}=\frac{\sigma_{L-\alpha}-\sigma_{S-\alpha}}{\sigma_{L-\alpha}} \tag{4-3}$$

式中，$\eta_{1-\alpha}$ 为裂隙弱化系数，表示裂隙岩石相对于完整岩石强度降低程度；$\eta_{2-\alpha}$ 为含砂裂隙弱化系数，表示含砂岩石相对于完整岩石强度降低程度；$\eta_{3-\alpha}$ 为砂体弱化系数，表示相同裂隙角下含砂岩石相对于完整岩石强度降低程度，可以认为是砂体介入后对岩体的弱化能力；σ_{W-1} 为完整岩体单轴抗压强度，Pa；$\sigma_{L-\alpha}$ 为裂隙角 α 的裂隙岩石单轴抗压强度，Pa；$\sigma_{S-\alpha}$ 为裂隙角 α 的含砂岩石单轴抗压强度，Pa。

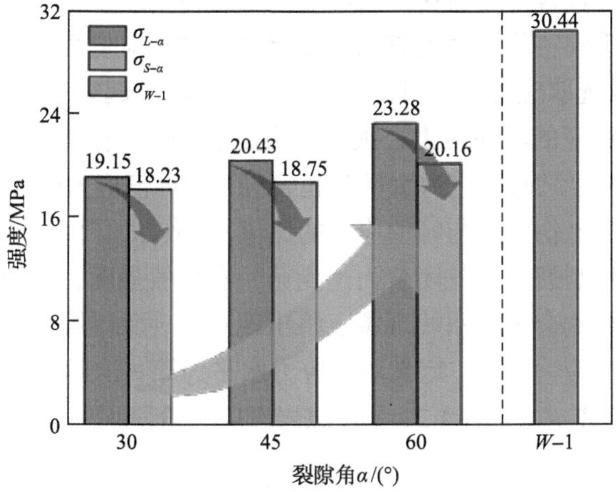

图 4-19　不同类型岩石峰值强度

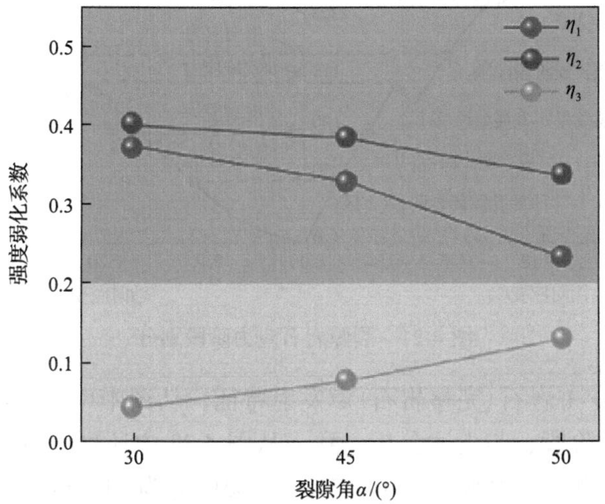

图 4-20　不同类型岩石强度弱化系数

2) 声发射信号

岩石在破坏前会产生许多微裂隙，这些微裂隙不断扩展，最终贯通整个岩石，导致宏观破坏。在该过程中，岩石会释放大量声发射信号，可通过这些信号监测岩石破坏的形式和特征应力。岩石的加载过程通常可以分为以下几个阶段：裂纹闭合压密阶段、线弹性变形阶段、裂纹稳定扩展阶段、裂纹非稳定扩展阶段及峰后阶段。各阶段之间由闭合应力、起裂应力、损伤应力和峰值应力作为临界点，将应力-应变曲线划分为 5 个阶段。不同类型岩石的应力阈值存在明显差异，同种岩石在不同条件下(如裂隙、含砂等)的应力阈值也有所不同。本节将分别研究完整岩石、裂隙岩石及含砂岩石在不同应力阶段的特征参数。

目前，对于不同特征应力的判断主要有裂纹体积应变法、声发射法[18,19]等。闭合应力 σ_{cc} 可以选取应力-应变曲线中线性段的起点，起裂应力 σ_{ci} 是第一次出现明显声发射信号对应的轴向应力，损伤应力 σ_{cd} 是声发射信号第二次明显增加时对应的轴向应力。定义起裂应力水平为起裂应力与峰值应力的比值，记作 K_{ci}。定义损伤应力水平为损伤应力与峰值应力的比值，记作 K_{cd}。由于裂隙岩体在单轴压缩过程中会由于预制裂隙首先闭合而达到第一次峰值强度，随着加载的继续其强度会继续增加，因此会出现双峰现象。将出现双峰现象时第一次峰值强度对应的轴向载荷作为双峰应力 σ_{cw}，定义双峰应力水平为第一次峰值应力与最终峰值应力 σ_{cp} 的比值，记作 K_{cw}。图 4-21 是裂隙岩石应力阶段划分。

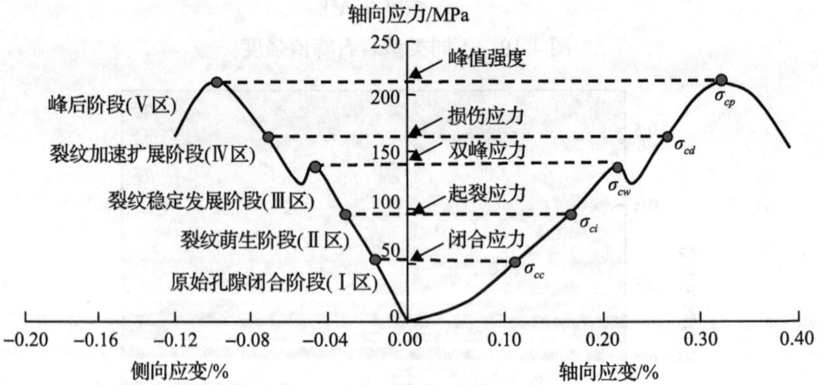

图 4-21　裂隙岩石应力阶段划分

图 4-22 是 *W*-1 岩石(完整岩石)声发射特征，从图中可以看出完整岩石破坏整体上分为 5 个阶段，与上述分析一致。从图 4.22 中还可以看出 *W*-1 的闭合应力为 4.31MPa，闭合应力水平为 14.15%；起裂应力为 11.34MPa，起裂应力水平为 37.25%；损伤应力为 26.12MPa，损伤应力水平为 85.81%。岩石在达到峰值强度后应力迅速下降，具有明显的脆性特征，在破坏后仍然具有一定的残余强度。

图 4-23 是不同类型岩石声发射信号，从图中可以看出，不同类型岩石的声发射信号特征不同，含砂岩石的特征应力均低于裂隙岩石，且在峰值强度前后，含砂岩石的振铃计数频率高于裂隙岩石，而振幅较小，表现出“高频低幅”的特点。这是由于砂体在裂隙中的流动性增加了与岩石的接触次数，同时裂隙扩展更快，

积聚的应变能较小。当监测到类似“高频低幅”的微震信号时，可能表明砂体进入了顶板裂隙，需要及时采取防治措施。

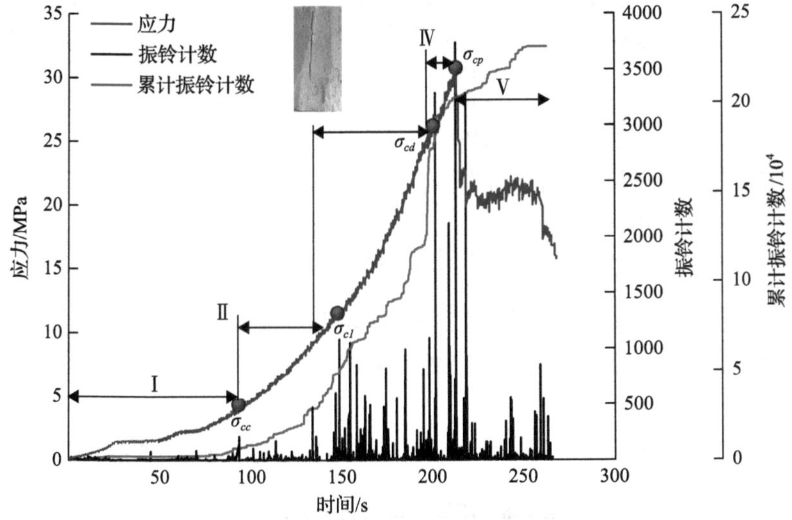

Ⅰ原始孔隙闭合阶段；Ⅱ裂纹萌生阶段；Ⅲ裂纹稳定发展阶段；Ⅳ裂纹加速扩展阶段；Ⅴ峰后阶段

图 4-22　*W*-1 岩石声发射特征

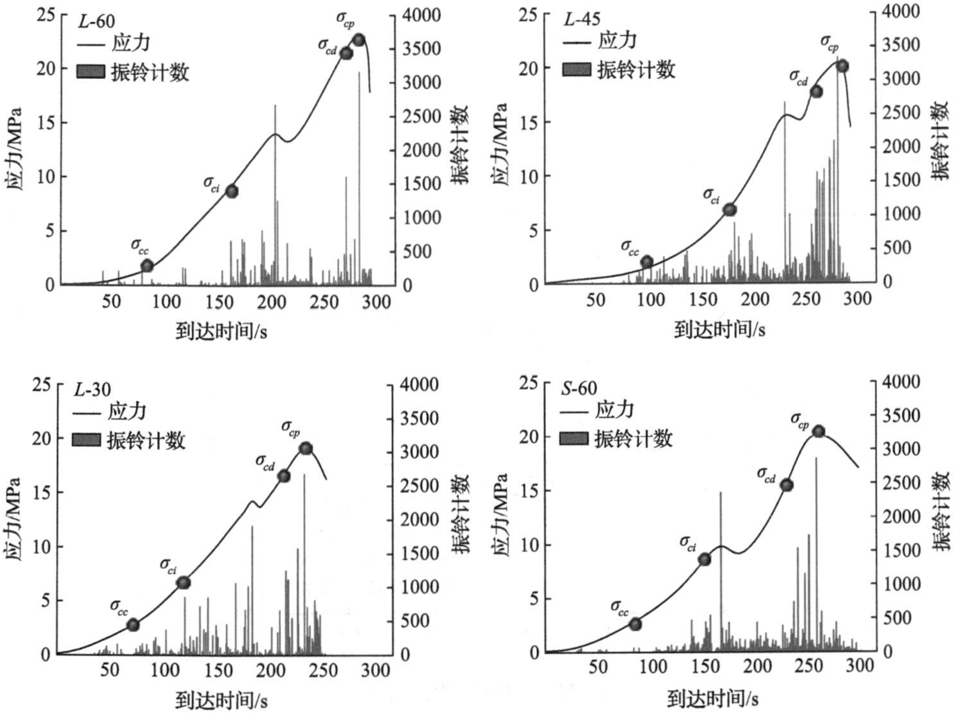

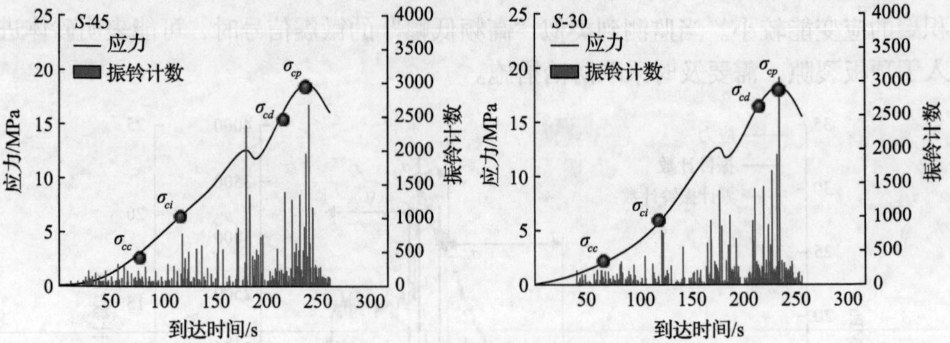

图 4-23　不同类型岩石声发射信号

此外，裂隙岩石和含砂岩石的应力曲线均有双峰现象，且含砂岩石的峰值时间早于裂隙岩石。随着倾角增大，这种提前的时间增加，倾角为 45°时影响最大，倾角为 30°时影响最小。

对不同类型岩石的特征应力进行归一化处理。从表 4-6 和图 4-24 可见，随着

表 4-6　不同类型岩石特征应力

编号	起裂应力/MPa	起裂应力水平/%	损伤应力/MPa	损伤应力水平/%	双峰应力/MPa	双峰应力水平/%	峰值应力/MPa
L-30	6.98	36.45	16.60	86.68	14.05	73.37	19.15
S-30	6.32	34.66	15.89	87.16	9.83	53.92	18.23
L-45	7.57	37.05	18.58	90.94	15.44	75.58	20.43
S-45	6.58	35.09	16.47	87.84	12.62	67.31	18.75
L-60	8.22	37.97	21.73	93.34	14.33	61.55	23.28
S-60	7.06	35.11	17.93	88.93	12.68	62.90	20.11

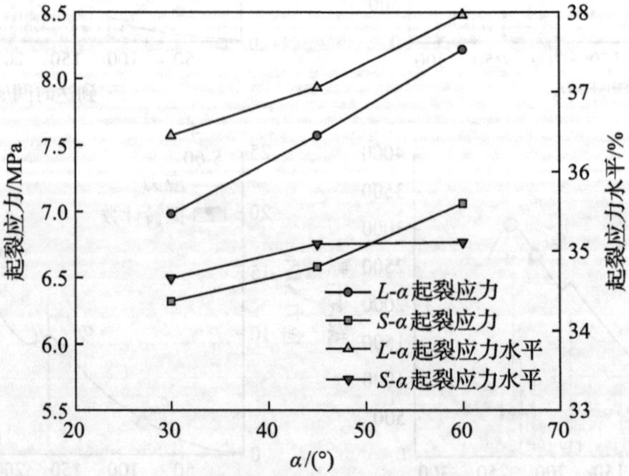

(a) 起裂应力和起裂应力水平

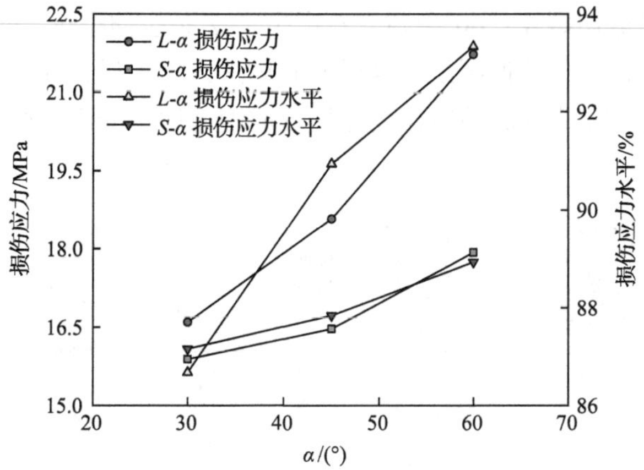

(b) 损伤应力和损伤应力水平

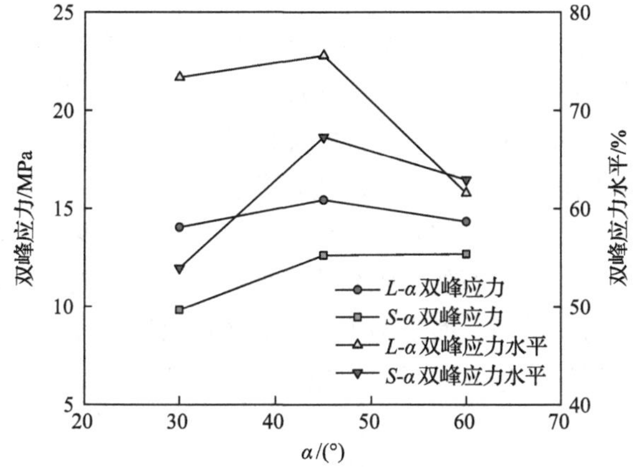

(c) 双峰应力和双峰应力水平

图 4-24　不同类型岩石特征应力和水平

裂隙角增加，起裂应力和损伤应力均增加。含砂岩石的起裂应力水平和损伤应力水平低于裂隙岩石，表明砂体对岩石起裂和损伤有促进作用。同时，含砂岩石的起裂应力水平变化不大，而损伤应力水平则随裂隙角增加逐渐升高，说明较大裂隙角加速了损伤过程。双峰应力水平差异随裂隙角增加而减小，60°时含砂岩石的双峰应力水平甚至有反超趋势，表明砂体对双峰应力有一定影响，且与裂隙角度相关。

3) 破坏形态

图 4-25 为不同类型岩石的破坏形态。裂隙岩石产生的裂纹以拉伸裂纹主导的翼型裂纹为主，含砂岩石的裂纹形态与裂隙角度有关。30°裂隙岩石与含砂岩石产生的均为拉伸裂纹；45°裂隙岩石产生了 2 条拉伸裂纹，45°含砂岩石产生了 2 条

拉伸裂纹和 1 条剪切裂纹；60°裂隙岩石产生了 2 条拉伸裂纹，60°含砂岩石产生了 2 条剪切裂纹和 1 条拉伸裂纹。这说明砂体进入裂隙后，促进了剪切裂纹的形成，这可能是由于砂体的流动性在裂隙处形成滚动层，受压后产生摩擦力，进而影响裂纹扩展。

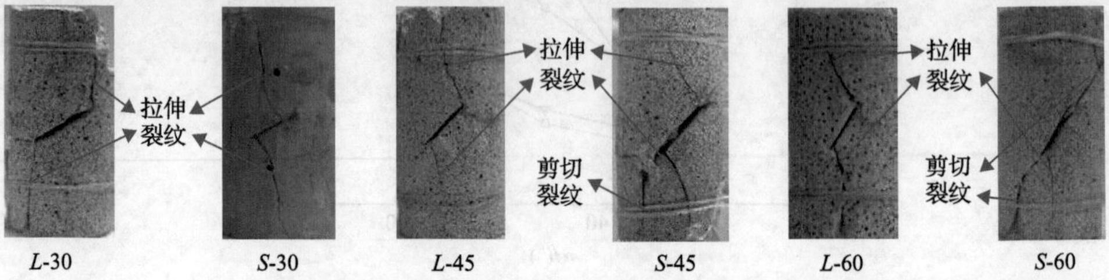

图 4-25　不同类型岩石的破坏形态

岩石拉压比一般在 1∶8，岩石裂隙的形成多是由于裂隙尖端附近的拉应力超过了极限强度，使其形成了拉伸裂纹；而加入砂子以后，降低了岩石间的拉应力，增大了岩石内部的剪切应力，使得岩石更容易发生剪切破坏。图 4-26 是砂体进入岩石裂隙后，随着裂隙角度增加，岩石破坏形态变化示意图。图 4-26 表明，砂体进入岩石裂隙后，对岩石有剪切效应，促进岩石形成剪切裂纹，倾角增大会增强砂体的剪切效应。当含砂岩石的裂隙角为 60°时，含砂岩石的破坏形式已经基本由拉伸破坏转变为剪切破坏。而现场工程中岩体的破断角度往往大于 60°[20]，这就说明在工程中，当砂体进入顶板的裂隙以后，顶板易形成剪切破坏，导致煤矿现场发生顶板切落灾害，造成工作面动压现象，这从细观方面解释了砂体介入后易形成顶板切落灾害，故在此类工作面进行支架选型设计时要考虑顶板切落时造成的动载冲击。

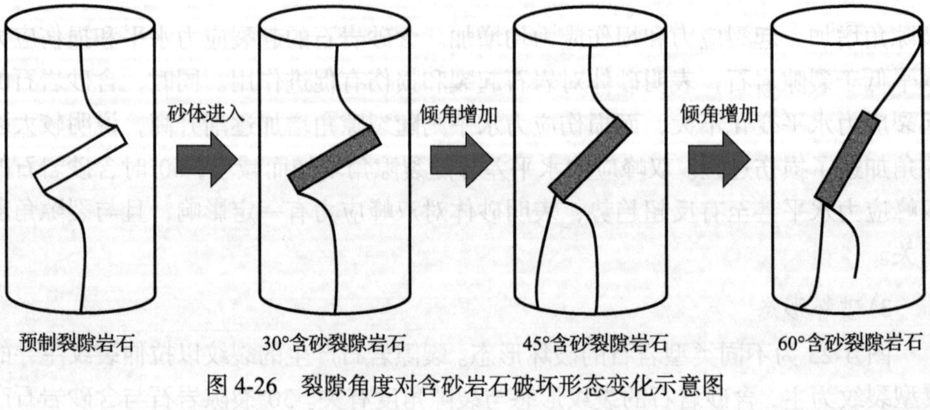

图 4-26　裂隙角度对含砂岩石破坏形态变化示意图

4.3.2　坚硬厚顶板破断理论解析

基于对典型工作面的矿压实测和统计分析，厚且坚硬、完整性良好的直接顶上方的基本顶可视为坚硬厚顶板，特殊情况下的坚硬顶板也被视为坚硬厚顶板。为了揭示坚硬厚顶板的破断特征，将中厚板理论应用于坚硬厚顶板的受力与破坏分析中。以基本顶为研究对象，分析不同开采条件下的假设和边界条件，建立首采面和孤岛工作面基本顶的理论解析方程[21]，以判断初次来压和周期来压前基本顶的受力和变形特征。

1. 中厚板力学模型

经典的平板理论引入了 Kirchhoff 假设，忽略了横向剪切变形，因此只适应于薄板弯曲问题[22]。而现阶段煤矿很多顶板已不满足于薄板假设(厚跨比小于 0.2)，此时使用 Reissner 中厚板理论进行分析更为合理。Reissner 中厚板理论的基本假设如下：变形前垂直于中面的直线段在变形后仍保持直线，但不垂直于变形后的中面；中面内的点无面内位移；平行于中面的各层互补挤压。

根据 Reissner 中厚板理论可知，中厚板的控制方程为

$$D\nabla^2\nabla^2W = q(x,y) - \frac{(2-\nu)}{(1-\nu)}\frac{h^2}{10}\nabla^2 q(x,y) \tag{4-4}$$

$$\nabla^2\varphi = \frac{10}{h^2}\varphi \tag{4-5}$$

式中，D 为板的抗弯刚度，N·m，$D=Eh^3/12(1-\nu^2)$；W 为板中面的挠度，m；$q(x,y)$ 为板的横向载荷，N；ν 为泊松比；h 为板的厚度，m；φ 为应力函数；∇ 为拉普拉斯算子，$\nabla^2=\frac{\partial}{\partial x^2}+\frac{\partial}{\partial y^2}$。

进而可以得到中厚板的内力方程：

$$Q_x = -D\frac{\partial}{\partial x}\nabla^2 W - \frac{h^2}{10}\frac{2-\nu}{1-\nu}\frac{\partial q}{\partial x} + \frac{\partial\varphi}{\partial y} \tag{4-6}$$

$$Q_y = -D\frac{\partial}{\partial y}\nabla^2 W - \frac{h^2}{10}\frac{2-\nu}{1-\nu}\frac{\partial q}{\partial y} - \frac{\partial\varphi}{\partial x} \tag{4-7}$$

$$M_x = -D\left(\frac{\partial^2 W}{\partial x^2} + \nu\frac{\partial^2 W}{\partial y^2}\right) + \frac{h^2}{5}\frac{\partial Q_x}{\partial x} - \frac{\nu h^2}{10(1-\nu)}q \tag{4-8}$$

$$M_y = -D\left(\frac{\partial^2 W}{\partial y^2} + \nu \frac{\partial^2 W}{\partial x^2}\right) + \frac{h^2}{5}\frac{\partial Q_y}{\partial y} - \frac{\nu h^2}{10(1-\nu)}q \tag{4-9}$$

$$M_{xy} = -D(1-\nu)\frac{\partial^2 W}{\partial x \partial y} + \frac{h^2}{10}\left(\frac{\partial Q_x}{\partial y} + \frac{\partial Q_y}{\partial x}\right) \tag{4-10}$$

根据弹性力学可知，中厚板内的应力为

$$\sigma_x = \frac{12M_x}{h^3}z \tag{4-11}$$

$$\sigma_y = \frac{12M_y}{h^3}z \tag{4-12}$$

$$\sigma_z = -2q\left(\frac{1}{2} - \frac{z}{h}\right)^2\left(1 + \frac{z}{h}\right) \tag{4-13}$$

$$\tau_{xz} = \frac{3Q_x}{2h}\left[1 - \left(\frac{z}{h/2}\right)^2\right] \tag{4-14}$$

$$\tau_{yz} = \frac{3Q_y}{2h}\left[1 - \left(\frac{z}{h/2}\right)^2\right] \tag{4-15}$$

$$\tau_{xy} = \frac{12z}{h^3}M_{xy} \tag{4-16}$$

2. 功的互等定理

式(4-4)和式(4-5)是六阶非齐次偏微分方程组，采用常规的弹性力学解法非常困难，这里引入功的互等定理来求解中厚板的控制方程。其具体原理如下：受到拟单位集中载荷作用的四边简支中厚矩形板(称为拟基本系统)，和尺寸、材料都相同但约束条件及受力均不相同的另一中厚矩形板(称为实际系统)，存在拟基本系统的外力在实际系统相应位移上所做功的总和，等于实际系统的外力在拟基本系统相应位移上所做功的总和。这里的拟基本系统的选择可以是任意的，但研究表明选择受横向单位集中载荷作用的四边简支边界条件作为拟基本系统进行计算更为简单。拟基本系统的解称为基本解，并在基本解中用下标 1 表示，如 Q_{1xx0}、M_{1xx0} 和 ω_{1xx0} 分别表示拟基本系统中 x=0 处的剪力 Q_x、弯矩 M_x 和转角 ω_x。图 4-27 所示是在板内流动坐标点(ξ, η)处作用二维 Dirack-delta 函数(x-ξ, y-η)的拟基本系统。

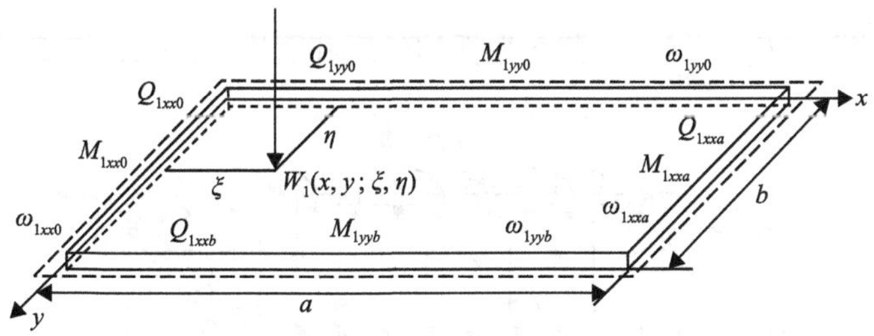

图 4-27　中厚板拟基本系统

3. 初次来压岩层破断理论解析

基本顶初次破断前，其四周均为实体岩层支撑，为了简化计算过程，这里将基本顶假设为固定支撑。初次来压力学模型如图 4-28 所示。实际岩体为弹塑性体，这种简化不可避免地会造成一些误差。但由于采矿工程尺寸通常较大，因此这种假设造成的误差对现场产生的影响是极小的。初次来压时的边界条件为

$$
\begin{aligned}
&x=0,a\\
&W=\omega_x=\omega_y=0\\
&y=0,b\\
&W=\omega_x=\omega_y=0
\end{aligned}
\tag{4-17}
$$

式中，W 为中厚板中性面的挠度，m；ω_x 和 ω_y 分别为沿 x 轴、y 轴方向的转角，(°)。

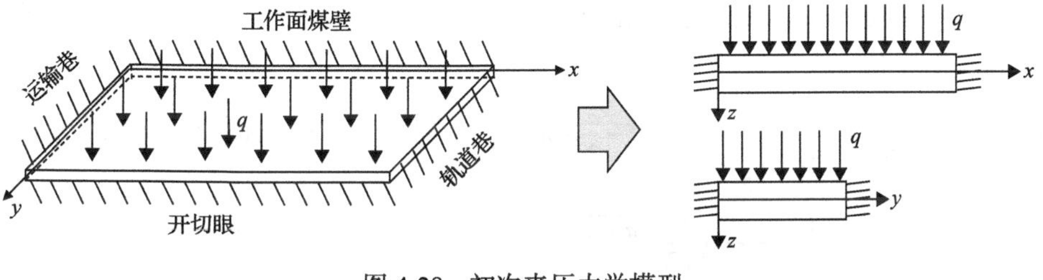

图 4-28　初次来压力学模型

解除其 4 个固定边的弯矩约束，代以施加等效的 M_{x0}、M_{xa}、M_{y0} 和 M_{yb} 弯矩约束，等效施加的弯矩和均布载荷合成，便可得到与受力情况一致的实际系统，如图 4-29 所示。根据载荷和结构的对称性，可假设弯矩为

$$
\begin{cases}
M_{x0}=M_{xa}=\sum\limits_{n=1,3}^{\infty}A_n\sin\beta_n y\\
M_{y0}=M_{yb}=\sum\limits_{m=1,3}^{\infty}C_m\sin\alpha_m x
\end{cases}
\tag{4-18}
$$

式中，$\alpha_m = \dfrac{m\pi}{a}$，$\beta_n = \dfrac{n\pi}{b}$；$a$ 和 b 为板的长度和宽度，m；A_n 和 C_m 为待定系数。

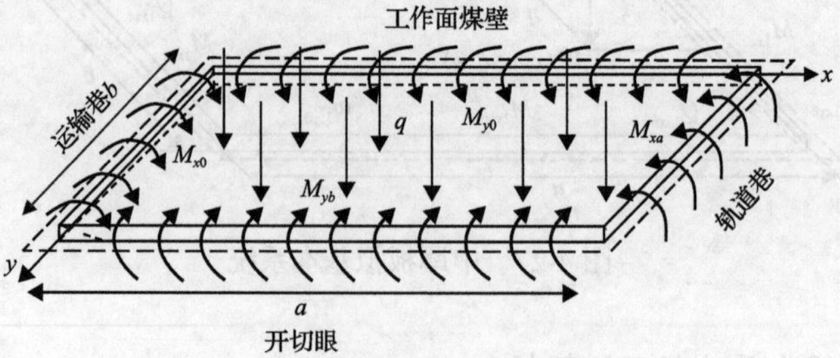

图 4-29 初次来压等效力学模型

把式(4-4)右端项看作等效载荷，由图 4-27 所示拟基本系统和图 4-29 所示实际系统之间应用功的互等定理得到

$$W(\xi,\eta)=\int_0^a\int_0^b\left(q-\frac{h^2}{10}\frac{2-\nu}{1-\nu}\nabla^2 q\right)W_1(x,y,\xi,\eta)\mathrm{d}x\mathrm{d}y-\int_0^a M_{y0}\omega_{1yy0}\mathrm{d}x$$
$$+\int_0^a M_{yb}\omega_{1yyb}\mathrm{d}x-\int_0^b M_{x0}\omega_{1xx0}\mathrm{d}y+\int_0^b M_{xa}\omega_{1xxa}\mathrm{d}y \tag{4-19}$$

规定使板面完成凹面的弯矩为正弯矩，反之为负弯矩。在 x=常数的截面上，按右手螺旋法则，拇指指向与该截面的外法线方向相反，则扭矩定义为正；在 y=常数的截面上，按右手螺旋法则，拇指指向与截面外法线方向相同，则扭矩定义为正。绕 x 轴或 y 轴逆时针旋转定义为正转角。由此反之为负转角。可以得到

$$W(\xi,\eta)=\frac{4q}{Db}\sum_{n=1,3}^{\infty}\left\{1+\frac{1}{2\cosh\frac{1}{2}\beta_n a}\left[\beta_n\left(\xi-\frac{a}{2}\right)\sinh\beta_n\left(\xi-\frac{a}{2}\right)-\left(2+\frac{1}{2}\beta_n a\tanh\frac{1}{2}\beta_n a\right)\cosh\beta_n\left(\xi-\frac{a}{2}\right)\right]\right.$$
$$\left.+\frac{h^2}{10}\frac{2-\nu}{1-\nu}\beta_n^2\left[1-\frac{\cosh\beta_n\left(\xi-\frac{a}{2}\right)}{\cosh\frac{1}{2}\beta_n a}\right]\right\}\frac{1}{\beta_n^5}\sin\beta_n\eta$$
$$+\sum_{n=1,3}^{\infty}\frac{1}{2D}\left[\beta_n a\coth\beta_n a-\beta_n(a-\xi)\coth\beta_n(a-\xi)\right]\frac{\sinh\beta_n(a-\xi)}{\beta_n^2\sinh\beta_n a}\sin\beta_n\eta(A_n)$$
$$+\sum_{n=1,3}^{\infty}\frac{1}{2D}(\beta_n a\coth\beta_n a-\beta_n\xi\coth\beta_n\xi)\frac{\sinh\beta_n\xi}{\beta_n^2\sinh\beta_n a}\sin\beta_n\eta(A_n)$$
$$+\sum_{m=1,3}^{\infty}\frac{1}{2D}\left[\alpha_m b\coth\alpha_m b-\alpha_m(b-\eta)\coth\alpha_m(b-\eta)\right]\frac{\sinh\alpha_m(b-\eta)}{\alpha_m^2\sinh\alpha_m b}\sin\alpha_m\xi(C_m)$$
$$+\sum_{m=1,3}^{\infty}\frac{1}{2D}(\alpha_m b\coth\alpha_m b-\alpha_m\eta\coth\alpha_m\eta)\frac{\sinh\alpha_m\eta}{\alpha_m^2\sinh\alpha_m b}\sin\alpha\xi(C_m) \tag{4-20}$$

由于四边均为固支，因此四边均无转角。又由于在两个方向均为对称弯曲，因此假设应力函数为

$$\varphi(\xi,\eta)=\sum_{n=1,3}^{\infty}\begin{bmatrix}E_n\cosh\delta_n\xi+\\F_n\cosh\delta_n(a-\xi)\end{bmatrix}\cos\beta_n\eta+\sum_{m=1,3}^{\infty}\begin{bmatrix}G_m\cosh\gamma_m\eta+\\H_m\cos\gamma_m(b-\eta)\end{bmatrix}\cos\alpha_m\xi \tag{4-21}$$

式中，$\gamma_m=\sqrt{\alpha_m^2+\dfrac{10}{h^2}}$；$\delta_n=\sqrt{\beta_n^2+\dfrac{10}{h^2}}$。

考虑式(4-20)和式(4-21)对 ξ=0 边弯矩的贡献，并结合式(4-18)，可以计算得

$$F_n=-\frac{\beta_n}{\delta_n\sinh\delta_n a}(A_n) \tag{4-22}$$

同理，可计算得到

$$\begin{aligned}E_n&=\frac{\beta_n}{\delta_n\sinh\delta_n a}(A_n)\\G_m&=\frac{\alpha_m}{\gamma_m\sinh\gamma_m b}(C_m)\\H_m&=-\frac{\alpha_m}{\gamma_m\sinh\gamma_m b}(C_m)\end{aligned} \tag{4-23}$$

将式(4-22)和式(4-23)代入式(4-21)，得到

$$\begin{aligned}\varphi(\xi,\eta)=&\sum_{n=1,3}^{\infty}\begin{bmatrix}\cosh\delta_n\xi-\\\cosh\delta_n(a-\xi)\end{bmatrix}\frac{\beta_n}{\delta_n\sinh\delta_n a}\cos\beta_n\eta(A_n)\\&-\sum_{m=1,3}^{\infty}\begin{bmatrix}\cosh\gamma_m\eta-\\\cosh\gamma_m(b-\eta)\end{bmatrix}\frac{\alpha_m}{\gamma_m\sinh\gamma_m b}\cos\alpha_m\xi(C_m)\end{aligned} \tag{4-24}$$

根据边界条件

$$\omega_{\xi\xi0}=0,\omega_{\eta\eta0}=0 \tag{4-25}$$

得到关于 A_n 和 C_m 的线性方程组：

$$\begin{bmatrix}-\left(\dfrac{a}{\sinh\beta_n a}\right)+\dfrac{1}{\beta_n}\\+\dfrac{2h^2}{5}\dfrac{\beta_n}{1-\nu}\dfrac{1}{2}\tanh\dfrac{1}{2}\beta_n a\\+\dfrac{h^2}{5}\dfrac{1}{1-\nu}\dfrac{\beta_n^2}{\delta_n}\tanh\dfrac{1}{2}\delta_n a\end{bmatrix}(A_n)+\sum_{m=1,3}^{\infty}\begin{bmatrix}-\dfrac{1}{b}\dfrac{4\alpha_m\beta_n}{(\alpha_m^2+\beta_n^2)2}\\+\dfrac{h^2}{5}\dfrac{1}{1-\nu}\dfrac{4\alpha_m\beta_n}{b(\alpha_m^2+\beta_n^2)}\\-\dfrac{h^2}{5}\dfrac{1}{1-\nu}\dfrac{4\alpha_m\beta_n}{b(\gamma_m^2+\beta_n^2)}\end{bmatrix}(C_m)=\frac{2q}{b}\begin{bmatrix}\begin{pmatrix}\tanh\dfrac{1}{2}\beta_n a-\\\dfrac{1}{2}\beta_n a\dfrac{1}{\cosh^2\dfrac{1}{2}\beta_n a}\end{pmatrix}\dfrac{1}{\beta_n^4}\\-\dfrac{h^2}{5}\dfrac{\nu}{1-\nu}\dfrac{1}{\beta_n^2}\tanh\dfrac{1}{2}\beta_n a\end{bmatrix} \tag{4-26}$$

$$\sum_{n=1,3}^{\infty}\left[\begin{array}{l}-\dfrac{4\alpha_m\beta_n}{a(\alpha_m^2+\beta_n^2)2}\\+\dfrac{h^2}{5}\dfrac{1}{1-\nu}\dfrac{4\alpha_m\beta_n}{a(\alpha_m^2+\beta_n^2)}\\-\dfrac{h^2}{5}\dfrac{1}{1-\nu}\dfrac{4\alpha_m\beta_n}{a(\alpha_m^2+\beta_n^2)}\end{array}\right](A_n)+\left[\begin{array}{l}-\left(\begin{array}{l}\dfrac{a}{\sinh\alpha_m b}+\dfrac{1}{\alpha_m}\\+\dfrac{2h^2}{5}\dfrac{\alpha_m}{1-\nu}\end{array}\right)\dfrac{1}{2}\tanh\dfrac{1}{2}\alpha_m b\\+\dfrac{h^2}{5}\dfrac{1}{1-\nu}\dfrac{\alpha_m^2}{\gamma_m}\tanh\dfrac{1}{2}\gamma_m b\end{array}\right](C_m)=\frac{2q}{a}\left[\begin{array}{l}\left(\begin{array}{l}\tanh\dfrac{1}{2}\alpha_m b-\\\dfrac{1}{2}\alpha_m b\dfrac{1}{\cosh^2\dfrac{1}{2}\alpha_m b}\end{array}\right)\dfrac{1}{\alpha_m^4}\\-\dfrac{h^2}{5}\dfrac{\nu}{1-\nu}\dfrac{1}{\alpha_m^2}\tanh\dfrac{1}{2}\alpha_m b\end{array}\right] \tag{4-27}$$

通过方程(4-26)和方程(4-27)，即可求得待定系数 A_n 和 C_m；代入式(4-20)和式(4-24)，可得到中厚板的挠度方程和应力函数；进一步代入式(4-11)～式(4-16)，即可求得初次来压时中厚板内任意一点的应力状态。

4. *周期来压岩层破断理论解析*

工作面在周期来压时其边界条件可简化为三边固支一边自由，力学模型如图 4-30 所示。同样采用功的互等定理进行求解，参考初次来压求解过程，解除 3 个固定边的弯矩约束，代以分布弯矩 M_{x0}、M_{y0} 和 M_{xa}，如图 4-31 所示。自由边的挠度和转角分别表示为 W_{yb} 和 ω_{xyb}，可设挠度、转角和弯矩为

$$\begin{aligned}W_{yb}&=\sum_{n=1,3}^{\infty}b_n\sin\beta_n y\\\omega_{xyb}&=\sum_{n=1,3}^{\infty}f_n\cos\beta_n y\\M_{x0}=M_{xa}&=\sum_{n=1,2}^{\infty}A_n\sin\beta_n y\\M_{y0}&=\sum_{m=1,3}^{\infty}C_m\sin\alpha_m x\end{aligned} \tag{4-28}$$

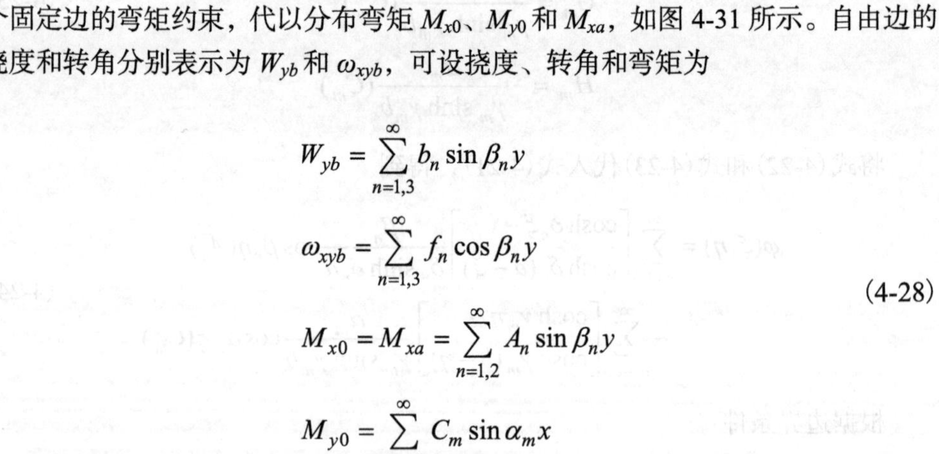

图 4-30　周期来压力学模型

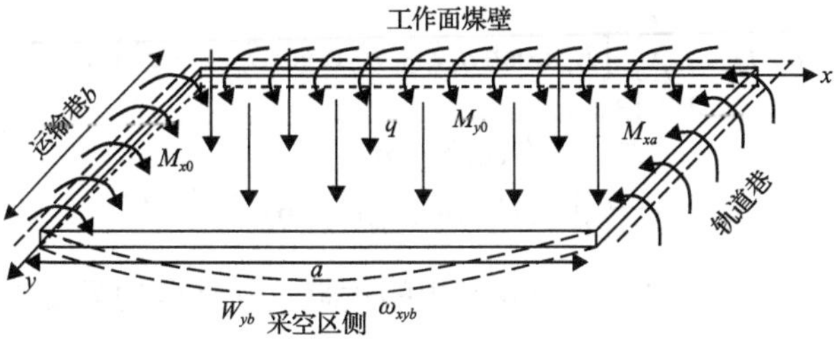

图 4-31　周期来压等效力学模型

与处理初次来压求解过程类似，把式(4-4)右端项看作等效载荷，在图 4-27 所示拟基本系统和图 4-31 所示等效系统之间应用功的互等定理，得到

$$
\begin{aligned}
&W(\xi,\eta)+\int_0^b Q_{1xxa}W_{xa}\mathrm{d}y+\int_0^a M_{1xyyb}\omega_{xyb}\mathrm{d}y\\
&=\int_0^a\int_0^b W_1(x,y;\xi,\eta)\left(q-\frac{h^2}{10}\frac{2-\nu}{1-\nu}\nabla^2 q\right)\mathrm{d}x\mathrm{d}y\\
&\quad-\int_0^b M_{x0}\omega_{1xx0}\mathrm{d}y-\int_0^a M_{xa}\omega_{1xxa}\mathrm{d}x+\int_0^a M_{yb}\omega_{1yyb}\mathrm{d}x
\end{aligned}
\tag{4-29}
$$

则

$$
\begin{aligned}
W(\xi,\eta)=&\frac{4q}{Db}\sum_{n=1,3}^{\infty}\left\{\begin{matrix}1+\dfrac{1}{2\cosh\frac{1}{2}\beta_n a}\left[\begin{matrix}\beta_n\left(\xi-\dfrac{a}{2}\right)-\left(2+\dfrac{1}{2}\beta_n a\tanh\dfrac{1}{2}\beta_n a\right)\\ \cosh\left(\xi-\dfrac{a}{2}\right)\end{matrix}\right]\\ \cdot\dfrac{h^2}{10}\dfrac{2-\nu}{1-\nu}\left[1-\dfrac{\cosh\beta_n\left(\xi-\dfrac{a}{2}\right)}{\cosh\frac{1}{2}\beta_n a}\right]\beta_n^2\end{matrix}\right\}\frac{1}{\beta_n^5}\sin\beta_n\eta\\
&+\sum_{n=1,3}^{\infty}\frac{\sinh\beta_n\xi}{\sinh\beta_n a}\sin\beta_n\eta(b_n)-\frac{1}{2}(1-\nu)\sum_{n=1,3}^{\infty}(\beta_n a\cosh\beta_n a-\beta_n\xi\coth\beta_n\xi)\frac{\sinh\beta_n\xi}{\beta_n\sinh\beta_n a}\sin\beta_n\eta(f_n)\\
&+\frac{1}{2D}\sum_{n=1,3}^{\infty}[\beta_n a\coth\beta_n a-\beta_n(a-\xi)\coth\beta_n(a-\xi)]\frac{\sinh\beta_n(a-\xi)}{\beta_n^2\sinh\beta_n a}\sin\beta_n\eta(A_n)\\
&+\frac{1}{2D}\sum_{m=1,2}^{\infty}\left\{\begin{matrix}\alpha_m b\coth h\alpha_m b\left[\begin{matrix}\sinh\alpha_m(b-\eta)+\\ \sinh\alpha_m\eta\end{matrix}\right]\\ -\left[\begin{matrix}\alpha_m(b-\eta)\cosh\alpha_m(b-\eta)\\ +\alpha_m\cosh\alpha_m\eta\end{matrix}\right]\end{matrix}\right\}\frac{1}{\alpha_m^2\sinh\alpha_m b}\sin\alpha_m\xi(C_m)
\end{aligned}
\tag{4-30}
$$

将应力函数假设为

$$\varphi(\xi,\eta)=\sum_{n=0,1,3}^{\infty}\left[E_n'\cosh\delta_n\xi+F_n'\cosh\delta_n(a-\xi)\right]\cos\beta_0\eta+\sum_{m=0,1,2}^{\infty}\begin{bmatrix}G_m'\cosh\gamma_m\eta\\+H_m'\cosh\gamma_m(b-\eta)\end{bmatrix}\cos\alpha_m\xi \tag{4-31}$$

考虑式(4-30)和式(4-31)对边界弯矩的贡献，并结合边界 ξ=0 边和 ξ=a 边边界弯矩为 $\sum_{n=1,2}^{\infty}A_n\sin\beta_n y$，可以得到

$$G_m=-\frac{\alpha_m}{\gamma_m\sinh\gamma_m b}(C_m)$$
$$H_m=\frac{\alpha_m}{\gamma_m\sinh\gamma_m b}(C_m) \tag{4-32}$$

同理，考虑应力函数和挠度对其他边的贡献，可以解得其他未知量：

$$F_n=-\frac{\beta_n}{\delta_n\sinh\delta_n a}(A_n)$$
$$E_n=-D(1-\nu)\frac{5}{h^2}\frac{\beta_n}{\delta_n\sinh\delta_n a}(b_n)-D(1-\nu)\left(\frac{5}{h^2}+\beta_n^2\right)\frac{1}{\delta_n\sinh\delta_n a}(f_n) \tag{4-33}$$

将式(4-32)和式(4-33)代入式(4-31)中，经过整理，可得

$$\varphi(\xi,\eta)=\sum_{n=1,3}^{\infty}\left\{\begin{matrix}-D(1-\nu)\begin{bmatrix}\frac{5}{h^2}\beta_n(b_n)+\\\left(\frac{5}{h^2}+\beta_n^2\right)(f_n)\end{bmatrix}\cosh\delta_n\xi\\-\beta_n\cosh\delta_n(a-\xi)(A_n)\end{matrix}\right\}\frac{1}{\delta_n\sinh\delta_n a}\cos\beta_n\eta+\sum_{m=1,2}^{\infty}\begin{bmatrix}-\alpha_m\cosh\gamma_m\eta+\\\alpha_m\cosh\gamma_m(b-\eta)\end{bmatrix}\frac{1}{\gamma_m\sinh\gamma_m b}\cos\alpha_m\xi(C_m) \tag{4-34}$$

周期来压时的边界条件为

$$\omega_{\xi\xi0}=\omega_{\xi\xi a}=0,\ \omega_{\eta\eta0}=0,\ Q_{\eta\eta b}=0,\ M_{\eta\eta b}=0,\ M_{\xi\eta\eta b}=0 \tag{4-35}$$

式中，$\omega_{\xi\xi0}$ 和 $\omega_{\eta\eta0}$ 为 $\xi=\eta=0$ 时的转角，(°)；$\omega_{\xi\xi a}$ 为 $\xi=a$ 时的转角，(°)；$Q_{\eta\eta b}$ 为 $\eta=b$ 的剪力，Pa；$M_{\eta\eta b}$ 为 $\eta=b$ 时的弯矩，N·m；$M_{\xi\eta\eta b}$ 为 $\eta=b$ 时的扭矩，N·m。

将式(4-30)和(4-34)代入边界条件，可以得到式(4-36)～式(4-39)的边界执

行方程：

$$\left(-\frac{\beta_n}{\sinh\beta_n a}+\frac{\beta_n^2}{\delta_n}\frac{1}{\sinh\delta_n a}\right)(b_n)+\left[\begin{array}{l}\frac{1}{2}(1-\nu)(\beta_n a\coth\beta_n a-1)\frac{1}{\sinh\beta_n a}-\frac{h^2}{5}\frac{\beta_n^2}{\sinh\beta_n a}\\+\left(1+\frac{h^2}{5}\beta_n^2\right)\frac{\beta_n}{\delta_n}\frac{1}{\sinh\delta_n a}\end{array}\right](f_n)$$
$$+\frac{1}{D}\left[\frac{1}{2}\left(\frac{1}{\sinh^2\beta_n a}-\frac{1}{\beta_n}\coth\beta_n a\right)-\frac{1}{1-\nu}\frac{h^2}{5}\left(\beta_n\coth\beta_n a-\frac{\beta_n^2}{\delta_n}\coth\delta_n a\right)\right](A_n)$$
$$+\frac{4}{Db}\sum_{m=1,2}^{\infty}\left[-\frac{\alpha_m\beta_n}{(\alpha_m^2+\beta_n^2)^2}+\frac{1}{1-\nu}\frac{h^2}{5}\left(\frac{\alpha_m\beta_n}{\alpha_m^2+\beta_n^2}-\frac{\alpha_m\beta_n}{\gamma_m^2+\beta_n^2}\right)\right](C_m)$$
$$=\frac{2q}{Db}\left[\left(\beta_n\tanh\frac{1}{2}\beta_n a-\frac{1}{2}\beta_n^2 a\frac{1}{\cosh^2\frac{1}{2}\beta_n a}\right)\frac{1}{\beta_n^5}-\frac{\nu}{1-\nu}\frac{h^2}{5}\frac{1}{\beta_n^2}\tanh\frac{1}{2}\beta_n a\right]$$

（4-36）

$$\frac{2}{a}\sum_{n=1,3}^{\infty}\left(\frac{\alpha_m\beta_n}{\alpha_m^2+\beta_n^2}-\frac{\alpha_m\beta_n}{\alpha_m^2+\delta_n^2}\right)(-1)^n(b_n)+\frac{2}{a}\sum_{n=1,3}^{\infty}\left[\begin{array}{l}-(1-\nu)\frac{\alpha_m\beta_n^2}{(\alpha_m^2+\beta_n^2)^2}+\frac{h^2}{5}\frac{\alpha_m\beta_n^2}{\alpha_m^2+\beta_n^2}-\\\left(1+\frac{h^2}{5}\beta_n^2\right)\frac{\alpha_m}{\alpha_m^2+\delta_n^2}\end{array}\right](-1)^m(f_n)$$
$$+\frac{2}{Da}\sum_{n=1,3}^{\infty}\left[-\frac{\alpha_m\beta_n}{(\alpha_m^2+\beta_n^2)2}+\frac{1}{1-\nu}\frac{h^2}{5}\left(\frac{\alpha_m\beta_n}{\alpha_m^2+\beta_n^2}-\frac{\alpha_m\beta_n}{\alpha_m^2+\delta_n^2}\right)\right](A_n)+\frac{1}{D}$$
$$\left\{-\left[\frac{b}{2}\frac{1}{\sinh\alpha_m b}+\frac{1}{2\alpha_m}+\frac{1}{1-\nu}\frac{h^2}{5}\alpha_m\right]\tanh\frac{1}{2}\alpha_m b+\frac{1}{1-\nu}\frac{h^2}{5}\frac{\alpha_m^2}{\gamma_m}\tanh\frac{1}{2}\gamma_m b\right\}(C_m)$$
$$=\frac{q}{Da}\left[1-(-1)^m\right]\left[\left(\alpha_m\tanh\frac{1}{2}\alpha_m b-\frac{1}{2}\alpha_m^2 b\frac{1}{\cosh^2\frac{1}{2}\alpha_m b}\right)\frac{1}{\alpha_m^5}-\frac{\nu}{1-\nu}\frac{h^2}{5}\frac{1}{\alpha_m^2}\tanh\frac{1}{2}\alpha_m b\right]$$

（4-37）

$$D(1-\nu)\frac{5}{h^2}\frac{\beta_n^2}{\delta_n}\coth\delta_n a(b_n)+D(1-\nu)\left[-\beta_n^2\coth\beta_n a+\left(\frac{5}{h^2}+\beta_n^2\right)\frac{\beta_n}{\delta_n}\coth\delta_n a\right](f_n)$$
$$+\left(-\frac{\beta_n}{\sinh\beta_n a}+\frac{\beta_n^2}{\delta_n}\frac{1}{\sinh\delta_n}\right)(A_n)+\frac{4}{b}\sum_{m=1,2}^{\infty}\left(\frac{\alpha_m\beta_n}{\alpha_m^2+\beta_n^2}-\frac{\alpha_m\beta_n}{\gamma_m^2+\beta_n^2}\right)(-1)^m(C_m)$$
$$=\frac{4q}{b}\frac{1}{\beta_n^2}\tanh\frac{1}{2}\beta_n a$$

（4-38）

$$
\begin{aligned}
&D(1-\nu)\left[-\beta_n^2\coth\beta_n a+\frac{1}{2}\frac{\beta_n}{\delta_n}(\beta_n^2+\delta_n^2)\coth\delta_n a\right](b_n)\\
&+D(1-\nu)\left[\begin{aligned}&\frac{1}{2}(1-\nu)\left(\frac{\beta_n^2 a}{\sinh^2\beta_n a}-\beta_n\coth\beta_n a\right)-\frac{h^2}{5}\beta_n^3\coth\beta_n a\\&+\left(1+\frac{h^2}{5}\beta_n^2\right)\frac{1}{2\delta_n}(\beta_n^2+\delta_n^2)\coth\delta_n a\end{aligned}\right](f_n)\\
&+\left[\frac{1}{2}(1-\nu)(\beta_n a\coth\beta_n a-1)\frac{1}{\sinh\beta_n a}-\frac{h^2}{5}\frac{\beta_n^2}{\sinh\beta_n a}+\frac{h^2}{10}\frac{\beta_n}{\delta_n}(\beta_n^2+\delta_n^2)\frac{1}{\sinh\delta_n a}\right](A_n)\\
&+\frac{4}{b}\sum_{m=1,2}^{\infty}\left[-(1-\nu)\frac{\alpha_m\beta_n^2}{(\alpha_m^2+\beta_n^2)^2}-\frac{h^2}{5}\frac{\alpha_m^3}{\alpha_m^2+\beta_n^2}+\frac{h^2}{10}\frac{\alpha_m(\alpha_m^2+\gamma_m^2)}{\gamma_m^2+\beta_n^2}\right](-1)^m(C_m)\\
&=\frac{2q}{b}(1-\nu)\left[\left(-\tanh\frac{1}{2}\beta_n a+\frac{\beta_n a}{2\cosh^2\frac{1}{2}\beta_n a}\right)\frac{1}{\beta_n^3}+\frac{\nu}{1-\nu}\frac{h^2}{5}\frac{1}{\beta_n}\tanh\frac{1}{2}\beta_n a\right]
\end{aligned}
\tag{4-39}
$$

式(4-36)～式(4-39)是关于 A_n、C_m、b_n 和 f_n 4 组未知数的方程组，联立求解即可获得有关中厚板周期来压理论解析的全部未知数。至此，顶板初次来压和周期来压的顶板理论解析已全部给出。求解上述方程较为困难，可以在保证精度的前提下选取有限项进行求解。

5. 案例分析与讨论

1) 工程概况

赵固二矿 14030 工作面埋深 750～800m，平面布置如图 4-32 所示，倾斜长度 200m，走向长度 2100m。工作面上侧为 14021 采空区，下侧为未开采实体煤区域。14021 采空区与 14030 工作面之间存在 30m 的保护煤柱，且从现场液压支架工作阻力数据来看，工作面两端的液压支架阻力近似呈对称分布。为了简化工程问题，在本研究中将边界条件简化为固支。14030 工作面主采二-1 煤，煤层厚度介于 3.9～6.5m，平均厚度 5.9m，煤层倾角 3°～5°，采用垮落法管理顶板。工作面基岩厚度为 0～50m，多区域存在基岩缺失现象，直接顶为厚 3.6～7.3m 的泥岩和砂质泥岩互层，水平层理发育，可随采随冒，单轴抗压强度 30～50MPa；基本顶为厚 6.2～13.5m 的砂岩，单轴抗压强度 60～80MPa。基本顶之上为泥岩和粗砂岩互层，孔隙结构明显，基岩之上为冲积层，内含厚度小于 2.0m 且全区不连续分布的泥岩、砂质泥岩和粗砂岩层状结构，厚度可达 700m，类属深埋厚冲积层弱胶结薄基岩厚煤层工作面。工作面安装 ZY18000/30/65 D 型液压支架进行顶板支护，支护强度可达 1.9MPa。现场实测得到顶板初次来压步距和周期来压步距约为 40m 和 20m，根据厚跨比可知赵固二矿 14030 工作面基本顶不满足薄板理论假设，应按照中厚板理论进行分析。

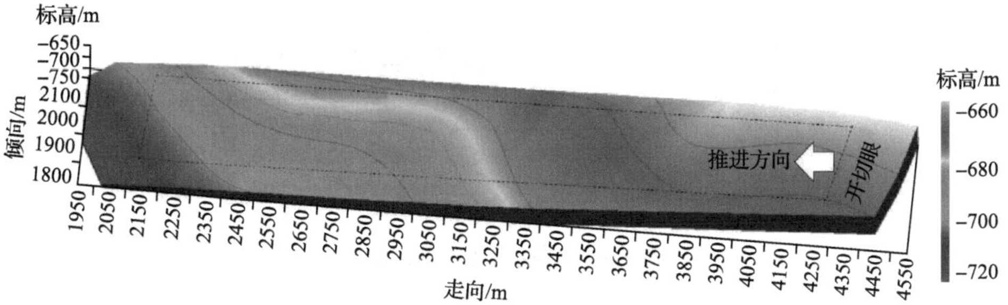

图 4-32　工作面平面布置

2) 基本顶变形与应力特征

将上述公式代入 MATLAB 中，并取 $m=n=11$，可以得到赵固二矿 14030 工作面基本顶的变形与应力分布特征。根据现场实测数据可知工作面长度 a=200m，初次来压步距 b_1=40m，周期来压步距 b_2=20m，基本顶平均厚度为 10m。考虑到破断基岩力学性能劣化效应，此处取基本顶弹性模量 E=20GPa，泊松比 v=0.2，抗剪强度为 4.0MPa，抗拉强度为 2.5MPa[23]。将以上参数代入式(4-21)和式(4-30)中，可以得到基本顶初次破断和周期破断前的挠度变形特征，如图 4-33 和图 4-34 所示。

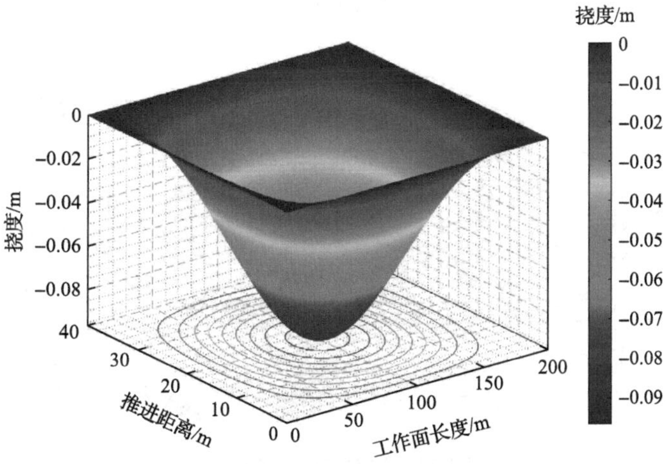

图 4-33　初次来压时的挠曲面

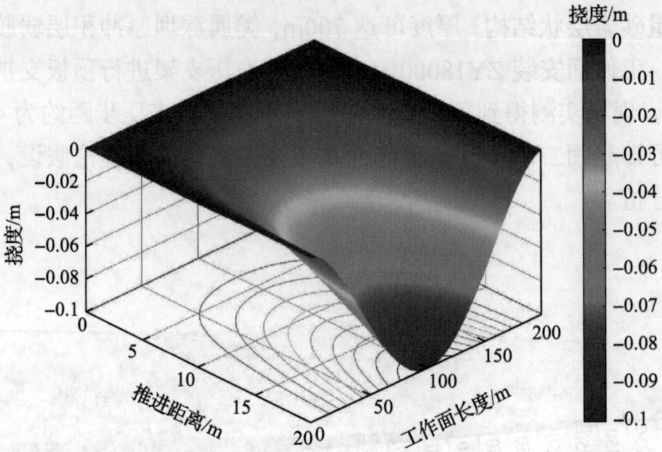

图 4-34　周期来压时的挠曲面

从图 4-33 和图 4-34 中可见，初次来压前顶板呈漏斗形挠曲面，中点挠度最大为 0.08m；周期来压时，采空区一侧挠度增大至 0.1m。初次来压时的固定约束较强；而周期来压时采空区侧为自由边界，导致变形增大。顶板最大挠度出现在工作面中部，需中部液压支架具备足够刚度以抵抗变形。液压支架刚度越大，越有利于工作面稳定，但过大刚度会造成浪费[24]。支架设计应考虑煤壁、直接顶和底板构成的承载系统，尽量减小内部刚度差异，使系统变形同步，充分发挥支护效果。

计算初次来压时，顶板最大拉应力和剪应力的关系如图 4-35 和图 4-36 所示。最大拉应力和剪应力均出现在顶板长边中点处，向两巷逐渐减小至 0。初次来压时，顶板最大拉应力超过抗拉强度，而最大剪应力未达抗剪强度，符合拉伸破坏判据，表明 14030 工作面基本顶初次破断为拉伸破坏。拉伸破断后，岩块沿边界支点旋转形成铰接结构，承担部分上覆岩层载荷。

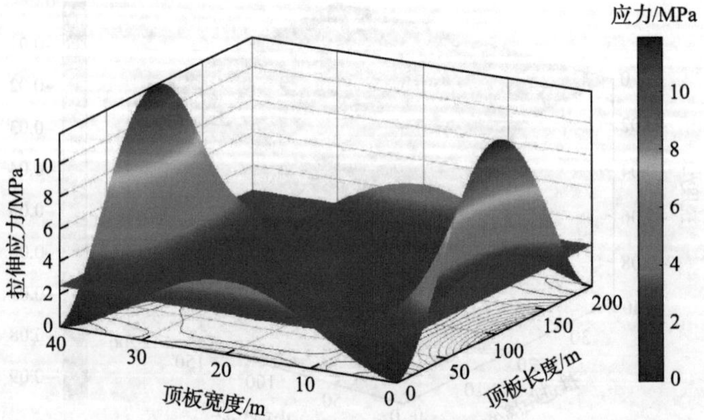

图 4-35　初次来压时的拉应力

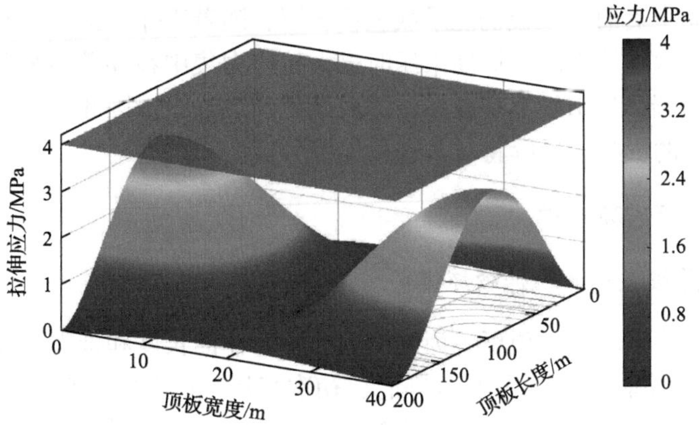

图 4-36　初次来压时的剪应力

周期来压时，最大拉应力和剪应力均超过了抗拉强度和抗剪强度，表明基本顶发生拉剪混合破坏，如图 4-37 和图 4-38 所示。由于顶板较厚，拉应力超过极

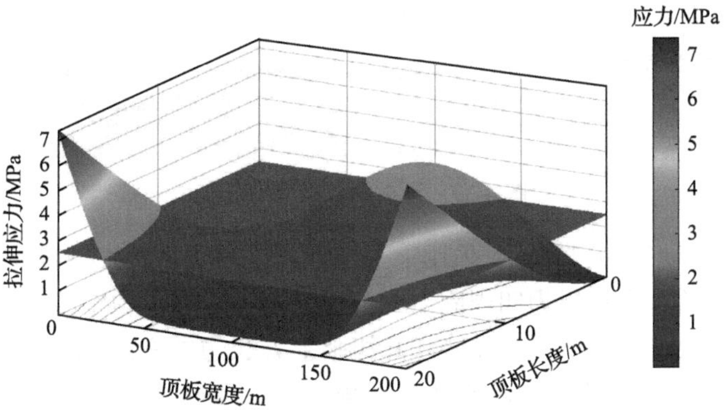

图 4-37　周期来压时的拉应力

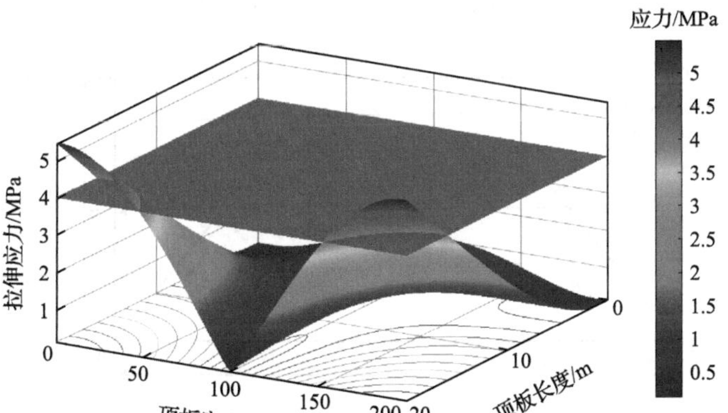

图 4-38　周期来压时的剪应力

限后裂纹未完全贯通，顶板仍能承载上覆岩层，随着工作面推进，剪应力也超过极限，最终导致整体破坏。周期来压时最大拉应力集中在煤壁侧两端，剪应力集中在工作面两端，易引发剪切破坏，进而产生动载冲击。因此，液压支架设计应考虑动载冲击的影响，后续将对其进行详细分析。

4.3.3 采场顶板破断模式

1. 基于薄板理论的拉伸破坏模式

薄板理论将采场上方顶板视为厚度远小于工作面长度和推进距离的薄板。在此假设下，利用弹性理论得出四周固支(初次来压)和三边固支一边自由(周期来压)情况下顶板内部拉应力分布(图 4-39)。最大拉应力出现在固支边缘，传统矿压理论认为采场顶板主要以拉伸破坏为主，呈现 O-X 破断形式。

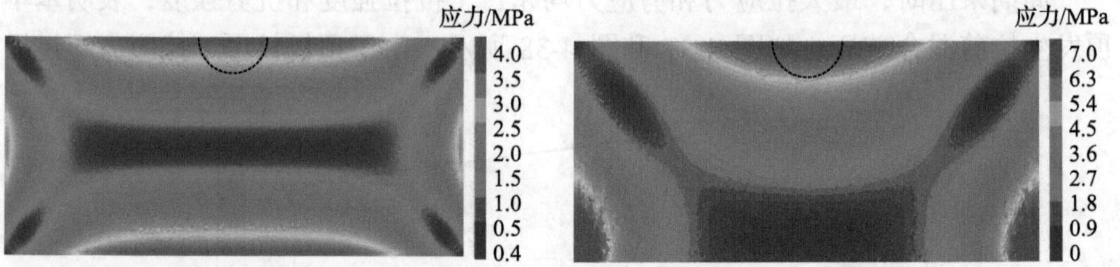

图 4-39　顶板内部拉应力分布

在 O-X 破断形式的基础上，采用上限定理可以得到顶板发生拉伸破断的判据。将初次来压前的基本顶视为四周固支的薄板，不考虑基本顶中的原生裂隙，由弹性理论可知最大拉应力出现在煤壁和开切眼上方长边的中部(*AB* 和 *CD*)，基本顶在最大拉应力处首先断裂，断裂线向两侧扩展，工作面两侧短边继而断裂(*AD* 和 *BC*)，并在基本顶中部出现 X 形裂纹，最终基本顶发生 O-X 破断，破断形态如图 4-40 所示。基本顶的 O-X 破断共产生 9 条断裂线[1]，工作面两侧形成三角板

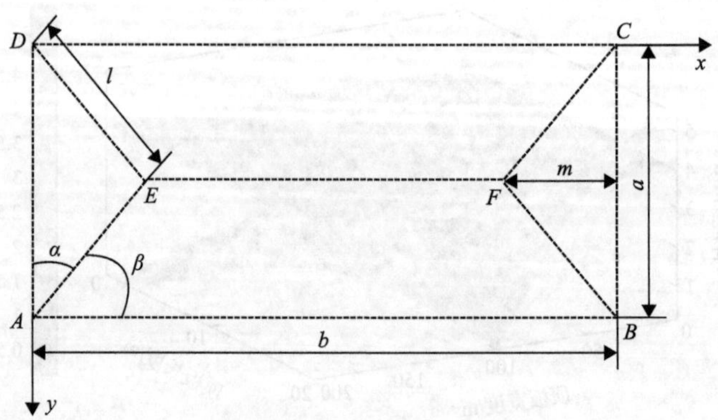

图 4-40　基本顶初次破断

ADE 和 *BCF*，工作面中部形成梯形板 *CDEF* 和 *ABFE*。

根据上限定理，可以确定基本顶发生 O-X 破断的上限条件，基本顶破断瞬间断裂线 *EF* 下沉量为 $\varDelta$，四周边界由固支转变为简支条件，下沉量为 0，梯形板在断裂线 *AB* 和 *CD* 处的回转角为 $2\varDelta/a$；梯形板在断裂线 *EF* 处的相对回转角为 $4\varDelta/a$；三角板在断裂线 *AD* 和 *BC* 处的回转角为 $\varDelta/m$；三角板同梯形板之间的相对回转角为 $\varDelta(\cot\alpha+\cot\beta)/l$。根据上述条件，可以确定基本顶初次断裂时内力在断裂面上的耗散功率为

$$\dot{U}=2M_s\frac{2\dot{\varDelta}}{a}b+M_s\frac{4\dot{\varDelta}}{a}(b-2m)+2M_s\frac{\dot{\varDelta}}{m}a+4M_s\dot{\varDelta}\left(\frac{a}{2m}+\frac{2m}{a}\right)=4M_s\dot{\varDelta}\left(2\frac{b}{a}+\frac{a}{m}\right) \tag{4-40}$$

式中，$\dot{U}$ 为基本顶内力耗散功率，J/s；a 为初次来压前工作面推进距离，m；b 为工作面倾斜长度，m；$\dot{\varDelta}$ 为断裂线 *EF* 的下降速率，m/s；M_s 为基本顶的极限抗弯距，N·m。

基本顶断裂过程中，自重及随动载荷在梯形板和三角板上的外力功率为

$$\dot{W}=2\iint_{ABFE}q_{si}\frac{2\dot{\varDelta}}{a}y\mathrm{d}x\mathrm{d}y+2\iint_{ADE}q_{si}\frac{\dot{\varDelta}}{m}x\mathrm{d}x\mathrm{d}y=q_{si}a\left(\frac{3}{2}b-m\right)\dot{\varDelta} \tag{4-41}$$

式中，q_{si} 为深井超长工作面初次来压时基本顶的极限承载能力，MPa。

外力功率[式(4-41)]同内力耗散功率[式(4-40)]相等，可以得到初次来压前基本顶可承受的极限载荷 q_{si} 同工作面推进距离 a 之间的关系：

$$q_{si}=8M_s\frac{2bm+a^2}{ma^2(3b-2m)} \tag{4-42}$$

周期来压前，基本顶边界条件发生变化，靠近开切眼侧的长边 *CD* 成为自由边。此时，基本顶可视为三边固支、一边自由的薄板。由于边界条件的变化，基本顶破断形式同样发生改变，如图 4-41 所示，周期破断过程中，基本顶中产生 5 条断裂线，工作面中部仍然形成梯形板，两端形成三角板。同理，若基本顶周期断裂后，自由边 *MN* 的下沉量为 $\varDelta$，则断裂过程中梯形板在长边 *JK* 处的回转角为 $\varDelta/c$，在三角板短边 *JD* 和 *KC* 处的回转角为 $\varDelta/m$，三角板同梯形板之间的相对回转角为 $\varDelta(\cot\gamma+\cot\theta)/s$。根据上述条件，可以确定基本顶初次断裂时内力在断裂面上的耗散功率：

$$\dot{U}=M_s\frac{\dot{\varDelta}}{c}b+2M_s\frac{\dot{\varDelta}}{m}c+2M_s\dot{\varDelta}\left(\frac{m}{c}+\frac{c}{m}\right)=M_s\dot{\varDelta}\left(\frac{2m+b}{c}+\frac{4c}{m}\right) \tag{4-43}$$

式中，c 为基本顶周期来压前深井超长工作面的推进距离，m。

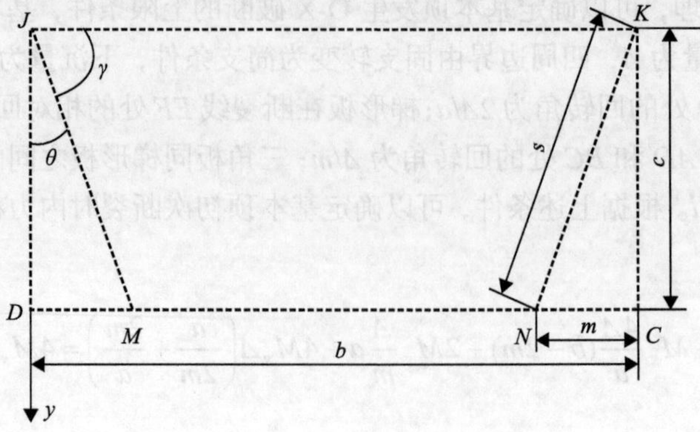

图 4-41　基本顶周期破断

周期破断过程中，基本顶自重和随动载荷在梯形板和三角板上的外力功率为

$$\dot{W} = \iint_{JKMN} q_{sp}\frac{\dot{\Delta}}{c}y\mathrm{d}x\mathrm{d}y + 2\iint_{JDM} q_{sp}\frac{\dot{\Delta}}{m}x\mathrm{d}x\mathrm{d}y = q_{sp}\dot{\Delta}c\left(\frac{b}{2}-\frac{m}{3}\right) \tag{4-44}$$

式中，q_{sp} 为基本顶周期来压时的极限承载能力，MPa。

外力功率［式(4-44)］同内力耗散功率［式(4-43)］相等，可以得到周期来压前基本顶可承受的极限载荷 q_{sp} 同工作面推进距离 c 之间的关系：

$$q_{sp} = 6M_s\frac{2m^2+bm+4c^2}{mc^2(3b-2m)} \tag{4-45}$$

由式(4-42)和式(4-45)可知，基本顶极限承载能力随着工作面推进距离的增加而降低，当基本顶自重及随动载荷达到其极限承载能力时，基本顶发生破断。

2. 基于中厚板理论的剪切破断模式

在基本顶厚度较小的条件下，薄板理论能够合理解释采场的来压现象。然而，在部分矿区，存在单层甚至复合坚硬顶板，此时基本顶的厚度与来压步距相当，将基本顶视为薄板的合理性值得商榷。材料力学理论表明，顶板中的拉应力随其厚度增加而减小，如果顶板仍以拉伸破断为主，坚硬厚顶板的来压步距应显著增大。然而，我国神东矿区的生产实践显示，在特定条件下，这类顶板的采场来压步距不但未增加，反而比常规采场更小，且顶板破断瞬间发生，易导致切落压架现象。本章采用的中厚板理论较好地解释了这一现象：随着顶板厚度增加，内部拉应力减小，但剪应力却显著升高。根据岩石力学理论，岩石的抗拉强度小于抗剪强度，而抗剪强度又小于抗压强度。随着工作面推进，若基本顶中的剪应力超过其抗剪强度，采场顶板将发生剪切破断模式：

$$\tau \geqslant \tau_c \tag{4-46}$$

式中，τ 为悬露基本顶内部的剪应力，Pa；τ_c 为基本顶的抗剪强度，Pa。

基本顶的抗剪强度可以根据钻孔柱状图进行初步判断，结合现场取心和取样测试岩石的抗剪强度。如果基本顶裂隙较发育，应适当降低其抗剪强度的评估值。

4.4　坚硬顶板破断空间形态与覆岩运动规律

4.4.1　坚硬顶板破断厚度特征分析

1. 顶板破断厚度效应的理论解析

4.3.2 节的理论解析进一步研究了顶板厚度对最大拉应力和剪应力的影响。图 4-42 显示了顶板厚度与最大拉(剪)应力之间的关系，表明在顶板受到载荷不变的情况下，厚度增加会导致应力减小。因此，通过分析应力变化速率来评价拉应力和剪应力对顶板厚度的敏感性。结果表明，初次来压时，最大拉应力减小的速度明显快于最大剪应力，当顶板厚度达到 20m 时，剪应力超过了拉应力；而在周期来压中，顶板厚度达到 13m 时，最大剪应力已超过拉应力。这说明随着厚度增加，剪应力逐渐占据主导地位，厚顶板更易发生剪切破断，从而进一步揭示了顶板的破坏机理。

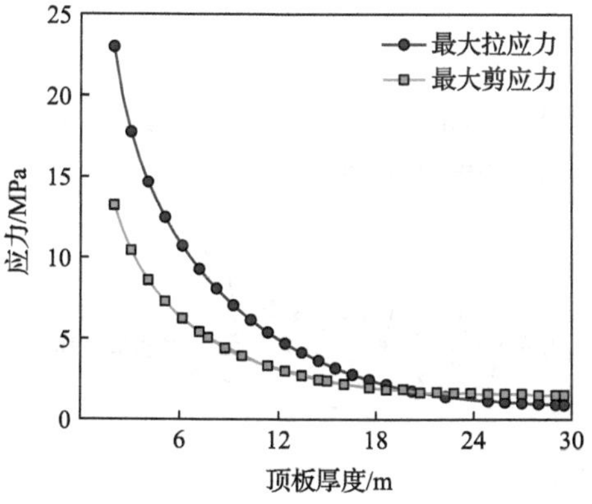

(a) 初次来压

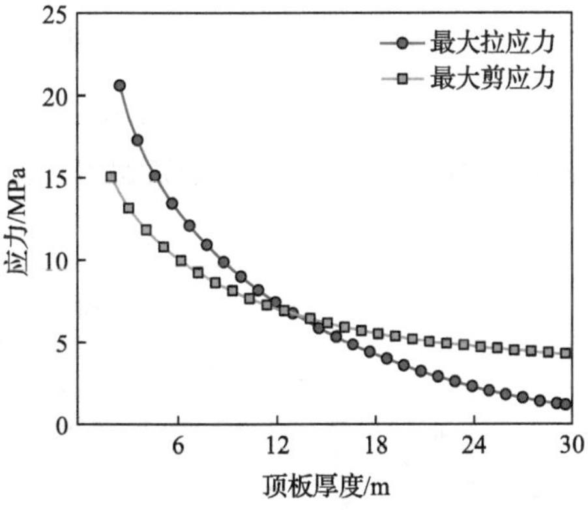

(b) 周期来压

图 4-42　顶板厚度与最大拉(剪)应力之间的关系

研究表明[21]，不同顶板厚度导致不同破坏模式。顶板较薄时发生拉伸破断，随着厚度增加，破坏模式逐渐转变为剪切破断。综上总结得出结论：厚度增加导致最大拉应力减小，最大剪应力增大，引起破坏模式变化。由于顶板长边的应力大于短边，因此可根据长边和短边的最大应力判断破断模式，如图 4-43 所示。随着厚度增加，长边最先发生拉剪混合破坏，短边最先出现纯剪切破坏。当顶板厚度较大时，短边更易发生切落灾害。

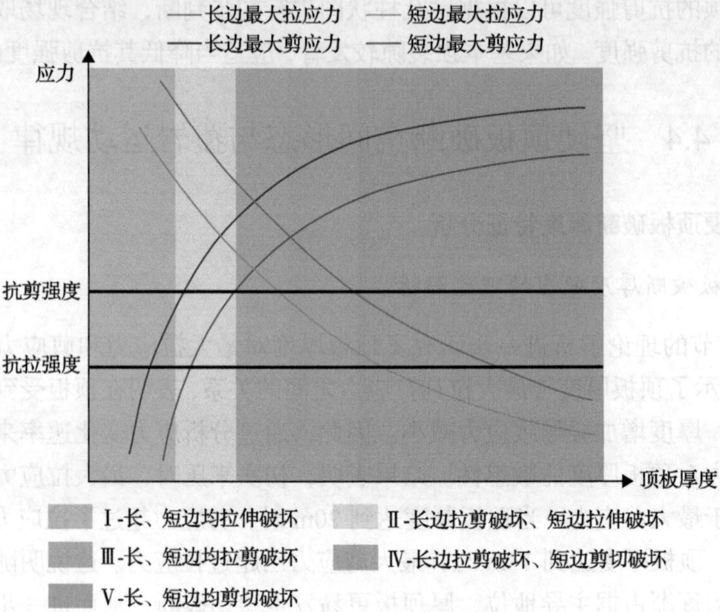

图 4-43　不同厚度顶板的分区破断模式

2. 顶板破断厚度效应的数值模拟

为验证理论模型的准确性并研究顶板破坏后的形态，本节建立了赵固二矿 14030 工作面基本顶的数值模型[21]，如图 4-44 和图 4-45 所示。

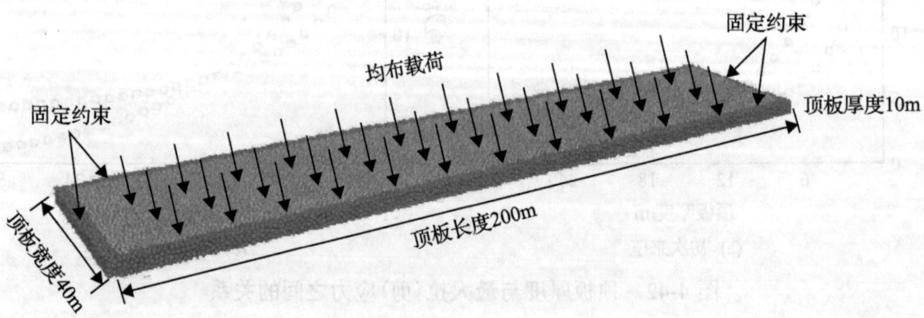

图 4-44　初次来压顶板数值模型

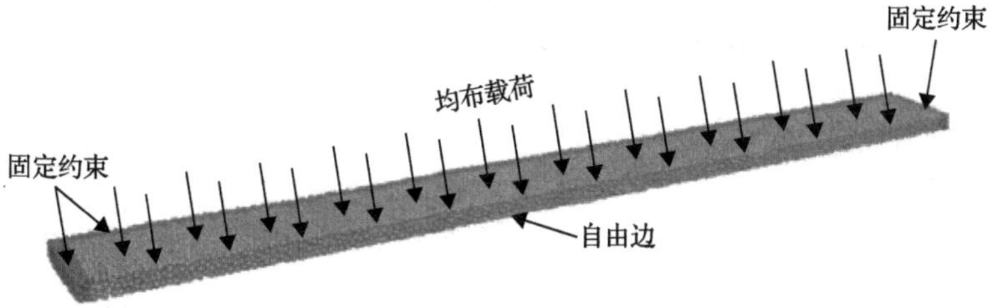

图 4-45　周期来压顶板数值模型

初次来压后，顶板破断形态如图 4-46(a)所示，裂隙均为拉伸裂隙，形成明显的 O-X 裂隙，两端为弧形三角板，煤壁和开切眼侧为梯形结构，整体形成铰接，承载能力较好，液压支架受载较小。周期来压时，如图 4-46(b)所示，顶板形成半 O-X 裂隙，并伴有较多剪切裂隙，特别是在两端头，导致无法形成铰接结构，发生剪切破断，对两端头冲击较大。这与图 4-38 中的剪应力分布一致，验证了在周期来压时发生拉剪混合破断的现象。

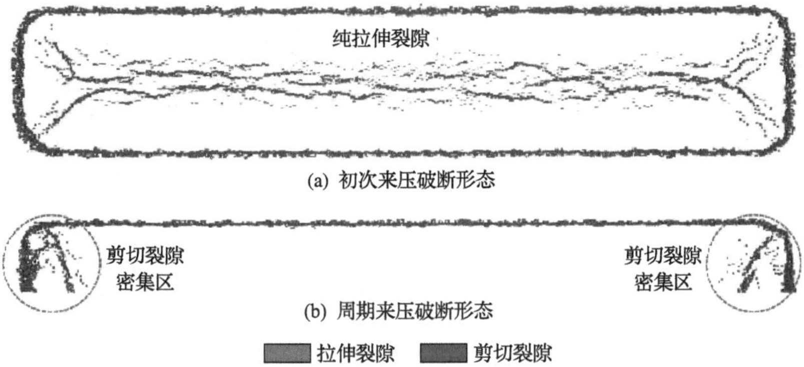

图 4-46　顶板破断形态

根据 4.3.2 节的分析，初次来压和周期来压的最大应力分别位于顶板煤壁侧中部和两端。通过 PFC 监测顶板应力(图 4-47 和图 4-48)，发现最大拉应力和剪应力均随计算步数增加，但初次来压时拉应力增长速率更快，达到抗拉强度后出现拉伸裂隙，而剪应力未达抗剪强度，发生拉伸破坏；周期来压时，剪应力增长速率高于拉应力，顶板发生拉剪混合破坏。厚跨比增加会抑制拉应力增长，促进剪应力增加，达到临界厚度时顶板更易发生剪切破坏。因此，如果顶板上方存在达到了临界厚度的顶板，就应警惕剪切破坏及动载冲击风险。

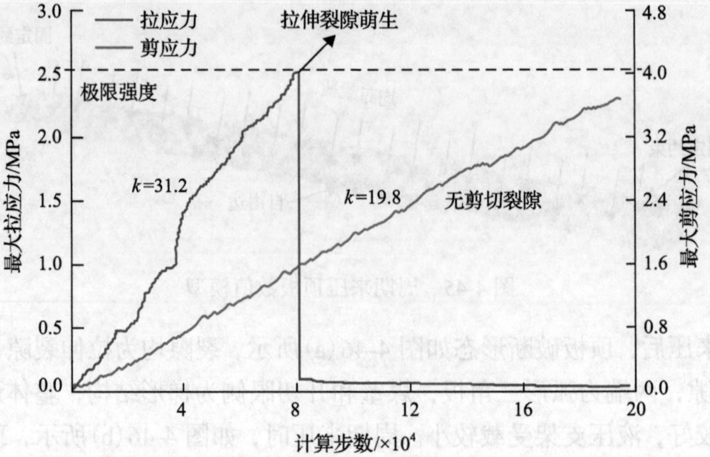

图 4-47　初次来压顶板最大拉(剪)应力变化特征

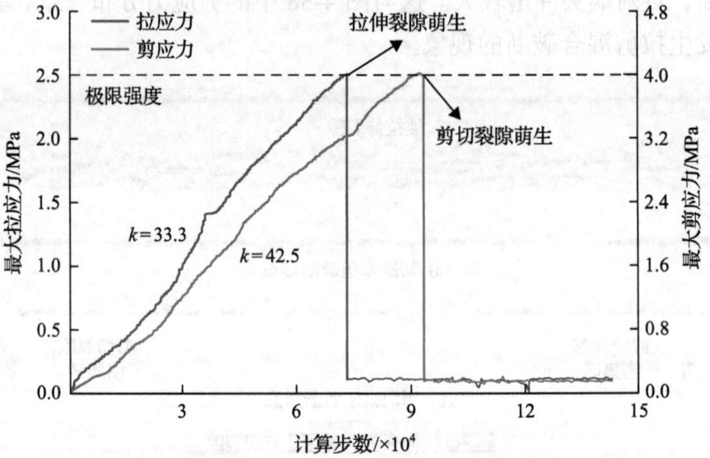

图 4-48　周期来压顶板最大拉(剪)应力变化特征

4.4.2　坚硬顶板破断空间形态

顶板的厚度、层位、边界条件、开采条件等都会影响顶板的破断，基于模拟实验平台，研究薄层坚硬顶板、复合厚层顶板、厚层坚硬顶板三种条件下顶板的破断形式[1]，以揭示顶板厚度对破坏空间的影响规律。

1. 实验平台研制

为了获得厚基本顶破断空间形态，研制了煤矿顶板破断的三维模拟实验平台(图 4-49)，尺寸为 2800mm×2000mm×2200mm。实验平台主要由煤层与顶板模拟箱体、顶板透明加载装置、模拟煤层开采与电液控制装置、图像采集系统与开采边界条件约束装置 5 部分组成。

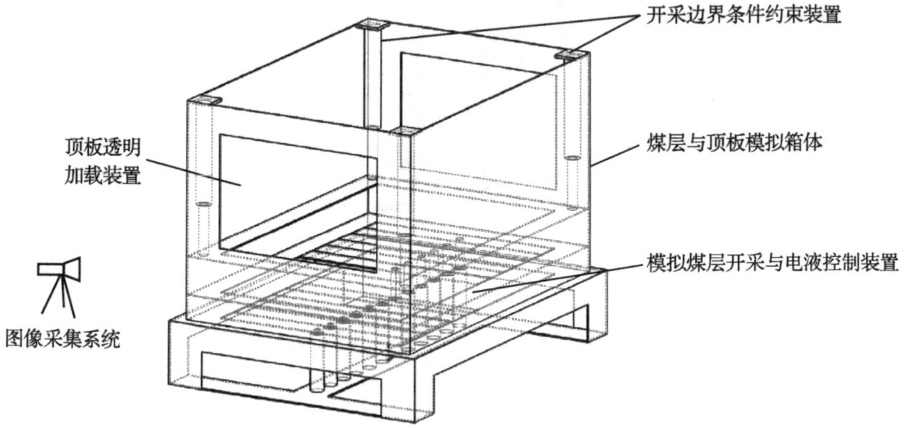

图 4-49　煤矿顶板破断三维模拟实验平台原理

坚硬顶板由河沙、石膏、石灰和外加剂按比例加水搅拌夯实，根据地质条件铺设直接顶和基本顶，各层间撒云母片以增强分层效果。铺设完成后，用液压缸压实顶板四周限定边界条件，待顶板晾干后，表面粉刷防水腻子并设置标记点。

2. 顶板破断形态分析

1) 坚硬薄层基本顶破断

在坚硬薄层顶板开采条件下，随着工作面推进，当开采长度为 0.20m(20m)时，工作面下部开始产生环形裂纹，裂纹逐渐向工作面上端延展，同时采空区后方裂纹开始发育。当开采长度达到 3.60m(36m)时，基本顶发生破断失稳，出现大面积来压，标记为基本顶初次来压，破断形态如图 4-50 所示。

工作面继续推进，当推进 0.18m(18m)时，发生第一次周期性来压；工作面继续推进，顶板破断长度大约 0.16m(16m)处。煤层每次模拟开采 0.20m(20m)，见方前，周期来压步距平均为 0.16～0.18m(16～18m)；见方后，垮落步距增加，尤其是见方后的第一次周期来压，来压步距达到 0.32m(32m)，且基本顶破碎程度较大，形成块度较小，如图 4-51 所示。

工作面顶板在倾斜方向也会发生破断，来压步距越小，倾斜方向破断的块度也越小；顶板破断初期形成铰接结构，随着铰接结构的进一步失稳，倾斜方向发生明显的破碎。因为在坚硬薄基本条件下，顶板破断步距一般较小，而且可以形成铰接式结构。当结构发生失稳时，破断的岩块在倾斜方向发生二次破断，形成较小块度的岩块，对工作面形成的载荷较小。

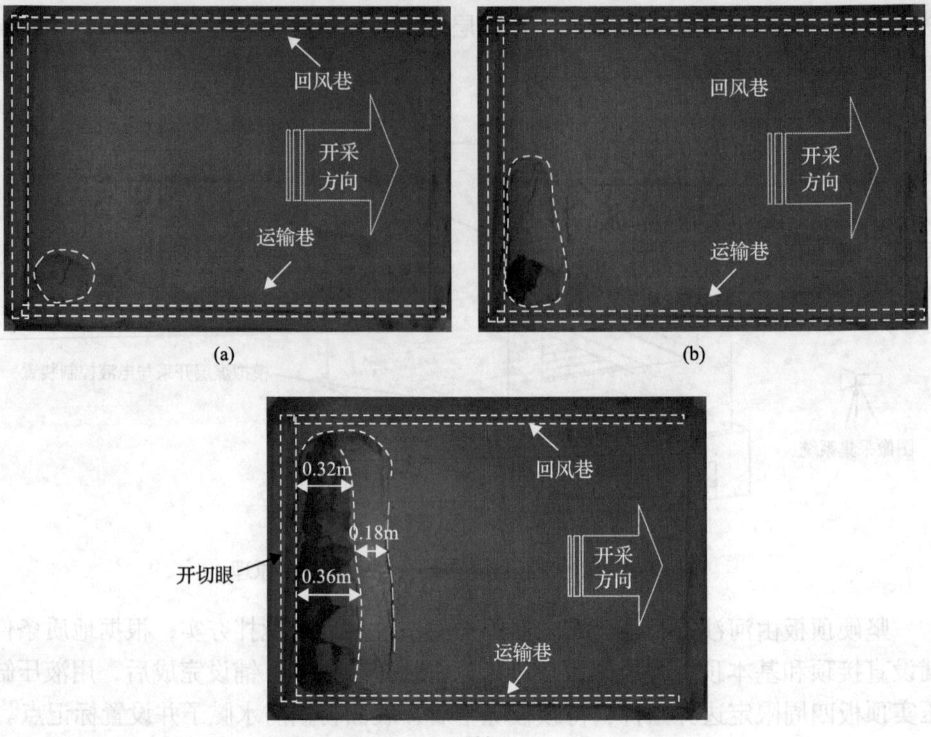

图 4-50 坚硬薄层基本顶初次来压顶板破断特征

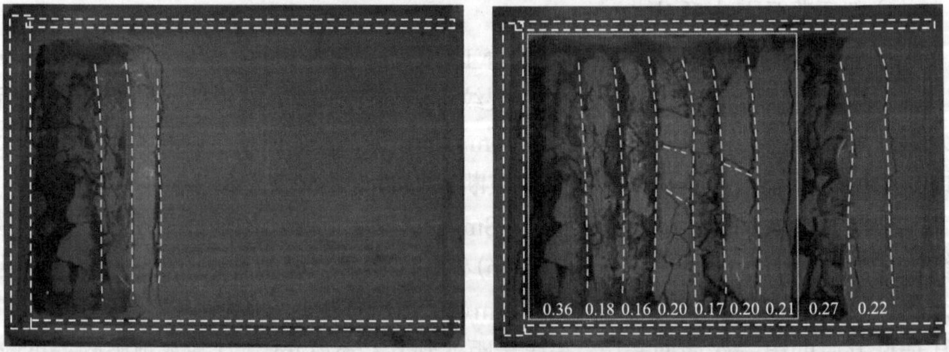

图 4-51 坚硬薄层基本顶周期来压顶板破断情况

2）复合厚层基本顶破断规律实验

复合厚层顶板开采条件下，随着回采工作面向前推进，煤壁上方与采空区后方首先出现裂纹，迅速向工作面两端延伸，随即发生破断失稳，初次来压步距约为 0.50m（50m）。工作面初次来压时，在两巷附近形成弧形板结构，这主要是受两侧煤柱约束，顶板处于固支条件；在工作面中部靠近开切眼处，基本顶破碎充分，而靠近煤壁区域基本顶破碎程度小于远离煤壁区域，因此在工作面中部位置会有明显的来压显现。实验过程中发现，由于是复合基本顶，因此来压持续时间会较长，并且呈现逐层破断来压的显现。从破断面形态判断，在工作面中部区域，初次来压时容易产生分层拉伸破坏，未形成岩块铰接结构，如图 4-52 所示。

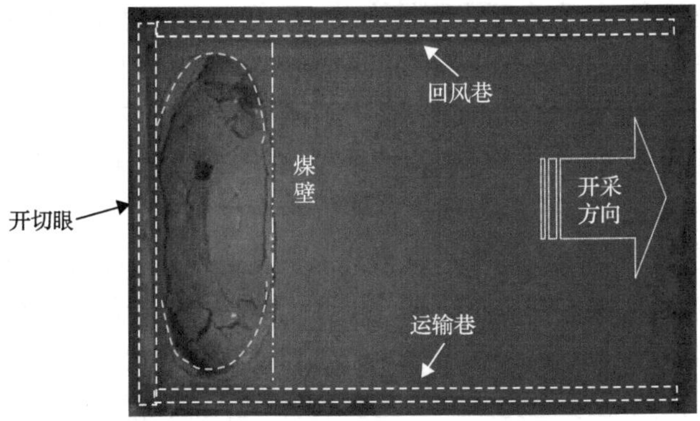

图 4-52　复合厚层基本顶初次来压顶板破断特征

随着回采工作面继续向前推进，当开采长度达到 0.68m(68m)时，基本顶再次发生破断，出现第一次周期来压，破断位置距离初次破断位置大约 0.18m(18m)处；随着工作面继续推进，基本顶来压步距 0.18～0.23m(18～23m)。破断方式为逐层拉伸破坏，在煤壁与两巷上下端头位置形成新的弧形板结构。工作面见方时，顶板出现了严重的矿压显现，且比坚硬单层基本顶破断时形成的来压大，如图 4-53 所示。

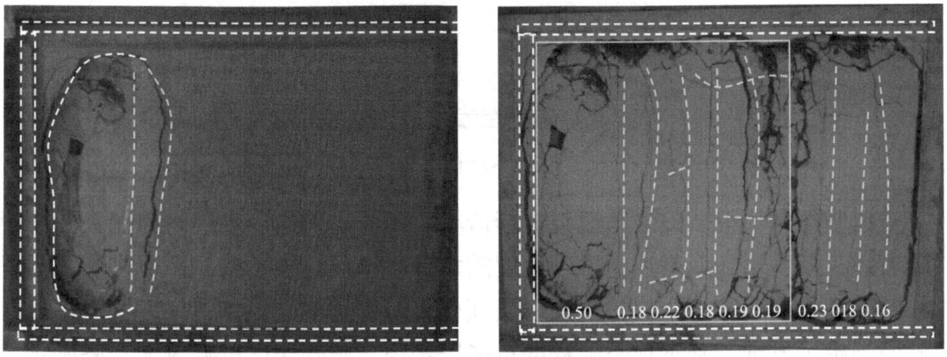

图 4-53　复合厚层基本顶周期来压顶板破断情况

复合厚层顶板在倾斜方向顶板也会发生破断，但是破断以后基本以整合的形式排列在一起，而且破断的块度大小不一，呈现分区式破断特征。这种特征不像坚硬薄层基本顶破断时，倾斜方向破断以后块度较小，而且有较大的错动，在整体上反而表现出均一性，即在倾斜方向上，工作面矿压显现的程度差别并不明显。

3) 坚硬厚层顶板破断规律实验

坚硬厚层顶板开采条件下，随着回采工作面向前推进，当开采长度为 0.60m (60m) 时，煤壁上方与采空区后方首先出现裂纹，迅速向工作面两端延伸，随即发生整体切落破断，初次来压步距约为 0.54m (54m)。初次破断基本顶整体破碎程度较小，两端破碎程度大于中部，沿走向方向，靠近煤壁区域基本顶破碎程度大于远离煤壁区域，沿倾向方向基本顶发生再次折断，在倾斜方向呈现分区破坏。从破断面形态判断，整体呈现为切落破坏，未形成岩块铰接结构，如图 4-54 所示。

随着回采工作面继续向前推进，当开采长度达到 1m (100m) 时，基本顶再次发生破断，出现第一次周期来压，破断位置距离初次破断位置大约 0.37m 处，破断方式仍为切落式破坏，破碎程度较小，工作面存在较大的动压。在工作面继续推进过程中，周期来压步距为 0.24～0.39m (24～39m)，相比于坚硬薄层顶板和复合厚层顶板，顶板来压步距增加，存在明显动压，整体呈现切落式破坏，倾斜方向则呈现明显的分区现象，来压持续时间短，如图 4-55 所示。

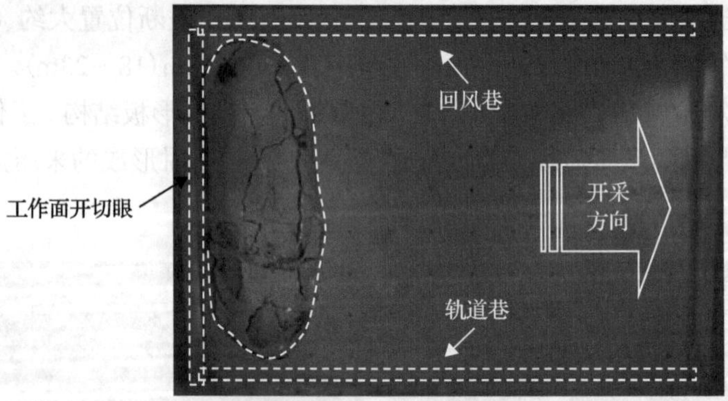

图 4-54　坚硬厚层基本顶初次来压顶板破断特征

对比坚硬薄顶板、坚硬厚顶板破断情况发现，初次来压步距与周期来压步距均随着顶板厚度增加而增加，破碎程度随之减小；周期破断时，薄层基本顶易发生张拉破坏，形成铰接结构，坚硬厚层顶板多发生切落破坏。对比复合厚顶板、坚硬厚顶板可发现，基本顶坚硬程度对来压步距与破碎块度影响较大，坚硬顶板的初次来压与周期来压步距均大于复合顶板。相同厚度情况下，坚硬程度较低顶板发生破断时工作面两端破碎程度会明显大于中部，两端块度较小的岩块有向采空区后方运动的趋势。3 种顶板类型来压步距情况如图 4-56 所示。

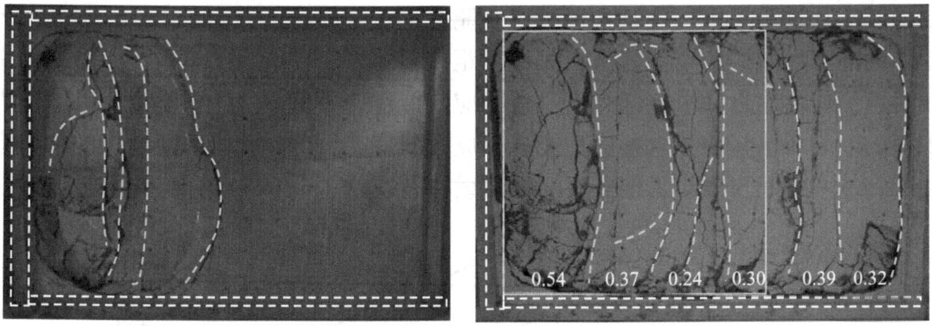

图 4-55　坚硬厚层基本顶周期来压顶板破断情况

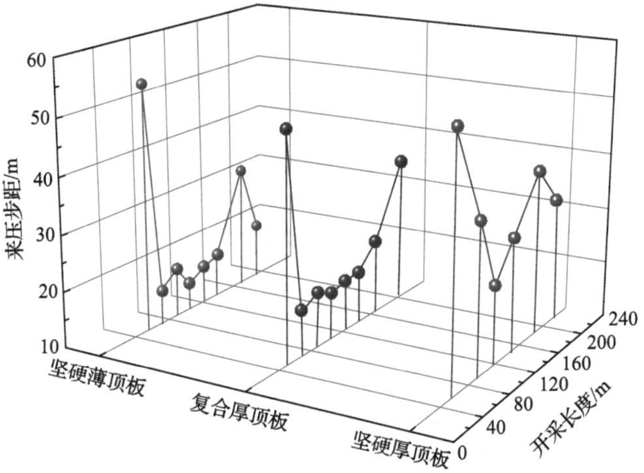

图 4-56　3 种顶板类型来压步距情况

由图 4-56 可以看出，顶板厚度与坚硬程度对来压步距均为正相关作用。3 种情况顶板在工作面见方时，均存在较大的来压，并且坚硬厚顶板比其他两种情况来压步距显著增加，工作来压持续时间也有增长，动压明显。因此，从岩层控制角度而言，坚硬厚顶板条件来压控制更加困难。

从 3 种模拟方案模拟结果来看，即使是同一个工作面，每次周期来压步距也会有差别，即使同一次来压，在倾斜方向破断的步距也会不同，并且在工作面倾斜方向顶板也会发生破断，因此将这种在工作面倾斜方向的不规律的破断称为“分区”破断；而在坚硬厚顶板工作面，顶板则会发生“切落式”破断，并且有明显的动压。这种倾斜方向“分区”破断与竖直方向“切落式”破断就是坚硬厚顶板的空间破坏特征，相似模拟实验结果验证了理论分析结论。

3. 顶板破断应变能变化

初次来压前后顶板的应变能分布特征如图 4-57 所示。在初次来压前，由于覆岩随基本顶逐步下沉，使基本顶的应变能在工作面中部上方不断积聚。破断前，工作面前方区域的应变能峰值较大，且距离超前煤壁较近。基本顶发生破断并来压后，工作面附近及采空区悬露顶板的应变能迅速降低，这主要是由于采空区内顶板的断裂切落释放了大量应变能。释放的应变能部分转化为破断岩块的初始启动能，从而引起顶板对工作面支架的动载冲击现象。

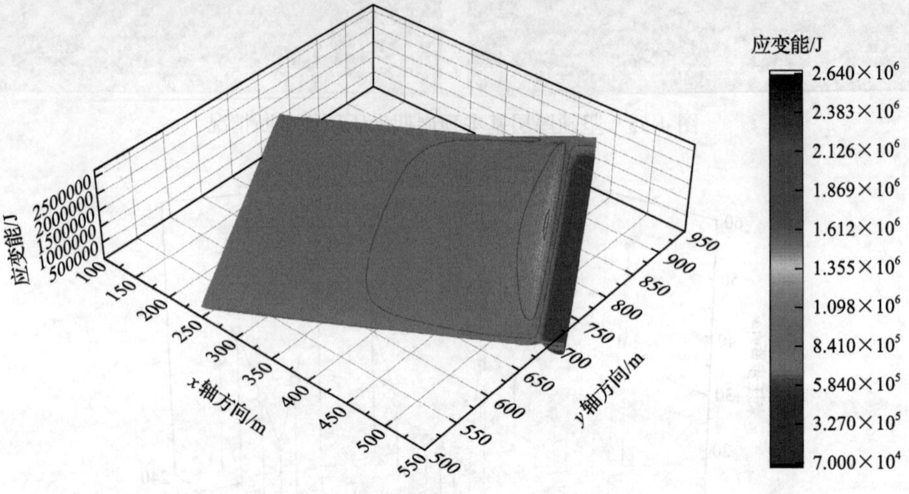

(a) 初次来压前

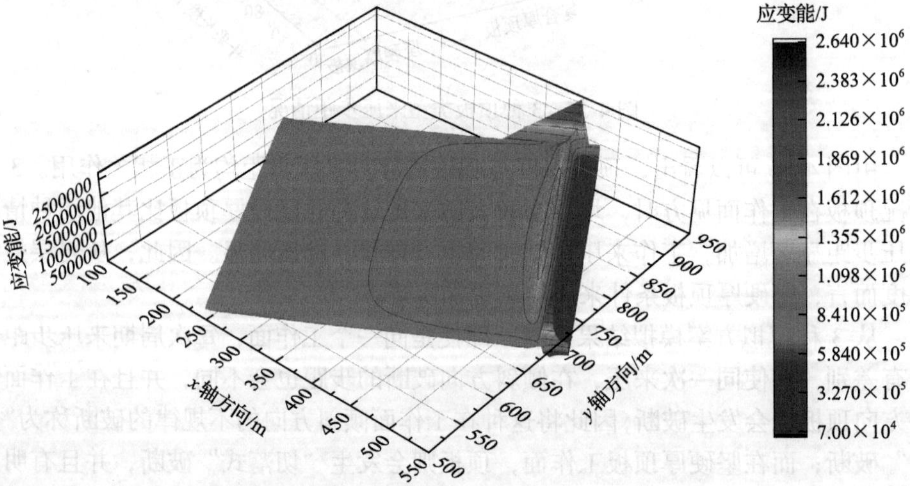

(b) 初次来压后

图 4-57　初次来压前后顶板的应变能分布特征

在此过程中，工作面附近的基本顶对采空区顶板的承压能力有所减小，工作面中部的应变能因此逐渐减小至与工作面附近区域的应变能水平接近。同时，由于采空区后方切落的顶板部分未能为新形成的悬露顶板提供有效承载，工作面两端的顶板承压增加，进而使其应变能相应增加。

第 1 次周期来压前后顶板的应变能分布如图 4-58 所示。来压前，基本顶的应变能主要积聚在工作面煤壁上方及采空区两端。当基本顶发生来压破断时，采空区及工作面附近的基本顶应变能迅速降低，同时工作面的应变能峰值点发生了前移(远离工作面方向)。这种变化表明，应变能迅速降低的位置正是来压的断裂线位置。

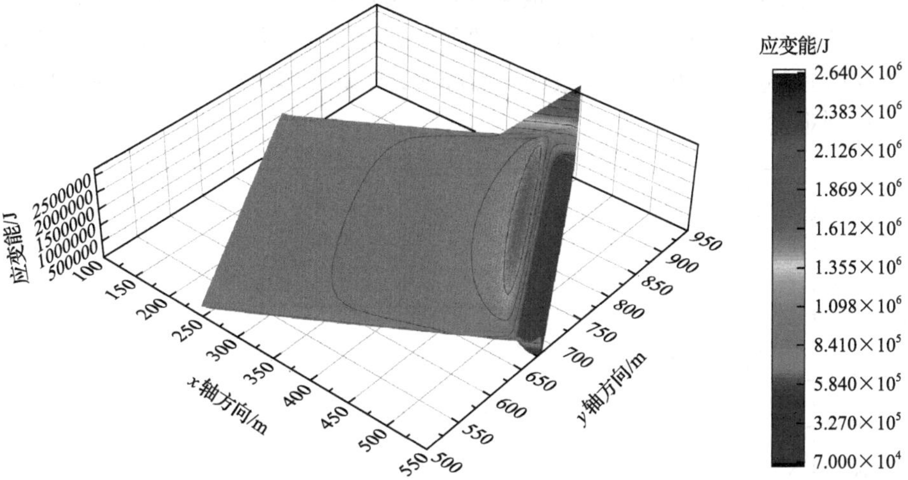

(a) 第1次周期来压前

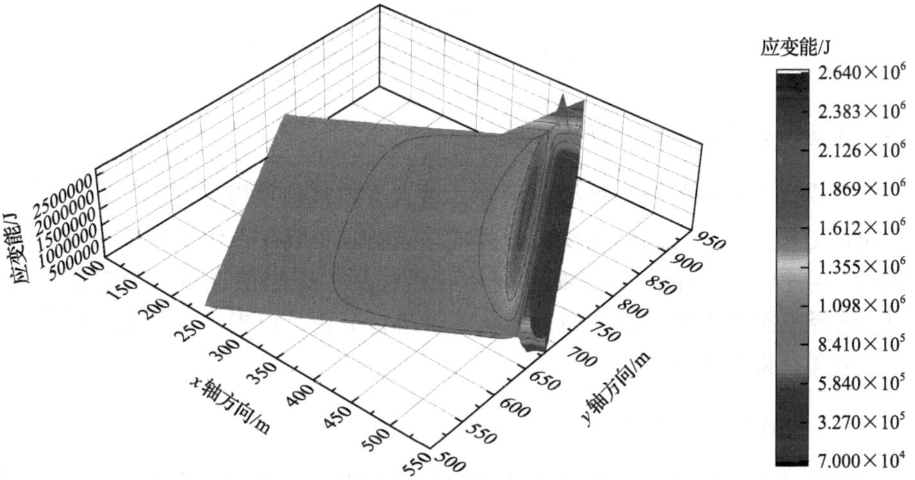

(b) 第1次周期来压后

图 4-58　第 1 次周期来压前后顶板的应变能分布特征

由于采空区的顶板切落，悬露顶板的面积显著减小，使得工作面附近顶板的承压相应减少。与此同时，周期来压过程中伴随动能的释放，也进一步导致了工作面附近基本顶的应变能降低。

在工作面中部上方基本顶作一条测线，监测初次来压和周期来压的应变能分布，如图 4-59 所示。应变能最大值的位置随着来压次数从采空区逐渐移至工作面前方，且最大值不断增大。每次来压对应一个拐点，表明断裂发生时能量发生转折，应变能最大值随来压次数逐渐稳定。当推进到见方位置时，基本顶应变能为初次来压的 2.4 倍，表明此时顶板来压易形成大冲击，且伴随能量的突然释放，这是采场围岩控制的重点。另外，坚硬顶板破断步距较大，易在顶板中聚集大量弹性变形能，破断瞬间伴随能量的突然释放，导致工作面显著动压现象，增加了围岩控制难度。

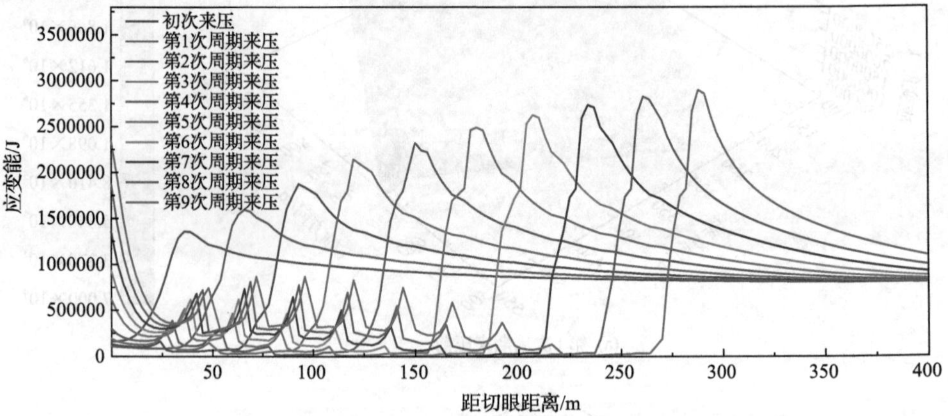

图 4-59 工作面不同推进阶段基本顶应变能分布

4.4.3 采场覆岩破断与运移规律

通过模拟实验和数值计算结果可知，垂直方向坚硬顶板会发生“切落式”破断，而在工作面倾斜方向则呈现“分区式”破断。一般在工作面中部位置，顶板受侧向约束较小。因此，为了揭示基本顶破断后上覆岩层在垂直方向的移动规律[1]，选择工作面中部竖直剖面，简化为梁进行分析，以揭示顶板破断位置、破断角度及整体断裂形态。

1. *覆岩破断模型构建*

坚硬厚顶板的破断位置影响上覆岩层的冒落形态，受岩层厚度、强度、刚度及上下层位载荷和变形特征的影响。为揭示上覆岩层冒落特征，需要分析破断位置、角度及形态。在正常推进阶段，直接顶随采随冒，基本顶悬露面积增大至极限跨距时破断。工作面继续推进，基本顶的受力可简化成如图 4-60 所示的坚硬厚顶板破断模型。其中，悬露的顶板 AB 段为类悬臂梁结构：其 A 端固定，在 A 端有弯矩和剪力约束，但是转角和位移不为 0；B 端为自由端，右侧破断顶板对 B 的作用以水平挤压为主，剪切力较小，可认为竖直方向自由。将基本顶上部载荷简化为均布载荷 q。最大弯矩和剪力产生于 A 处，记为 M_A 和 Q_A，则 AB 段只可能在 A 处发生断裂。可将 A 点以左认为是上部作用均布载荷的半无限长弹性地基梁。选取采动影响段 OA，O 点以左为原岩应力区，O 点处基本顶的挠度和转角都为 0，A 点作用 M_A 和 Q_A。

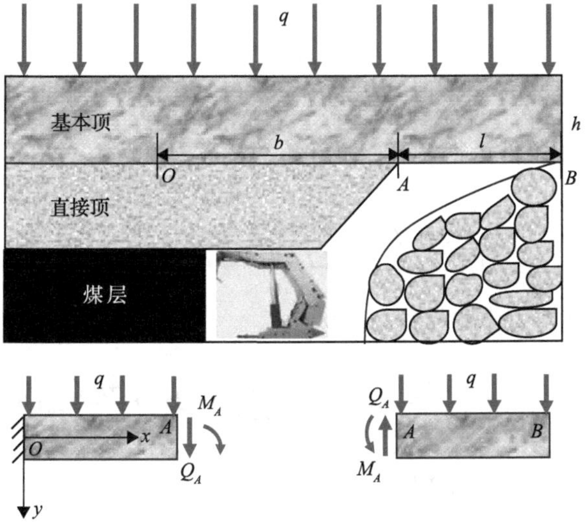

图 4-60　坚硬厚顶板破断模型

图 4-60 中，设 AO 长为 b(足够长时，对求解结果无影响)，AB 长为 l，顶板厚度为 h，弹性模量为 E，截面惯性矩为 I，抗拉强度为 σ_t，上部作用均布载荷为 q，下部直接顶或煤层支撑基本顶。设综合垫层系数为 k_0，下沉为 y，则单位面积的垫层对基本顶的支撑力为 k_0y，故可得顶板的受力方程为

$$EIy^{(4)} = q - k_0 y \tag{4-47}$$

进一步求解可得，均布载荷下弹性地基梁的挠度方程为

$$y = y_0\phi_1(\beta x) + \frac{\theta_0}{\beta}\phi_2(\beta x) - \frac{M_0}{EI\beta^2}\phi_3(\beta x) - \frac{Q_0}{EI\beta^3}\phi_4(\beta x) + \frac{q}{k}[1 - \phi_1(\beta x)] \tag{4-48}$$

式中：

$$\phi_1(\beta x) = ch(\beta x)\cos(\beta x)$$

$$\phi_2(\beta x)=\left[ch(\beta x)\sin(\beta x)+sh(\beta x)\cos(\beta x)\right]/2$$

$$\phi_3(\beta x)=sh(\beta x)\sin(\beta x)/2$$

$$\phi_4(\beta x)=\left[ch(\beta x)\sin(\beta x)-sh(\beta x)\cos(\beta x)\right]/4$$

$$\beta=\sqrt[4]{k/(4EI)}$$

式中，y_0、θ_0、Q_0、M_0分别为 O 点的挠度、转角、剪力和弯矩；β 为特征系数，m^{-1}，其对基本顶的受力与变形特性有显著影响；k 为垫层系数 k_0 与梁宽度的乘积。

取单位长梁宽度，则：

$$\beta=\sqrt[4]{3k_0/(Eh^3)}$$

由 O 点处边界条件可得 $y_0=0$，$\theta_0=0$，故挠度方程为

$$y=-\frac{M_0}{EI\beta^2}\phi_3(\beta x)-\frac{Q_0}{EI\beta^3}\phi_4(\beta x)+\frac{q}{k}[1-\phi_1(\beta x)] \tag{4-49}$$

对挠度 y 求导，可求出转角方程为

$$\theta=-\frac{\mathrm{d}y}{\mathrm{d}x}=-\frac{M_0}{EI\beta}\phi_2(\beta x)-\frac{Q_0}{EI\beta^2}\phi_3(\beta x)+\frac{4\beta q}{k}\phi_4(\beta x) \tag{4-50}$$

对转角 θ 求导，可求出弯矩方程为

$$M=-EI\frac{\mathrm{d}\theta}{\mathrm{d}x}=M_0\phi_1(\beta x)+\frac{Q_0}{\beta}\phi_2(\beta x)-\frac{q}{\beta^2}\phi_3(\beta x) \tag{4-51}$$

对弯矩 M 求导，可求出剪力方程为

$$Q=\frac{\mathrm{d}M}{\mathrm{d}x}=-4\beta M_0\phi_4(\beta x)+Q_0\phi_1(\beta x)-\frac{q}{\beta}\phi_2(\beta x) \tag{4-52}$$

再利用 A 点的边界条件，即当 $x=b$ 时，$M=M_A$，$Q=Q_A$，分别代入式(4-51)和式(4-52)，可求得

$$Q_0=\frac{1}{\phi_1^2+4\phi_2\phi_4}\left(\frac{\phi_1\phi_2+4\phi_3\phi_4}{\beta}q+\phi_1Q_A+4\beta\phi_4M_A\right) \tag{4-53}$$

$$M_0=-\frac{1}{\beta^2(\phi_1^2+4\phi_2\phi_4)}\left[(\phi_2^2-\phi_1\phi_3)q+\beta\phi_2Q_A-\phi_1\beta^2M_A\right] \tag{4-54}$$

由 AB 段结构可求得 $Q_A=ql$，$M_A=-ql^2/2$，代入式(4-53)和式(4-54)，可求得

$$Q_0=\frac{q}{\phi_1^2+4\phi_2\phi_4}\left(\frac{\phi_1\phi_2+4\phi_3\phi_4}{\beta}+\phi_1 l-2\beta\phi_4 l^2\right) \tag{4-55}$$

$$M_0=-\frac{q}{\phi_1^2+4\phi_2\phi_4}\left(\frac{\phi_2^2-\phi_1\phi_3}{\beta^2}+\frac{\phi_2 l}{\beta}+\frac{1}{2}\phi_1 l^2\right) \tag{4-56}$$

式中，$\phi_n=\phi_n(\beta b)$，n=1,2,3,4。

联立以上各式，可求得 OA 段内任意点的挠度、转角、弯矩和剪力。顶板一般为拉破坏，则破坏点位于弯矩最大值处，此处剪力为 0。破断角与此点的转角有关。根据上述模型和结果，下面通过进一步求解，分析覆岩的破断位置、破断角和垮落形态。

2. 顶板破断位置分析

基本顶在上覆岩层的重力和下部直接顶或顶煤的支撑作用下，其破断受到两者的共同影响。由于 A 点剪力不为零，弯矩在 A 点并非最大，因此破断会发生在 A 点前方。此外，工作面推进导致基本顶悬露，使得基本顶的破断与上覆岩层的破断存在差异。

1) 基本顶破断

工作面持续推进，使得基本顶悬露长度连续增大，当达到极限跨距时发生破断。破断位置求解方法如下：令剪力为 0 处达到岩层极限抗弯矩，并联立式(4-51)、式(4-52)、式(4-55)和式(4-56)，可求得基本顶断裂位置和断裂时顶板悬露长度 l_0，可借助 MATLAB 进行求解。

2) 基本顶上覆岩层破断

基本顶破断后，对其上一层顶板(记为 M_1)的支撑面积减小，使得 M_1 悬露，悬露长度 l_1 即为基本顶破断距 $s_0=l_0+z_0$ 与 M_1 断裂超前距 z_1 的差。根据 l_1 与 M_1 极限悬露长度 L_1 的不同，M_1 的断裂分为以下两种情况。

(1)若 $L_1<l_1$，即基本顶破断后，使 M_1 悬露的长度大于其极限悬露长度，M_1 难以保持稳定，形成图 4-61 中 I 区所示的断裂面。由于基本顶断裂过程释放的对其上覆顶板的支撑长度不是连续变化的，而是瞬间超过其极限悬露长度，因此其上覆岩层断裂处弯矩极大值大于顶板的极限抗弯矩。因此，求解断裂位置时，只需求解弯矩极大值位置。此时，M_1 破断距和基本顶相同。

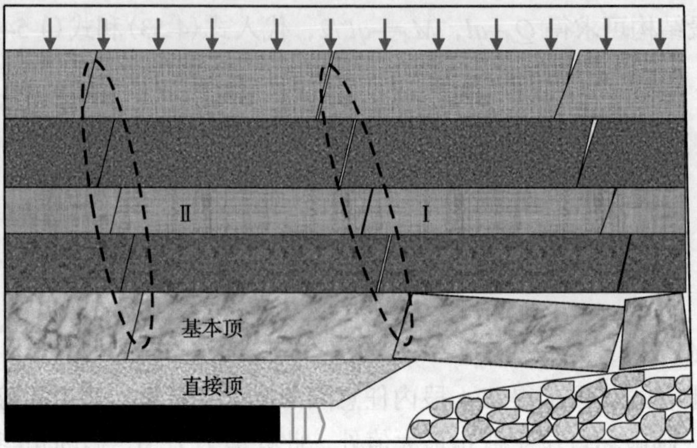

图 4-61 覆岩破断位置

(2) 若 $L_1 > l_1$，即基本顶破断后，使 M_1 悬露的长度未达到其极限跨距，并且在基本顶下次断裂前，始终保持对其更上一层顶板 M_1 的这种支撑状态，M_1 仍然保持稳定。直到基本顶再次破断，M_1 悬露的长度骤然增加，远大于极限悬露长度，发生破断，最终形成图 4-61 中Ⅱ区所示的断裂面。同理，M_1 破断位置处为弯矩极大值点，并大于岩层的极限抗弯矩，求解时可用基本顶两次断裂的长度作为 M_1 的悬露长度，再令剪力为 0，求出极限弯矩位置，即为其断裂位置。此时，M_1 破断距等于 2 倍的基本顶破断距。M_1 上覆的顶板也有相似的性质。

可以看到，基本顶上覆顶板的破断位置和其抗拉强度关系不大，只取决于顶板的弯矩极值位置，抗拉强度只是和层厚等其他因素确定上覆岩层的破断形式是属于Ⅰ区还是Ⅱ区。两种断裂形式下，顶板破断时的悬露长度相差 2 倍，超前破断距也不同。

3) 基本顶上覆岩层断裂超前距离的影响因素

联立式(4-52)、式(4-55)和式(4-56)，并令剪力为 0，记 $z=b-x$，可求得基本顶上第 i 层上覆岩层的断裂超前距离 z_i 的表达式。求解中，注意到 b 值足够大时，对结果无影响，故可设 $b=2m\pi$，其中 m 为足够大的正整数，此时 $\text{ch}(\beta b)=\text{sh}(\beta b)=e^{2m\pi\beta}/2$。代入式(4-53)和式(4-54)，可求得 Q_0、M_0 的表达式，再将所得表达式代入式(4-52)，并令等式为 0，将 x 换成 $b-z$，展开、化简后，可求得超前断裂距离 z_i 满足：

$$
\begin{gathered}
z_i = \frac{1}{\beta_i}\arctan\frac{1}{\beta_i l_i + 1} \\
z_i + l_i = s_0
\end{gathered}
\tag{4-57}
$$

式中，β_i为第 i 层地基梁结构的特征系数，l_i为第 i–1 层顶板断裂后使 i 层顶板悬露的长度，且 l_i大于 i 层顶板的极限跨距；s_0为基本顶破断距。

由式(4-57)可以看出，特征系数 β 越小，超前断裂距离 z 越大，破断位置超前距离就越大；当特征系数增大到一定值时，则破断位置变化幅度减小，并且逐渐靠近煤壁上方。同样，悬露长度 l 越大，超前断裂距离 z 就越小，断裂位置就越靠近煤壁上方。相比于超前垮落距离 z 与特征系数 β 的变化趋势，悬露长度 l 对超前断裂距离 z 影响幅度较小。图 4-62 所示为不同特征系数 β 和悬露长度 l 下对应的超前断裂距离。

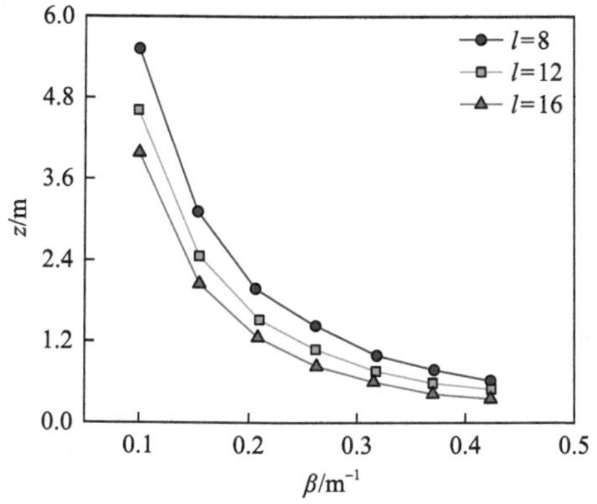

(a) 特征系数β不同时

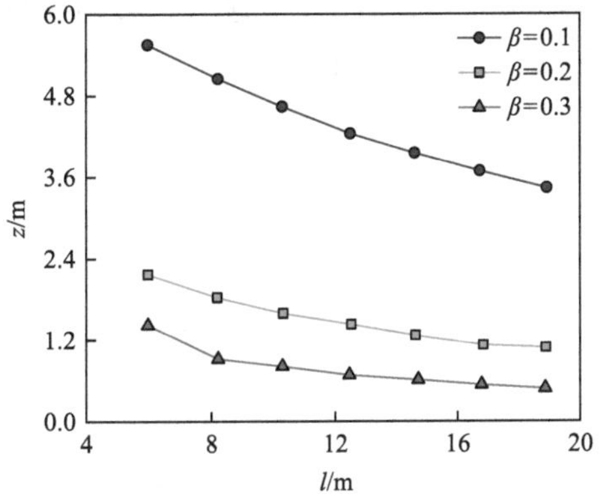

(b) 悬露长度l不同时

图 4-62　不同 β 和 l 下的超前断裂距离

3. 顶板破断角度分析

以上分析采场上覆岩层的破断和运移时，求解出了基本顶岩层的破裂位置，而破裂处岩层的转角并不为 0，所以岩层破断角都小于 90°。如图 4-63 所示，若破裂处岩层的转角为 θ，则岩层的破断角 α=90°–θ。

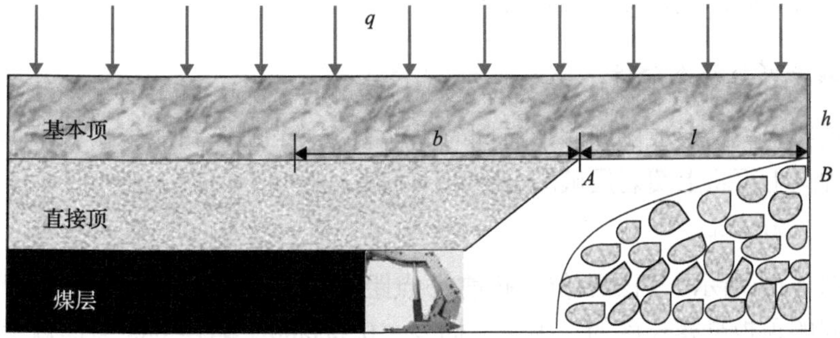

图 4-63　岩层破断角

由式(4-57)可得基本顶的破断位置，再将破断位置坐标代入式(4-50)，可得断裂位置处岩层转角为

$$\theta = \frac{ql\sqrt{\beta^2 l^2 + 2\beta l + 2}}{2EI\beta^2} e^{-\arctan\frac{1}{\beta l + 1}} \tag{4-58}$$

可以看出，破裂处岩层的转角 θ 和 q/EI 成正比，且和结构的特征系数与悬露长度有关。图 4-64 所示为不同特征系数 β 和悬露长度 l 下岩层转角的变化(纵坐标为 θ 与 q/EI 的比值，单位为 1，在 q/EI 确定的情况下，表征 θ 的大小)。从图 4-64 中可以看出，β 越大，转角 θ 越小，破断角 α 越大；悬露长度 l 越大，转角 θ 越大，破断角 α 越小。

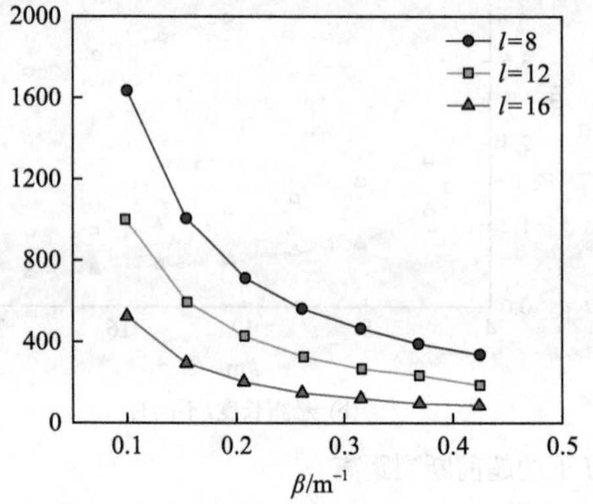

(a) 特征系数β不同时

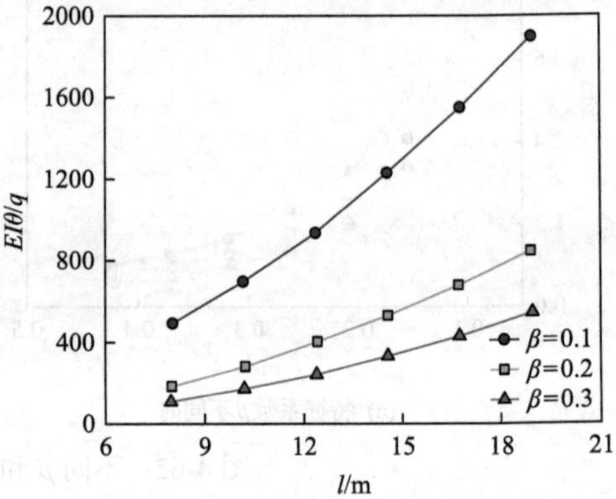

(b) 悬露长度l不同时

图 4-64　不同 β 和 l 下岩层转角的变化

在实际生产中，直接顶越破碎，特征系数 β 越小，基本顶破断超前的位置 z 越大。放顶煤工作面，顶煤破碎程度高，尤其在软煤层，特征系数 β 很小。因此，基本顶破断超前位置越大。基本顶破断位置会进一步影响上覆岩层继续向上垮落的形态，进而影响到地表的塌陷范围。

4. *覆岩断裂形态分析*

采场覆岩破断形成的断裂形态同时受断裂位置和破断角的影响，根据上面的分析，理论上可将上覆岩层破断分为以下几类。

1) 正梯形破断

如图 4-65 所示，当断裂位置超前 A 点距离 z_i(i 为基本顶以上层序数)小于破断角引起的顶板悬露长度的一半时，即 $z_i < 0.5h_i\tan\theta_i$，岩层的断裂面就会向采空区方向延伸，导致岩层断裂角 φ 小于 90°，形成正梯形破断。

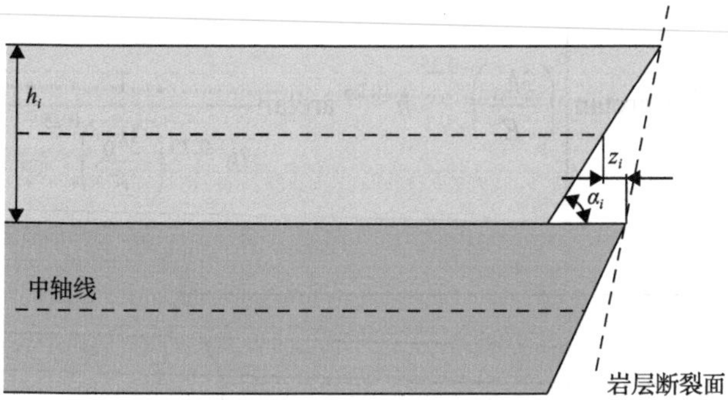

图 4-65　正梯形破断

2) 矩形破断

如图 4-66 所示，当断裂位置超前 A 点距离 z_i(i 为基本顶以上层序数)等于破断角引起的顶板悬露长度的一半时，即 $z_i=0.5h_i\tan\theta_i$，岩层的断裂面就会竖直向上延伸，导致岩层断裂角 φ 等于 90°，形成矩形破断。

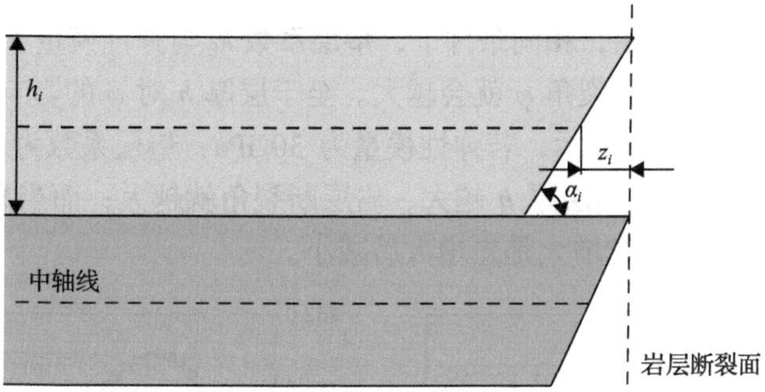

图 4-66　矩形破断

3) 倒梯形破断

当断裂位置超前 A 点距离 z_i(i 为基本顶以上层序数)大于破断角引起的顶板悬露长度的一半时，即 $z_i>0.5h_i\tan\theta_i$，岩层的断裂面就会向超前工作面方向延伸，导致岩层断裂角 φ 大于 90°，形成图 4-67 所示的倒梯形破断。

4) 岩层断裂角的求解

在生产实践中，岩层破断时转角较小，破断角接近 90°，由破断角引起的顶板悬露长度的一半一般远小于断裂位置超前 A 点的距离，所以现场多以倒梯形断裂为主。例如某矿，基本顶上一层顶板作用载荷为 0.206MPa，层厚 6.75m，弹性模量为 11GPa，抗拉强度为 1.5MPa，垫层系数为 1.0GN/m^3，基本顶断裂使其悬露长度为 14.7m，则由式(4-57)求得超前断裂距为 1.6m，破裂处转角为 0.03°，小到可以忽略，故可认为顶板为竖直破裂。因此，岩层断裂角 φ 为

$$\varphi=\frac{\pi}{2}+\arctan\left[\left(\frac{3k_0}{E}\right)^{-0.25}h^{-0.25}\arctan\frac{1}{lh^{-0.75}\left(\frac{3k_0}{E}\right)^{0.25}+1}\right] \tag{4-59}$$

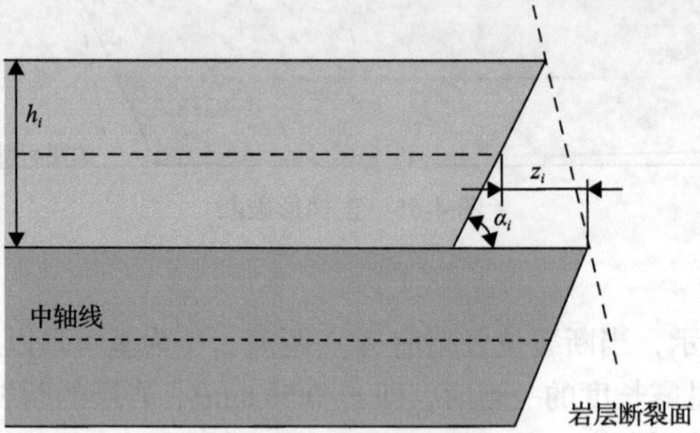

图 4-67　倒梯形破断

由式(4-59)可以看出，相同条件下，垫层系数 k_0 与弹性模量 E 的比值越小，悬露长度 l 越小，岩层断裂角 φ 就会越大。至于层厚 h 对 φ 的影响，在不同条件下是不同的。如图 4-68 所示，若弹性模量为 30GPa，垫层系数为 0.3GN/m^3，悬露长度固定为 11.62m，则层厚 h 越大，岩层断裂角就越大；而当悬露长度为 5m 时，岩层断裂角随层厚度增大是先增大后减小。

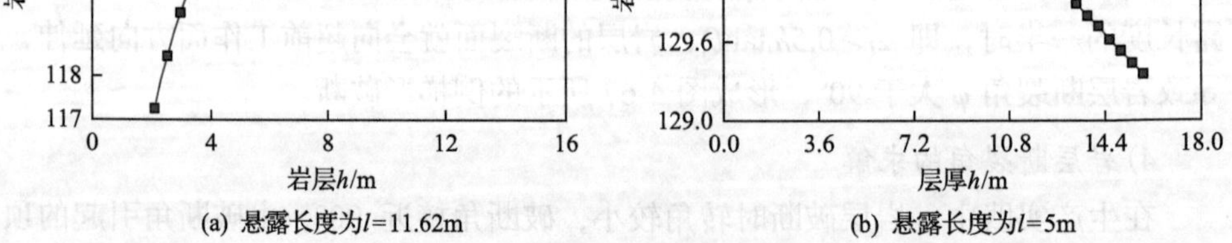

图 4-68　不同层厚下的岩层断裂角

以某矿为例进行分析，上覆岩层性质如表 4-7 所示。首先，根据组合梁原理，按照式(4-59)求出每个岩层作用的均布载荷，发现 5#岩层为关键层；然后，依据表 4-7 和相关资料选取垫层系数和抗拉强度，并按照悬臂梁简化结构计算公式

$L=h[\sigma_t/(3q)]^{1/2}$ 估算出各层的极限跨距，q 为上覆岩层的载荷，计算公式见式(4-60)。发现基本顶的极限跨距最大，故岩层破断属于 I 型断裂；最后，根据弯矩公式，利用 MATLAB 计算出基本顶破断距，并按式(4-57)～式(4-59)分别求解出上覆岩层的断裂超前距离和破断角及岩层断裂角，计算结果如表 4-8 和图 4-69 所示，所得岩层断裂角 φ 约为 110°，和实测值极为相近。

$$(q_n)_1=\frac{E_1h_1^3(\gamma_1h_1+\gamma_2h_2+\cdots+\gamma_nh_n)}{E_1h_1^3+E_2h_2^3+\cdots+E_nh_n^3} \tag{4-60}$$

式中，E 为顶板的弹性模量；n 为顶板编号；h 为顶板厚度；γ 为顶板体积力。

通过上述分析发现，采场覆岩移动形态受地质条件和采动影响的双重作用。该矿煤层赋存条件下，覆岩整体移动形态呈现倒梯形断裂破断。在坚硬厚顶板工作面，超前破断距离较小，容易形成整体切落式破断，形成“矩形破断”，尤其是由坚硬顶板控制软弱岩层时，这种现象更为明显。

表 4-7　上覆岩层性质

岩层	岩性	体积力/(MN/m³)	层厚/m	弹性模量/GPa	k_0/(10^9N/m³)
5#	泥岩	0.024	15.15	11	0.3～0.4
4#	细砂岩	0.025	4.05	30	0.8～1.2
3#	泥岩	0.024	7.8	11	0.3～0.4
2#	中砂岩	0.025	2.4	27	0.4～0.6
1#	泥岩	0.025	6.75	11	0.3～0.4
基本顶	细砂岩	0.025	8.75	30	0.8～1.2

表 4-8　例证计算结果

项目名称	基本顶	1#	2#	3#	4#
垫层的 k_0/(GPa/m)	0.75	1.0	0.35	0.5	0.35
σ_t/MPa	3.5	1.5	3.0	1.5	3.5
q/MPa	0.460	0.206	0.060	0.209	0.101
β	0.103	0.173	0.230	0.130	0.152
估算极限跨距 s'/m	13.93	10.52	9.80	12.06	13.76
基本顶极限跨距 s/m			$s_0=l_0+z_0=12.3+4.0=16.3$		
α/(°)	89.99	89.97	89.94	89.98	89.97
z/m	4.0	1.6	0.9	2.7	2.0
φ/(°)	114.8	103.3	111.4	108.8	116.5

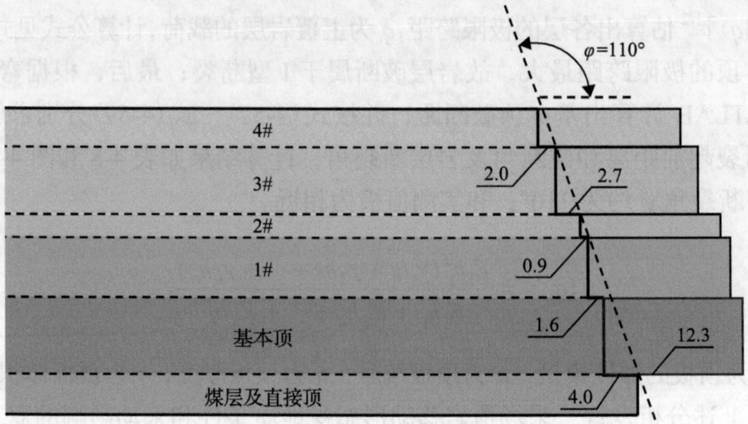

图 4-69　例证结果

4.5　坚硬顶板下工作面支架与围岩的关系

4.5.1　坚硬顶板破断支架与围岩的关系

合理的支架与围岩关系是揭示采场液压支架与顶板、底板、煤壁、采空区矸石相互作用内在联系的关键。这种关系是液压支架研制、选型和配套的基础，也是确保采场围岩控制的理论基础。从岩层控制角度来看，液压支架在上覆岩层破断后处于大结构的保护下，从而避免支架完全承受上覆岩层的全部载荷，进而防止支架受损。上覆岩层能否形成稳定的大结构，取决于坚硬岩层的层位、厚度及上覆岩层的岩性等因素。一般来说，基岩越完整、厚度适中，越容易形成稳定结构；而当基岩破碎或薄弱时，工作面煤壁和支架所承受的压力会增加，导致围岩控制更加困难，进而引发支架压架、煤壁片帮、冒顶及巷道支护困难等问题。

如图 4-70 所示，液压支架处于基本顶、直接顶、底板、煤壁及采空区矸石共同作用的多元素系统中。因此，支架的选型不仅需要确定合理的支护强度，还要考虑支架的变形特征，即合适的刚度。液压支架在上覆岩层大结构的保护下，通过控制直接顶与基本顶之间不发生离层，从而控制基本顶的破断或结构失稳对支架的压力。

从矿压控制角度来看，液压支架的设计目标是使其与围岩之间形成合理的作用关系，以保证采场的稳定性。为此，需要首先估算出合适的支架额定工作阻力，即对顶板载荷进行合理估算。目前常用的顶板载荷估算方法包括 4～8 倍采高方法、威尔逊法、“砌体梁”结构稳定性判别条件法等，这些方法主要获得静载荷，对采高不大、基岩完整、倾角较小的工作面适用效果较好。但在坚硬顶板工作面、薄基岩工作面和大倾角工作面等条件下，容易出现强烈的矿压显现，导致严重的安全事故。

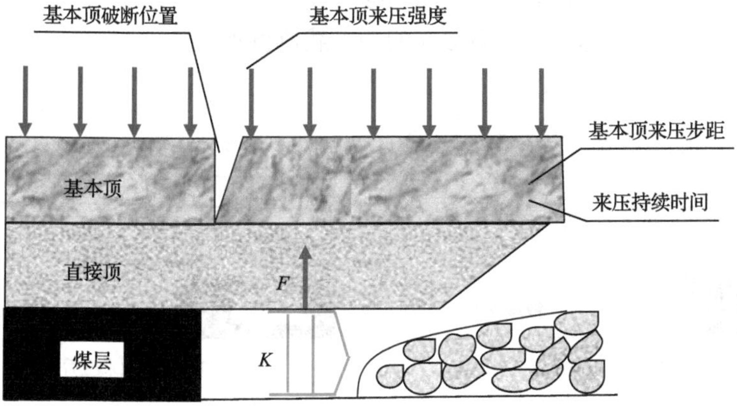

图 4-70　液压支架与围岩的关系

因此，为了应对这些复杂工况，一般会选择最苛刻的条件来进行顶板载荷估算。例如，在考虑基本顶破断时，将基本顶在工作面支架上方破断作为最苛刻的条件进行计算，此时破断可能沿工作面煤壁发生切落，产生的动载荷最大。依据这一条件来进行支架选型，安全系数较高。直接顶或顶煤的厚度和破碎程度对顶板动载荷有吸收作用，通常直接顶或顶煤厚度增加时，顶板载荷更接近静载荷；而当直接顶裂隙发育或顶煤破碎程度较大时，动载荷的吸收更加充分。

4.5.2　顶板破断动载发生机理与动载荷的计算

1. 顶板破断动载发生机理

在坚硬顶板工作面，顶板破断容易形成整体切落，进而产生动载荷。基本顶的破断可能出现 3 种形式：煤壁前方破断、支架上方破断和煤壁后方破断，这 3 种形式影响破断后的顶板运动方式。

当基本顶超前煤壁破断时，破断岩块受煤壁和支架的共同支撑，运动形式以回转为主；当基本顶在支架上方破断时，岩块易沿煤壁整体切落并形成动载荷，尤其在支护强度或初撑力不足时更容易发生；而在煤壁后方采空区上方破断时，对支架和煤壁的影响相对较小。

2. 切落式破断动载荷计算

在工程实践中，基本顶的破断位置通常难以精确确定。如果直接顶强度较低且已经破碎，而基本顶恰好沿煤壁上方破断，则基本顶在破断瞬间会沿煤壁上方发生切落。由于支架的额定工作阻力和刚度有限，支架难以完全控制切落的下沉，且切落瞬间完成，因此可以忽略基本顶的回转。

建立图 4-71 所示的计算模型[1]，基本顶在破断瞬间会有一个向下的沉降量 $\varDelta$，该沉降量的大小与直接顶离层造成的初撑力不足、支护强度低及直接顶刚度相关。刚度越小，沉降量 $\varDelta$ 越大，进而形成的冲击载荷也越大。

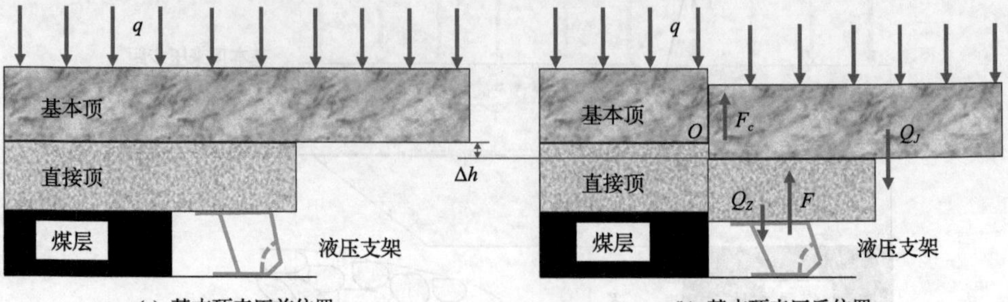

(a) 基本顶来压前位置　　(b) 基本顶来压后位置

图 4-71　基本顶沿煤壁上方切落

如图 4-72 所示，基本顶破断瞬间，液压支架工作阻力应该能够平衡基本顶的动载荷和直接顶重力，其中基本顶形成的动载与基本顶的重力 Q_J、基本顶岩块上覆岩层载荷 qL_J、基本顶岩块切落与相邻岩块间的摩擦力 F_c 等有关系，而基本顶破断岩块质量 Q_J 与基本顶来压步距 L_J 成正比，因此有：

$$F = Q_Z + (Q_J + qL_J - F_c)K_d = Q_Z + Q_H K_d \tag{4-61}$$

式中，K_d 为动载系数；Q_Z 为直接顶质量，kg，$Q_Z=\gamma L_s \sum h$，其中 L_s 为支架上方直接顶长度，m；Q_J 为基本顶破断岩块质量，kg，$Q_J=\gamma \times L_J$；F_c 为岩块滑落时摩擦力，N，$F_c=T\tan\varphi$，其中 φ 为破断岩块间的内摩擦角，(°)；q 为上覆岩层载荷集度；Q_H 为基本顶岩块重力 Q_J、上覆随动岩层载荷 qL_J 及块滑落时的摩擦力 F_c 之和，N。

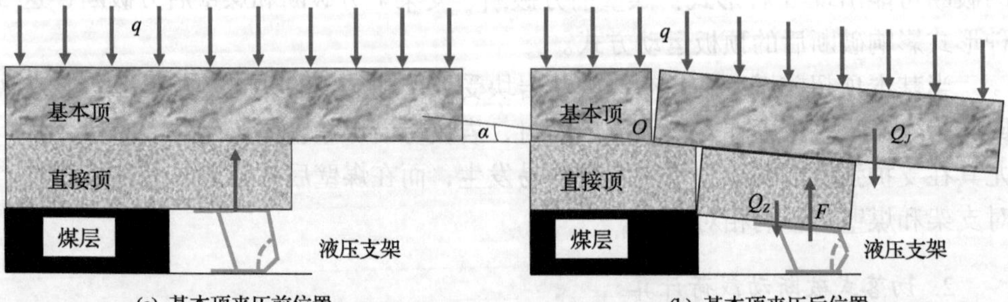

(a) 基本顶来压前位置　　(b) 基本顶来压后位置

图 4-72　基本顶煤壁前方破断回转

当基本顶在超前煤壁较大位置发生破断时，煤壁和支架可以部分阻止基本顶岩块的切落。然而，直接顶破碎后对采空区的充填作用有限，无法完全阻止基本顶岩块的切落和回转，伴随较大的冲击载荷。如果支护强度低或初撑力不足导致直接顶和基本顶发生较大离层，就容易导致支架被前推压垮，形成严重的工作面事故。不过，相比沿煤壁和支架上方切落的情况，其冲击载荷会稍小。因此，在计算顶板动载荷时，宜选择最苛刻的条件，即按照支架上方切落破断的情况进行计算。

3. 支架动载荷系数确定

为计算支架动载系数，做如下假设[1]。

(1) 坚硬基本顶切落瞬间不发生回转，且考虑基本顶自身的变形，并且基本顶接触直接顶后不产生回弹。

(2) 坚硬基本顶切落冲击瞬间直接顶变形服从胡克定律，且忽略直接顶质量。

(3) 坚硬基本顶切落破断过程中忽略能量、声音和热量等损耗。

基于以上假设，在厚顶板切落冲击发生时，当基本顶破断岩块与直接顶接触后速度逐渐变为零时，直接顶的变形最大达到 Δd ，此时形成的动荷载为 F_d 。根据能量守恒定律，基本顶岩块在切落过程中的动能 E_k 和势能 E_p 应转化为直接顶或顶煤所增加的体积改变能 U_v 和畸变能 U_d ，畸变能在直接顶或顶煤发生塑性变形时以声能和热能等形式耗散，即

$$E_k+E_p=U_v+U_d \tag{4-62}$$

式中：

$$\frac{U_d}{U_v}=\frac{2(1-2\mu)}{1+\mu}=\alpha \tag{4-63}$$

基本顶切落瞬间，势能减少为 $E_p=Q_H(\Delta d+\Delta h)$ 。

由于基本顶岩块初末速度均为零，因此动能 $E_k=0$ 。根据假设，冲击过程中直接顶变形符合胡克定律，直接顶增加的应变能 U_v 可由冲击荷载 F_d 对位移 Δd 所做的功来计算，则有：

$$U_v=\frac{1}{2}F_d\Delta d \tag{4-64}$$

直接顶所受载荷 F_d 与最大下沉量 Δd 之间的关系与基本顶厚度、直接顶刚度等因素相关，即

$$F_d=\frac{EL_s}{\sum h}\Delta d \tag{4-65}$$

因此：

$$U_v = \frac{1}{2} F_d \Delta d = \frac{1}{2} \frac{EL_s}{\sum h} \Delta d^2 \tag{4-66}$$

则有：

$$Q_H (\Delta d + \Delta h) = \frac{1+\alpha}{2} \frac{EL_s}{\sum h} \Delta d^2 \tag{4-67}$$

当基本顶破断岩块以静荷载形式作用在直接顶时，直接顶的压缩量为

$$\Delta_{st} = \frac{Q_H \sum h}{EL_s} \tag{4-68}$$

于是，式(4-67)可简化为

$$(1+\alpha)\Delta d^2 - 2\Delta_{st}\Delta d - 2\Delta_{st}\Delta h = 0 \tag{4-69}$$

解式(4-69)，可得 $\Delta d = \frac{\Delta_{st}}{1+\alpha}\left[1+\sqrt{1+\frac{(1+\alpha)\Delta h}{\Delta_{st}}}\right]$，$\Delta d$ 小于 Δ_{st} 的解不符合物理意义，因此可不考虑。

因此，可得基本顶切落后形成的动载荷为

$$F_d = \frac{EL_s}{\sum h} \frac{\Delta_{st}}{1+\alpha}\left[1+\sqrt{1+\frac{(1+\alpha)\Delta h}{\Delta_{st}}}\right] \tag{4-70}$$

式中，$\frac{EL_s}{\sum h}\Delta_{st} = Q_H$。

可将式(4-70)右端的括号记为

$$K_d = \frac{1}{1+\alpha}\left(1+\sqrt{1+\frac{(1+\alpha)\Delta h}{\Delta_{st}}}\right) \tag{4-71}$$

由式(4-71)可见，工程实践中可以通过增加初撑力，避免或减少直接顶和基本顶的离层量 Δh，来减小动载荷。当 $\Delta h \to 0$ 时，即直接顶与基本顶不发生离层时，也就相当于基本顶岩块骤加在直接顶上，此时动载系数为

$$K_d = \frac{1}{1+\alpha}\left[1+\sqrt{1+\frac{(1+\alpha)\Delta h}{\Delta_{st}}}\right] = \frac{2}{1+\alpha} \tag{4-72}$$

式中，α 为与直接顶厚度、松散程度等相关的参数，其值介于 0～1；K_d 为动载系数。

岩层越松散，裂隙越发育，α 越大，K_d 介于 1～2。

在工程应用中，应尽量减少直接顶和基本顶之间的离层量，否则动载荷增加幅度会迅速上升。因此，通过加强工作面的管理，如提高液压支架的初撑力，避免直接顶和基本顶离层；同时，及时移架，减小控顶距，从而减小顶板切落时的动载荷。

4.5.3　支架刚度耦合效应

在坚硬厚顶板工作面，顶板破断会产生较大的动载荷，因此需要选择高支护强度的液压支架。此外，由于坚硬厚顶板下沉量较大，如果液压支架刚度不足，会加剧顶板下沉，进一步增大动载荷。因此，液压支架不仅需要具备高支护强度，还需要高刚度，并与围岩体系相适应，这样才能最大限度地发挥支护性能，提高采场围岩控制水平。

1. 支架与围岩体系刚度模型建立

在长壁开采工作面支架与围岩体系中，当基本顶岩层厚且坚硬时，随着工作面的开采，基本顶的变形、破断和结构失稳往往不可控。基本顶以上的软弱随动岩层可视为载荷，基本顶岩层则被视为刚性体，构成煤层、支架与围岩体系的上部边界。在竖直方向上，采场支架与围岩体系可视为以下 3 种串联结构：由一定刚度的直接顶、煤层、底板组成的体系 1，由直接顶、支架、底板组成的体系 2，由采空区矸石、底板组成的体系 3；而在水平方向上，体系 1、体系 2、体系 3 可视为并联关系。整个支架与围岩的相互作用体系中，只有变形与刚度相互协调，支架的性能才能充分发挥，其刚度模型[1]如图 4-73 所示。

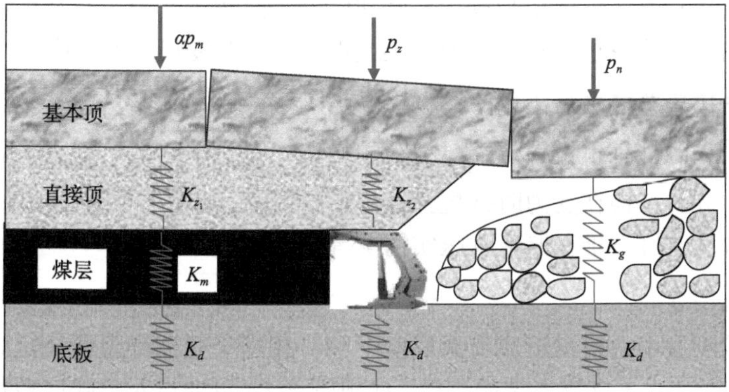

图 4-73　煤层、支架与围岩体系刚度模型

由图 4-73 可以看出，αp_m 为煤壁前方体系 1 基本顶所受垂直应力，为了保守计算，该值可以取煤壁前方支承压力的峰值大小。p_z 为控顶区体系 2 所受竖向顶

板压力，完整基岩条件可以按照岩层挠度计算载荷传递大小；在薄基岩、厚松散层工作面，按照松散层成拱后拱内松散砂体质量进行计算。p_n 为采空区体系 3 所受平均垂直应力，该值一般小于原岩应力，保守计算可以按照原岩应力大小取值。K_{z_1} 为体系 1 中的直接顶刚度，K_{z_2} 为体系 2 中的直接顶刚度，K_g 为采空区松散矸石刚度，K_m 为煤层刚度，K_s 为支架刚度，K_d 为底板刚度。

1) 支架刚度

液压支架由底座、液压缸、顶梁及后部四连杆结构组成，其力学特性受液压缸及整体结构的共同影响。液压支架的刚度通常指液压缸增阻阶段的刚度。液压支架刚度越大，单位活柱的缩量所产生的增阻量越大，从而对顶板的控制作用越好，即有

$$K_s = Nk\cos\beta \tag{4-73}$$

式中，N 为支架立柱个数；k 为支架立柱刚度，N/m；β 为支架立柱与竖直方向的夹角，(°)。

2) 直接顶刚度

直接顶刚度反映了其整体力学特性，也反映了其承载能力。以往研究发现，直接顶刚度大小是由其弹性模量 E 和实际尺寸 n 大小决定，即 $K_z = E/n$，n 为直接顶的厚度与其承载宽度的比值。

3) 煤层(体)刚度

煤体的裂隙发育程度、煤质、含夹矸的数量与层位等因素都会影响煤体的 K_m。刚度不同的煤层在开采过程中，工作面煤壁的稳定性也有所不同，刚度越小，煤壁越容易破坏；反之，煤壁越稳定。在实际开采过程中，除了在片帮严重的情况下对工作面进行注浆加固外，一般很难或没有必要改变煤层的刚度。

4) 采空区冒落矸石的刚度

由于采空区具有顶板冒落情况复杂的特点，因此采空区冒落后矸石刚度 K_g 是指冒落后的矸石结构在受力时抵抗弹性变形的能力，其大小与直接顶的冒落高度、矸石破碎块度、矸石堆积厚度及压实情况等因素相关。

5) 底板刚度

若底板刚度小，容易造成支架底座下陷，相当于立柱增阻量一定时增大了活柱缩量，从而减小了支撑系统的刚度。底板刚度 K_d 可通过对反映底板抗压特性分析获得，不同岩性底板有不同刚度。

为了建立支架与围岩刚度耦合模型，确定以下假设。

(1) 煤层、支架与围岩体系所受垂直方向的应力，在顶板破断之前或者顶板破

断形成结构失稳之前，可以假设为大小相等，即 $\alpha p_m = p_z = p_n$。

(2)底板刚度无限大，即 $K_d \to \infty$，可以看成刚性体。

(3)不考虑工作面采动影响对体系刚度模型建立的影响。

(4)体系 1、2 的煤层高度与工作面高度相等，直接顶厚度相等。

对于煤层、支架与围岩体系，可以将 3 个小体系分散联合进行刚度耦合分析，以解决不同的实际问题。

问题一：讨论支架活柱下沉量与煤壁变形的关系。

问题二：讨论支架活柱下沉量与采空区矸石变形关系。

2. 支架下沉量与煤壁变形的关系

对分析变形问题中出现的物理量进行符号定义：K_1 为体系 1 刚度，K_2 为体系 2 刚度，K_3 为体系 3 刚度；Δs_1 为体系 1 总变形量，Δs_2 为体系 2 总变形量，Δs_3 为体系 3 总变形量；Δs_{z_1} 为体系 1 中直接顶变形量，Δs_{z_2} 为体系 2 中直接顶变形量；Δs_g 为采空区矸石变形量，Δs_m 为煤层变形量，Δs_s 为支架变形量。

问题一的讨论存在两种假设。

假设一：体系 1、体系 2 总变形量相同，即 $\Delta s_1 = \Delta s_2$。

假设二：体系总变形量不相同但直接顶刚度相同，即 $\Delta s_1 \neq \Delta s_2$，$K_{z_1} = K_{z_2}$。

1) 假设一的讨论

由于假设一的前提是底板为似刚性体，因此体系 1 的刚度由直接顶、支架的刚度共同决定：

$$\frac{1}{K_1} = \frac{1}{K_{z_1}} + \frac{1}{K_m} \tag{4-74}$$

由胡克定律联立上式，得

$$\frac{K_{z_1} K_m}{K_{z_1} + K_m} \Delta s_1 = K_{z_1} \Delta s_{z_1} = K_m \Delta s_m = \alpha P_m \tag{4-75}$$

式中，α 为超前支承应力集中系数。

大量实测发现，超前支承应力集中系数一般在 1～2。在刚度耦合分析中，体系 1 所在位置将应力系数 α 取 1.5。

同理，体系 2 有：

$$\frac{1}{K_2} = \frac{1}{K_{z_2}} + \frac{1}{K_s} \tag{4-76}$$

$$\frac{K_{z_2}K_s}{K_{z_2}+K_s}\Delta s_2 = K_{z_2}\Delta s_{z_2} = K_s\Delta s_s = P_z \tag{4-77}$$

由于在该假设中 $\Delta s_1 = \Delta s_2$，因此 $\frac{\Delta s_m/\Delta s_1}{\Delta s_s/\Delta s_2} = \frac{\Delta s_m}{\Delta s_s}$，联合式(4-77)与式(4-75)，得

$$\frac{\Delta s_m}{\Delta s_s} = \frac{\alpha K_s}{K_m}$$

即

$$\frac{\Delta s_m}{\Delta s_s} = \frac{\alpha}{K_m/K_s} \tag{4-78}$$

设 $x = K_m/K_s$，$f_1(x) = 1/x$，则 $f_1(x)$ 函数定义域为 $(0,+\infty)$，值域为 $(0,+\infty)$；构造复合函数 $Z(x) = \frac{f_1(x)}{1+f_1(x)}$，则函数 $Z(x)$ 定义域为 $(0,+\infty)$，值域为 $(0,1)$，即把变形比投射到复合函数上。小于 20%则认为事情发生的概率较小，大于 80%则认为事情发生的概率较大。对函数 $Z(x)$ 进行定义域发生范围求解，得到：$x < \alpha/4$ 时，$Z(x) > 80\%$；$x > 4\alpha$ 时，$Z(x) < 20\%$；$\alpha/4 \leqslant x \leqslant 4\alpha$ 时，$20\% \leqslant Z(x) \leqslant 80\%$ 并同时认为 $\alpha = 1.5$，能得到如下结论。

(1) 当 $K_s > \frac{4}{\alpha}K_m$，即 $K_s > \frac{8}{3}K_m$ 时，煤层与支架的变形主要取决于煤层。

(2) 当 $K_s < \frac{1}{4\alpha}K_m$，即 $K_s < \frac{1}{6}K_m$ 时，煤层与支架的变形主要取决于支架。

(3) 当 $\frac{1}{4\alpha} \leqslant K_s \leqslant \frac{4}{\alpha}K_m$，即 $\frac{1}{6} \leqslant K_s \leqslant \frac{8}{3}K_m$ 时，煤层与支架的变形由两者共同承担。

2) 假设二的讨论

假设二认为体系总变形量不相同且直接顶刚度相同，即 $\Delta s_1 \neq \Delta s_2$、$K_{z_1} = K_{z_2}$，故变形比例不是绝对变形的比值，联合式(4-75)与式(4-76)，得

$$\frac{\dfrac{\Delta s_m}{\Delta s_1}}{\dfrac{\Delta s_s}{\Delta s_2}} = \frac{\dfrac{K_{z_1}}{K_{z_1}+K_m}}{\dfrac{K_{z_2}}{K_{z_2}+K_s}} = \frac{K_{z_1}}{K_{z_2}}\cdot\frac{K_{z_2}+K_s}{K_{z_1}+K_m} \tag{4-79}$$

通常支架的刚度是可以人为控制的，而煤层赋存等地质条件已经固定，故可以认为 K_m、K_{z_1} 已知，K_s 为变量。设 $x=\dfrac{K_s}{K_m}$，$f_2(x)=\dfrac{\Delta s_m}{\Delta s_s}$，由式(4-78)整理得 $f_2(x)=\dfrac{x}{C_1}-\dfrac{1}{C_1}+1$，其中 $C_1=1+\dfrac{K_{z_1}}{K_m}$，$C_1\in(1,+\infty)$，函数图像如图 4-74 所示。

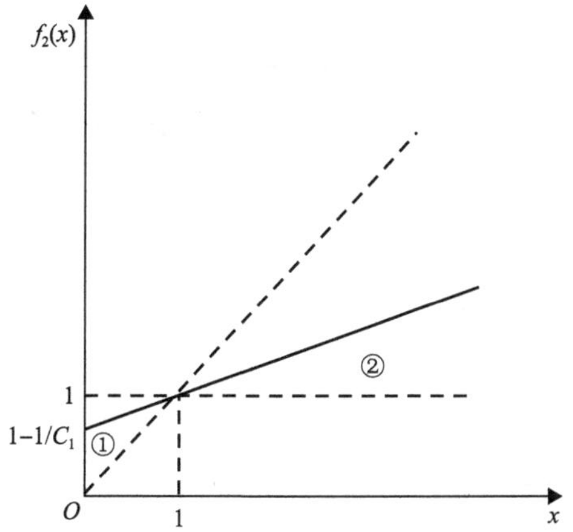

图 4-74　$f_2(x)$的函数图像

3) 图形分析

由于当煤层与支架刚度相等时体系 1、2 完全相似，因此煤层与支架的相对变形比例为 1，即函数 $f_2(x)$ 必过(1, 1)点，函数图像绕(1, 1)点转动不会超过两条虚线包络的①、②区域，得出如下结论。

(1) 当 $K_s>K_m$ 时，$1<\dfrac{\Delta s_m/\Delta s_1}{\Delta s_s/\Delta s_2}<\dfrac{K_s}{K_m}$，即煤层与支架的相对变形比大于 1 且不会超过其刚度比的反比。

(2) 当 $K_s<K_m$ 时，$\dfrac{K_s}{K_m}<\dfrac{\Delta s_m/\Delta s_1}{\Delta s_s/\Delta s_2}<1$，即煤层与支架的相对变形比小于 1 且不会低于其刚度比的反比。

(3) 当 $K_s=K_m$ 时，$\dfrac{K_s}{K_m}=\dfrac{\Delta s_m}{\Delta s_s}$，即煤层与支架的相对变形比等于 1 且等于其刚度比的反比。

3. 支架活柱下沉量与采空区矸石变形关系

在该问题的讨论中假设体系 2、体系 3 的变形量相等，即 $\Delta s_2=\Delta s_3$。则有：

体系 2、3 联合变形量相等并联立式(4-76)得：

$$\frac{\Delta s_s}{\Delta s_3}=\frac{\Delta s_s}{\Delta s_2}=\frac{K_{z_2}}{K_s+K_{z_2}}=\frac{K_{z_2}/K_s}{1+K_{z_2}/K_s} \tag{4-80}$$

则设 $x=\dfrac{K_{z_2}}{K_s}$，$f_3(x)=\dfrac{x}{1+x}$，函数图像如图 4-75 所示。

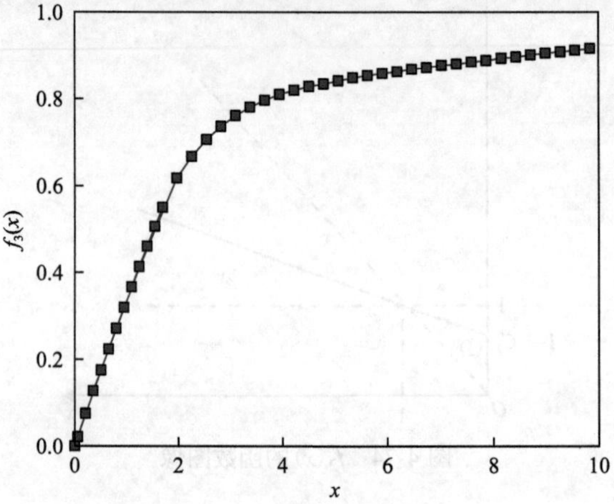

图 4-75　$f_3(x)$ 的函数图像

对 $f_3(x)$ 的函数图像进行分析，可得出如下结论。

(1) 当 $\dfrac{\Delta s_s}{\Delta s_3}>80\%$，即 $K_s>\dfrac{1}{4}K_{z_2}$ 时，煤层与支架的变形主要取决于支架。

(2) 当 $\dfrac{\Delta s_s}{\Delta s_3}<20\%$，即 $K_s<4K_{z_2}$ 时，煤层与支架的变形主要取决于采空区。

(3) 当 $20\%<\dfrac{\Delta s_s}{\Delta s_3}<80\%$，即 $\dfrac{1}{4}K_{z_2}\leqslant K_s\leqslant 4K_{z_2}$ 时，采空区与支架的变形由两者共同承担。

从上述分析可以看出，支架在支架与围岩体系中的刚度对整个系统的影响显著。进行支架设计与选型时，应确保支架具有合适的刚度，使其既不被压坏，又能够有效缓解煤壁压力，同时具备足够的刚度以控制坚硬厚顶板的切落动载荷。因此，在坚硬厚顶板条件下，液压支架的选型应充分考虑动载荷的影响，并兼顾支架的压缩变形特性，即综合考虑支架的动载荷与刚度的耦合作用，这是采场围岩控制和支架选型中的关键因素。

4.6　坚硬顶板下围岩稳定性控制技术

4.6.1　深孔顶板预裂爆破技术

1. 深孔顶板预裂爆破防冲原理

深孔顶板预裂爆破防冲的原理是针对采场中难以垮落的厚硬顶板，通过在顶板的应力集中区域钻孔装药，利用爆破产生的强烈冲击动载作用、高温高压的爆轰气体冲击楔作用，以及热交换回弹拉伸作用，对顶板进行局部破坏和损伤。爆破后，在爆孔周围依次形成粉碎区、裂隙区和震动区，从而改变顶板岩体的力学特性，降低岩体内部的储能能力。

爆破过程中产生的强烈震动效应使上覆岩层在自重应力和采动应力的共同作用下发生变形，积聚在顶板内部的弹性能得到有效释放，使得厚硬顶板由高能级的非稳定状态向低能级的稳定状态转变。相邻爆孔之间的裂隙贯通形成结构破断的弱面，这样在矿山压力作用下，顶板可以沿预定位置弯曲破断，减小悬露顶板对煤体的挤压作用，从而破坏冲击地压的应力条件，实现对冲击地压的防治。

2. 深孔顶板预裂爆破防治类型

深孔顶板预裂爆破技术用于厚硬顶板冲击地压防治，根据采场上覆厚硬岩层、采掘工作面巷道布置及爆破地点的相对时空关系，可将其主要分为 3 种类型，分别是初采与末采阶段的预裂爆破、回采期间的顶板预裂爆破及临采空区巷道和重复采动巷道的顶板预裂爆破[25]。

在工作面初采阶段，利用切眼的有利空间，对工作面支架后方及平巷端头附近的厚硬顶板进行预裂爆破，制造裂隙，切断顶板与周边岩体的联系，促使其随工作面推进及时垮断，降低初次来压强度。末采阶段，在主/辅回撤通道内进行深孔预裂爆破，促使顶板在回撤通道外部断裂，降低围岩压力，保证设备顺利回收，避免停采线附近采空区的悬露顶板对大巷造成破坏，如图 4-76(a)所示。

在回采期间，根据周期来压步距，在超前支承压力影响范围的两平巷内，沿巷道向工作面实体煤侧的厚硬顶板钻孔爆破，增加裂隙发育，促使顶板在超前支承压力下及时垮断，避免长距离悬顶挤压工作面煤体引发冲击地压。通常采用扇形布孔方式，利于空间爆破裂隙的竖向贯穿，形成斜切下行的破裂面，有利于顶板回转垮断，如图 4-76(b)所示。

对于临采空区巷道或重复采动巷道，为避免采空区悬露顶板回转挤压煤柱，导致煤柱应力集中发生冲击地压，在巷道肩窝处向煤柱上方厚硬顶板进行预裂爆破，促使顶板在煤柱外侧或靠近采空区侧破断，减小悬露顶板对煤柱的挤压力，降低应力集中程度，避免煤柱型冲击地压，如图 4-76(c)所示。

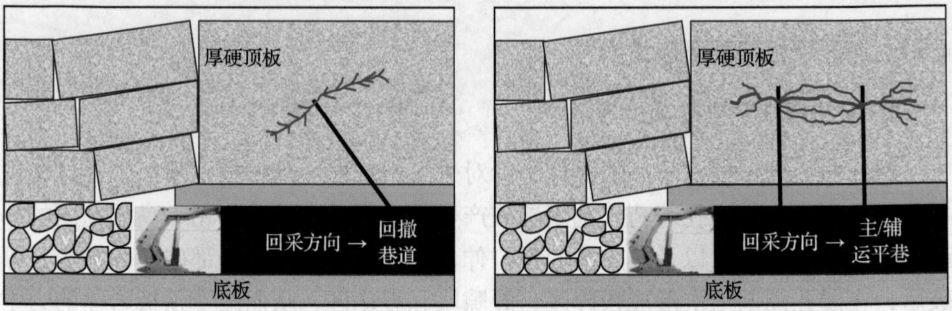

(a) 初采与末采阶段的预裂爆破　　(b) 回采期间的顶格预裂爆破

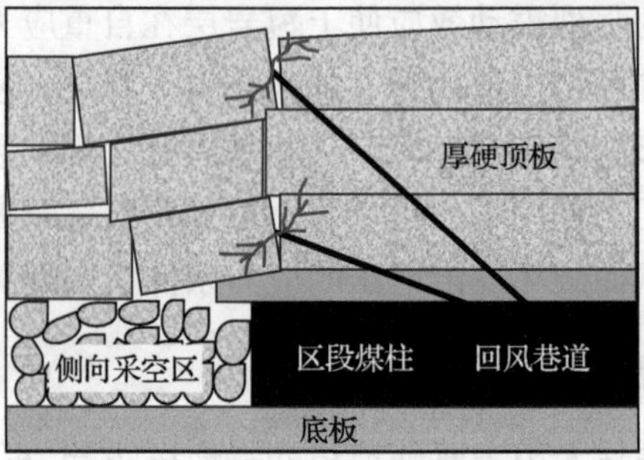

(c) 临采空区巷道和重复采动巷道的顶板预裂爆破

图 4-76　深孔顶板预裂爆破防冲类型

3. 深孔顶板预裂爆破参数影响

在实际应用中，除了炸药性能外，合理的装药结构及科学的炮孔布置方案是影响深孔顶板预裂爆破防冲效果的主要因素。

首先，顶板岩层的力学特性(如密度、单轴抗压强度、弹性模量)及结构特性(如厚度、层间胶结特性、原生裂隙结构特征)决定了爆孔装药量和装药结构的设计。岩体越硬、厚度越大，所需的药量和装药线密度也就越高；而当岩体层间胶结差、原生裂隙发育时，爆破产生的冲击波和爆轰气体衰减较快。因此，装药段应尽量避开这些区域，可通过打钻排粉颗粒大小和岩性变化来区分。同时，为了增加厚硬顶板周边裂隙的发育半径，促使相邻爆孔裂隙的贯通，需要在既定装药量下保持孔内一定的空隙，以减弱压缩冲击波的作用，减少粉碎区的范围，使更多能量用于裂隙扩展。

其次，深孔顶板预裂爆破的核心目的是制造有利于厚硬顶板结构破断的弱面，而不是掏槽剥离。因此，在确保裂隙发育并贯穿的基础上，通过优化爆孔的空间布置和组合方式，能够有效保护巷道围岩及支护系统的稳定性，避免爆破强力动载与采场高静载叠加引发巷道冲击或者在围岩近场形成新的冲击危险区。同时，这种优化布孔方案有助于降低施工周期和人工成本，提高爆破作业的安全性和效率。

4.6.2　切顶卸压沿空留巷技术

沿空掘巷计划是指在上区段工作面开采后，通过预留煤柱来掘进巷道，从而利用窄煤柱将下区段工作面与上区段采空区隔开。然而，在坚硬顶板条件下，围岩的变形量会显著增加，这也意味着需要预留更宽的煤柱，进而不利于矿井成本控制。当前针对坚硬顶板治理的主要技术是切顶卸压法，通过切断坚硬顶板降低其整体性，从而减少应力传递和悬臂长度，进而有效控制沿空巷道的围岩稳定性。

1. 切顶卸压沿空留巷原理

为防止基本顶悬露长度过大，减少切落灾害，可以选择提前进行预裂爆破以卸压，实施切顶卸压沿空留巷技术。这种方法不仅有助于顶板卸压，防止应变能过度积聚，还能让提前垮落部分的顶板形成巷帮，对下一个工作面提供承载，从而减少煤柱留设，提升煤炭资源利用率。

在工作面逐渐推进过程中，直接顶随采随冒，而基本顶悬露长度逐渐增大，如果不进行提前切顶，当初次破断时，动载荷会较大，容易引发工作面大面积来压，导致支架倒架或咬架，进而缩短支架的使用寿命。此外，悬顶对两巷会造成较大附加力，加剧巷道变形，因此在这种情况下，不仅需要进行切顶，还需要增加两巷砌墙的宽度或进行注浆加固。

2. 切顶卸压施工参数

切顶卸压施工过程中，需要明确的主要参数包括切顶角、切顶高度、切顶孔间距、切顶孔布置方式。

1）切顶角

切顶角的增大一定程度上可以使得顶板更容易切断，切顶效果越明显。然而，切顶角增大也会引起巷道压力的增加，对支护阻力的要求随之提高；而切顶角过小时，则会使施工变得更加复杂，降低生产效率。因此，在选择切顶角度时，需要在顶板破坏效果和施工难度之间取得平衡，以确保合理的顶板控制和生产效率。为计算切顶角的大小，建立切顶附近两岩块模型[26]，如图 4-77 所示。

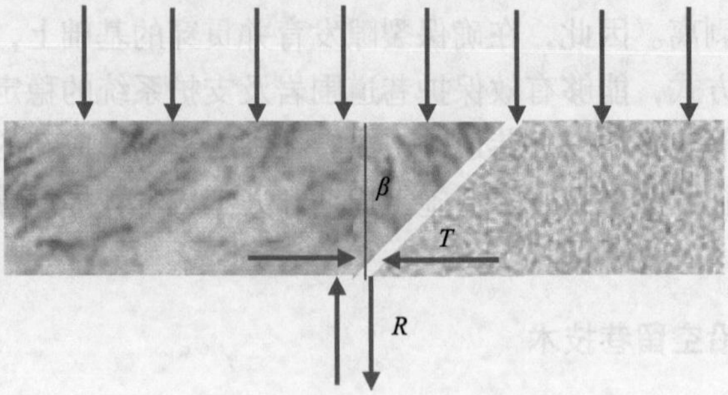

图 4-77 切顶破坏受力模型

图 4-77 中，R 为剪应力，T 为拉应力，在破坏瞬间有如下关系式：

$$T\sin(\varphi-\beta)=R\cos(\varphi-\beta) \tag{4-81}$$

则可解得切顶角为

$$\beta=\varphi-\arctan\left(\frac{R}{T}\right) \tag{4-82}$$

其中：

$$T=\frac{qL^2}{2(h_Y-x)},\ R=qL \tag{4-83}$$

式中，q 为岩块的平均荷载，kN/m；L 为岩块长度，m；h_Y 为岩块高度，m；x 为岩块下沉量，m。

因此，有

$$\beta\geqslant\varphi-\arctan\frac{2(h_Y-x)}{L} \tag{4-84}$$

为保证切顶后采空区的充填，切顶角应取较小值，即 $\varphi-\arctan\dfrac{2(h_Y-x)}{L}$。

2) 切顶高度

切顶的最终效果应使基本顶在采空区一侧断裂，同时未断裂部分对采空区进行部分承载。切顶高度是指在顶板垂直方向上切缝的位置，在采空区侧布置切顶线，可以切断顶板中过高的应力，降低两侧巷道的围岩载荷，提高稳定性。

为限制基本顶及其控制的上覆岩层，防止严重矿压的出现，切顶后需使切落部分对采空区充填至一定高度，此时的切顶高度应为

$$d=h_Z+h_J \tag{4-85}$$

式中，d 为切顶高度，m；h_Z 为直接顶高度，m；h_J 为基本顶高度，m；

当基本顶无法有效对采空区进行充填时，顶板可能继续发生运动失稳，并带动其控制的上覆岩层产生连带位移，这种情况下可能引发矿井大面积来压，造成严重的安全隐患。因此，对切顶高度进行优化是非常必要的。其核心思想是通过岩石的碎胀来分担之前不能解决的采空区的上方压力，为此假设切顶 d 范围内存在 n 层岩层，每层岩层碎胀系数不同，则可得

$$d = \sum_{i=1}^{n} h_i = \frac{h_M}{K_p - 1} \tag{4-86}$$

式中，h_i 为每层岩层高度，m；h_M 为煤层高度，m；K_p 为平均碎胀系数，一般取 1.3～1.5，此处取 1.4。

为保证最安全的结果，这两个切顶高度应取上限，即两者的大值。

3) 切顶孔间距

切顶孔间距通常需要根据爆炸装药量和顶板强度来确定，可根据经验选择 500mm、550mm、600mm 和 650mm 这 4 种方案进行比较。利用钻孔窥视仪监测在不同间距下裂纹的发育情况，最终确定最合适的切顶孔间距，以确保裂纹合理发育，达到理想的切顶卸压效果。

4) 切顶孔布置方式

沿工作面的走向布置一排切顶孔，孔口与煤壁的距离为 550mm，孔的直径为 48mm，深度为 18m。切顶孔与顶板垂直布置。

5) 爆破前的联合支护

正常情况下，采煤机前滚筒割煤后，支架伸缩梁及时伸出护顶；后滚筒割煤后，滞后 3～5 架移架，移架降幅控制在 0.1～0.15m，并及时打出护帮板以控制煤帮。在顶板破碎或滚帮严重的情况下，采取带压移架和提前移架措施。

在机头和机尾的 3 架支架上方铺设 1.1m×7.5m 的金属网，并放置半圆木或一面平圆木。顶板状况良好时，铺单层金属网和半圆木，金属网长边搭接 10cm，短边与顺槽金属网搭接 20cm，每 20cm 固定一道联网丝，联网丝需双股扭结不少于 3 圈。顶板破碎时，铺设双层金属网和一面平圆木，金属网长边搭接 60cm，短边与顺槽金属网搭接 20cm，固定方式同样采用双股扭结不少于 3 圈的联网丝。

在末采阶段，采用“锚索+木梁+金属网”支护。末采铺网时，在支架尾梁至顶梁之间敷设 4～6 趟木梁，金属网落地大于 1m 后停止移架，并在拉架道顶部进行锚索支护，从而在待拆支架上方形成“锚索+木梁+金属网”联合支护，以确保顶板的安全稳定性。

4.6.3 水压致裂技术

水压致裂技术通过弱化岩体的整体强度来处理坚硬顶板，其核心在于两方面的作用：首先，通过水压裂缝的起裂和扩展，改变岩体的宏观和细观结构，从而弱化其力学性能；其次，通过水对岩石产生的物理化学作用，进一步降低岩石的力学性能。这两方面共同作用，降低顶板岩石的整体强度，使顶板能够及时垮落，减小顶板来压强度，从而有效预防顶板突然垮落引发的冲击地压和暴风等灾害。

1. 坚硬顶板水压裂缝扩展规律

水压致裂通过对岩体的结构改造和物理化学作用来弱化岩体的力学性能，降低顶板岩石的整体强度。这样可以使采掘过程中的顶板弱化时间和空间相协调，使得在采动应力作用下，弱化后的坚硬顶板能够及时垮落，有效减小矿山压力，防止因顶板突然垮落而引发的冲击地压等灾害。

在致裂过程中，岩石水压裂缝的前沿通常呈椭圆形扩展[27]，扩展方向平行于最大主应力方向。当围压主应力差较大时，水压裂缝的表面会相对平整；当围压主应力差较小时，水压裂缝在扩展过程中则更容易发生空间转向，破裂水压力也会更大。增大水压致裂排量会使得裂缝扩展的动力效应更为显著，裂缝扩展也更容易出现分叉和转向，导致裂缝表面的粗糙度增大。

当水压裂缝扩展到岩层层面或原生裂隙时，裂缝的扩展形态会发生变化。水压裂缝与原生裂隙相交时，若原生裂隙与最小主应力的夹角较大，水压裂缝会偏转，并沿着原生裂隙的方向扩展，最终使得岩桥贯通；若原生裂隙与最小主应力的夹角较小，水压裂缝则会直接穿越原生裂隙，其整体扩展方向受到的影响较小。

水压裂缝扩展到岩层层面后，可能会呈现 3 种扩展模式[28]：第 1 种模式是裂缝沿层面完全开裂直至破坏，扩展过程中分支裂纹较少[图 4-78(a)]；第 2 种模式是裂缝先沿层面扩展，随后层面水压裂缝闭合，再沿最大主应力方向进行扩展，这种过程中伴随“升压开裂—卸压闭合—再升压开裂”的循环[图 4-78(b)]；第 3 种模式是裂缝沿层面的扩展范围较小，主要沿最大主应力方向穿层扩展，裂缝

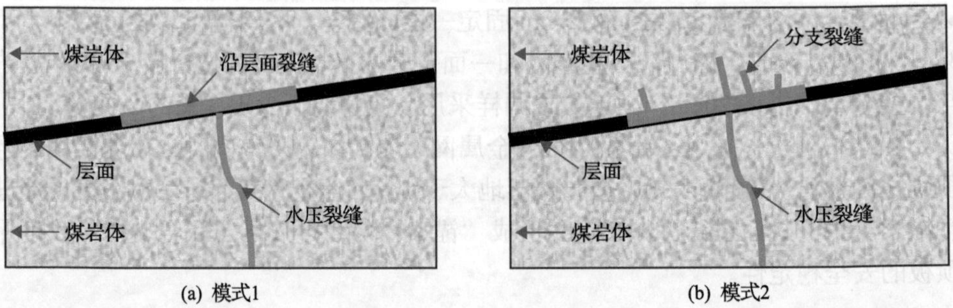

(a) 模式1　　(b) 模式2

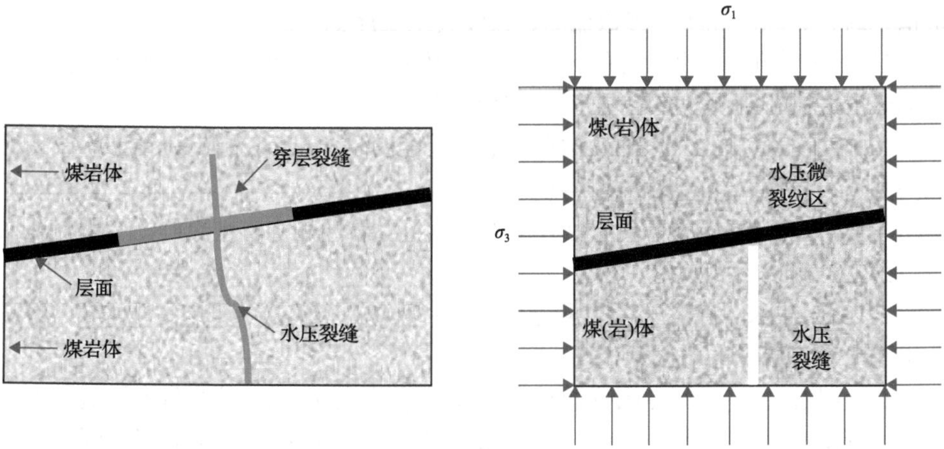

(c) 模式3

图 4-78　水压裂缝遇层面后的扩展模式

两侧形态基本对称，无明显的分支和分叉现象[图 4-78(c)]。

水压裂缝遇层面的扩展准则[27]如下。

优先穿层扩展：

$$p_{\mathrm{f}_c}+p_{0\mathrm{c}}+\sigma_{\mathrm{n}}+T_{\mathrm{c}}>\frac{3\sqrt{2}(K_1-K_{\mathrm{d}})}{\pi}+pf_z+p_{0z} \tag{4-87}$$

优先沿层扩展：

$$p_{\mathrm{f}_c}+p_{0\mathrm{c}}+\sigma_{\mathrm{n}}+T_{\mathrm{c}}<\frac{3\sqrt{2}(K_1-K_{\mathrm{d}})}{\pi}+pf_z+p_{0z} \tag{4-88}$$

穿沿层同时扩展：

$$p_{\mathrm{f}_c}+p_{0\mathrm{c}}+\sigma_{\mathrm{n}}+T_{\mathrm{c}}=\frac{3\sqrt{2}(K_1-K_{\mathrm{d}})}{\pi}+pf_z+p_{0z} \tag{4-89}$$

2. 水压致裂设备与工艺

1) 主要设备

坚硬顶板水压致裂弱化控制需要的设备主要包括矿用三相异步电动机、高压注水泵、水箱、控制箱、封孔器及配套安装杆、打孔钻头、切槽钻头、高压胶管、截止阀、压力表等。

2) 主要工艺

坚硬顶板水压致裂弱化控制主要包括 5 个主要工艺：施工钻孔、施工孔底楔形槽、封孔、高压注水，参数监测，具体施工工序如下。

(1)施工钻孔。依据设计的施工参数向顶板和煤帮打钻，利用钻孔窥视仪对孔壁的光滑度进行观测，以有利于后期封孔密实。

(2)施工孔底楔形槽。确认钻孔孔壁光滑度满足要求后，将钻机钻头换成切槽钻头并送入孔底，缓慢钻进楔形槽。

(3)封孔。将高压胶管置于钻孔底部，采用可靠性和密实性更好的专用封孔器进行封孔，确保封孔效果。

(4)高压注水。将高压注水泵与井下输水管路进行连接，开启高压水泵，将高压水注入设计层位的坚硬顶板。

(5)参数监测。采用专用仪器对水压致裂过程中的压力、流量等参数进行实时监测，判定注水过程是否完成。此外，还需要借助观测孔来检测裂缝范围。

3. 水压致裂弱化控制参数确定

坚硬顶板水压致裂弱化控制的效果受煤岩层赋存条件、水压致裂位置、钻孔布置方式、注水参数等多种因素影响，其中水压致裂位置是关键，其直接控制着顶板的厚度和悬露长度，影响下位采场围岩体能量积聚，是动载显现的源头。因此，选择合适的水压致裂位置尤为重要。

1)水压致裂方式

坚硬顶板水压致裂方式主要包括切顶和分层两种。切顶的目标是使顶板沿预定致裂面提前破断，从而降低悬露顶板的厚度并减小动载强度；分层的目的是通过致裂使顶板的垮落厚度减小，从而控制垮落步距和降低矿压强度。

2)钻孔间距

水压致裂的钻孔间距对系统能量的影响存在一个临界值。在此临界值以内，钻孔间距的变化对系统能量的影响较小；但当钻孔间距超过临界值时，系统能量会急剧变化。该临界值大小与顶板的周期来压步距有关，因此钻孔间距应小于两倍的湿润半径，并低于系统能量影响的临界值。

3)封孔长度

水压致裂钻孔一般采用专用封孔器进行封孔，封孔器全长为20m，其中有效封孔长度为18m，并使用专用安装杆进行安装，确保良好的密封效果，以实现有效致裂。

4)注水压力

注水压力以不小于岩体抗拉强度为限，以确保能够冲破封闭裂隙。同时，注水压力也不能过高，以免超出裂隙扩展的范围，影响控制效果。

5)注水量

注水量的大小对致裂效果有直接影响。若注水量不足，则难以起到湿润和软化岩石的作用；而注水量过大会使顶板岩体过于破碎，影响工作面的控顶效果。一般情况下，每个钻孔的注水量为 0.8～1.0m^3。

6)注水时间

注水时间以观测孔出现稳定的清水为准，若长时间未出现稳定水流，则一般注水时间应控制在不超过 10min，以免浪费资源或对顶板造成过多破坏。

参考文献

[1] 杨胜利. 基于中厚板理论的坚硬厚顶板破断致灾机制与控制研究[D]. 徐州：中国矿业大学, 2019.

[2] 于洋. 特厚煤层坚硬顶板破断动载特征及巷道围岩控制研究[D]. 徐州：中国矿业大学, 2016.

[3] 刘成禹, 张翔, 程凯, 等. 地下工程涌水涌砂诱发的沉降试验研究[J]. 岩土力学, 2019, 40(3): 843-851.

[4] 梁艳坤, 隋旺华, 朱涛, 等. 哈拉沟煤矿垮落带破碎岩体溃砂的离散元数值模拟研究[J]. 煤炭学报, 2017, 42(2): 470-476.

[5] 刘延欣, 武宇亮, 闫增会, 等. 厚松散层下开采突水溃砂室内试验探究[J]. 煤炭科技, 2021, 42(4): 49-52.

[6] 吕玉广, 赵仁乐, 彭涛, 等. 侏罗纪巨厚基岩下采煤突水溃砂典型案例分析[J]. 煤炭学报, 2020, 45(11): 3903-3912.

[7] 胡少银, 刘泉声, 李世辉, 等. 裂隙岩体注浆理论研究进展及展望[J]. 煤炭科学技术, 2022, 50(1): 112-126.

[8] 张杰, 郭奇峰, 蔡美峰, 等. 循环扰动荷载作用下花岗岩中裂隙萌生扩展过程的颗粒流模拟[J]. 工程科学学报, 2021, 43(5): 636-646.

[9] 陈卫忠, 李术才, 邱祥波, 等. 岩石裂纹扩展的实验与数值分析研究[J]. 岩石力学与工程学报, 2003(1): 18-23.

[10] 岳豪, 杨胜利, 翟瑞昊, 等. 含砂岩石力学特性及其致灾机制研究[J]. 岩土力学, 2023, 44(4): 1230-1244.

[11] 赵程, 幸金权, 牛佳伦, 等. 水-力共同作用下预制裂隙类岩石试样裂纹扩展试验研究[J]. 岩石力学与工程学报, 2019, 38(S1): 2823-2830.

[12] 武东阳, 蔚立元, 苏海健, 等. 单轴压缩下加锚裂隙类岩石试块裂纹扩展试验及 PFC^{3D} 模拟[J]. 岩石力学, 2021, 42(6): 1681-1692.

[13] Ghazvinian A, Nejati H R, Vahab S. Mixed mode crack propagation in low brittle rock-like materials[J]. Arabian Journal of Geosciences, 2013, 6(11): 4435-4444.

[14] 李明田, 邵东亮. 裂隙制作方式及充填情况对表面裂隙扩展规律的影响[J]. 山东交通学院学报, 2012, 20(1): 67-70+86.

[15] Huang Y H, Yang S Q, Tian W L, et al. An experimental study on fracture mechanical behavior of rock-like materials containing two unparallel fissures under uniaxial compression[J]. Acta Mechanica Sinica, 2016, 32(3): 442-455.

[16] 马丹. 破碎岩体的水-岩-沙混合流理论及时空演化规律[D]. 徐州：中国矿业大学, 2018.

[17] Zhuang X, Zhou S. An experimental and numerical study on the influence of filling materials on double-crack propagation[J]. Rock Mechanics and Rock Engineering, 2020(53): 5571-5591.

[18] 赵兴东, 李元辉, 袁瑞甫, 等. 基于声发射定位的岩石裂纹动态演化过程研究[J]. 岩石力学与工程学报, 2007, 26(5): 944-950.

[19] 杨瑞峰, 马铁华. 声发射技术研究及应用进展[J]. 中北大学学报(自然科学版), 2006(5): 456-461.

[20] 贺雁鹏, 黄庆享, 王碧清, 等. 浅埋煤层大采高工作面顶板破断角实测研究[J]. 采矿与安全工程学报, 2019,

36(4): 746-752.

[21] 杨胜利, 岳豪, 唐岳松, 等. 基于中厚板理论的顶板断裂失稳规律研究[J]. 岩石力学与工程学报, 2024, 43(9): 2092-2107.

[22] 徐芝纶. 弹性力学简明教程[M]. 北京: 高等教育出版社, 2002.

[23] 王家臣, 王兆会, 唐岳松, 等. 深埋弱胶结薄基岩厚煤层开采顶板动载冲击效应产生机制试验研究[J]. 岩石力学与工程学报, 2021, 40(12): 2377-2391.

[24] 李猛, 王兆会, 何吉清, 等. 深埋薄基岩大采高工作面支架阻力分布与急增阻效应分析[J]. 采矿与安全工程学报, 2023, 40(5): 1111-1121.

[25] 赵善坤. 深孔顶板预裂爆破与定向水压致裂防冲适用性对比分析[J]. 采矿与安全工程学报, 2021, 38(4): 706-719.

[26] 陈上元, 赵菲, 王洪建, 等. 深部切顶沿空成巷关键参数研究及工程应用[J]. 岩土力学, 2019, 40(1): 332-342+350.

[27] 黄炳香, 赵兴龙, 陈树亮, 等. 坚硬顶板水压致裂控制理论与成套技术[J]. 岩石力学与工程学报, 2017, 36(12): 2954-2970.

[28] Huang B X, Liu J W. Experimental investigation on the effect of bedding plane on hydraulic fracturing under true triaxial stress[J]. Rock Mechanics and Rock Engineering, 2017(50): 2627-2643.

第 5 章　深埋弱胶结厚冲积层薄基岩煤层开采岩层运动特征及控制

巨野煤田和焦作煤田东部厚煤层具有埋深大、冲积层厚、基岩薄且弱胶结等赋存特征，回采过程中顶板压力大、台阶下沉明显、煤壁片帮严重、突水溃砂时有发生。针对上述技术难题，系统研究厚冲积层作用下弱胶结薄基岩破断特征与运动规律，提出顶板突水溃砂与动载冲击条件；建立采场围岩系统结构力学模型，探究基于系统刚度耦合的采场围岩协同控制机理，提出液压支架刚度和强度确定方法；研究厚冲积层对顶板结构下沉量的吸收特征，构建地表沉陷预测模型，遵循降低地表裂隙发育程度原则，提出覆岩运动特征控制原理与方法，解决弱胶结覆岩煤层安全开发技术瓶颈背后的核心科学问题，为深埋弱胶结薄基岩厚煤层开采提供科学指导，丰富和发展矿山压力与岩层控制理论。

5.1　深埋弱胶结厚冲积层薄基岩煤层赋存特征

煤炭是我国的基础能源，尽管近些年其在一次能源消费中的占比有所下降，但煤炭的绝对需求量将长期稳定在每年 35 亿～40 亿 t。我国东部地区经济发达、人口密集，对煤炭能源的需求量较大。然而，由于长期的开采，东部地区不得不开发深部煤炭资源。近年来，山东巨野煤田和河南焦作煤田东部相继投产了多个矿井，这些矿区的煤层具有埋深大(700～1000m)、冲积层厚(600～700m)、基岩薄(30～200m)且弱胶结、基岩强度低、遇水易崩解等特点。深埋弱胶结厚冲积层薄基岩条件复杂，给煤矿安全高效生产带来严重困难，主要表现在工作面顶板压力大且动载荷明显，易发生台阶下沉现象，煤壁片帮和架前冒顶严重，突水溃砂时有发生[1]，覆岩运动规律不清，地表下沉速度快。

深埋弱胶结薄基岩厚煤层开采过程中，采场矿压显现强烈的原因主要有以下几点：首先，厚冲积层胶结程度差，以随动载荷形式作用在基岩之上，基岩破断后以散体形式随之大范围移动。其次，弱胶结薄基岩厚度小，在厚冲积层作用下难以形成稳定结构，结构容易出现整体切落失稳，引发顶板冲击载荷。此外，若厚冲积层中存在第四系含水层，水会携带沙体进入破断后的薄基岩形成的结构中，进一步降低结构稳定性，显著加剧顶板来压[2]。这些因素共同作用，使得顶板破坏频发，矿压显现明显。因此，针对这些矿井，开展深埋弱胶结薄基岩厚煤层开采中岩层运动与控制的系统研究，具有必要性和紧迫性。

本章从深埋弱胶结厚冲积层薄基岩这一特殊地质条件出发，探讨岩石的物理力学特性、煤层开采后基岩形成的结构特征、厚冲积层受开采扰动后的地表沉陷、动载冲击及突水溃砂等问题；此外，提出针对性的防治措施，如水沙治理、采场围岩控制及地表沉陷区修复等，以期为该条件下煤层开采难题的应对及采矿技术的发展提供方向与思路。

5.2　物理力学特性与围岩失稳特征

5.2.1　深埋弱胶结岩石物理力学特性

1. 基岩力学特性分析

在深埋薄基岩条件下，基岩和煤岩处于复杂的力学环境中，尤其是基岩主要由泥岩和砂岩构成，其力学特性与失稳特征容易受到力学环境影响。通过现场取样并进行室内实验，从抗拉强度、断面粗糙度等方面对岩石进行分析。实验结果揭示了不同类型岩石在深埋条件下的力学响应和失稳行为，为进一步研究基岩破坏特征和控制措施提供了基础数据。

1）岩石抗拉强度

测量抗拉强度是分析岩石失稳的重要基础，巴西劈裂实验是一种间接测量岩石试件抗拉强度的常用手段。本实验通过钻孔取心获取标准岩样，样品规格为直径 50mm、厚度 25mm 的圆盘状试件，各类型岩石试件均准备 6 枚，如图 5-1 所示。煤样、泥岩样和砂岩样分别编号为 C1～C6、M1～M6 和 S1～S6，对这些试件进行巴西劈裂实验，以测定其抗拉强度特性。

图 5-1　3 种岩石圆盘试件

通过加载实验得到 3 种岩石的压力-位移关系曲线（图 5-2），曲线均可分为压实、弹性、裂纹扩展和破坏 4 个阶段，表现出脆性破坏特征。砂岩在破坏前储存的弹性应变能最多，其次是泥岩，煤体最小。煤体破坏最为缓慢，部分试件出现台阶式变形，泥岩次之，砂岩破坏最快。

由图 5-3 可知，煤体的抗拉强度平均值最小，泥岩次之，砂岩最大。煤体试件

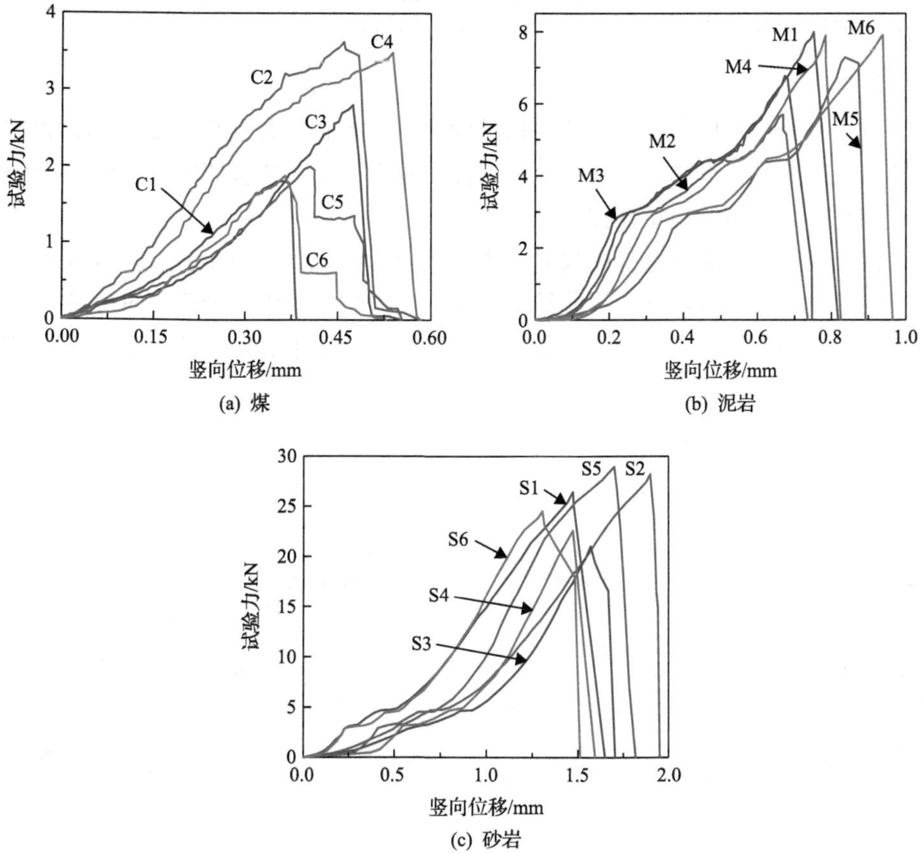

图 5-2　3 种岩石的压力-位移关系曲线

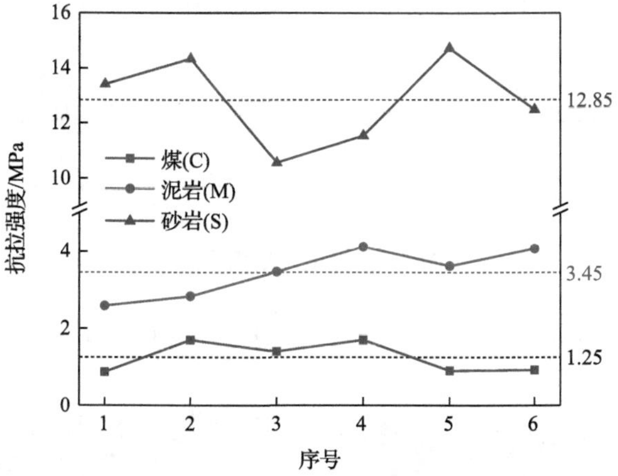

图 5-3　岩石抗拉强度统计

因原生裂隙密度高，导致抗拉强度数据离散度最大。泥岩和砂岩结构较致密，裂隙少，但泥岩含有不均匀分布的晶体杂质，对强度有削弱。

2) 岩石断面粗糙度

对于大采高工作面，岩石断面粗糙度对围岩控制具有重要意义。煤体和砂岩破坏后，断面粗糙度越大，断面上的摩擦力越大，从而使破坏块体的滑动速度越低，有利于煤岩体的稳定性控制。

将扫描所得的断面点坐标数据绘制成点云图(图 5-4～图 5-6)。煤体作为一种复杂的地质体，具有明显的层状结构。在巴西劈裂实验中，加载方向与层状结构处于垂直关系，因此在断面中部出现了较大面积的集中起伏区域，这是层理结构

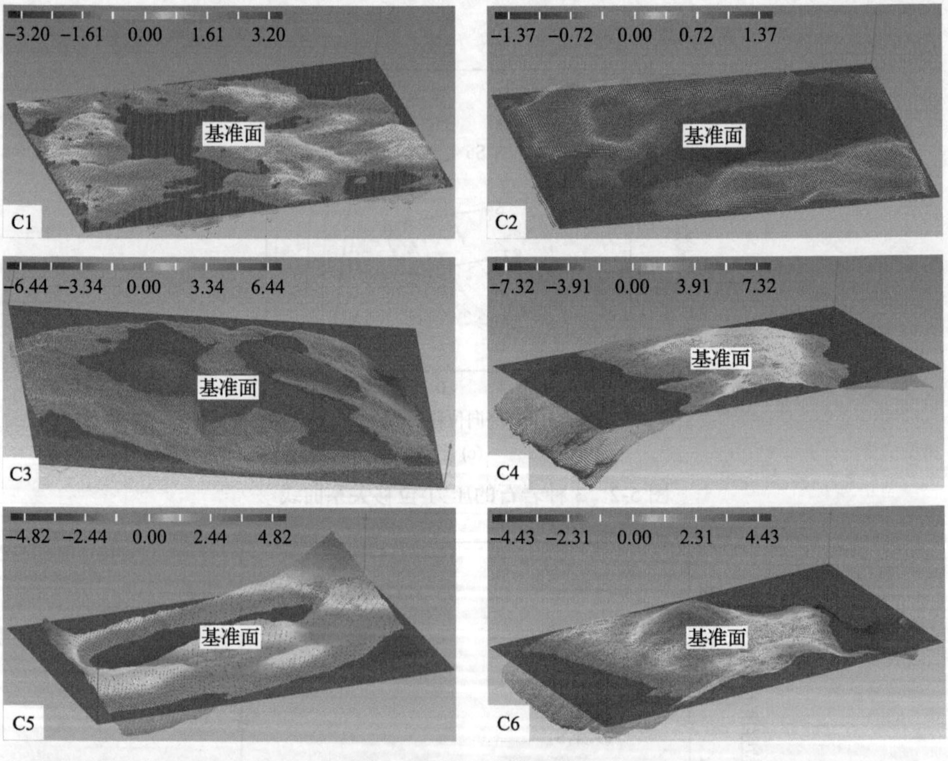

图 5-4　煤试件断面形态

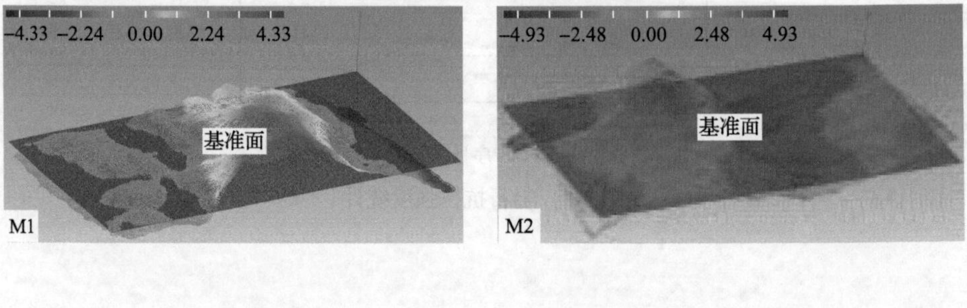

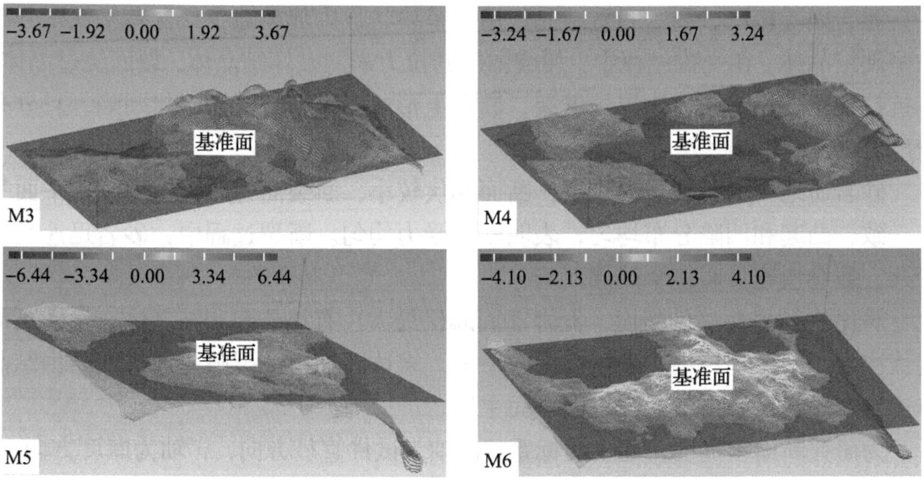

图 5-5 泥岩试件断面形态

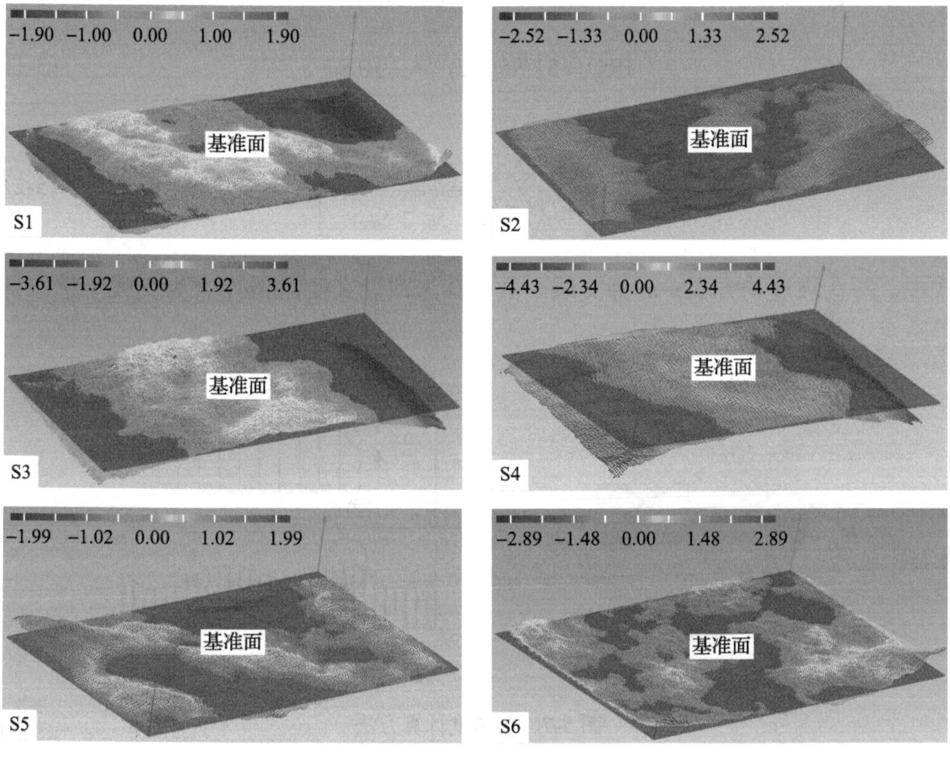

图 5-6 砂岩试件断面形态

被拉断后形成的不规则断面导致的。煤体试件的断面整体起伏较大，但起伏数量相对较少，凸起或凹陷部分主要集中在断面中部。

泥岩因受挤压、脱水和重结晶作用，呈块状，内部裂隙少，含有不规则分布的坚硬结晶体。在受拉过程中，加载方向的拉力未能破坏结晶体，裂面绕过晶体，在抗拉强度较小的晶体边界处劈裂，断面上形成多个不规则凸起与凹陷，且分布较广。

砂岩质地均匀，裂隙含量少，断面起伏较小，断裂面与最大拉力分布平面基本一致，凸起和凹陷分布均匀，表明断面受力均匀。断裂过程中，砂岩迅速整体劈开，裂纹快速贯通整个试件。

对比 3 种岩性试件断面，泥岩断面起伏最大，有小凸起和结晶体；煤体断面起伏次之，有层理结构；砂岩断面较平整。煤体断面由微裂隙主导，泥岩由结晶体边界主导，砂岩由最大拉应力平面主导。

为研究断面粗糙度，建立坐标系，x 轴为试件直径方向，y 轴为厚度方向，z 轴为断面向上，如图 5-7 所示。取 m 个平行于 xOz 的平面，截取断面，得到交线的投影。提取扫描点云数据，使用 JRC 计算粗糙度：

$$\mathrm{JRC}=51.85(Z_2)^{0.60}-10.37 \tag{5-1}$$

$$Z_2=\left[\frac{1}{mD}\sum_{i=1}^{n}\sum_{j=1}^{m}\frac{(z_{ij}-z_{ij-1})^2}{x_{ij}-x_{ij-1}}\right]^{\frac{1}{2}} \tag{5-2}$$

式中，Z_2 为坡度均方根；m 为交线个数；D 为圆盘直径，mm；n 为交线上选取的等距点个数。

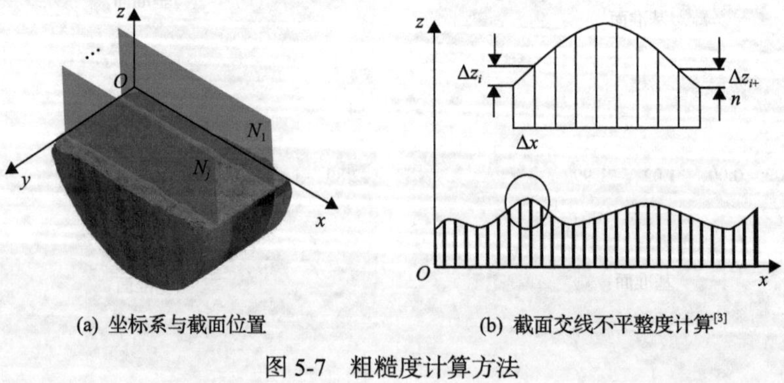

(a) 坐标系与截面位置　　(b) 截面交线不平整度计算[3]

图 5-7　粗糙度计算方法

最终得到 3 种岩石断面的粗糙度，如图 5-8 所示，泥岩的粗糙度最大，煤体次之，砂岩最小。对比强度与粗糙度的关系，砂岩表现出强度升高时粗糙度也上升的趋势，呈显著的线性增长关系，如图 5-9 所示。然而，在不同岩性条件下，尤其在质地不均匀的岩石中，强度并不能可靠地预测粗糙度，因为粗糙度受裂隙和结晶体的影响更为显著。

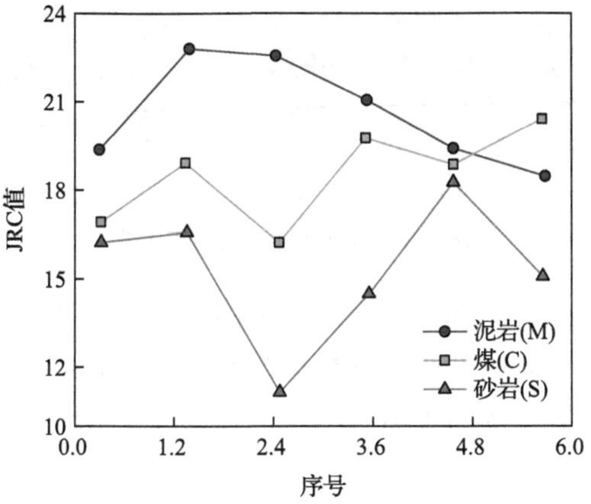

图 5-8 3 种岩石试件粗糙度情况

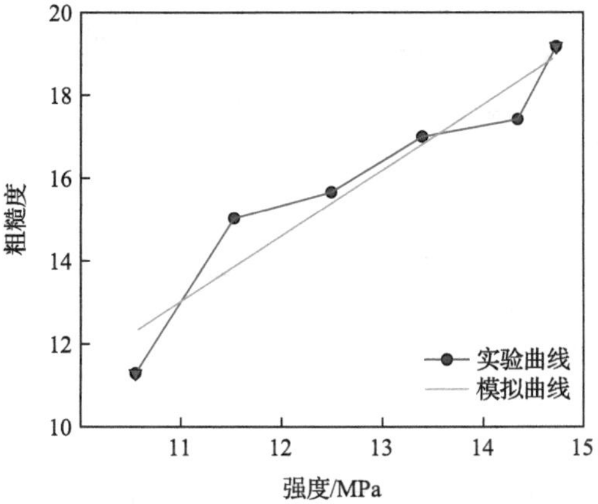

图 5-9 砂岩粗糙度与强度关系曲线

研究结果表明，砂岩断面粗糙度最小，不利于基本顶砌体梁结构的稳定。因此，在 121304 工作面回采期间，应加强顶板管理以提高顶板稳定性。

2. 基岩细观结构特征及渗流特性

为分析弱胶结岩石的内部孔隙和裂隙特征，将 50mm×100mm 标准圆柱试件进行 CT 扫描实验(图 5-10)。结果显示岩石孔隙率为 20%～30%，以泥质胶结为主，遇水易崩解，破坏裂隙由初始裂隙扩展引起，破坏模式与原生裂隙、杂质分布及加载路径相关。

图 5-10　CT 扫描和裂隙识别

对弱胶结岩石的细观结构进行精细化重构，重构模型的孔隙、裂隙和杂质分布与真实试件的吻合度超过 96%。该模型准确再现了弱胶结岩石在不同应力路径下的变形破坏特征，如图 5-11 所示。

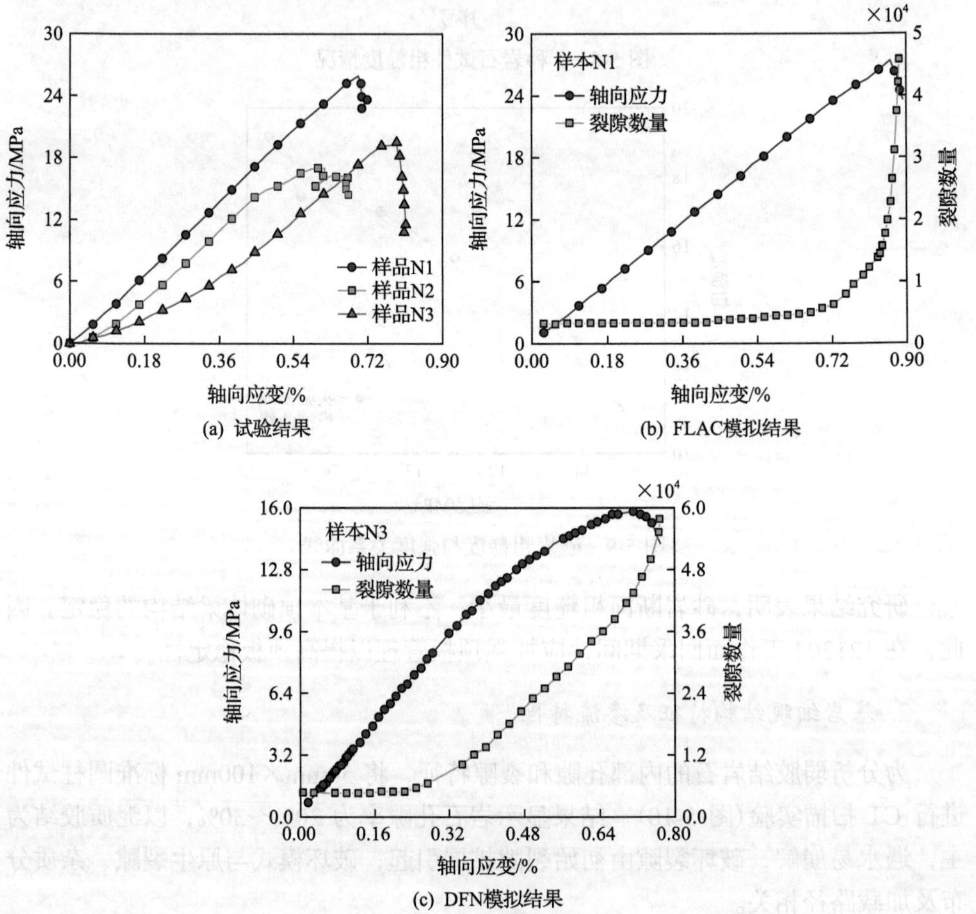

图 5-11　裂隙识别重构

弱胶结岩石的渗透率演化分为渗流屏蔽、渗流激增和渗流恢复 3 个阶段。渗透率可达 10～20mD，与有效应力呈负相关，与注入水压呈正相关。渗流激增阶段渗透率大幅增长，是采场顶板突水溃砂的根本原因。

弱胶结岩石渗流场空间可视化模型如图 5-12 所示。渗透率与有效应力呈负指数关系，结果与实验吻合。通过细观重构模型和渗透率耦合模型模拟，获得了弱胶结岩石破坏过程的渗透率变化曲线，显示流固耦合作用使破坏模式趋于复杂。

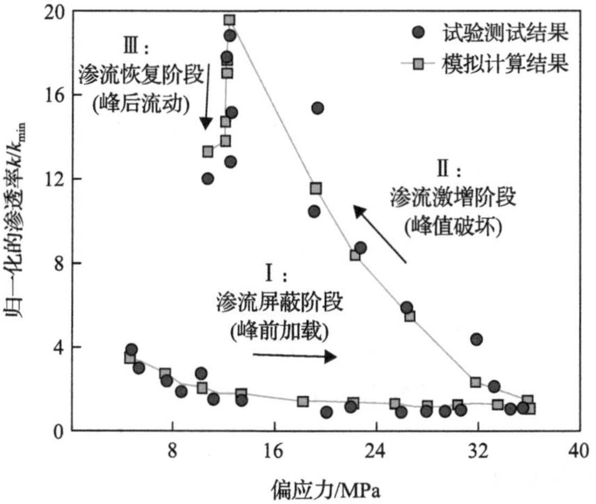

(a) 裂隙主导型渗流场

(b) 单纯加载破坏模式　　(c) 流固耦合破坏模式

图 5-12　弱胶结岩石渗流场空间可视化模型

作者团队提出了渗流场的空间可视化方法，发现了裂隙主导、孔隙主导、裂隙-孔隙混合 3 种渗流模式，确定了渗流激增的过渡条件；发现了渗流速度在试件内部的非均布模式，并确定了由稳态向非稳态转变的流-固组合条件(图 5-13)。

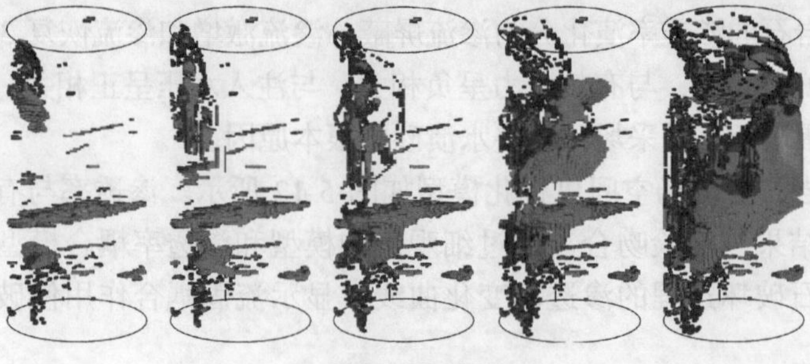

(a) 裂隙主导型渗流场

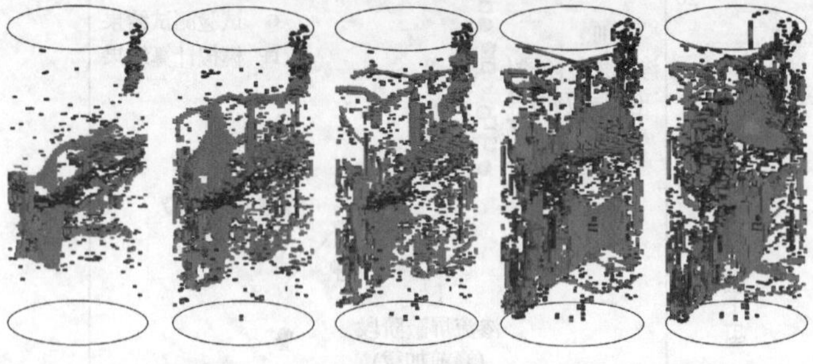

(b) 裂隙识别重构

图 5-13　弱胶结岩石渗流场空间可视化模型

3. *厚冲积层力学特性*

在厚冲积层地表沉陷中，冲积层的厚度、粒径和工作面推进速率都会影响其力学性质和冒落形态，从而影响地表沉陷。为了研究这些因素对地表沉陷的影响，现场取样进行了针对冲积层粒径、加载速率、围压大小等条件的不排水不固结三轴压缩实验，实验方案如表 5-1 所示。

表 5-1　冲积层土的三轴压缩实验方案

实验变量	第 1 组	第 2 组	第 3 组	第 4 组	第 5 组	其他变量
粒径/mm	＜0.6	＜1.0	＜2.0	＜3.0	＜3.9	0.08mm/min，200kPa
加载速率/(mm/min)	0.04	0.08	0.32	1.6	0.04	200kPa，小于 3.9mm
围压/kPa	100	150	200	250	300	小于 3.9mm，0.08mm/min

试样强度与粒径呈负相关，随着粒径增大，孔隙增加，黏聚力降低，导致试样强度下降。强度与加载速率呈正相关，加载速率越大，气体和水的释放速度减慢，进而产生孔隙压力，强度随之上升。试样强度与围压呈正相关，围压的增加会使试样的强度增加，如图 5-14 所示。

总体上看，试样的应力-应变曲线可分为两个阶段：第一阶段为压实阶段，试样呈近弹性，切线模量较大，随着应变增加，应力迅速增大；第二阶段为应力强化阶段，偏应力随轴向应变继续增加，但与第一阶段相比，其切线模量则相对较小。

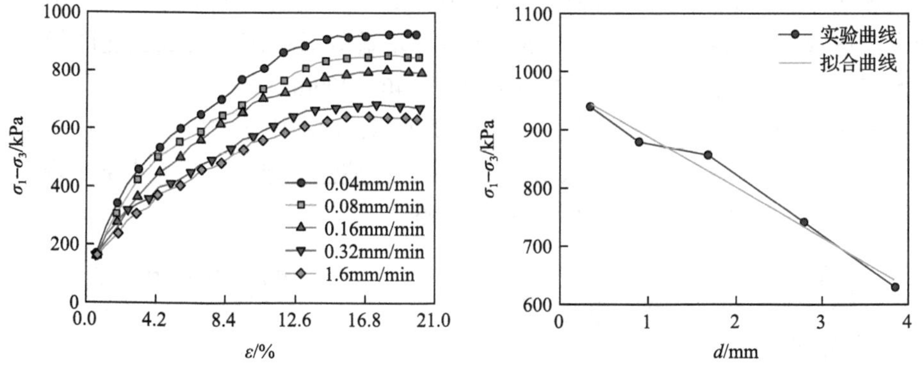

(a) 加载速率

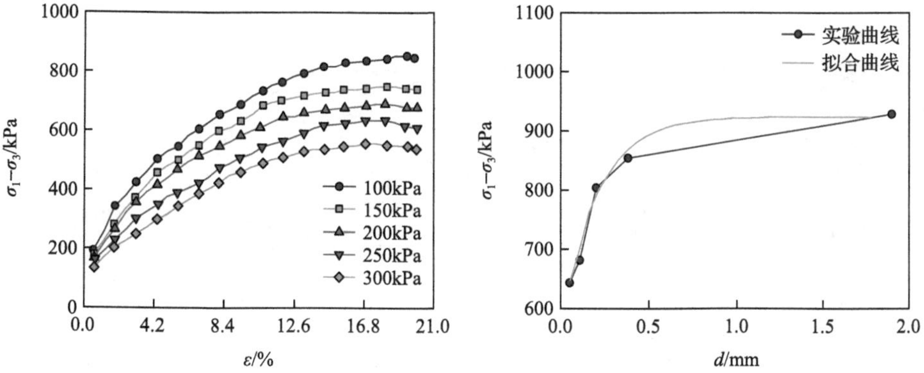

(b) 围压大小

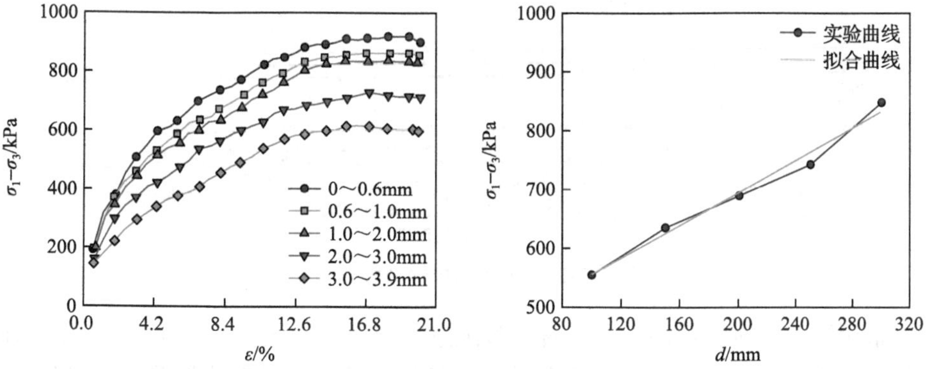

(c) 粒径

图 5-14　冲积层三轴实验应力-应变曲线

5.2.2　深埋薄基岩厚煤层采场围岩失稳特征

为分析煤体内部裂隙发育特征，利用 ZTR12 系列地质雷达对煤壁进行探测，天线频率为 100MHz，采样时窗为 500×10^{-9}s，采样点数量为 1024。对采集到的地质雷达数据经过零点标定、去噪、滤波、增益等后处理，得到探测图像，如图 5-15 所示[4]。工作面上部 0～40m 和下部 140～200m 区域存在强反射区，表明煤壁内部裂隙较少，煤体较完整，仅有轻微破坏；而在中部 70～100m 内，出现弱反射区，深度 2～3m，说明煤壁破坏严重，完整性较差。工作面中部出现明显弱反射区，局部深度达 5m；而两端相对完整。

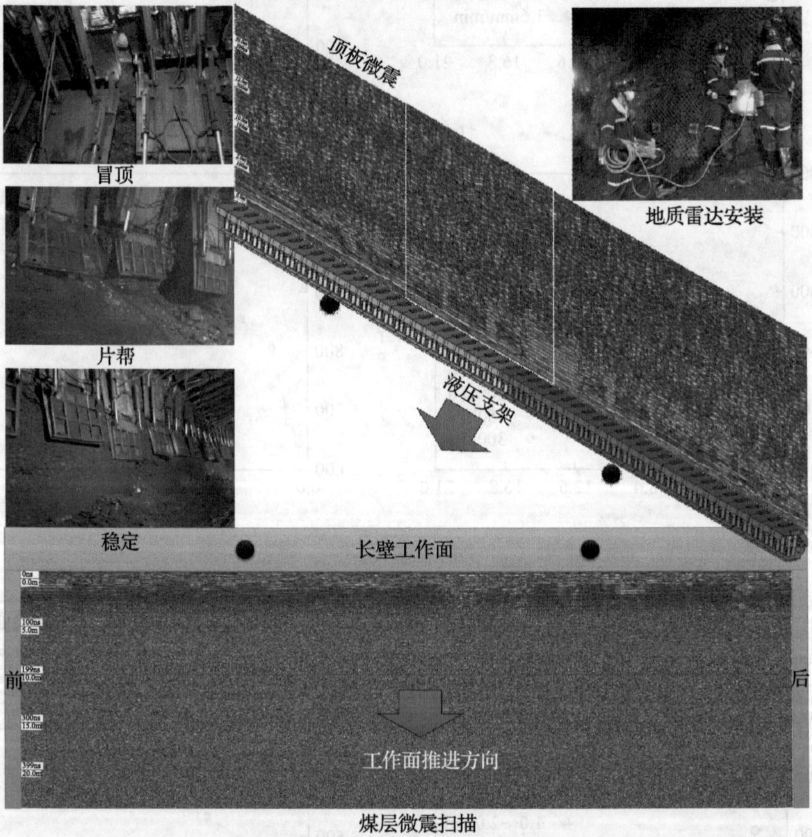

图 5-15　工作面煤壁裂隙分布

采用测线法对工作面不同位置的裂隙进行统计，如图 5-16 所示。结果表明，工作面中部 80～100m 范围内裂隙数量多且长度较大，局部片帮严重，伴随大块煤体掉落；而工作面上部 20～40m 范围和下部 160～180m 范围内裂隙数量少且长度较小，煤体相对完整。测线法结果与地质雷达结果一致，验证了地质雷达测试的可靠性。

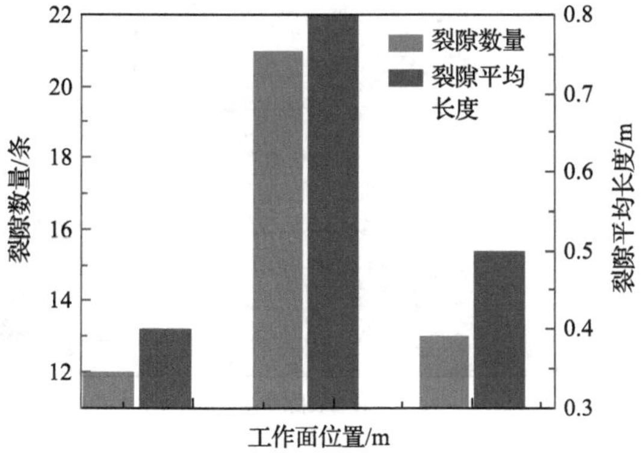

图 5-16　工作面不同位置裂隙分布

上述探测结果表明，大采高工作面煤壁的片帮和裂隙发育特征沿工作面方向具有明显的分区特征，工作面中部 60～140m 范围内煤壁破坏严重，裂隙较多；而工作面两端煤壁相对较为完整。相应的支架刚度在工作面长度方向也呈现出分区特征，工作面中部的支架刚度小于两端。煤壁的稳定性受到埋深、采高、顶板压力、支架工作阻力、支架刚度等多因素的影响。为解释煤壁片帮的分区特征与支架刚度分区特征之间的对应关系，书中建立了支架-围岩系统的刚度力学模型，探讨了支架刚度对煤壁稳定性的影响，详见 5.4 节。

5.3　厚冲积层作用下的动载效应与突水溃砂

5.3.1　深埋薄基岩采场顶板动载冲击效应

1. 顶板动载产生机理

深埋弱胶结薄基岩厚煤层采场覆岩采动裂隙发育模式如图 5-17 所示。在厚煤层开采中，采动裂隙最初在厚冲积层的 *O* 点出现，并迅速向上下扩展。上方裂隙影响覆岩冒落拱形状，下方裂隙穿过冲积层进入基本顶，但由于基本顶强度较大，裂隙在 *P* 点停止扩展，最终到达冒落拱的顶部和底部，形成新的冒落拱断裂线。

覆岩采动裂隙由低强度冲积层扩展至基本顶，扩展路径穿越冲积层与基本顶交界面，在岩层交界面处的扩展机理与弱-强岩石组合体破坏裂隙发育过程类似。组合体上部岩石强度低，代表厚冲积层；下部岩石强度高，代表薄基岩。

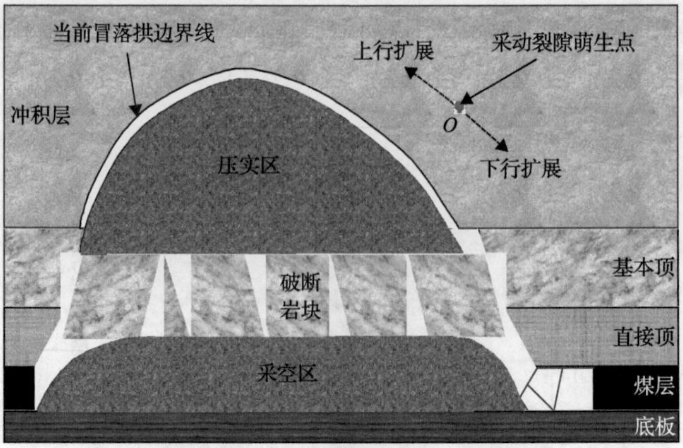

(a) 采动裂隙萌生

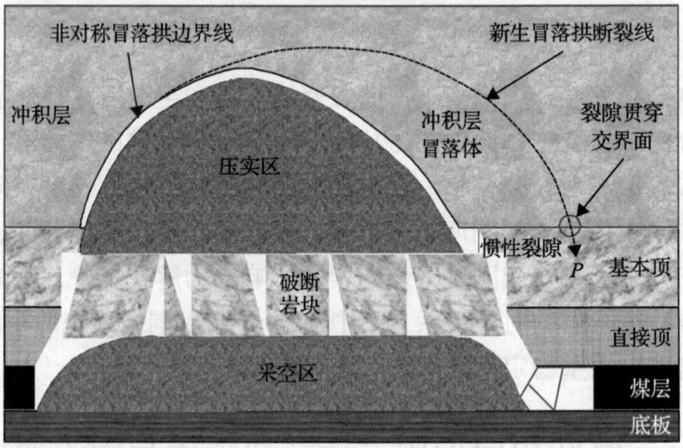

(b) 采动裂隙扩展

图 5-17 深埋弱胶结薄基岩厚煤层采场覆岩采动裂隙发育模式

在单轴抗压条件下，两种岩石的组合体表现出不同的应力-应变特征[图 5-18(a)]。软岩较早屈服并形成裂纹，在达到其最大承载能力(*B* 点)后，裂纹扩展至硬岩交界面，而硬岩在此阶段仍处于弹性状态(*B′*点)。实验表明，裂隙能够穿透硬岩并释放能量，促使其进一步扩展。软岩的破坏表现为轴向劈裂和楔形剪切[图 5-18(b)]，这种破坏产生的高径向剪应力增加了硬岩裂隙尖端的拉应力，最终导致硬岩发生破裂。

在深埋薄基岩采场中，覆岩裂隙的发展类似于岩石组合体的破坏过程，但在穿越交界面后有所不同。当覆岩冒落拱稳定时，冲积层局部垮落，新生冒落拱呈非对称状态，冒落体沿 *MN* 线折断为 *A*、*B* 两部分[图 5-19(a)]。*A* 部分由采空区矸石支撑；而 *B* 部分的重力传递至基本顶，导致其发生拉伸破坏，支架承受相应

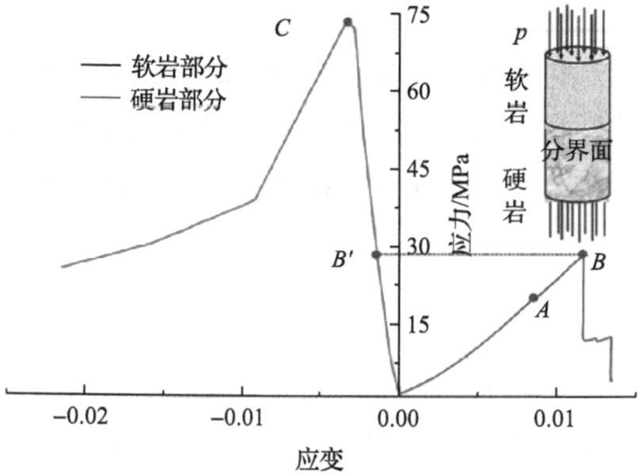

(a) 应力-应变曲线

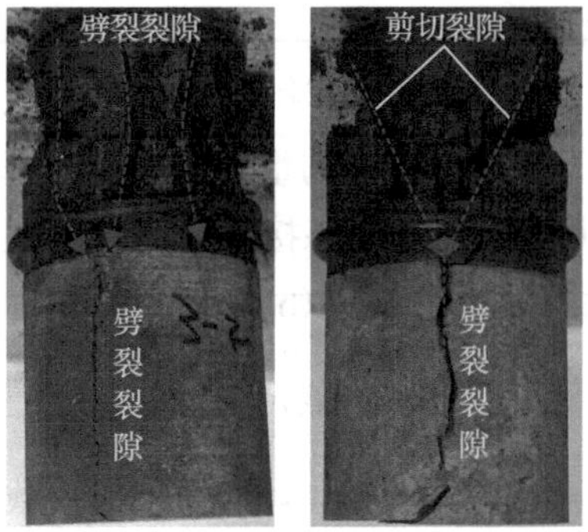

(b) 破坏裂隙

图 5-18　组合体破坏裂隙发育过程[5]

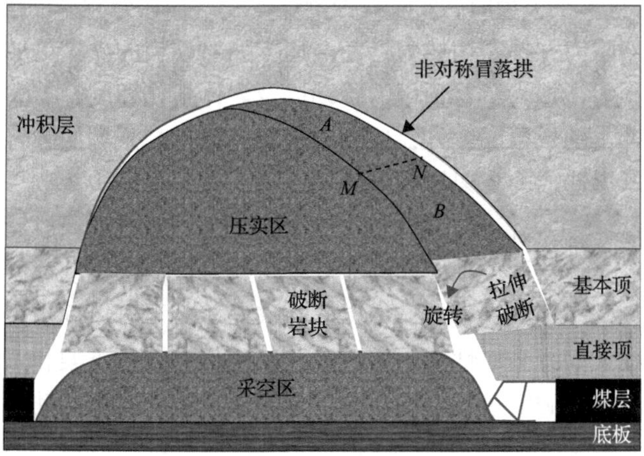

(a) 拉伸破断

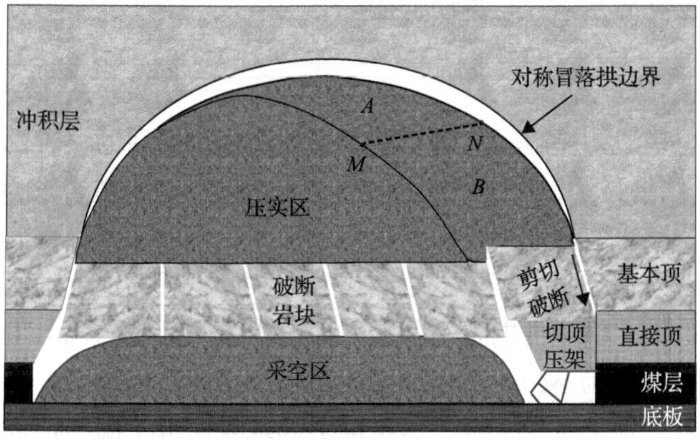

(b) 剪切破断

图 5-19　深埋弱胶结薄基岩采场基本顶断裂模式

的变形压力。

若覆岩冒落拱不稳定，冲积层会大范围垮落，新生冒落拱呈对称结构。此时 *B* 区在冒落体的重力作用下，基本顶发生剪切破坏，释放的弹性能量使岩块下移并与下位顶动态接触，产生巨大的冲击力，传递至工作面液压支架，形成顶板动载冲击[图 5-19(b)]。

2. 顶板动载冲击控制方法

深埋厚煤层采场的顶板动载冲击主要源自基本顶的剪切破断及破断岩块的突然运动所引发的冲击力。为防止液压支架压架等事故的发生，需要有效避免基本顶的剪切破断，或者减缓破断岩块的运动速度。14030 工作面的经验显示，有两种有效的手段能够显著降低动压强度。

(1)在覆岩冒落拱失稳时，采取减少割煤量和增加移架频率的措施。通过降低液压支架的移架阻力并提高初撑力，使液压支架对顶板的支护更加有效。覆岩受到频繁的循环压力，加大了对顶板的扰动以及岩体损伤程度，扩大了垮落范围，从而减弱动载冲击的效果。此外，这种方法还可以提高采场的围岩控制水平，减少因顶板突然垮塌造成的支架损坏风险。

(2)在覆岩冒落拱失稳时，通过对基本顶进行预裂操作，释放储存的弹性应变能，以避免破断岩块与下位顶之间的非静态接触，进而防止动载冲击的发生。预裂处理能够破坏基本顶的完整性，使得其在采动扰动下可以逐步垮落而非整体剪切，降低了形成大面积破坏性垮塌的风险，从而保护液压支架和工作面的安全。这种方法有效减缓了破断过程中积聚的能量释放速度，对控制动载显现有积极的作用。

5.3.2 厚冲积层孔隙水赋存与流动特征

1. 现场实测结果

使用瞬变电磁法测量赵固二矿 14030 工作面回采前后的覆岩视电阻率，监测深度为 100m。结果显示，未开采区的视电阻率较高，表明覆岩较为完整，冲积层底部存在含水层。采空区的视电阻率则呈现出高、低电阻率交替分布，且低阻区向下移动，说明采动裂隙破坏了基岩结构，导致冲积层的地下水流向工作面和采空区，使基岩的渗水区域视电阻率降低，而潜水流失区域的视电阻率升高。这种情况下，如果顶板控制不当，工作面可能面临突水溃砂的风险。此外，基岩层视电阻率降低还表明地下水位下降，这可能引起地表河流干涸和植被退化等环境问题，如图 5-20 所示。

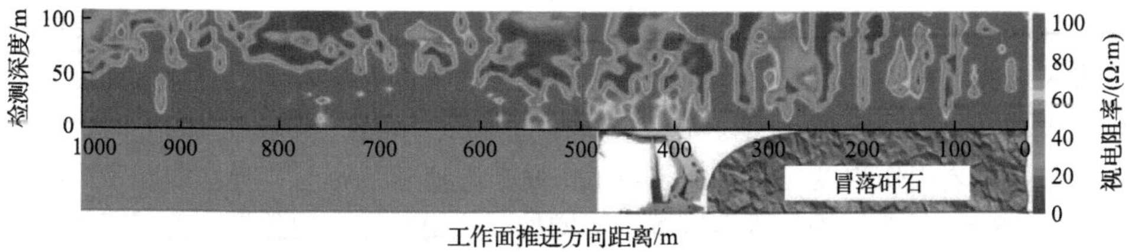

图 5-20　覆岩视电阻率分布特征

2. 数值计算分析

在工作面中部垂直推进方向设置监测平面，观察工作面推进时塑性区的变化，如图 5-21 所示。推进 40m 时，塑性区主要在煤层上方 15m，破坏集中在直接顶和基本顶处，少量塑性区在煤层上方 33m，主要在采空区左侧和工作面右侧，显示薄基岩破断，工作面刚开始受压。推进 60m 时，塑性区最高达 50m，隔水层在煤层上方 45～49m，说明裂隙已扩展至隔水层，有突水溃砂风险。推进 120m 时，塑性区呈“马鞍形”，“凸起”部分受超前支承压力影响，位于开采边界附近；“下凹”部分在采空区压实区域。

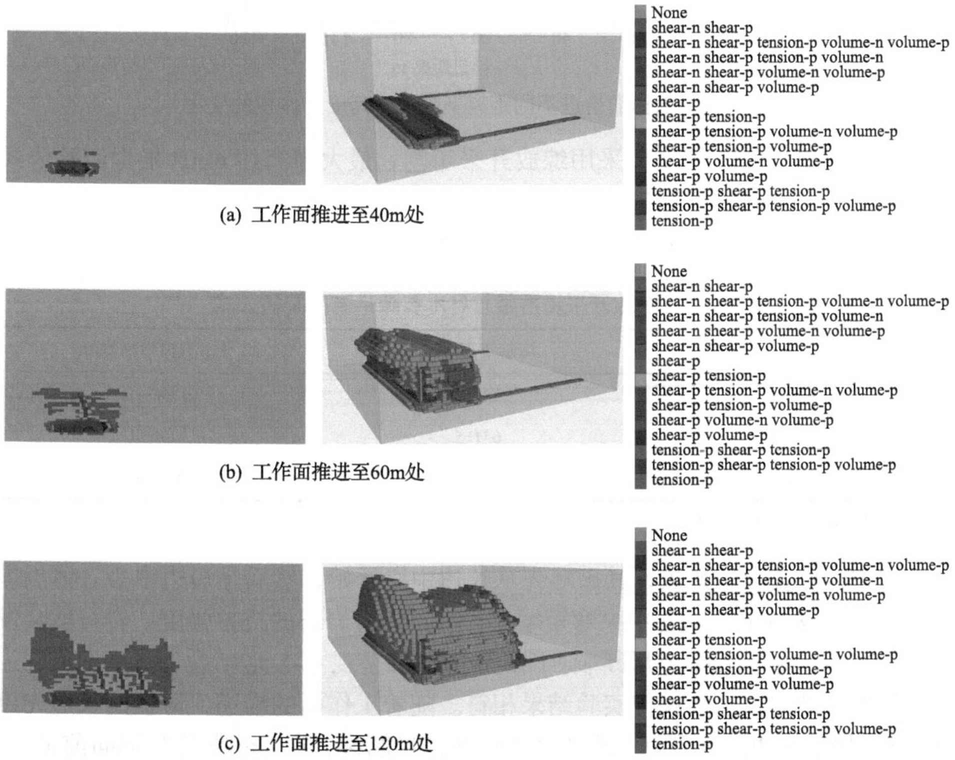

图 5-21　工作面推进不同距离下塑性区的变化

煤层开采导致岩层破坏和地表沉陷，塑性区的大小可以反映导水裂隙带的高度和覆岩损伤程度。随着工作面推进，塑性区增大，意味着导水裂隙带和覆岩损伤程度增加，如图 5-22 所示。在工作面推进 40m、60m、80m 和 100m 时，导水裂隙带和覆岩损伤程度显著增加。当工作面推进到 115m 时，导水裂隙带高度稳定在约 78m，但覆岩损伤程度继续缓慢增加。这说明导水裂隙带高度随工作面推进增加后趋于稳定，而覆岩损伤程度则持续增加。

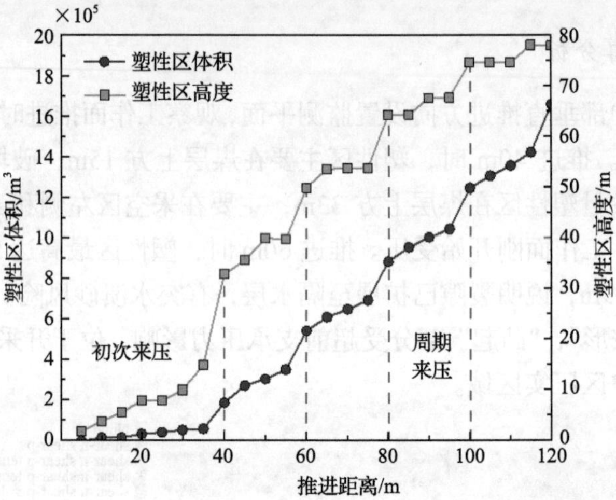

图 5-22　工作面推进不同距离下塑性区高度与体积的变化

赵固二矿 14030 工作面采用综放开采工艺，最大采高约 6m，根据经验公式(表 5-2)得出垮落带高度约为 35m，导水裂隙带高度约为 70m，与数值模拟得出的导水裂隙带高度 78m 相差不大，证明了数值模拟参数的合理性。

表 5-2　综放开采垮落带与导水裂隙带高度经验公式

岩性	垮落带高度/m	导水裂隙带高度/m
坚硬	$7M$+5	$30M$+10
中硬	$6M$+5	$20M$+10
软弱	$5M$+5	$10M$+10

注：M 为煤层平均厚度，单位 m。

主关键层被视作薄板，其破坏先从长边中心开始，然后是短边中心。薄板周围的裂缝形成 O 形，随着中央弯矩增大，一旦超过岩石的抗拉强度，岩石就会发生拉伸破坏，薄板出现 X 形断裂。因此，关键层呈现 O-X 形断裂，薄基岩表现为“砌体梁”结构，这与模拟实验结果相符。随着工作面的推进，薄板的长边先出现裂缝，接着短边出现裂缝，最终中央形成 X 形断裂，采动裂隙以 X 形向前扩展，如图 5-23 所示。

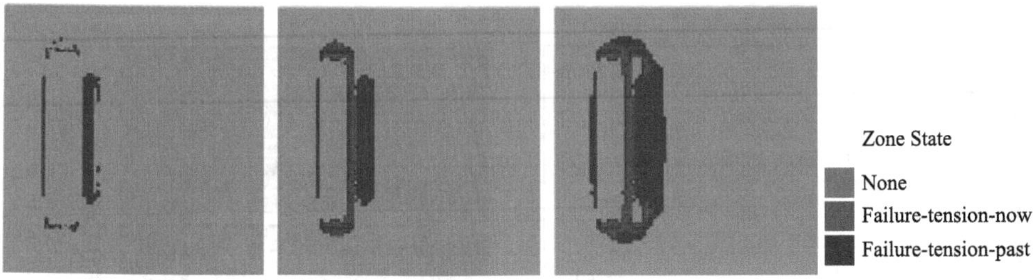

(a) 工作面推进至40m处　(b) 工作面推进至50m处　(c) 工作面推进至60m处

图 5-23　基本顶塑性区形状变化规律

厚煤层开采会导致岩层大变形破坏，如果采动裂隙到达隔水层，可能会引发顶板突水溃砂事故。采动裂隙主要有两种类型：张拉型和压剪型，它们在薄基岩 O-X 破断后因应力和边界条件不同而扩展方式各异，影响其渗透性能。破断处的采动裂隙由薄基岩的拉剪破坏形成，分为上端张拉裂隙、下端张拉裂隙和压密裂隙，这些裂隙在岩层中分布均匀，间距与薄基岩的周期性破断步距相近。上端张拉裂隙在薄基岩回转时形成，形状类似“楔形”；下端张拉裂隙在开采边界与采空区压实区域形成，形状为“倒楔形”。压密裂隙在采空区压实区域形成，由于岩块双向回转后受挤压力作用，因此裂隙宽度小；但由于岩块表面形貌差异，因此仍具有渗流能力，如图 5-24 所示。

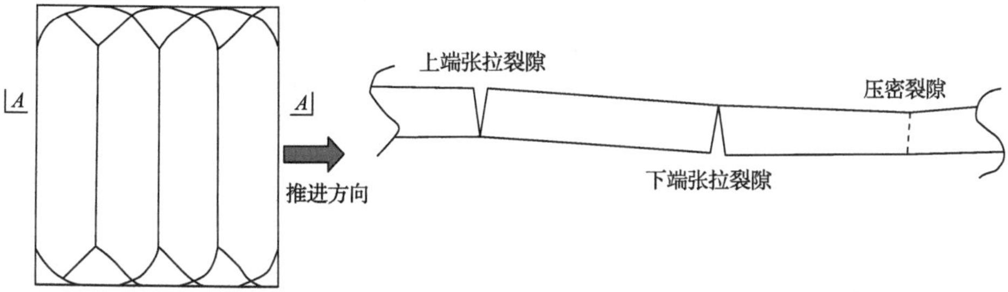

(a) 关键层O-X破断　(b) 采动裂隙扩展类型

图 5-24　关键层破断后采动裂隙扩展类型

赵固二矿厚煤层开采导致覆岩发生大变形破坏，分为弯曲下沉带、裂隙带和垮落带。裂隙带渗透率用裂隙岩体公式计算，垮落带用破碎岩体公式计算，隔水层用完整岩石公式计算。渗透率随应力变化先增后减再增，最高渗透率位置随工作面移动，如图 5-25 所示。工作面推进 40m 时，薄基岩初次破断，渗透率突增。推进 60m 时，导水裂隙带达到隔水层高度，隔水层岩体渗透率呈现压密区、未充分压密区和裂隙区的分区现象，渗透率逐渐增大。采空区中部基本顶岩体裂隙被压密，渗透率低，而覆岩塑性区和高渗透率区呈“马鞍形”。随着工作面推进，采空区破碎岩体压密，采动应力升高，岩体渗透率降低。

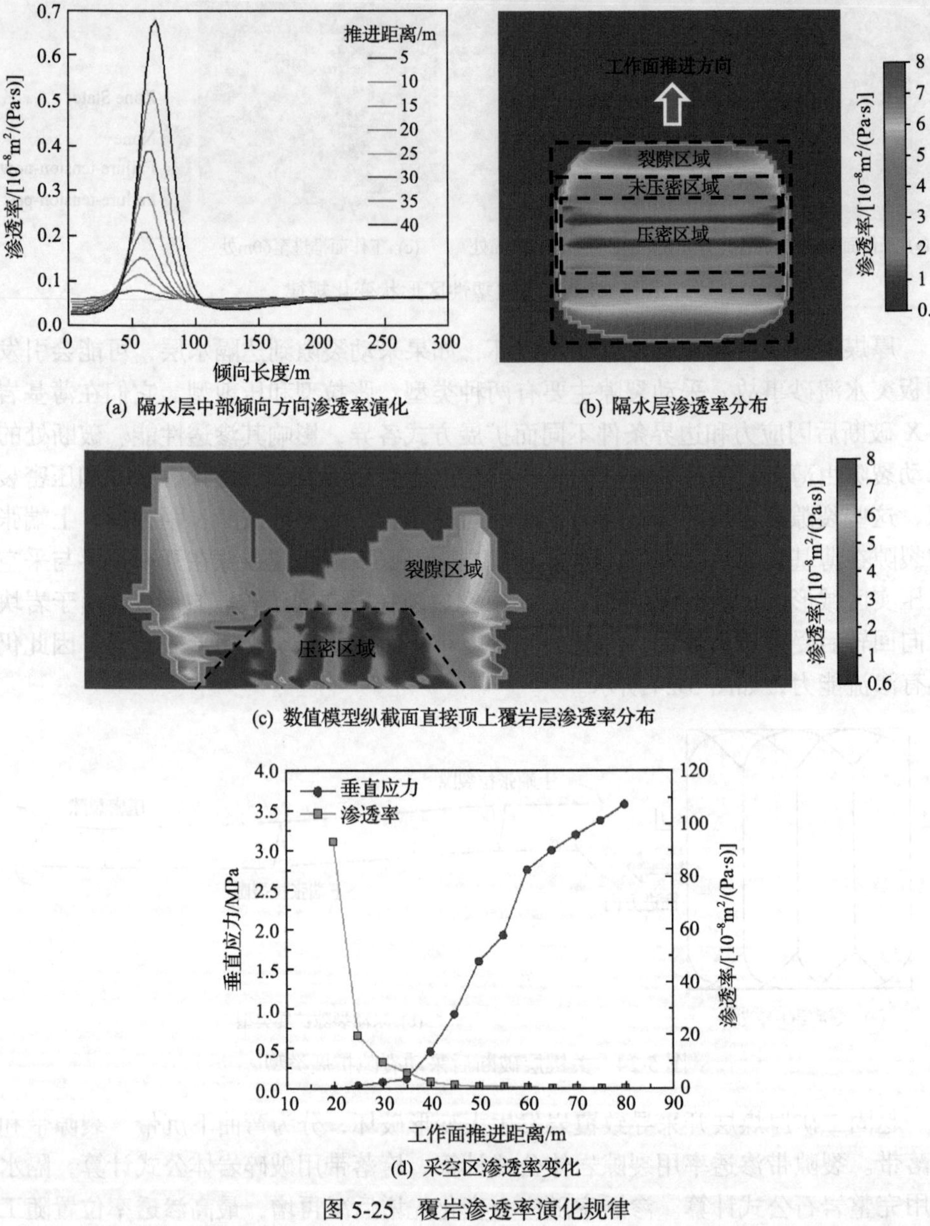

(a) 隔水层中部倾向方向渗透率演化　　(b) 隔水层渗透率分布

(c) 数值模型纵截面直接顶上覆岩层渗透率分布

(d) 采空区渗透率变化

图 5-25　覆岩渗透率演化规律

5.3.3　水砂流动通道形成机理

1. 应力场与渗流场流固耦合作用分析

薄基岩在深埋弱胶结条件下易失稳，形成“大裂缝”，这些裂缝成为突水溃砂的通道。因此，在分析采动应力对覆岩运动的影响时，需要考虑渗流场和应力场的相互作用，即流固耦合作用。赵固二矿工作面上覆基岩原本处于高地应力和原始渗流场中，煤层开采后，岩体内部的渗流场和应力场会重新分布，一旦这种重新分布达到覆岩岩体的破坏强度，岩体就会宏观破坏，产生宏观裂隙，形成突水溃砂的通道，如图 5-26 所示。

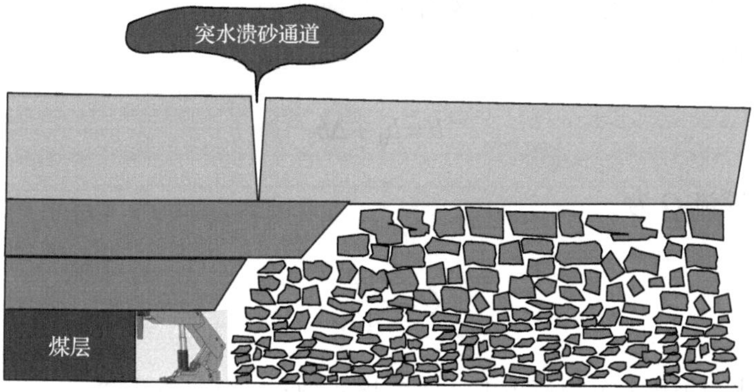

图 5-26　工作面突水溃砂

1) 应力场对渗流场的影响分析

天然岩体中有许多裂隙，但这些裂隙的连通性差，孔隙小。相比之下，节理裂隙的尺寸、连通性和水力传导系数都更大，因此是水流动的主要通道。在岩体工程中，节理裂隙的变形和破坏会改变其开度和渗透性，进而影响岩体的渗流和变形特性，所以应力场对渗流场的影响实际上是通过改变节理裂隙的开度来实现的。图 5-27 所示为裂隙岩体受力分析。

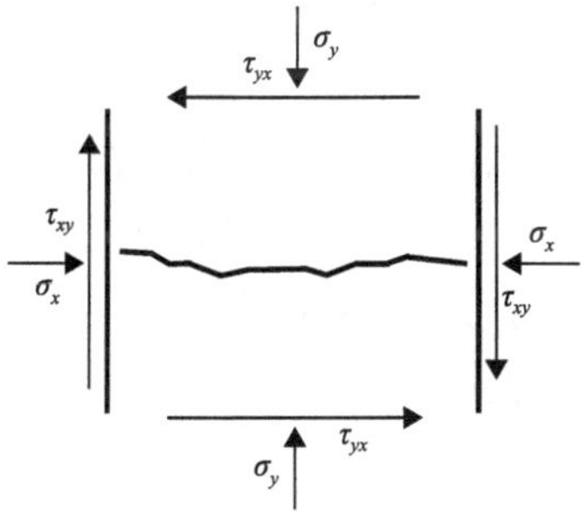

图 5-27　裂隙岩体受力分析

裂隙面上正应力 σ_n 为

$$\sigma_n = \sigma_x \sin^2 \alpha + \sigma_y \cos^2 \alpha \tag{5-3}$$

式中，α 为节理裂隙与水平面的夹角。

正、剪应力作用下裂隙的宽度改变量Δb 为

$$\Delta b = \frac{\sigma_n b_0}{K_n^0 b_0 - \sigma_n} \tag{5-4}$$

式中，b_0 为初始裂隙宽度；K_n^0 为初始法向量刚度。

裂隙变形后的总宽度 b 为

$$b = b_0 + \Delta b \tag{5-5}$$

岩体裂隙流 Q 为

$$Q = \frac{bge^3 J}{12\nu} \tag{5-6}$$

式中，J 为水力坡度；ν 为流体的运动黏度系数；e 为水力开度。

通过分析岩体中宏观单一节理裂隙的开度与正、剪应力之间的关系，得出节理裂隙中流速 Q 与节理裂隙的开度有关，而节理裂隙的开度由应力场的改变引起，故表明应力场对渗流场的影响主要体现在节理裂隙开度的改变。而天然岩体中存在大量随机分布的裂隙网络，渗流场的分布不仅与每一条节理裂隙的开度有关，也与节理裂隙网络之间的连通性及分布形态有密切关系。

2）渗流场对应力场的影响分析

天然岩体由结构体和结构面构成，水体通过降低结构体和结构面的强度，影响岩体的稳定性和渗流特性。岩体中的水还会与胶结物质发生物理或化学反应。

煤层开采导致岩体中闭合裂隙扩展，形成新的裂纹，水在水力压力下进入节理裂隙。岩体中的水以吸附水和游离水两种形式存在，吸附水影响岩体的联结、润滑和水楔作用，游离水则产生孔隙水压和溶蚀、潜蚀作用。吸附水在胶结物质处形成水膜，润滑颗粒间作用力，导致岩体软化。

结构面上的正应力σ_n 与剪应力 τ_n 为

$$\sigma_n = \frac{(\sigma_y - \sigma_x)\cos 2\alpha}{2} + \frac{\sigma_y + \sigma_x}{2} - P \tag{5-7}$$

$$\tau_n = \frac{(\sigma_y - \sigma_x)\sin 2\alpha}{2} \tag{5-8}$$

式中，σ_x为最小主应力；σ_y为最大主应力；α为结构面与水平面的夹角。

莫尔强度理论指出，岩体在压应力下破坏是因为某个截面的剪切应力达到其抗剪强度，所以岩体破坏取决于该截面的剪切应力和正应力。通过绘制极限应力圆，可以得到岩体强度曲线，即这些圆的包络线。莫尔-库仑理论认为，对于脆性材料如天然岩体，剪切破坏时破坏面上的剪切应力与岩体的内聚力和正应力有关，因此将岩体的强度曲线简化为直线：

$$\tau = C + \tan\varphi \tag{5-9}$$

式中，C为内聚力；φ为内摩擦角。

当岩体的极限应力圆与直线相切或者相交时，岩体将发生剪切破坏，故同一地应力状态下，孔隙水压力p越大，岩体的极限应力圆越容易与强度直线相交，岩体越容易发生剪切破坏。如图 5-28 所示，Ⅲ状态岩体的极限应力圆为未受到孔隙水压力影响状态，此时岩体并未发生破坏，但随着孔隙水压力的增大，极限应力圆开始向左移动，逐渐与强度直线相切（Ⅱ状态）、相交（Ⅰ状态）。Ⅱ状态称为岩体极限平衡状态，由几何关系与力学平衡可以得出岩体的剪切破坏角度α、岩体的抗压强度σ_c及岩体发生剪切破坏时的最大主应力σ_y，分别如下：

$$\alpha = \frac{\pi}{4} + \frac{\varphi}{2} \tag{5-10}$$

$$\sigma_c = \frac{2C - \cos\varphi}{1 - \sin\varphi} \tag{5-11}$$

$$\sigma_y = \sigma_c + (\sigma_x - P)\frac{1 + \sin\varphi}{1 - \sin\varphi} \tag{5-12}$$

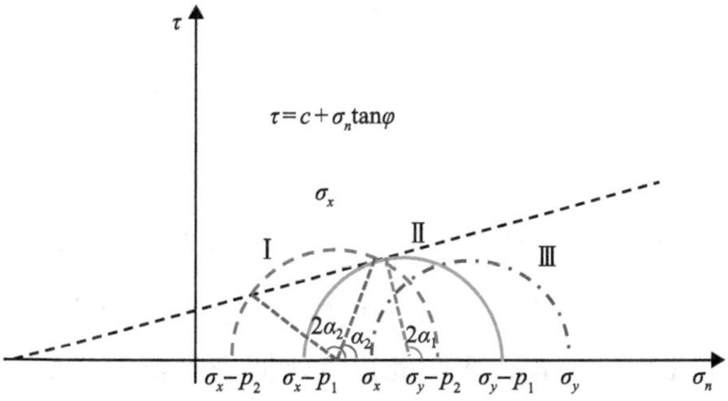

图 5-28　单一裂隙结构面强度曲线

2. 采动影响下顶板孔隙水压演化特征

数值计算显示，随着工作面推进，采动裂隙到达隔水层时，厚冲积层中的水砂通过这些裂隙进入采场，可能引发突水溃砂事故。最初，隔水层的孔隙水压力为 1.60MPa。当工作面推进 10m 后，煤层开采区域及运输巷道和回风巷道区域的孔隙水压力降至 1.54MPa，有效应力降低。随着工作面进一步推进，孔隙水压力主要受煤层开采的卸荷作用影响，逐渐降低，形成“下沉漏斗”状变化，且随着开采距离增加，这一变化范围也逐渐扩大，表明隔水层中孔隙水压力因工作面开采的动载作用而显著变化(图 5-29)。

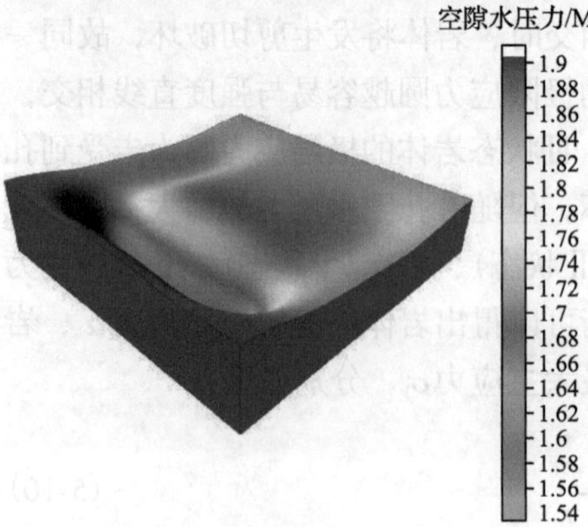

(a) 工作面推进10m

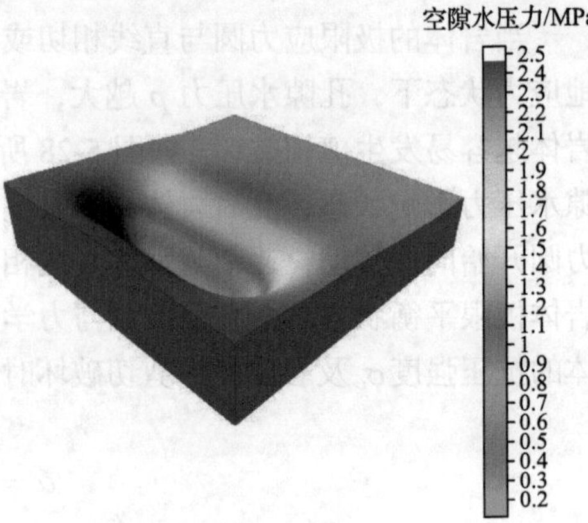

(b) 工作面推进50m

(c) 工作面推进90m

图 5-29　不同推进距离下隔水层中孔隙水压演化特征

提取沿工作面长度方向孔隙水流动轨迹可以发现：当工作面推进距离较短时，孔隙压力主要集中在煤壁位置，表明此位置岩体破碎较为严重；当工作面推进距离较长时，孔隙压力主要集中在后方采空区位置，表明水砂的流动通道主要在采空区的破碎岩体中(图 5-30)。

(a) 工作面推进10m

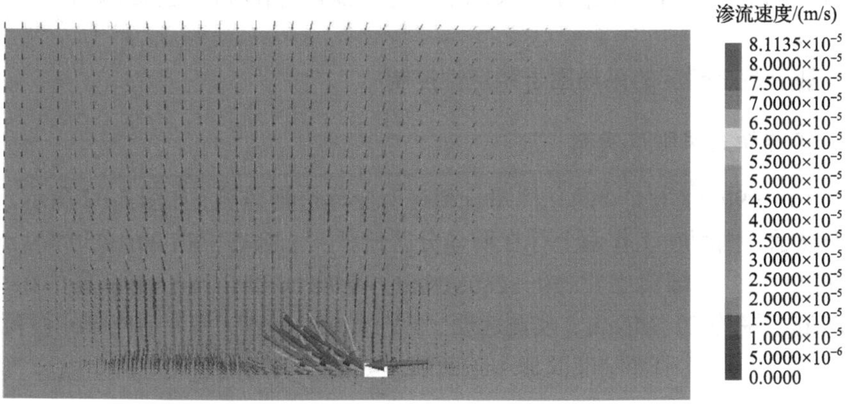

(b) 工作面推进120m

图 5-30 不同推进距离下孔隙水压流动轨迹

5.3.4 厚煤层开采工作面突水通道快速识别技术

通过重建顶板砂岩的破坏形态，可以预测裂隙进入基岩后的路径。厚冲积层和基岩的裂隙共同构成通道。使用瞬变电磁法测量冲积层潜水，确定含水区，与裂隙预测结果对比，快速识别突水溃砂通道。这有助于评估工作面的威胁程度，指导注浆钻孔，封堵通道，预防灾害。

在14030工作面推进过程中，覆岩采动裂隙预测和含水区实测显示(图5-31)，在4次来压期间，裂隙导致冲积层潜水下流，威胁程度不一。第1次来压时，裂隙不影响开采；第2次来压时，裂隙导通含水区，工作面受威胁，出现局部溃水溃砂；第3次来压时，裂隙导通含水区后闭合，无影响；第4次来压时，裂隙大范围贯通含水区，工作面面临大范围危险。根据实测结果，14030工作面采取注浆措施，有效防控了突水溃砂灾害。

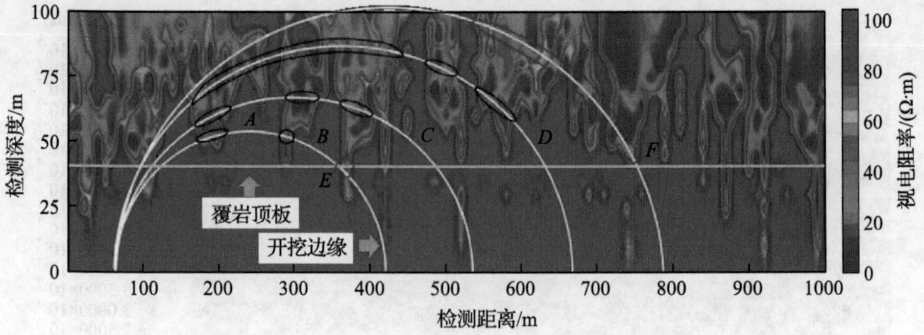

图 5-31 14030 工作面覆岩突水溃砂通道识别结果

5.4 采场围岩控制的系统刚度原理与液压支架选型方法

5.4.1 基于系统刚度的采场围岩稳定性控制

1. 工作面支架刚度实测

对 10#～90#液压支架的立柱缩量和高度变化进行监测，如图 5-32 所示。刚度柱状图显示，刚度在工作面上存在明显分区特征：上部集中在 90～450MN/m，平均 196MN/m；中部集中在 50～280MN/m，平均 170MN/m；下部集中在 60～350MN/m，平均 214MN/m。实测表明，ZY18000/30/65D 型液压支架刚度范围在 50～450MN/m，且中部刚度明显小于两端，如图 5-33 所示。

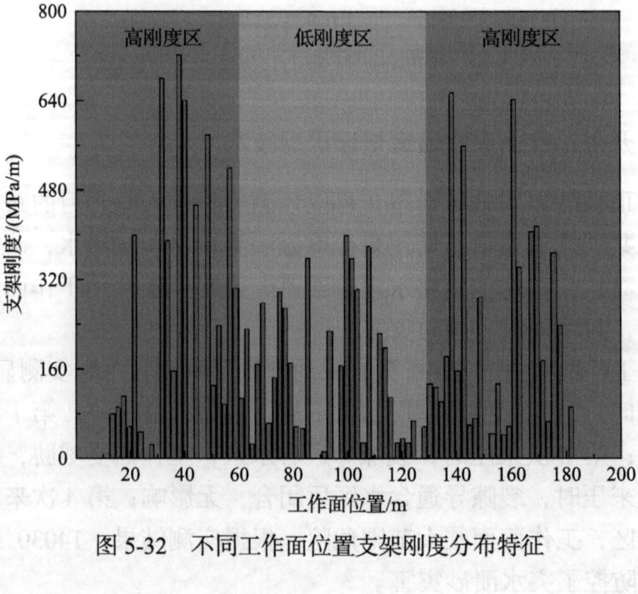

图 5-32 不同工作面位置支架刚度分布特征

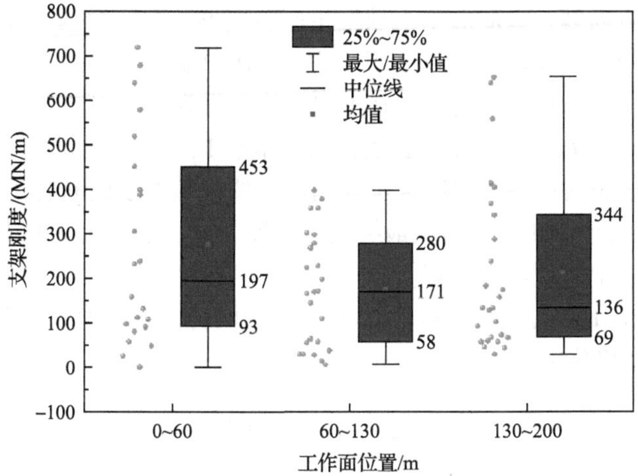

图 5-33　工作面不同位置支架刚度统计

液压支架刚度主要取决于立柱，受采高、乳化液体积压缩系数及受力状态等因素的影响。因此，在实际生产中，由于各支架的高度和受力状态存在差异，支架的刚度特性有所不同。在工作面回撤期间，由于支架长期不移动，立柱内乳化液体积压缩系数增大，使得回撤期间测得的支架刚度较正常推进阶段更大。

2. 支架围岩系统刚度力学模型

在长壁开采工作面支架与围岩体系中，基本顶岩层一般为厚且坚硬的岩层，基本顶以上的软弱随动岩层可以按照载荷处理，可视基本顶岩层为刚性体。在竖直方向上，采场支架与围岩体系可以视作由一定刚度直接顶、煤层、底板串联组成的体系 1，或由直接顶、支架、底板串联组成的体系 2，再或由采空区矸石、底板串联组成的体系 3；在水平方向可以看作体系 1、体系 2 和体系 3 三个体系的并联。其刚度模型如图 5-34 所示。

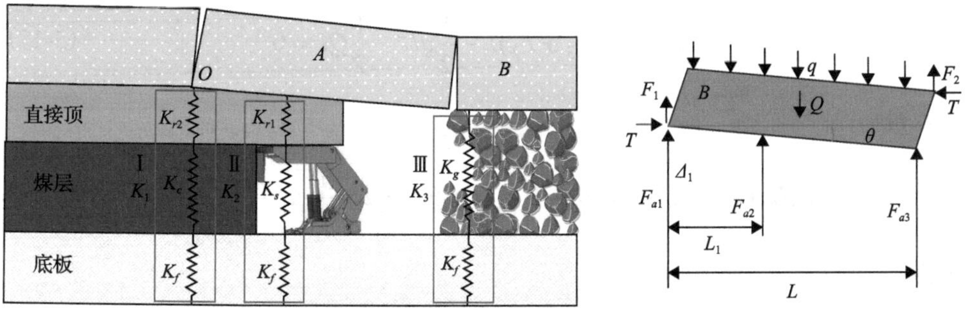

图 5-34　支架-围岩系统刚度模型

建立基本顶破断后回转过程中支架-围岩系统刚度力学模型，做如下假设：基本顶在煤壁前方断裂，破断后基本顶发生回转变形，回转后基本顶受到采空区矸石支承，基本顶 B 岩块两端受到水平推力 T，在两端产生向上的摩擦力 F_1 和 F_2。上覆岩层载荷简化为均布载荷 q，基本顶岩块自重为 Q。基本顶破断位置距离支架立柱水平距离为 L_1，基本顶总长度为 L。体系 1、2 和 3 刚度分别为 K_1、K_2 和 K_3，各体系刚度由对应各组分刚度串联而成。假设基本顶破断后在 3 个体系处下沉量分别为 Δ_1、Δ_2 和 Δ_3。基本顶最终回转角度为 θ。力学模型见图 5-34，下面通过位移法对该力学模型进行求解。

取基本顶在 A 点的竖向位移 Δ_1 和基本顶的回转角度 θ 为基本未知量，则体系 2 和体系 3 的位移分别为

$$\begin{aligned} \Delta_2 &= \Delta_1 + L_1 \tan\theta \\ \Delta_3 &= \Delta_1 + L \tan\theta \end{aligned} \tag{5-13}$$

各体系所受轴力为

$$\begin{aligned} F_{n1} &= k_2 \Delta_1 \\ F_{n2} &= k_2(\Delta_1 + L_1 \tan\theta) \\ F_{n3} &= k_3(\Delta_1 + L \tan\theta) \end{aligned} \tag{5-14}$$

列位移法方程，取基本顶为隔离体，列投影方程$\sum F_y=0$，得到

$$\sum_{j=1}^{3} F_{nj} + F_1 + F_2 - Q - Lq = 0 \tag{5-15}$$

即

$$(k_1 + k_2 + k_3)\Delta_1 + (L_1 k_2 + L k_3)\tan\theta + F_1 + F_2 - Q - Lq = 0 \tag{5-16}$$

对 A 点列力矩平衡方程$\sum M_A=0$，得

$$F_{n2} L_1 + (F_{n3} + F_2)L - \frac{1}{2}qL^2 - \frac{1}{2}QL = 0 \tag{5-17}$$

代入得

$$(k_2 L_1 + k_3 L)\Delta_1 + (L_1^2 k_2 + L^2 k_3)\tan\theta + F_2 L - \frac{1}{2}qL^2 - \frac{1}{2}QL = 0 \tag{5-18}$$

可得

$$\begin{cases} a_1 \Delta_1 + b_1 \tan\theta + c_1 = 0 \\ a_2 \Delta_1 + b_2 \tan\theta + c_2 = 0 \end{cases} \tag{5-19}$$

式中：

$$
\begin{aligned}
a_1 &= (k_1 + k_2 + k_3) \\
b_1 &= (L_1 k_2 + L k_3) \\
c_1 &= F_1 + F_2 - Q - Lq \\
a_2 &= (k_2 L_1 + k_3 L) \\
b_2 &= ({L_1}^2 k_2 + L^2 k_3) \\
c_2 &= F_2 L - \frac{1}{2} q L^2 - \frac{1}{2} Q L
\end{aligned}
$$

解方程组(5-19)，得到

$$
\begin{aligned}
\varDelta_1 &= \frac{c_2 b_1 - c_1 b_2}{a_2 b_1 - a_1 b_2} \\
\tan\theta &= \frac{c_2 a_1 - c_1 a_2}{a_1 b_2 - a_2 b_1}
\end{aligned}
\tag{5-20}
$$

可得

$$
F_1 = k_1 \frac{\left(F_2 L - \frac{1}{2} q L^2 - \frac{1}{2} Q L\right)(L_1 k_2 + L k_3) - (F_1 + F_2 - Q - Lq)({L_1}^2 k_2 + L^2 k_3)}{(k_2 L_1 + k_3 L)(L_1 k_2 + L k_3) - (k_1 + k_2 + k_3)({L_1}^2 k_2 + L^2 k_3)} \tag{5-21}
$$

3. 系统组分刚度对围岩稳定性的影响

为分析煤壁稳定性的影响因素，取基本顶岩块长度 L 为 20m，L_1 为 5m，水平力 T 为 1.5MN，摩擦力 F_1 和 F_2 取 0.45MN，基本顶岩块重力 2.5MN，随动岩块重力 3MN，煤壁前方煤体刚度 50MN/m；完整直接顶刚度 200MN/m，破碎直接顶刚度 100MN/m，支架刚度 100MN/m，支架宽度 2.0m，暂不考虑底板的影响，将底板按刚体计算。由此可得煤壁压力 F_{n1}，分别改变煤体刚度、直接顶刚度、采空区刚度及支架刚度的大小，可得各体系刚度对煤壁压力的影响，如图 5-35 所示。

体系 1 由煤壁和上方直接顶组成，煤壁压力与煤壁刚度成正比。当煤壁刚度在 50～200MN/m 范围内时，煤壁刚度对煤壁压力影响最明显；继续增加煤壁刚度，其对煤壁压力的影响逐渐减弱，说明煤体弹性模量增大时，上方顶板下沉量减少，煤壁承受压力增大，达到极限后煤壁将破坏。

体系 2 由支架和上方直接顶组成，煤壁压力与支架刚度和直接顶刚度均成反比。支架刚度在 1～100MN/m 范围内时，增大支架刚度能显著减小煤壁压力；超过 100MN/m 后，支架刚度对煤壁压力影响较小。类似地，直接顶刚度超过 60MN/m 后，其对煤壁压力的影响也较小，因此实际生产中应尽量保证直接顶的完整性。

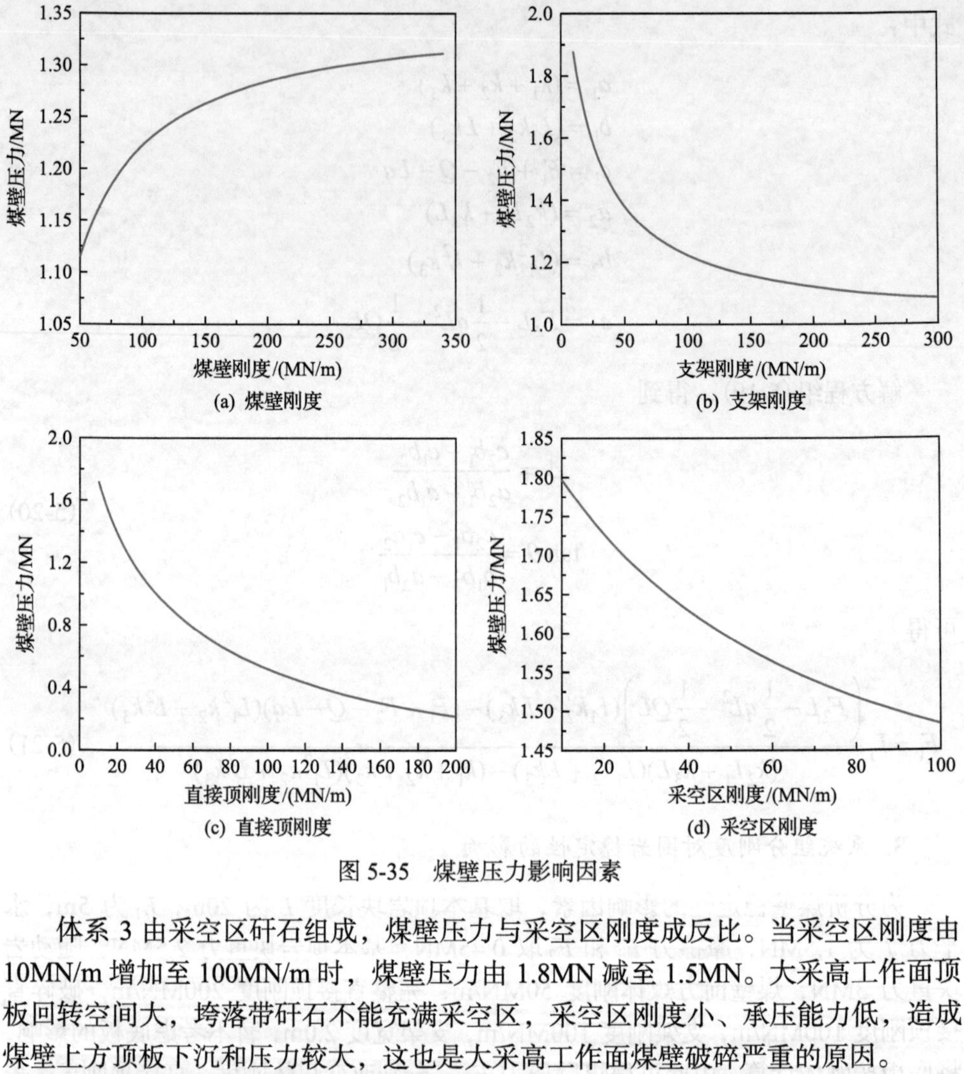

图 5-35　煤壁压力影响因素

体系 3 由采空区矸石组成，煤壁压力与采空区刚度成反比。当采空区刚度由 10MN/m 增加至 100MN/m 时，煤壁压力由 1.8MN 减至 1.5MN。大采高工作面顶板回转空间大，垮落带矸石不能充满采空区，采空区刚度小、承压能力低，造成煤壁上方顶板下沉和压力较大，这也是大采高工作面煤壁破碎严重的原因。

由上述分析可知，增加体系 2 的刚度在一定范围内能有效降低煤壁压力。体系 2 由支架与直接顶串联组成，其刚度由支架和直接顶共同决定。在直接顶刚度较小时，增加支架刚度对煤壁压力的控制效果有限。如图 5-36 所示，不同直接顶刚度下，支架刚度对煤壁压力的影响有所不同。当直接顶刚度较小(20MN/m)时，支架刚度由 10MN/m 增加至 300MN/m，仅使煤壁压力从 1.9MN 减少至 1.5MN，控制效果不佳。因此，选取高刚度支架有时不仅无效，还会造成资金浪费。

当直接顶刚度较大(100MN/m)时，支架刚度从 10MN/m 增加至 300MN/m，煤壁压力从 1.9MN 减至 0.1MN，顶板压力得到有效控制。因此，选择支架刚度时需根据直接顶的刚度来确定。若直接顶完整度高，可选择大刚度支架控制煤壁

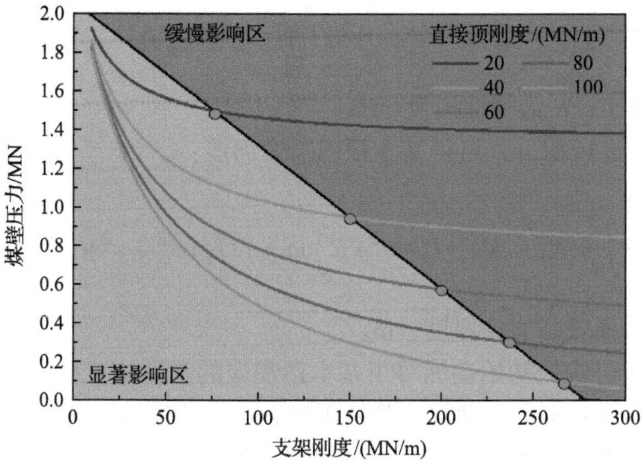

图 5-36　支架刚度与煤壁压力关系

压力；若直接顶破碎严重，刚度较低，盲目选取大刚度支架无法显著控制压力，且会浪费资金。

图 5-36 中，将切线斜率为 0.001 的点连线形成黑色直线，将图分为左侧和右侧两部分。左侧为支架刚度显著影响区，右侧为缓慢影响区。实际选择支架刚度时，应将刚度控制在左侧区域，以确保对煤壁压力的最佳控制效果。

5.4.2 "顶板-煤壁"二元协同控制的液压支架双参数选型方法

1. 深埋薄基岩工作面"顶板-煤壁"联动失稳条件

煤层开挖后，基本顶悬露面积会随着推进距离逐渐增加，当其达到极限跨距时，将发生断裂失稳。基本顶破断为动力破断类型，因此破断基本顶随上覆冲积层产生的初始动能对工作面产生冲击，造成煤壁大范围片帮等事故。由顶板破断相似模拟实验可知，基本顶破断时，最大应变首先发生在其上表面，裂隙自上至下贯通，并在冲积层作用下，将同时存在张开型裂纹与滑开型裂纹。根据断裂力学理论，两种裂纹扩展尖端的应力强度因子分别为

$$
\begin{aligned}
K_{\mathrm{I}} &= Y\sigma^{\infty}\sqrt{\pi a} \\
K_{\mathrm{II}} &= Y\tau^{\infty}\sqrt{\pi a}
\end{aligned}
\tag{5-22}
$$

式中，σ^{∞}、τ^{∞} 为距裂纹尖端的应力场；a 为裂纹半迹长；Y 为无量纲几何修正因子。

基本顶破裂失稳过程中，会存在多种裂纹叠加现象，不同类型的裂纹能量释放率同样可叠加。若不考虑滑开型裂纹，在平面应变条件下，裂纹扩展单位面积时的能量释放率 G 可由应力强度因子表示，则有

$$G=(K_{\mathrm{I}}^2+K_{\mathrm{II}}^2)\left[(1-\nu^2)/E\right] \tag{5-23}$$

式中，ν为泊松比；E为弹性模量，Pa。

对式(5-21)进行积分，可得基本顶破断表面能：

$$W_b=\int_0^{\frac{h_1}{2}}G\mathrm{d}a=\int_0^{\frac{h_1}{2}}(K_{\mathrm{I}}^2+K_{\mathrm{II}}^2)\left[(1-\nu^2)/E\right]\mathrm{d}a=Y^2h_1^2(\sigma^2+\tau^2)(1-\nu^2)/4E \tag{5-24}$$

式中，h_1为基本顶破断岩块厚度，m。

基本顶破断岩块的初始动能等于基本顶积聚的弹性应变能减去产生断裂面所需的表面能。假设基本顶悬臂梁达到极限跨距L_m，且同时考虑基本顶存在的拉应力与剪应力，在平面应变条件下，基本顶积聚的弹性应变能由以下公式确定：

$$W_e=W_t+W_s=(1+\nu^2)\left(\frac{q^2L_m^5}{40EI}+\frac{q^2h_1L_m}{40EI}\right)+\frac{q^3L_m^3}{6G} \tag{5-25}$$

式中，W_t、W_s为分别以拉应力和剪应力计算的应变能；I为破断岩块惯性矩；q为随动载荷，即冲积层对基本顶产生的载荷，$q=Q_1/L_m$；G为剪切弹性模量。

基本顶破断后，应变能一部分以动能形式传递至下位直接顶，另一部分则以表面能形式产生断裂面。根据能量守恒定律，两式相减，即得基本顶破断岩块初始动能：

$$W_d=W_e-W_b=(1+\nu^2)\left(\frac{q^2L_m^5}{40EI}+\frac{q^2h_1L_m}{40EI}\right)+\frac{q^3L_m^3}{6G}-\frac{Y^2h_1^2(\sigma^2+\tau^2)(1-\nu^2)}{4E} \tag{5-26}$$

设应变能转化为动能系数为α，则动能转化系数及破断岩块初始速度为

$$\alpha=\frac{W_e-W_b}{W_e},V=\sqrt{\frac{2(W_e-W_b)}{m}} \tag{5-27}$$

根据力学系统冲量关系，有

$$Ft=mV+Q_1t \tag{5-28}$$

化简可得考虑裂隙表面耗散能下的动载冲击力，为

$$F=\sqrt{2m(W_e-W_b)}+Q_1 \tag{5-29}$$

式中，t为动载冲击用时，s；Q_1为冲积层垮落块体质量，kN；F为动载冲击力，kN。

厚冲积层薄基岩条件下，基本顶破断导致的工作面是诱发煤壁片帮的主要因素。在此条件下，基本顶发生动力破坏时产生的初始动能及断裂面的表面能主要来源于破断前基本顶内积聚的应变能。建立动载冲击条件下的悬臂梁结构模型，即工作面上方形成单一破断关键岩块，直接顶同基本顶之间产生离层 h_1，如图 5-37 所示。

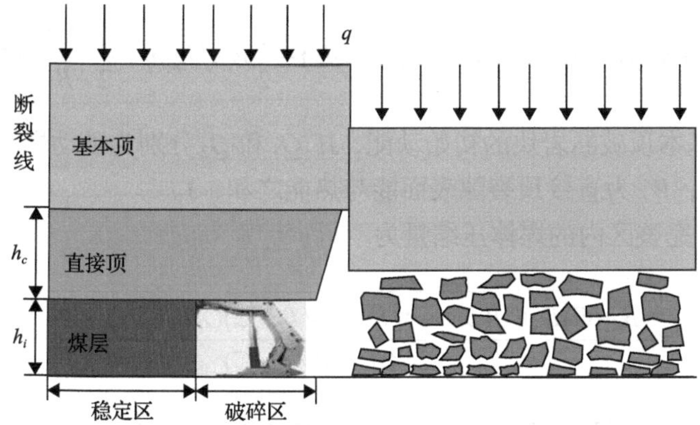

图 5-37　深埋薄基岩悬臂梁模型

为了便于分析，此处主要分析断裂线于基本顶前方的情况。以工作面煤壁为分界线，煤壁前方为稳定区，宽度为 L_a；支架控顶区为破碎区，宽度为 L_m。将两区域视为两种材料，则基本顶破断发生动载冲击后，稳定区与破碎区变形量相同，则有

$$u_c = u_i + u_s \tag{5-30}$$

式中，u_c 为稳定区煤壁变形量，m；u_i 为破碎区直接顶变形量，m；u_s 为液压支架顶梁下缩量，m。

根据两区变形量关系，可得稳定区内煤体和破碎区内直接顶应变量，分别为

$$\varepsilon_c = \frac{u_c}{h_c + h_i}, \varepsilon_i = \frac{u_i}{h_t} \tag{5-31}$$

式中，ε_c、ε_i 分别为煤壁完整区及顶板破碎区应变；h_c、h_i 分别为煤壁厚度及直接顶厚度，m。

若不考虑破碎直接顶自重，且悬顶距与控顶距相等，则直接顶所承受的垂直应力与支架所受载荷的关系为

$$E_i \varepsilon_i L_m = \frac{K u_s}{B} \tag{5-32}$$

式中，E_i为直接顶弹性模量，GPa；L_m为控顶距；K为支架刚度，kN/m；B为支架宽度，m。

在此力学系统中，基本顶破断后的动能部分以应变能形式传递至直接顶、煤体及液压支架中，另一部分动能则转化成为直接顶裂隙表面能、重力势能改变量及热能。由能量守恒原理，可得基本顶动力失稳过程中的能量转化方程，为

$$W_d + u_c(Q_1 + Q_2) = \frac{1}{2}E_c\varepsilon_c^2 L_a(h_c + h_i) + \frac{1}{2}E_i\varepsilon_i^2 L_m h_i + \frac{1}{2}\frac{Ku_s^2}{B} + W_b \tag{5-33}$$

式中，W_d为基本顶破断岩块的初始动能，J；Q_1和Q_2分别为随动岩块和基本顶岩块的重力，N；W_b为直接顶裂隙表面能与热能之和，J。

由此可得完整区内的煤体压缩量为

$$u_c = \frac{(B+C)D + \sqrt{(B+C)^2 D^2 + 4(B+C)(AB+BC+AC)R}}{2(AB+BC+AC)} \tag{5-34}$$

式中，$A=L_aE_c/(2h_c+2h_i)$；$B=L_mE_i/(2h_i)$；$C=K/(2B)$；$D=(1-\eta)(Q_1+Q_2)$；$R=(1-\alpha)\cdot[W_d+(Q_1+Q_2)h_1]$。

基本顶动力破断过程中，煤壁前方煤体中的垂直应力为作用于煤壁上的载荷，动力扰动下煤壁极限承载能力为[6]

$$q_c = E_c\frac{(B+C)D + \sqrt{(B+C)^2 D^2 + 4(B+C)(AB+BC+AC)R}}{2(AB+BC+AC)(H_c+H_i)} \tag{5-35}$$

2. 动载作用下顶板煤壁联动失稳机理

深埋薄基岩采场具有地应力大，顶板动载现象明显等特点，且在工作面推进作业活动下，采场及周边围岩初始应力平衡状态发生改变，导致地应力重新分布，出现部分区域应力集中现象。对于深埋采场来说，自身的大量级应力会导致煤体及超前工作面顶板产生较大范围塑性区。大采高工作面在受到动载扰动前，由煤壁表面至煤岩体深部依次形成塑性区和弹性区，且弹塑性过渡区处存在应力集中现象，在此处煤壁容易发生失稳片帮现象，此为煤壁静力承载模式；随着工作面持续推进，基本顶破断并在块与块之间形成铰接自稳结构，但由于基本顶与其上覆冲积层产生离层，当冲积层悬露面积过大且达到自身的承载极限时，拱内冒落冲积岩体因自身重力短时间内产生动能对下方基本顶岩层进行冲击，造成基本顶结构失稳，继而传递至下方的工作面煤壁及液压支架，使顶板支护条件恶化和煤

壁片帮，此为煤壁动力扰动承载模式。一般认为，煤矿是否发生冲击矿压主要以强度准则、能量准则和冲击倾向准则进行评估分析，其中能量准则认为采场围岩系统在受力平衡状态打破后瞬间释放的能量大于消耗量，则会产生冲击矿压。对于深埋厚冲积层采场而言，有

$$\frac{\mathrm{d}U}{\mathrm{d}t}=\frac{\mathrm{d}U_r}{\mathrm{d}t}+\frac{\mathrm{d}U_c}{\mathrm{d}t}+\frac{\mathrm{d}U_d}{\mathrm{d}t}>\frac{\mathrm{d}U_b}{\mathrm{d}t} \tag{5-36}$$

式中，U_r为采场顶板中储存的能量，J；U_c为工作面煤壁积聚的能量，J；U_d为上覆冲积层传递至顶板的动能，J；U_b为煤壁片帮失稳时所需消耗的能量，J。

积聚在煤体中的弹性应变能与冲积层失稳的动能之和是判断煤壁是否发生失稳破坏的依据，即

$$U=\frac{(\sigma_s+\sigma_d)^2}{2E} \tag{5-37}$$

式中，σ_s为煤体所受静载载荷，MPa；σ_d为上覆冲积层失稳形成的动载载荷，MPa；E为煤体弹性模量。

煤壁片帮失稳时消耗最小能量为

$$U_b=\frac{\sigma_b^2}{2E} \tag{5-38}$$

可得出动静组合加载下煤壁失稳的应力准则：

$$\sigma_s+\sigma_d\geqslant\sigma_b \tag{5-39}$$

当煤壁所受静载应力与冲积层失稳冒落所形成的动力冲击载荷叠加后，其组合应力状态超过大采高工作面煤壁的承载能力时，则会发生煤壁片帮灾害，影响工作面正常推进生产。因此，通过静力载荷和动力载荷两个角度分析顶板-煤壁发生失稳条件及影响因素。

顶板破断产生的动载传递至煤体后，将与围岩静载叠加作用至煤体。现在已有研究表明，采场动力扰动与静载叠加作用对煤岩体主要有两种方式。

(1) 静载主导型。采场围岩原岩应力较高，在工作面回采导致采场围岩产生高应力集中，但未达到围岩失稳的应力水平，此时上覆岩层破断造成微小动态应力增量，会使得动静组合应力场超过临界应力值，采场围岩则会发生动力失稳。

(2) 动载主导型。当采场围岩应力较低时，但上覆顶板破断造成了较大动应力

增量，煤岩周围动态应力与静态应力相互叠加，导致应力环境大于煤岩失稳临界应力值时，煤岩体仍会发生动力失稳破坏。

3. 基于采场围岩控制的支架双参数选型方法

通过计算得到了传递至支架之上的实际顶板压力随顶板下沉量的变化曲线，通过压架实验或实测可得支架支撑力随立柱下缩量的变化曲线。工作面允许的顶板最大下沉量为 w_{max}，则该下沉量对应的顶板压力为液压支架所具备的额定支撑能力下限 F_{min}，连接原点与 C 点的直线斜率为液压支架刚度下限 K_{min}；确定支架额定阻力上限 F_{cap}，连接原点与 B 点的直线斜率为支架刚度上限 K_{max}。直线 OB 与 OC 所夹区域斜率为理想刚度区，其上方区域为高刚度区，下方区域为低刚度区。若支架额定阻力小于下限值 F_{min} 或支架刚度小于下限值 K_{min}，均会造成顶板下沉量大于允许值 w_{max}，从而导致顶板失稳；若支架刚度大于上限值 K_{max}，容易引发顶板动载冲击现象，支架吸收能量来不及释放，导致液压缸损坏现象，如图 5-38 所示。

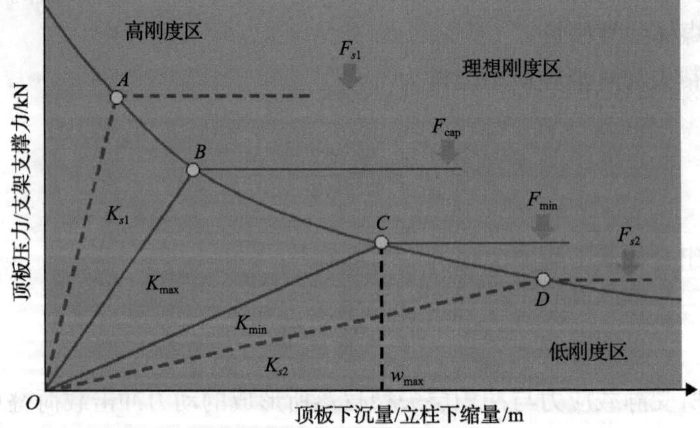

图 5-38 液压支架强度和刚度双参量确定原则

5.5 深埋厚冲积层薄基岩煤层开采地表沉陷特征与控制原理

5.5.1 地表裂隙发育特征

采用 ZTR12 地质雷达设备测量地表损伤程度，测线布置如图 5-39 所示；对地表冲积层的损伤程度及裂隙发育情况进行了探测，如图 5-40 所示。

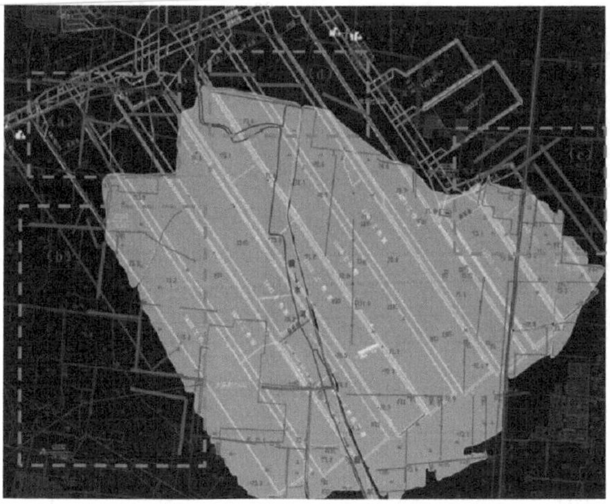

图 5-39　地质雷达测线布置

图 5-40　现场实测

在工作面停采线附近，最大测量深度为 75m，埋深 15～60m 出现规律性的水平破坏区，表明裂隙已延伸至地表冲积层，但由于地表长期种植农作物，因此裂隙未能直接观测。在工作面侧方，地表冲积层不同程度损伤，垂向和斜向损伤区较多，水平损伤区较少，可能因该区域处于采空区中部，裂隙逐渐愈合，水环境影响导致介质均匀；在工作面附近，明显可见地表裂隙，可能因该区域为造林区，农作物少，农业活动对地表修复轻，存在两层甚至多层损伤，埋深最浅 20m，最深 40m。

在 12042 工作面停采线附近对一条地表裂隙进行了测量，如图 5-41 所示。测量裂隙长度为 150m。裂隙的可视宽度超过 15cm，落差超过 20cm，其中在 80～90m 宽度和深度均为最大。地表裂隙深度超过 45m，但在 20m 以下由于降雨的水土作用，介质变得均匀。

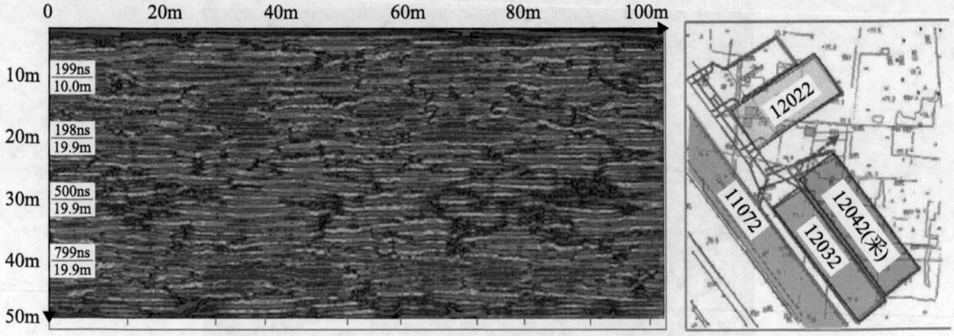

(a) 地质雷达测量结果

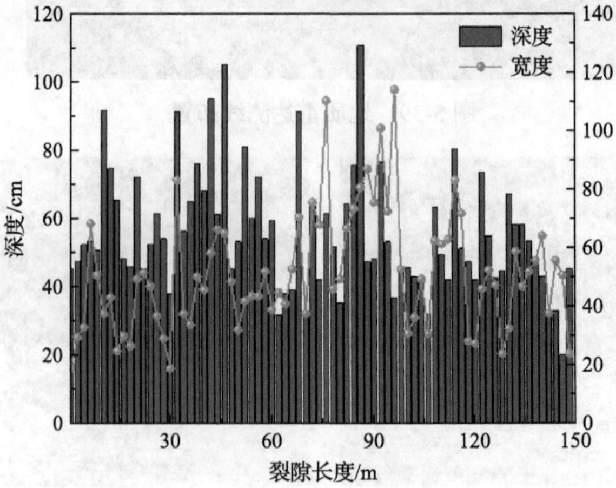

(b) 可视宽度和深度测量

图 5-41　12042 工作面停产线地表裂隙测量结果

5.5.2　地表沉陷特征

1. 地表沉陷测量方法

深埋厚冲积层薄基岩煤层的开采导致覆岩运动和地表沉陷特征与常规条件有所不同。由于赵固二矿地表存在着大量水域，传统的地表沉陷测量方法不再适用[7-9]，因此，采用华测三号无人船对 14022 工作面进行测量。无人船巡航速度为 3m/s，每隔 1m 测量一次，可直接获取水测线底部高程，通过多次观测得出高程变化，以计算地表沉陷值。本次地表沉陷测量以赵固二矿 14022 工作面为观测对象，工作面同时采用放顶煤开采与分层开采方法。其中，14022 工作面长 176m，底分层工作面平均采高为 2.5m，放顶煤工作面的放煤高度为 3.2m，开采高度为 2.8m。为进一步描述测线布置位置，以工作面的倾向为 x 轴，走向为 y 轴，建立

图 5-42(b)所示的坐标系。在 14022 工作面上布置 3 条走向侧线，测线布置参数如表 5-3 所示。在工作面正式投产前进行湖底高程测量，作为基准参照结果。在测量结果中，间隔 10m 取一个观测点，记录地表沉陷变化，如图 5-42 所示。

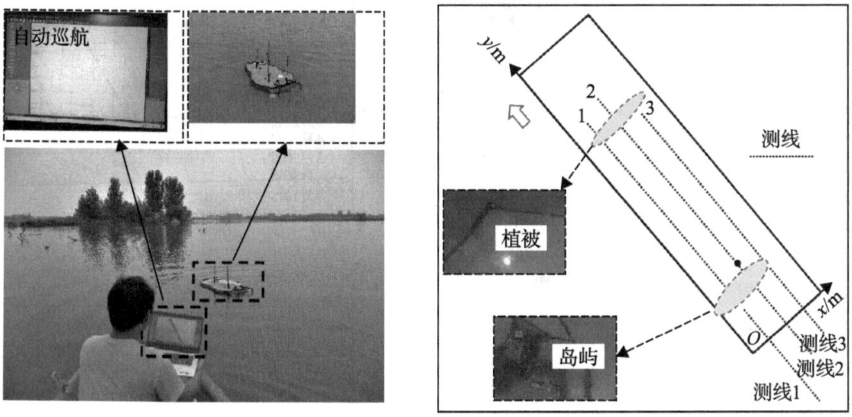

(a) 无人船测量　　(b) 测线布置

图 5-42　无人船测量示意图

表 5-3　测线布置参数

测线名称	位置	长度
走向测线 1	x=44	–266≤y≤254、430≤y≤1110、1129≤y≤1258
走向测线 2	x=88	–134≤y≤310、489≤y≤1130、1150≤y≤1284
走向测线 3	x=132	–50≤y≤364、410≤y≤1128

2. 地表沉陷演化特征

图 5-43 为走向测线三维演化特征。随着工作面推进，沉陷影响范围不断扩大，沉陷量逐步增加，并在回采结束后趋于稳定。在前两次观测时，走向测线 1、2 与 3 的沉陷曲线大致呈现出左右两侧对称现象，但随着放顶煤工作面的加入，使得工作面一侧的地表扰动程度加大，故而地表沉陷量增加，沉陷曲线呈非对称。以煤层厚度 6m 为基准，地表下沉系数分别为 0.909、0.916、0.807、0.620。当底层厚度为 2.5m 时，下沉系数大于 1。以下沉量为 10mm 为边界点，工作面的平均超前影响距离为 548m，边界角小于 55.6°。这是由于基岩薄、强度弱，对上覆冲积层的控制作用小，在冲积层的载荷作用下，上覆岩层中的离层裂隙得到了充分压实，造成了深埋厚冲积层薄基岩具有下沉量大、沉陷范围广的特点。

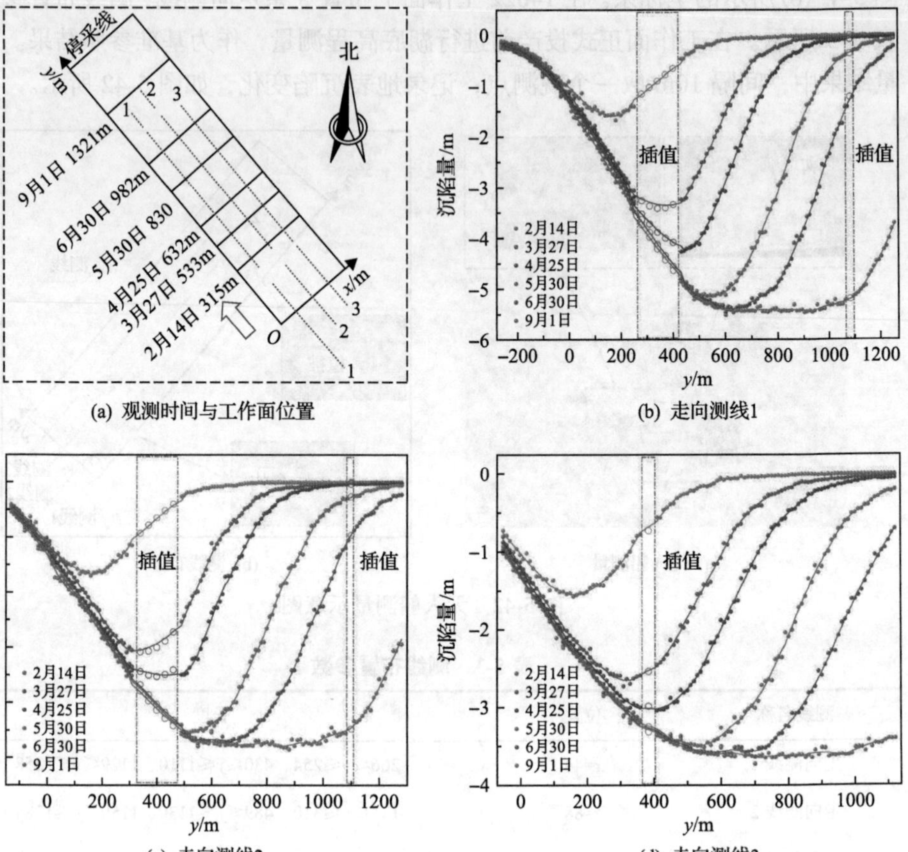

图 5-43 走向测线下沉演化特征

5.5.3 覆岩运动演化特征

1. 模型设计与实验设备

通过物理模拟试验探究深埋厚冲积层薄基岩开采条件下覆岩运动特征及地表沉陷规律。实验采用的 EWM 平面应力实验平台框架尺寸为 4.2m×0.25m×1.8m。模型铺设高度为 1.6m，包含底板、煤层、基岩和冲积层，模型顶部施加60kPa 竖直应力补偿冲积层自重载荷，开挖步距为 5cm。模型几何相似比为1∶200，密度相似比为 1∶1.35，应力相似比为 1∶270。为观测冲积层变形对地表沉陷的影响，在冲积层上下布置 3 条测线，通过 DIC 系统监测模型表面位移场，如图 5-44 所示。

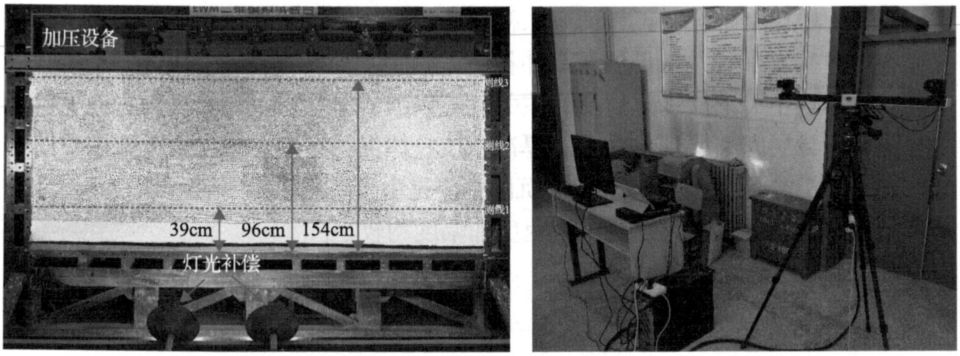

(a) 物理模型　　(b) DIC监测设备

图 5-44　物理模型与 DIC 监测设备

2. *覆岩运动演化规律*

覆岩运动模式对采场矿压与地表沉陷有重要影响。厚冲积层未破坏前，覆岩运动与常规采场一致，表现层状破断；采动裂隙扩展至冲积层后，覆岩运动由冲积层裂隙主导，地表沉陷呈现新的周期性变化特征，冒落拱高度增加，引发地表下沉突变(图 5-45)。

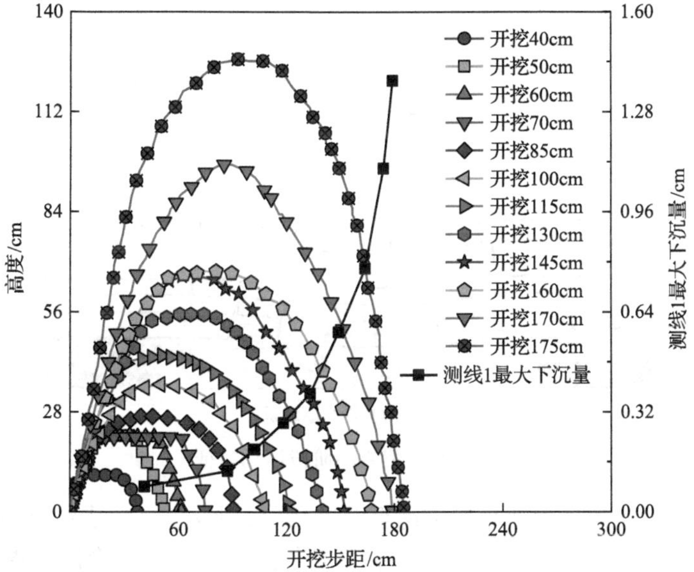

图 5-45　厚冲积层冒落拱演化特征

基于物理模拟实验结果，深埋厚冲积层薄基岩厚煤层开采的覆岩运动和地表沉陷进程可分为两个阶段：关键层控制阶段和厚冲积层主导阶段。

在关键层控制阶段，工作面开采初期推进距离较短，采动影响范围小，裂隙仅存在于薄基岩中，并未扩展至厚冲积层。此时，直接顶破碎为块体，基本顶周期破断仅影响主关键层以下岩层，主关键层以上的薄基岩主要表现为弯曲下沉，主关键层下缘层间离层现象明显。厚冲积层整体保持稳定，未发生大范围冒落与破坏[图 5-46(a)]。在此阶段，地表沉陷主要是由于基岩破断和冲积层变形，部分下沉量被厚冲积层吸收，因此沉陷速度和幅度均较小。

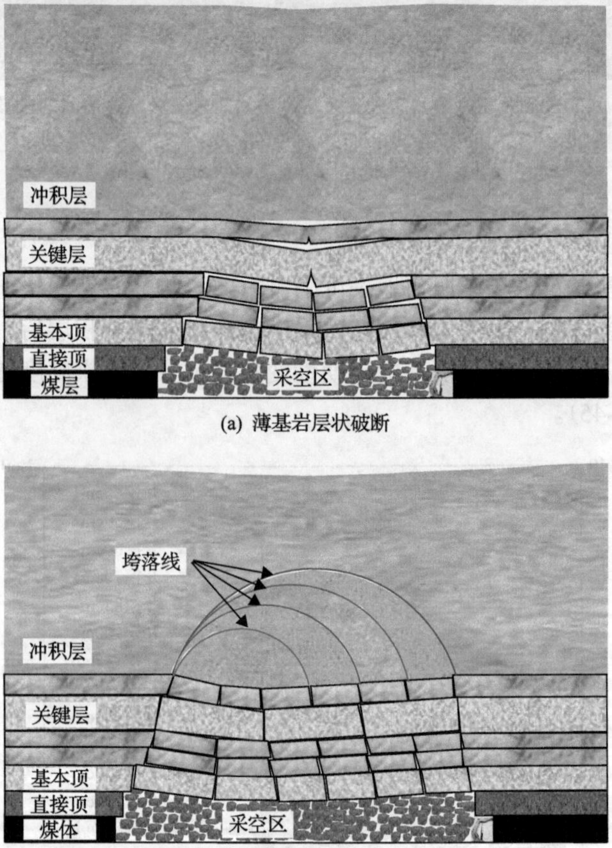

(a) 薄基岩层状破断

(b) 薄基岩全厚破断

图 5-46　覆岩两阶段运动特征

随着工作面推进，采动影响传递至厚冲积层，进入厚冲积层主导的第二阶段。厚冲积层的采动裂隙首先萌生于高位并下行扩展，导致基岩全厚断裂，覆岩运动由厚冲积层冒落主导，关键层控制作用逐渐消失，薄基岩破断步距由厚冲积层的裂隙扩展主导[10][图 5-46(b)]。厚冲积层周期性冒落失稳引起薄基岩周期性断裂和地表沉陷剧增，地表沉陷特征受控于厚冲积层冒落参数。

图 5-47 为 3 条测线上覆岩沉陷随工作面推进的动态演化特征。测线 1 位于厚

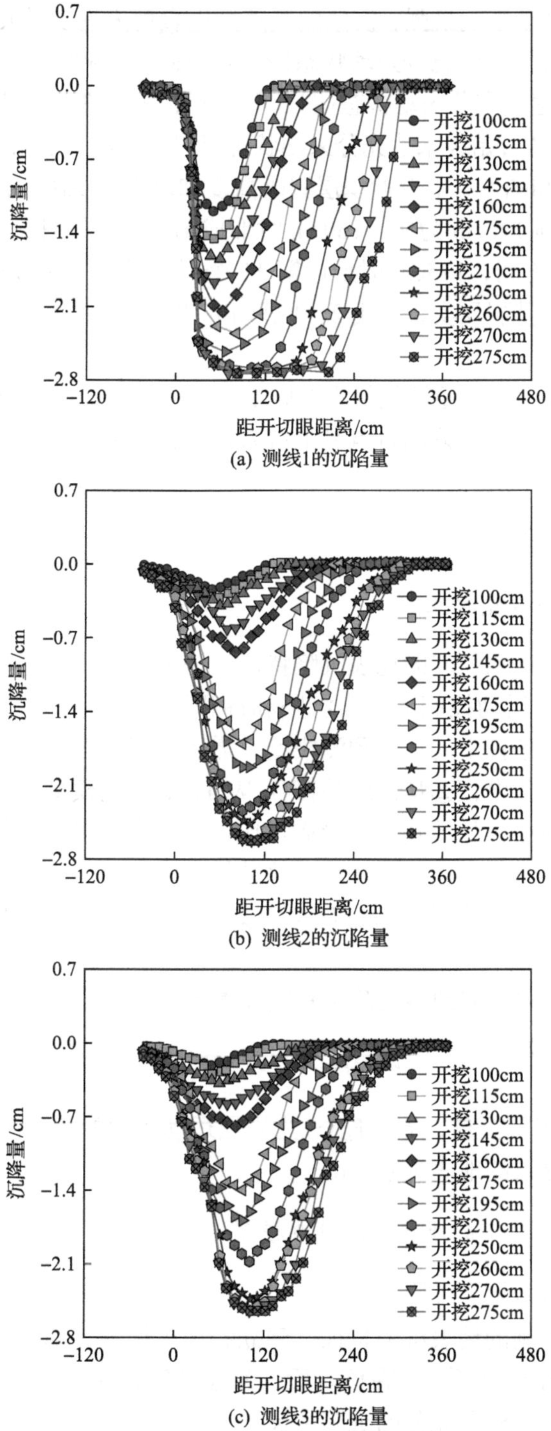

图 5-47　沉陷曲线动态演化特征

冲积层底部，受采动影响最强，沉陷曲线随推进表现为逐步增大，至 175cm 时呈“盘状”形态，表明达到充分采动状态[图 5-47(a)]；测线 2 沉陷影响范围较大，至 260cm 时首次达到充分采动状态[图 5-47(b)]；测线 3 位于更高层，沉陷变化速度较小但范围更广，始终未达充分采动状态，呈现“碗状”沉陷曲线[图 5-47(c)]。

对比图 5-46 和图 5-47，厚冲积层冒落高度和范围对沉陷曲线影响显著。以开挖步距从 160cm 到 175cm 为例，160cm 时形成第 10 个冒落拱，拱高 67.5cm，拱顶位于测线 2、3 之间；175cm 时形成第 11 个冒落拱，冒落边界接近测线 3，导致下位冒落体和薄基岩压实，测线 2、3 沉陷突变，而测线 1 已充分采动，沉陷曲线无明显变化。

开采至 275cm 时，3 条测线最大沉陷量分别为 2.74cm、2.63cm、2.54cm。深埋厚冲积层薄基岩煤层开采的特点是下沉系数高，基岩薄，承载能力低，冲积层冒落导致地表快速下沉。

5.5.4 地表沉陷预测

1. 基本假设与模型建立

基于不同岩层运动引起的地表沉陷特征，深埋厚冲积层薄基岩的地表沉陷预测模型可分为岩层运动控制的地表沉陷和冲积层固结变形引起的地表沉陷两部分。为建立该地质条件下的沉陷预测模型，需满足以下假设：①岩层力学特性符合弹性力学的基本假设；②弹性地基符合 Winkler 地基模型，即弹性地基每单位面积上所受压力与相应的地基沉陷量成正比；③含水层以上为各项同性的均质非连续土，含水层为饱和土体；④冲积层移动符合随机介质移动原理，满足概论积分法的条件；⑤对于冲积层含水层失水导致的地表沉陷与煤炭开采引发的煤炭开采满足叠加原理。

深埋厚冲积层薄基岩地表沉陷示意图如图 5-48 所示，预测模型为

$$W(x)=W_m(x)+W_a(x) \tag{5-40}$$

式中，$W(x)$为地表下沉量，m；$W_m(x)$为岩层运动控制的地表沉陷，m；$W_a(x)$为冲积层固结变形导致的地表沉陷，m。

2. 岩层运动进程下的地表沉陷预测模型

1) 薄基岩控制的地表沉陷

基于薄基岩控制的地表沉陷特征，建立相应坐标系，薄基岩控制阶段的地表沉陷预测模型如图 5-49 所示。在该阶段，关键层弯曲承载上覆岩层载荷，离层现象明显，地表表现为极不充分的沉陷特征。

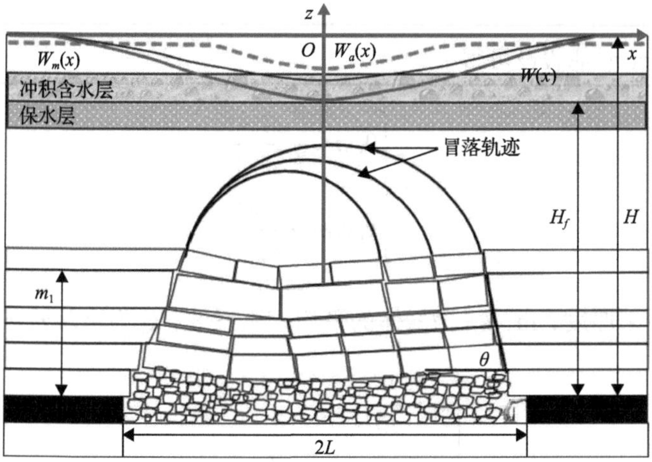

图 5-48　深埋厚冲积层薄基岩地表沉陷示意图

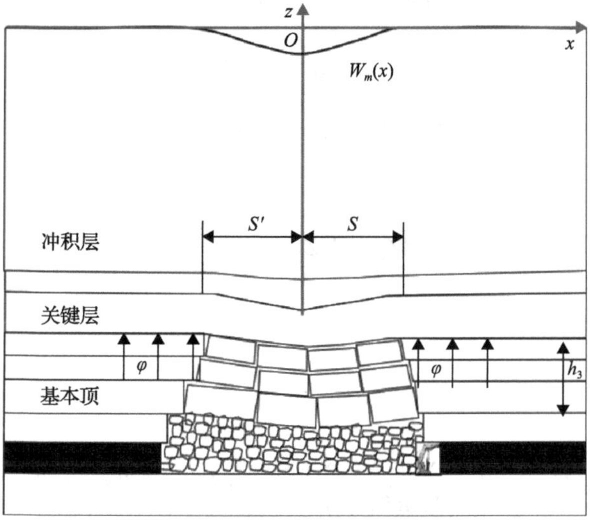

图 5-49　薄基岩控制阶段的地表沉陷预测模型

由假设①可以得到关键层符合梁的条件，由岩梁的弯曲模型可得

$$\begin{cases} EI\dfrac{d^4Z_1}{dx^4}=q-\varphi_1 \\ EI\dfrac{d^4Z_1}{dx^4}=q-\varphi_2 \end{cases} \tag{5-41}$$

式中，E 为岩梁的弹性模量，Pa；I 为惯性矩，m^4；Z_1 为关键层的挠度，m；q 为作用在梁上的应力，Pa；φ_1 为垮落岩体的地基反力，N；φ_2 为岩梁支撑部分的地

基反力，N。

由 Winkler 地基假设可得

$$\varphi_1=\begin{cases}0, m\leqslant \dfrac{M}{k_{p1}-1}\\ k_1 y, m>\dfrac{M}{k_{p1}-1}\end{cases} \tag{5-42}$$

式中，M 为开采厚度，m；k_{p1} 为岩体的平均碎胀系数；k_1 为垮落岩体的地基系数。

$$\begin{cases}k_1=\dfrac{E'}{EI}\\ E'=\dfrac{\sum\limits_{i=1}^{n}m_iE_i+\sum\limits_{j=1}^{n}m_jE_j}{\sum\limits_{i=1}^{n}m_i+\sum\limits_{j=1}^{n}m_j}\end{cases} \tag{5-43}$$

式中，i、j 分别为底板及顶板受影响的岩层数。

边界条件为

$$\begin{cases}\dfrac{\mathrm{d}Z_1}{\mathrm{d}x}=\dfrac{\mathrm{d}^3Z_1}{\mathrm{d}x^3}=0, \quad x=0\\ Z_1=0, \quad x\to\pm\infty\end{cases} \tag{5-44}$$

联合可得

$$Z_1=\begin{cases}\dfrac{q(x+S)^4}{24EI}+\dfrac{qS}{6}x^3+\dfrac{qS(4S^2a^2+6aS+3)}{12a(Sa+1)}x^2+bx+c, -S\leqslant x\leqslant S\\ \mathrm{e}^{a(x+S)}\left[\dfrac{qS(2S^2a^2-3)}{12a^3(Sa+1)}\sin a(x+S)+\dfrac{qS(2S^2a^2+6Sa+3)}{12a^3(Sa+1)}\cos a(x+S)\right], -\infty<x\leqslant -S\\ \mathrm{e}^{a(x-S)}\left[-\dfrac{qS(2S^2a^2-3)}{12a^3(Sa+1)}\sin a(x-S)+\dfrac{qS(2S^2a^2+6Sa+3)}{12a^3(Sa+1)}coSa(x-S)\right], S\leqslant x<\infty\end{cases} \tag{5-45}$$

式　中　，　$a=\sqrt[4]{\dfrac{3E}{Em^2(M+m)}}$，　$b=\dfrac{qS^2\left[(a^2+2a)S^2+(3a+1)S+3\right]}{6a(Sa+1)}$，

$c=\dfrac{qS(2a^3S^3+a^2S-6Sa+3)}{12a^3(Sa+1)}$。

由假设可知，冲积层满足随机介质移动原理，但地表为极不充分开采，此时不再适用于概论积分法，可以采用概率密度函数法进行地表沉陷预测[11]，地表沉陷的最大值为关键层岩梁弯曲的最大值。

由概率密度函数法可得

$$W_m(x)=W_{\max}\exp\left[-\pi\frac{(x-L)^2}{r_1^2}\right] \tag{5-46}$$

式中，$W_{\max}$ 极不充分开采条件下地表的最大下沉值，m；r_1 为极不充分开采主要影响半径，m。

因此，此时地表沉陷预测模型为

$$W_m(x)=Z_{1\max}\exp\left[-\pi\frac{(x-L)^2}{r_1^2}\right] \tag{5-47}$$

式中，$Z_{1\max}$ 为关键层岩梁弯曲的最大值，m。

2）厚冲积层控制地表沉陷

在深埋厚冲积层薄基岩地表沉陷过程中，厚冲积层控制地表测线属于第二阶段，地表处于非充分开采状态。根据上述岩层运动与地表沉陷特征，本节建立了厚冲积层控制阶段的地表沉陷预测模型，如图 5-50 所示。

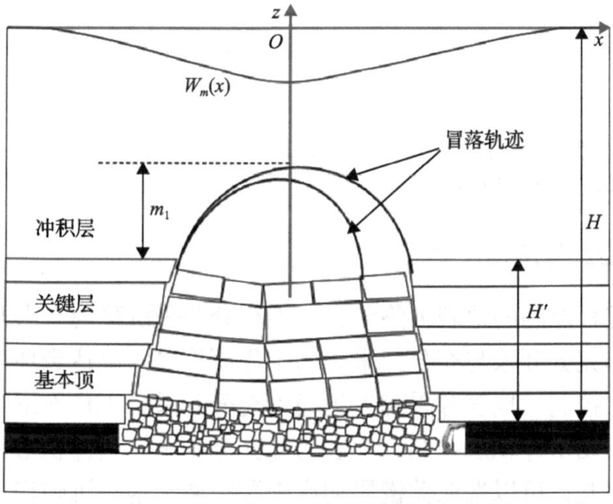

图 5-50　厚冲积层控制阶段的地表沉陷预测模型

采出空间由覆岩的碎胀、冲积层拱结构的离层裂缝及地表下沉 3 部分的空间

所占据，其中覆岩的碎胀性可以分为基岩与冲积层的碎胀性。因此，可得

$$M = Z_{2\max} + K_{p2}(m_1 + m_2) + \eta(H - m_1 - m_2) \tag{5-48}$$

式中，$Z_{2\max}$为地表最大下沉量，m；M为煤层厚度，m；m_1为基岩厚度，m；m_2为冲积层冒落厚度，m；η为冲积层冒落拱结构离层系数，与冲积层力学强度有关，随着拱结构高度增加逐渐降低；K_{p2}为冒落覆岩的平均碎胀系数，可以通过实验和现场实测得到。

冒落拱结构满足m_1+m_2=H_1，由普氏拱理论可知，H_1=L/f，H_1和L分别为冒落拱高度和半拱跨距，f为冲积层普氏硬度系数。冲积层强度低，普氏硬度系数小于1。实际上，在岩层运动进程中，由于冲积层拱结构的存在，使得拱结构下方也存在离层空间。随着拱结构高度的增加，离层空间逐渐减小；当冒落拱结构达到极限高度时，冲积层拉伸变形地表出现裂隙，导致冲积层结构失稳，离层空间为零。同时，覆岩的碎胀性并非一成不变，而是随着在冲积层拱结构高度的增加，冒落块体增大，采空区应力逐渐恢复，使得基岩的碎胀系数在不断降低直到稳定，达到残余碎胀系数。对赵固二矿而言，其弱胶结、易崩解、埋深大、基岩含水的特性会进一步降低岩体的残余碎胀系数，进而导致地表下沉系数增大的特征。此时煤层开采空间由基岩的碎胀与地表下沉两部分空间所占据，地表沉陷也达到最大值，地表达到充分开采。

因此，在厚冲积层控制地表沉陷进程中，地表历经非充分开采及充分开采条件，地表任意一点的沉陷为

$$W_m(x) = W(x) - W(x-D) = \frac{Z_{2\max}}{2}\left\{\operatorname{erf}\left[\frac{\sqrt{\pi}}{r_2}(x-s_1)\right] - \operatorname{erf}\left[\frac{\sqrt{\pi}}{r_2}(x-D-s_2)\right]\right\} \tag{5-49}$$

式中，$Z_{2\max}$为充分开采地表最大下沉量，m；r_2为充分开采主要影响半径，m；D为工作面推进长度或开采长度，m。

3. 地表沉陷三维演化规律

岩层运动进程控制的地表沉陷分为极不充分开采沉陷与有限开采沉陷，其中有限开采包括非充分开采与充分开采。当工作面推进距离达到地表启动距时，岩层运动由关键层控制，地表开采程度为极不充分开采；工作面继续推进，关键层破断后，岩层运动由冲积层控制，地表为非充分开采；当冲积层压实时，地表达到充分开采。因此，可以选取关键层初次破断距离与地表沉陷启动距作为岩层运动进程预测模型判据。岩层运动进程控制的地表沉陷预测公式为

$$W_m(x)=\begin{cases}Z_{1\max}\exp\left(-\pi\dfrac{x^2}{{r_1}^2}\right), D_1\leqslant 2L\leqslant D_2, 极不充分开采\\ \dfrac{Z_{2\max}}{2}\displaystyle\int_{R_1}\dfrac{1}{r_2}\exp\left(-\dfrac{\pi(x-\xi_1)^2}{r_2^2}\right)\mathrm{d}x, D_2<2L, 有限开采\end{cases} \tag{5-50}$$

式中，D_1 为地表沉陷启动距，m，可以通过现场实测和经验值确定；D_2 为关键层初次破断工作面推进距离，m。

将岩层运动控制的预测模型扩展到三维空间中，可得

$$W(x,y)=\frac{W_m(x)W_m(y)}{W_{\max}} \tag{5-51}$$

以工作面布置方向为 Y 方向，推进方向为 X 为例，会出现双向极不充分开采、单向极不充分开采与单向有限开采及双向有限开采 4 种情况。

(1) 当工作面的开采尺寸为 $D_1\leqslant D_x\leqslant D_2, D_1\leqslant D_y\leqslant D_2$ 时，工作面的开采情况为 X 与 Y 双向极不充分开采，地表沉陷预测公式为

$$W(x,y)=W_{\max 1}\exp\left[-\pi\left(\frac{y^2}{{r_{y1}}^2}+\frac{x^2}{{r_{x1}}^2}\right)\right] \tag{5-52}$$

式中，$W_{\max 1}$ 为地表沉陷最大值，m，可以由现场实测得到。

地表沉陷为双向极不充分开采，则地表沉陷的最大值为开采尺寸相对较大方向的沉陷值。

(2) 当工作面的开采尺寸为 $D_2\leqslant D_y, D_1\leqslant D_x\leqslant D_2$ 时，工作面开采情况为 X 方向极不充分开采与 Y 方向有限开采，地表沉陷预测公式为

$$W(x,y)=\frac{W_{\max 2}}{2}\exp\left(-\pi\frac{x^2}{{r_{x1}}^2}\right)\left\{\mathrm{erf}\left[\frac{\sqrt{\pi}}{r_{y2}}(y-s_3)\right]-\mathrm{erf}\left[\frac{\sqrt{\pi}}{r_{y2}}(y-D_y-s_4)\right]\right\} \tag{5-53}$$

式中，$W_{\max 2}$ 为地表沉陷最大值，m。

因有限开采对地表的扰动要远大于极不充分开采时对地表的扰动，故 Y 方向有限开采的最大值沉陷值可为三维沉陷盆地的最大沉陷值，根据有限开采理论，此时的 $W_{\max 2}$ 为 Y 方向最大理论下沉值。

(3) 当工作面的开采尺寸为 $D_2\leqslant D_x, D_1\leqslant D_y\leqslant D_2$ 时，工作面开采情况为 Y 方向极不充分开采与 X 方向有限开采，地表沉陷预测公式为

$$W(x,y)=\frac{W_{\max 2}}{2}\exp\left(-\pi\frac{y^2}{{r_{y1}}^2}\right)\left\{\mathrm{erf}\left[\frac{\sqrt{\pi}}{r_{x2}}(x-s_1)\right]-\mathrm{erf}\left[\frac{\sqrt{\pi}}{r_{x2}}(x-D_x-s_2)\right]\right\} \tag{5-54}$$

式中，$W_{\max 2}$ 为地表沉陷最大值，m。

(4) 当工作面的开采尺寸为 $D_2 \leqslant D_x, D_2 \leqslant D_y$ 时，工作面为双向有限开采，则地表沉陷预测公式为

$$W(x,y)=\frac{\frac{W_{\max 2}}{2}\left\{\operatorname{erf}\left[\frac{\sqrt{\pi}}{r_{x2}}(x-s_1)\right]-\operatorname{erf}\left[\frac{\sqrt{\pi}}{r_{x2}}(x-D_x-s_2)\right]\right\}\times\frac{W_{\max 2}}{2}\left\{\operatorname{erf}\left[\frac{\sqrt{\pi}}{r_{y2}}(y-s_3)\right]-\operatorname{erf}\left[\frac{\sqrt{\pi}}{r_{y2}}(y-D_y-s_4)\right]\right\}}{W_{\max}} \tag{5-55}$$

此时，X 与 Y 双向有限开采会因开采尺寸的差异引起地表沉陷双向的最大下降量不同。实际最大下沉量为

$$W_{\max}=W_{\max 2}\operatorname{erf}\left(\frac{\sqrt{\pi}}{2r}d\right) \tag{5-56}$$

当 $d=\min(D_x, D_y)$，即 d 为 D_x 与 D_y 两者之间的最小值时，地表沉陷盆地最大值为开采尺寸较大方向的有限开采最大沉陷值，可得

$$W(x,y)=\frac{\frac{W_{\max 2}}{4}\left\{\operatorname{erf}\left[\frac{\sqrt{\pi}}{r_{x2}}(x-s_1)\right]-\operatorname{erf}\left[\frac{\sqrt{\pi}}{r_{x2}}(x-D_x-s_2)\right]\right\}\left\{\operatorname{erf}\left[\frac{\sqrt{\pi}}{r_{y2}}(y-s_3)\right]-\operatorname{erf}\left[\frac{\sqrt{\pi}}{r_{y2}}(y-D_y-s_4)\right]\right\}}{\operatorname{erf}\left(\frac{\sqrt{\pi}}{2r}d\right)} \tag{5-57}$$

可以进一步得到岩层运动阶段导致的地表沉陷三维预测公式：

$$W(x,y)=\begin{cases}W_{\max 1}\exp\left[-\pi\left(\frac{y^2}{r_{y1}{}^2}+\frac{x^2}{r_{x1}{}^2}\right)\right], & D_1\leqslant D_x\leqslant D_2, D_1\leqslant D_y\leqslant D_2\\ \frac{W_{\max 2}}{2}\exp\left(-\pi\frac{y^2}{r_{y1}{}^2}\right)\left\{\operatorname{erf}\left[\frac{\sqrt{\pi}}{r_{x2}}(x-s_1)\right]-\operatorname{erf}\left[\frac{\sqrt{\pi}}{r_{x2}}(x-D_x-s_2)\right]\right\}, & D_2\leqslant D_x, D_1\leqslant D_y\leqslant D_2\\ \frac{W_{\max 2}}{2}\exp\left(-\pi\frac{x^2}{r_{x1}{}^2}\right)\left\{\operatorname{erf}\left[\frac{\sqrt{\pi}}{r_{y2}}(y-s_3)\right]-\operatorname{erf}\left[\frac{\sqrt{\pi}}{r_{y2}}(y-D_y-s_4)\right]\right\}, & D_2\leqslant D_y, D_1\leqslant D_x\leqslant D_2\\ \frac{\frac{W_{\max 2}}{4}\left\{\operatorname{erf}\left[\frac{\sqrt{\pi}}{r_{x2}}(x-s_1)\right]-\operatorname{erf}\left[\frac{\sqrt{\pi}}{r_{x2}}(x-D_x-s_2)\right]\right\}\left\{\operatorname{erf}\left[\frac{\sqrt{\pi}}{r_{y2}}(y-s_3)\right]-\operatorname{erf}\left[\frac{\sqrt{\pi}}{r_{y2}}(y-D_y-s_4)\right]\right\}}{\operatorname{erf}\left(\frac{\sqrt{\pi}}{2r}d\right)}, & D_2\leqslant D_x, D_2\leqslant D_y\end{cases} \tag{5-58}$$

岩层运动控制下的地表沉陷盆地演化规律如图 5-51 所示，岩层运动控制的地表沉陷三维盆地主要呈现圆锥形态。当 X、Y 方向工作面推进距离较小时，地表

为双向极不充分采动，沉陷盆地的三维形态为圆锥或椭圆圆锥，双向开采距离相等时呈圆形，如图 5-51(a) 所示。当双向开采距离不相等时，沉陷范围为椭圆形，焦点在较长开采方向上。当 X 或 Y 方向推进距离较大时，地表呈现单向极不充分采动与有限开采，沉陷盆地为椭圆锥，沉陷范围为椭圆形，焦点位于有限开采方向，如图 5-51(b)、(c)、(d)、(g) 所示。当 X、Y 方向推进距离较大时，地表为双向有限开采，形态为圆锥或椭圆锥，沉陷范围为椭圆形或圆形，如图 5-51(e)、

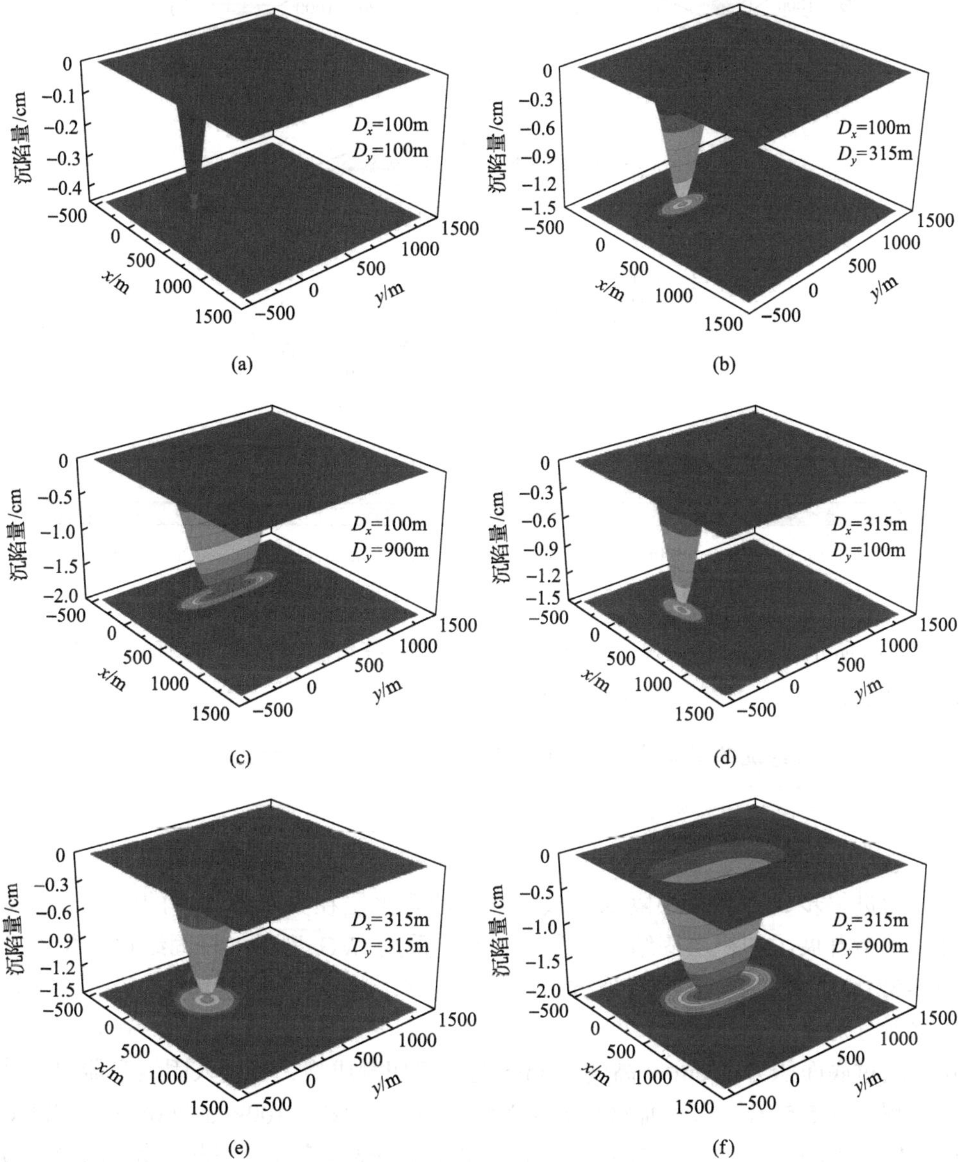

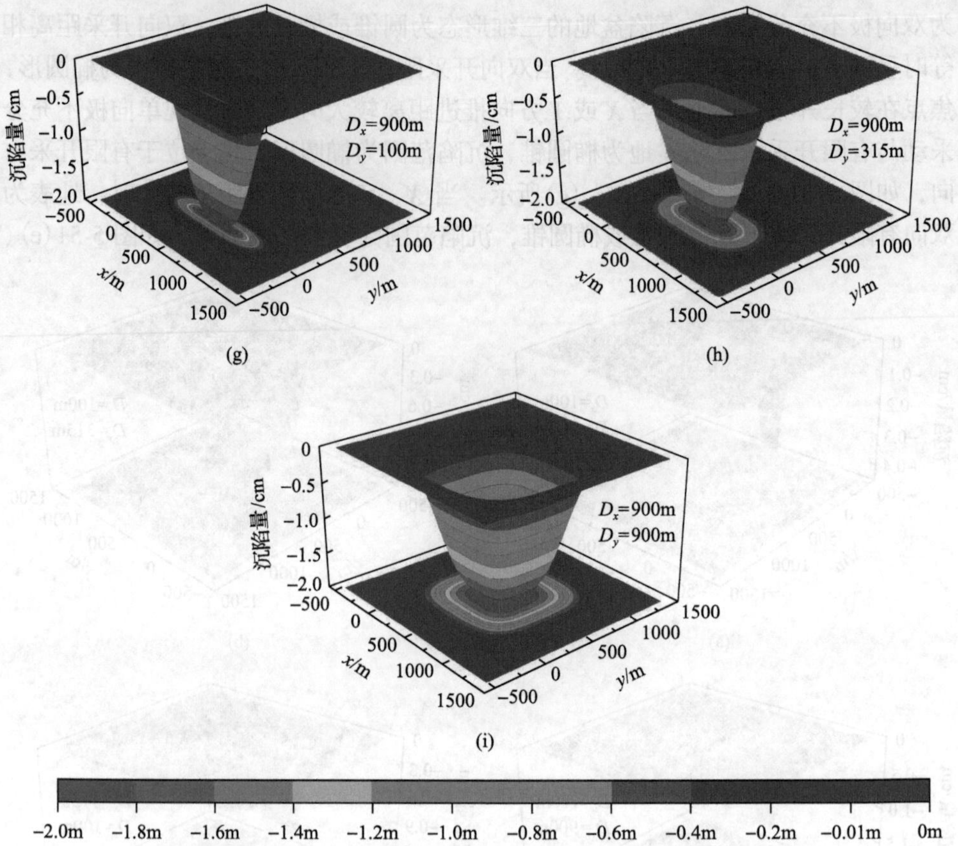

图 5-51　岩层运动控制下的地表沉陷盆地演化规律

(f)、(h)所示。随着开采尺寸的增加，地表沉陷量与沉陷范围均增加，沉陷盆地的形态取决于 X、Y 方向的开采尺寸。

4. 考虑固结沉陷的地表沉陷预测模型修正

1) 冲积层固结压缩实验

(1) 实验设计

为进一步研究冲积层隔水层破坏导致的含水层在失水条件下的固结沉陷特征，本节开展了冲积层固结压缩实验。实验采用 WG 型单杠杆固结仪，装置如图 5-52(a)所示。在赵固二矿取样后，样品破碎、烘干，干密度为 1.5g/cm^3，配置含水量分别为 12%、16%、20%的试样，实验方案设计与试样参数如表 5-4 所示。试样通过底面积为 30cm^2、高度 20mm 的环刀切割成型，并装入固结容器内，试验过程如图 5-52(b)所示。加载分 6 个等级：25kPa、50kPa、100kPa、200kPa、300kPa、400kPa，观测 24h 直至试样变形稳定，加载过程试样变化的三相图如图 5-52(c)

所示。

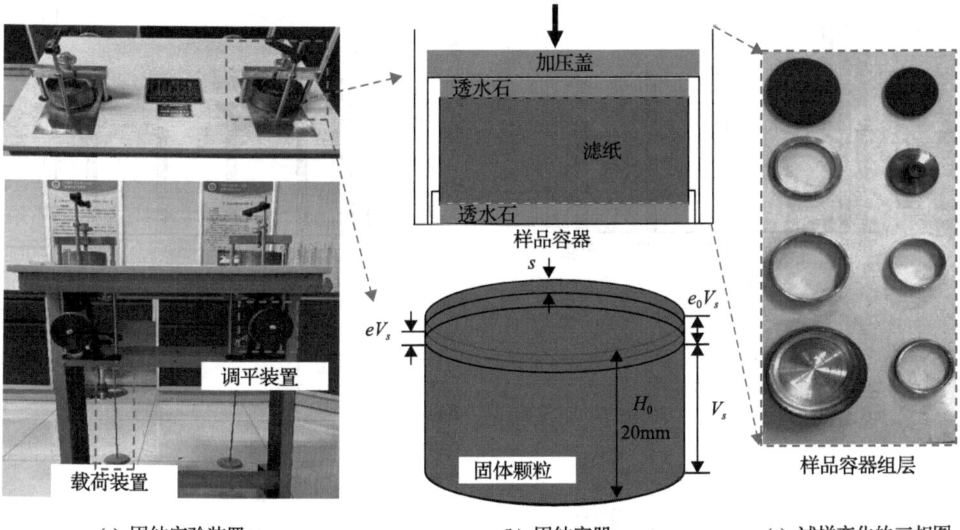

(a) 固结实验装置　(b) 固结容器　(c) 试样变化的三相图

图 5-52　实验装置

表 5-4　实验方案设计与试样参数

实验分组	含水量/%	试样高度/mm	试样质量/g	土样质量/g	初始孔隙比
1	12	20	52.9	46.55	0.933
2	16	20	52.9	44.44	1.03
3	20	20	52.9	42.32	1.13

(2) 冲积层的固结沉陷规律

在本实验中，土颗粒被看作不可压缩，试样的体积变化全部由孔隙体积的变化引起。在固结实验条件下，试样沉陷量 s 和孔隙比 e 之间满足以下函数关系：

$$e = e_0 - (1 + e_0)\frac{s}{H_0} \tag{5-59}$$

式中，e 为孔隙比；s 为沉陷量，m；H_0 为试样初始高度，m；e_0 为初始孔隙比。

经计算可以得到含水量为 0.12、0.16 和 0.20 3 组试样的初始孔隙比，分别为 0.933、1.03 与 1.13。将其代入不同压力等级下的试样沉陷量，可以计算对应的孔隙比。

在不同压力等级下，试样高度与沉陷量的变化规律如图 5-53 所示。可以看到，不同含水量的试样初始高度相同，随着压力等级的增加，试样沉陷量增加，高度逐渐降低。然而，随着压力的进一步增加，沉陷量增长的速度逐渐减小，即曲线斜率减小，试样高度趋于稳定。

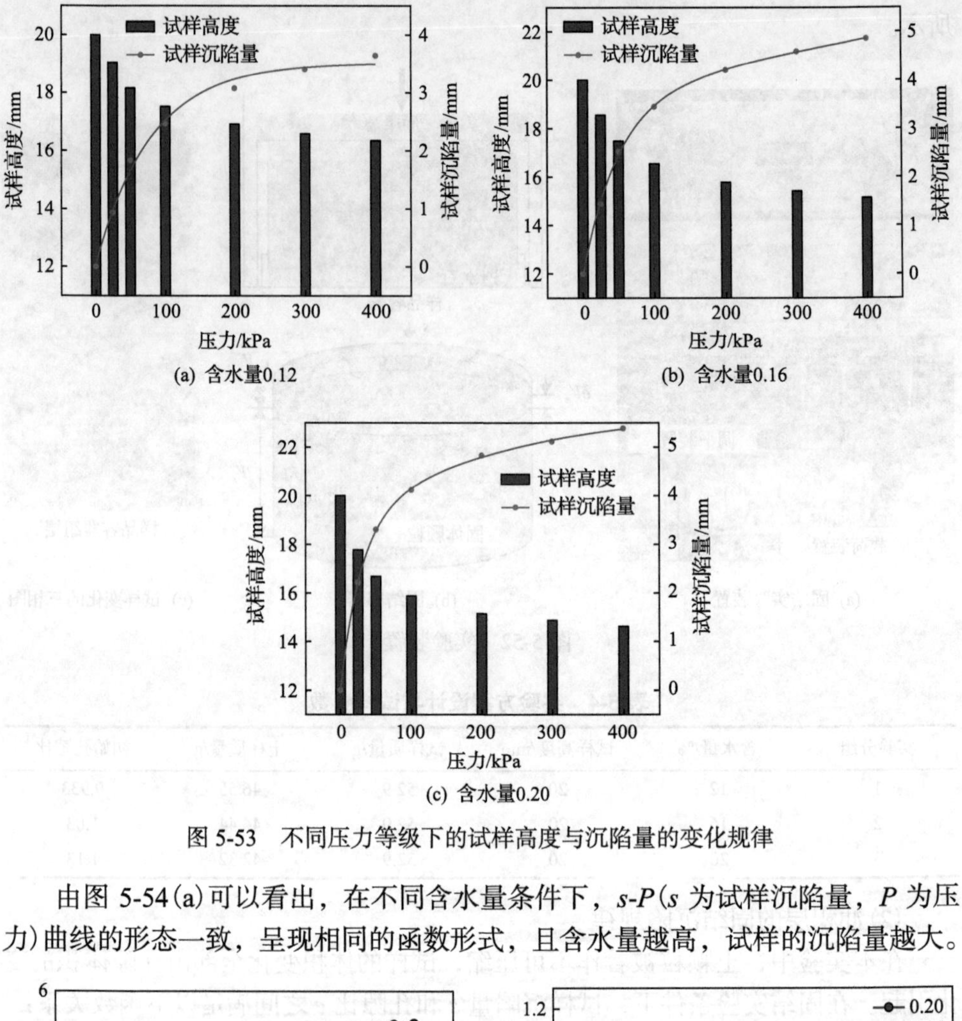

(a) 含水量0.12 (b) 含水量0.16 (c) 含水量0.20

图 5-53 不同压力等级下的试样高度与沉陷量的变化规律

由图 5-54(a)可以看出，在不同含水量条件下，*s*-*P*(*s* 为试样沉陷量，*P* 为压力)曲线的形态一致，呈现相同的函数形式，且含水量越高，试样的沉陷量越大。

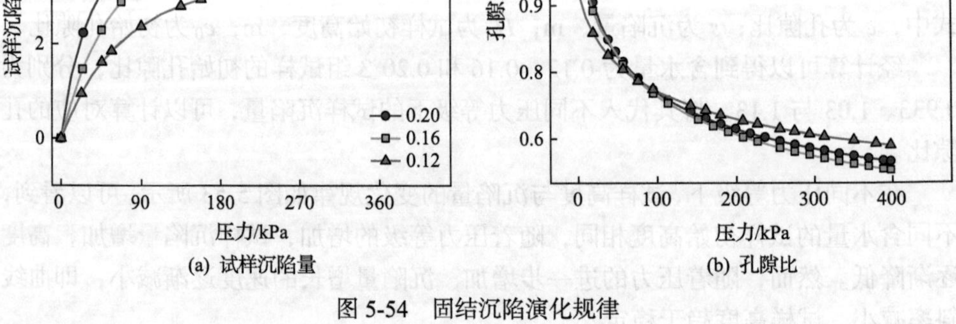

(a) 试样沉陷量 (b) 孔隙比

图 5-54 固结沉陷演化规律

图 5-54(b)显示了不同加载等级下试样孔隙比的变化,不同含水量的试样孔隙变化曲线形态近似于幂函数。随着加载压力的增加，试样的孔隙比逐渐减小，且变化速度降低，即斜率减小。在初始试样中，含水量越大，孔隙比越高。在初始阶段，相同加载压力下，含水量较大的试样排出更多气体和液体，导致孔隙比显著降低。当加载压力增大到一定程度时，孔隙比的变化则由气相和液相排出及试样固体颗粒的变形共同决定。

固结沉陷是冲积层自身的力学特性之一，随着条件的变化，固结能力也会发生相应改变。根据土力学原理，压缩系数与压缩指数是衡量冲积层固结变形能力的重要指标[12]，其计算公式为

$$\begin{cases} a = -\dfrac{\Delta e}{\Delta p} \\ C_c = -\dfrac{\Delta e}{\Delta(\lg p)} \end{cases} \tag{5-60}$$

式中，a 为压缩系数；C_c 为压缩指数；Δe 为含水层孔隙比的变化。

压缩系数表示在孔隙比与载荷曲线中的割线斜率，代表冲积层的压缩特性。试样在不同压力下的压缩系数如图 5-55(a)所示。在较低压力时，含水量较高的试样具有较大孔隙比和较强的固结变形能力，表现出高压缩性。随着压力增加，压缩指数逐渐降低，压缩性能减弱。当试样中的气相和液相被排出后，试样的变形能力下降，固结系数趋近于零，压缩特性降至最低。不同压力条件下的压缩指数如图 5-55(b)所示。孔隙比与压力的关系可用 e-lg p 曲线表示，当压力在 200～400kPa 时，曲线近似为直线，其斜率即为压缩指数。计算得含水量为 0.12、0.16 和 0.20 的压缩指数分别为 0.18、0.22 和 0.19，平均值约为 0.197。

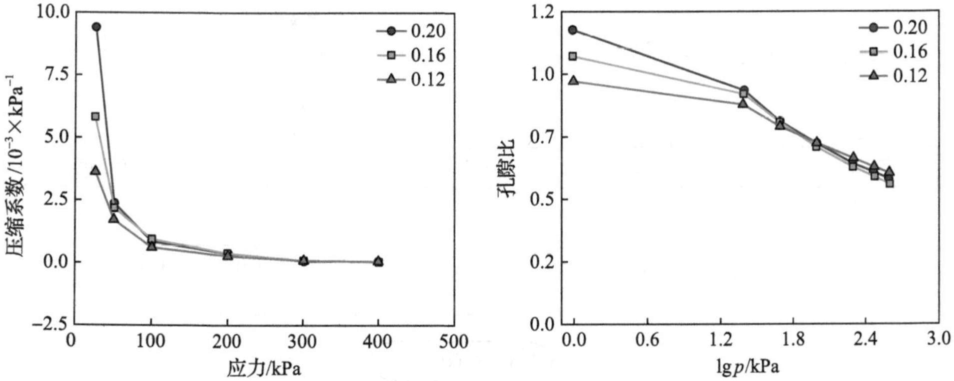

(a) 不同压力下的压缩系数　　(b) 不同压力下的压缩指数

图 5-55　不同压力下的试样固结能力

一般情况下，当压缩指数 C_c 大于 0.4 时为高压缩土，小于 0.2 时为低压缩土，介于 0.2～0.4 的为中等压缩土。在工程条件下，冲积层通常由粒径大小不一的黏土和砾石组成，其压缩指数通常低于 0.196。因此，赵固二矿的冲积层中黏土属于低压缩土。

2) 沉陷预测模型修正

由上述可知，深埋厚冲积层薄基岩地表沉陷由冲积层固结沉陷与岩层运动引发的沉陷叠加组合形成的。结合地表沉陷计算模型组合判据，计算流程如图 5-56 所示。修正后的深埋厚冲积层薄基岩地表沉陷为

$$W(x) = W_m(x) + \sum_{i_1=1}^{j_1} W_{ai}(x) \tag{5-61}$$

式中，j_1 为含水层层数。

当厚冲积层中存在含水层时，随着岩层运动的演化，冲积层会发生固结沉陷，从而引发地表沉陷的发生。因此，深埋厚冲积层薄基岩地表沉陷预测模型分为岩层运动控制的地表沉陷和冲积层固结变形导致的地表沉陷两部分，两者共同决定着地表沉陷发育规律。

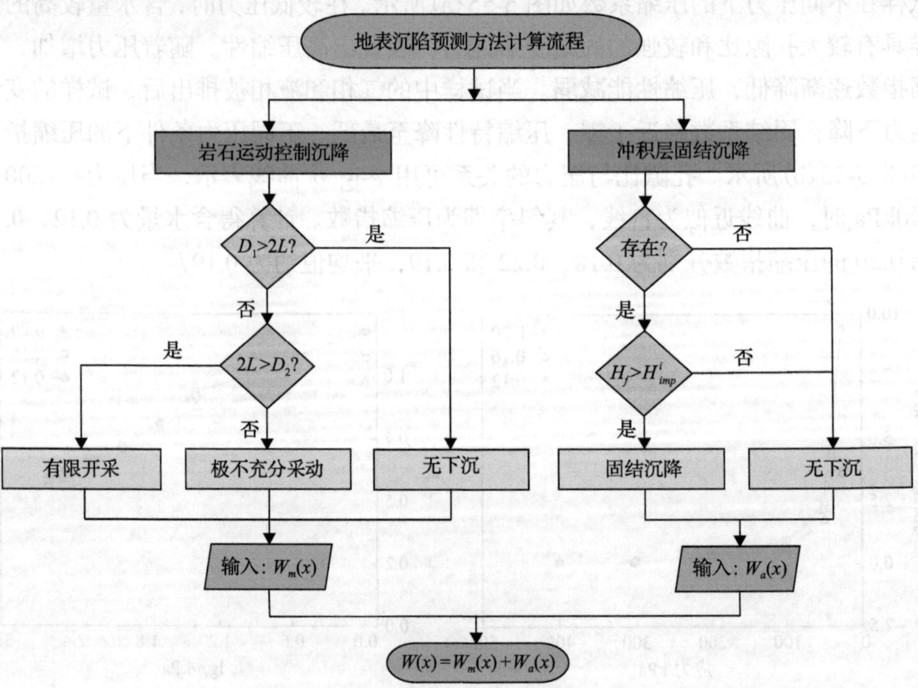

图 5-56　地表沉陷预测方法计算流程

H^i_{imp} 为第 i 层含水层高度/m

5. 预测模型验证与适用性分析

以赵固二矿 14022 工作面地表沉陷实测数据为例，为进一步验证地表沉陷预测模型的正确性。14022 工作面可视为 176m 底分层工作面和 35m 放顶煤开采工作面的组合。两种预测模型的参数选择如表 5-5 所示。

表 5-5　验证地面沉陷预测模型的参数选择

工作面	日期	预测模型	开采方法	D/m	q	r	s_1	s_2
14022	5 月 30 日	本模型	放顶煤开采	535	0.88	350	22	20
			底分层开采	830	0.89			
		概率积分法	放顶煤开采	535	0.94			
			底分层开采	830	0.97			

为了评估预测模型的有效性，将概率积分法与岩层运动进程下的地表沉陷预测模型进行对比分析(图 5-57)。结果表明，在采空区中部两种模型的预测精度接近；但在采空区外，岩层运动进程模型的预测效果更优。这是因为概率积分法在边界处曲线收敛较快，忽略了冲积层固结沉陷的影响；而岩层运动进程模型通过引入冲积层沉陷因素，提高了边界区域的预测精度。

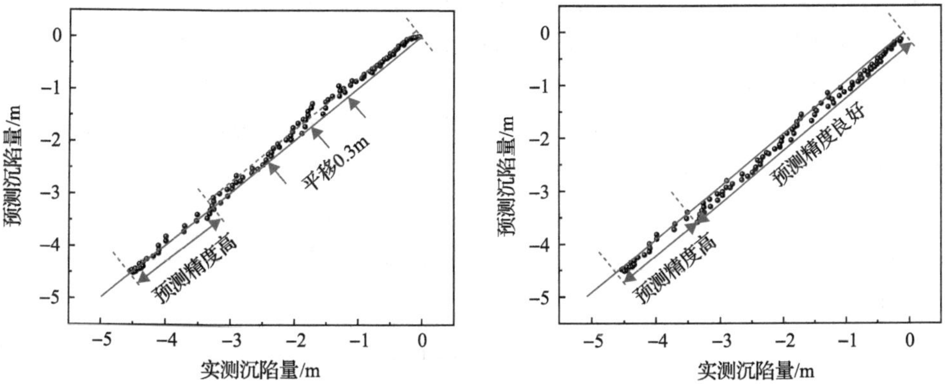

(a) 概率积分法　(b) 基于岩层运动进程地表沉陷预测模型

图 5-57　两种预测模型对比

利用概率积分法得到的地表下沉系数为 0.94 和 0.97，但由于裂隙和离层空间的存在，顶煤回采率约为 80%，地表下沉系数低于理论值。相比之下，组合预测模型的下沉系数为 0.88 和 0.89，更符合实际开采情况。

图 5-58 为两种预测模型误差的正态分布检验结果，表明误差分布近似为正态

分布。其中，概率积分法预测误差的方差为–0.12，标准差为 0.10；新模型预测误差的方差为 0.04，标准差为 0.07。在线框标出区域，可以观察到概率积分法的误差偏离正态分布参考线的幅度和频率较大，波动性更显著；而基于岩层运动进程的预测模型与参考线的偏差较小。结果表明，基于岩层运动进程的地表沉陷预测模型在地表沉陷预测中的精度和稳定性优于概率积分法。

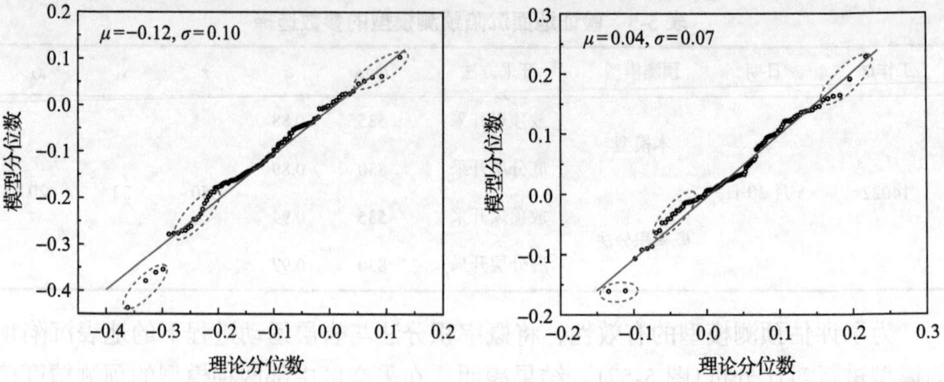

(a) 概率积分法　(b) 基于岩层运动进程地表沉陷预测模型

图 5-58 两种预测模型误差的正态分布检验结果

图 5-59 为概率积分法与基于岩层运动进程地表沉陷预测模型的误差直方图。概率积分法误差分布频率在区间中点–0.125 处最高，误差分布频率为 0.23。最小误差区间的中点为–0.425，频率为 0.008；最大误差区间的中点为 0.125，频率为 0.008。基于岩层运动进程地表沉陷预测模型的误差分布频率最高的区间中点为 0.025，频率为 0.33。最小误差区间的中点为–0.175，频率为 0.016；最大误差区间的中点为 0.225，频率为 0.008。

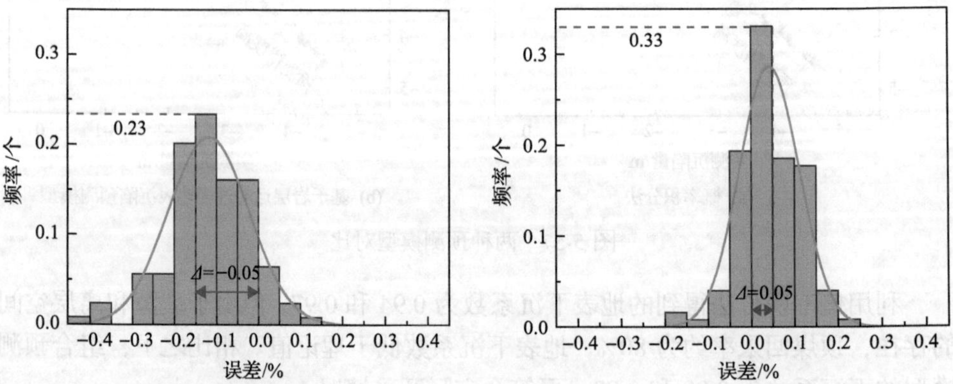

(a) 概率积分法　(b) 基于岩层运动进程地表沉陷预测模型

图 5-59 误差直方图

由此可以推断，与概率积分法相比，基于岩层运动进程地表沉陷预测模型的平均误差更小，误差也相对集中。综上所述，相比概率积分法，基于岩层运动进程地表沉陷预测模型的平均误差小于 8%，最大误差减小了 20%。

概率积分法基于严密的数学推导，用于地表沉陷预测，对于深埋厚冲积层薄基岩这一地质条件的地表沉陷预测具有良好的适用性[13]。然而，该方法也存在一定不足[14,15]：①忽略了岩层运动进程，对岩层运动的力学机理解释不足，未考虑冲积层固结变形对地表下沉量的影响，导致地表下沉系数偏大；②对不同岩层地表沉陷预测参数的选择依赖实测数据和经验，误差较大；③对有限开采的预测精度不足；④在开采边界处收敛速度过快，预测值偏低。

本研究基于叠加原理，将地表沉陷分为岩层运动进程控制的地表沉陷和地质条件改变(冲积层固结变形)引起的地表沉陷，提出了一种组合预测模型。该模型综合考虑了岩层运动进程、基岩破碎性、工作面推进距离及冲积层的固结变形，显著提升了地表沉陷边界的预测精度，尤其适用于厚松散层薄基岩地质条件下的地表沉陷预测，为明确地表沉陷范围和指导土地复垦提供了可靠依据。在后续的研究中，需要考虑基载比、埋深、倾角等地质条件对地表沉陷的影响，进一步完善深埋厚冲积层薄基岩地表沉陷预测模型研究。

5.5.5　采煤沉陷区地表水库建设与多元生态修复模式

1. 地表水库库容确定方法

为评估采煤沉陷区地表水库的蓄水能力，需提出相应的库容计算方法。当前对于沉陷区积水资源的评估通常采用水域面积。水域面积通过航测可以实现，但水库实际蓄水能力取决于水域面积和库底地形，即地表盆地形态，如图 5-60 所示。

为评估赵固二矿采煤沉陷区地表水库应对洪涝和干旱灾害的能力，课题组提出了一种基于拓扑算法的库容计算模型。通过将积水区边界和沉陷盆地形态以几何形式导入 $FLAC^{3D}$ 数值计算软件，并采用相同的经纬坐标系，将水体表面直接覆盖于沉陷盆地之上。沉陷盆地与井下开采布置的空间位置关系如图 5-60(a)所示。

分析表明，由于赋存条件和开采技术的影响，沉陷盆地底面起伏不平，难以通过简单的函数拟合准确计算库容。沉陷时间对沉陷盆地形态产生了显著影响，东部和南部区域深度较大[图 5-60(b)和(c)]，并与航测结果一致[图 5-60(d)]。盆地积水区域边界对应的水面下方空间体积即为当前积水体积。通过拓扑算法，将积水表面与沉陷盆地封闭形成的三维空间体积计算出来，即可得出地表水库的真实库容。此方法克服了传统计算方法的局限性，能准确反映复杂地形与积水特征，为沉陷区地表水库的洪涝调节与蓄水管理提供了可靠的数值依据。

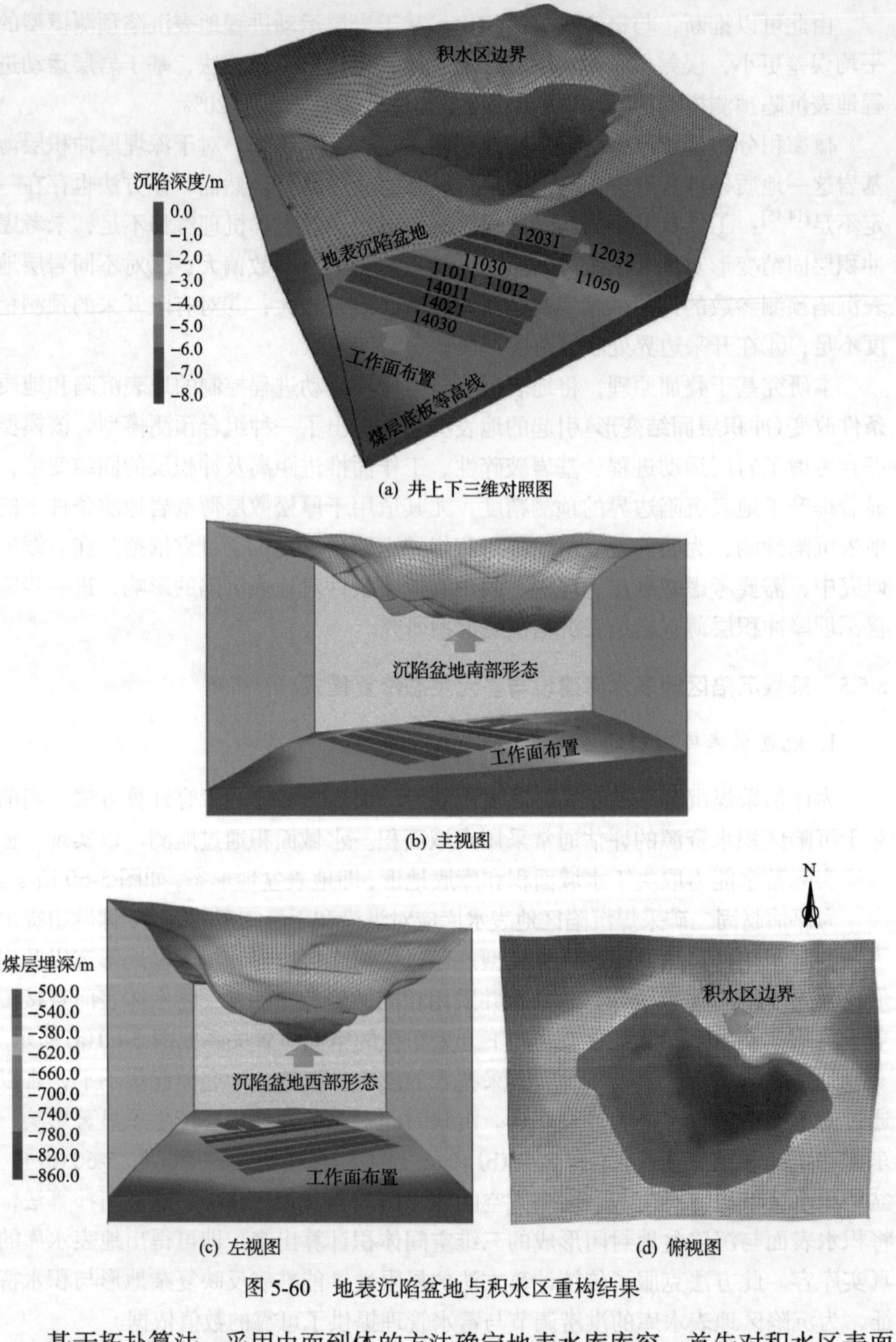

(a) 井上下三维对照图

(b) 主视图

(c) 左视图　　(d) 俯视图

图 5-60　地表沉陷盆地与积水区重构结果

基于拓扑算法，采用由面到体的方法确定地表水库库容。首先对积水区表面进行网格划分，由图 5-60 可知积水区面积呈不规则曲面，若采用规则三角形或矩形网格划分方法，会在水域边界位置处产生很大误差。为最大限度地拟合不规则水域边界，本章采用 Voronoi 算法对水体表面进行网格划分。Voronoi 算法可实现对不规则区域的完全划分与填充，其划分方法为首先在积水区域内产生随机分布的离散点$\{P_1, P_2,\cdots, P_n\}$，离散点的个数与不规则多边形的目标数目 n 一致，则离散点对应的 Voronoi 区域 R_k 为

$$R_k = \{x \in X \mid d(x,P_k) < d(x,P_j), j = \{0,1,2,\cdots,n\}, j \neq k\} \tag{5-62}$$

采用上述方法将沉陷积水区划分为呈随机分布的不规则多边形，如图 5-61(a)和(b)所示。局部放大结果表明 Voronoi 划分在水体表面边界位置不存在锯齿状空隙，遍历并累积所有多边形的面积，得到积水区范围：

$$A = \sum_{i=1}^{n} s_i \tag{5-63}$$

式中，A 为积水区面积，m^2；s 为多边形面积，m^2；n 和 i 为多边形数目和编号。

对不规则多边形沿竖直方向进行拉伸，形成多面体，并让多面体沿竖直方向生长，直至多面体的底面接触到沉陷盆地的底面。多面体将水体表面与沉陷盆地包围的密闭空间充填密实，所有多面体的体积即为地表水库的库容。将多边形中心位置对应的水位深度与多边形面积相乘，得到多面体的体积，遍历并累积所有多面体的体积，得到水库库容：

$$V = \sum_{i=1}^{n} s_i h_i \tag{5-64}$$

式中，V 为地表水库库容，m^3；h 为多面体深度，m。

采用上述方法得到的水库中的水体形态如图 5-61(c)所示，水体底部形态与沉陷盆地完全一致，因此式(5-64)确定的水库库容正确可靠。地表积水最大深度可达 6m，提取多面体体积分布特征，如图 5-61(b)所示。由多面体体积的累积分布曲线可以确定地表水库的当前库容可达 $1.1\times10^7m^3$，为矿区提供了充足的淡水资源。

地表水库的蓄水能力随着水位的升高显著增强，而沉陷盆地形态受岩层运动特征的影响。煤层开采促使岩层破断运动，由于岩层移动角小于 90°，岩层移动边界大于煤层采空范围，且随着层位的升高，岩层沉陷边界呈现扩大趋势。在赵固二矿深埋薄基岩厚冲积层的赋存条件下，冲积层的移动角减小，使地表沉陷边界远超井下采空范围，从而形成了张开的碗状沉陷盆地，其水平截面逐渐增大。随着水位升高，水库库容增速不断加快，曲线斜率呈现上升趋势，表明沉陷盆地

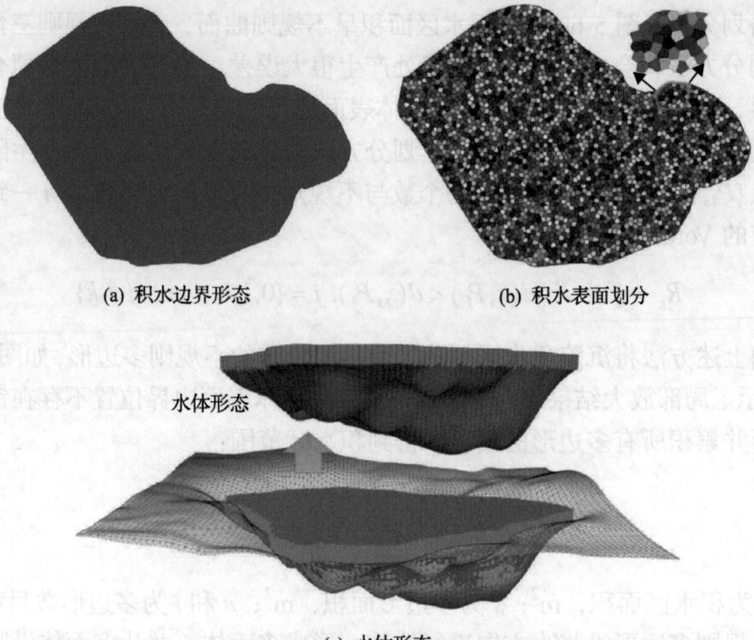

(a) 积水边界形态　　(b) 积水表面划分

(c) 水体形态

图 5-61　基于拓扑算法的库容计算模型

的特殊形态使水库在蓄水水位增加时具备更大的蓄水能力。

为实时掌握地表水库的库容，采用无人船对地表沉陷进行定期测量（图 5-62），更新地表沉陷盆地形态，从而实现对地表水库防灾能力的评估。随着四盘区开采进程的结束，赵固二矿将进入五盘区开采阶段。届时四盘区地表沉陷将进入稳定阶段，可在四盘区和五盘区之间构筑二级坝体，实现水库不同区域水位的分级控制，增强地表水库的调水能力。

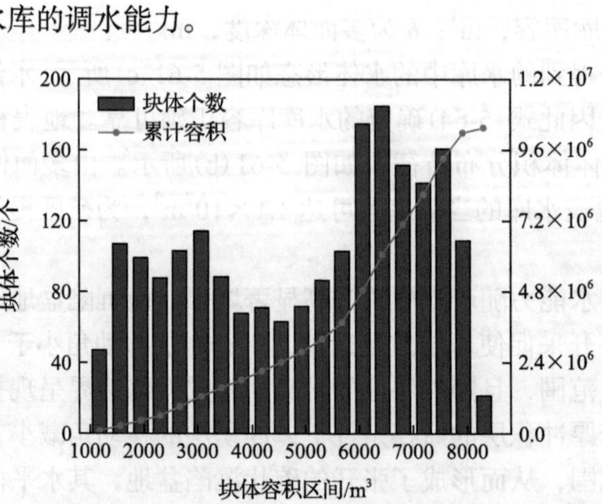

(a) 块体累积分布

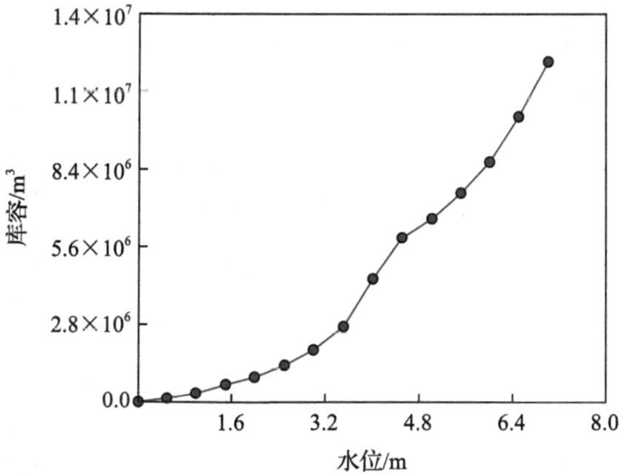

(b) 库容变化曲线

图 5-62　地表水库库容确定与变化特征

2. 地表多元生态修复模式

1) 地表生态破坏范围

受开采的影响，目标矿山发生地表沉陷。不一致的下沉还会导致地表倾斜和水平延伸。由于矿区地下水位较高，采空区上方形成的沉陷盆地大部分被水填满，造成农田和村庄被淹没。地表破坏区明显大于淹没区，淹没区完全覆盖采空区。为了确定淹没区和破坏区的边界，采用无人机配合高清摄像机和 GPS(Global Positioning System，全球定位系统)进行航测。设备及其参数如图 5-63 所示。考虑到摄像头清晰度和监控效率，本研究将无人机的飞行高度设置为 300m。不同图片的重叠面积限制在 $50m^2$ 以内。覆盖整个下沉盆地所需的图片数量估计为 2600 张。然而，无人机只能测量沉陷盆地的水平发展边界，而不能测量沉陷盆地的垂直发展特征，因此采用无人船和 RTK 测量沉陷盆地垂直发展特征。

由于采矿后土地严重破坏，因此采矿、农业和环境之间的冲突非常尖锐，必须进行地表复垦。为了对围垦工程进行合理设计，必须正确揭示地表变形特征。虽然地表变形包括下沉、倾斜和水平延伸，但本研究主要集中在下沉上。据此，本研究分别监测了淹水区和破坏区的地表沉陷特征。采用无人船系统测量淹水区水深，如图 5-63 所示。该船同时携带声呐和 GPS，最大测量深度为 300m，测量精度为 5mm。在监控过程中，船舶航行速度设置为 3.0m/s。累计航路长度达 180km，监测工作持续两个月，利用水深，可以间接计算地表沉陷，测量洪涝区垂直发展特征。对于破坏区域，利用 RTK 监测系统进行沉陷量的采集，系统测量精度达到 1mm。

无人机监控图像经处理生成复合图(图 5-64)，显示沉陷盆地形成约 $3.5km^2$ 的水体，覆盖约 350 公顷农田，水源主要来自地下水和黄河支流。淹没区内建筑被

无人机参数

参数	数值	参数	数值
最大质量	9kg	最大飞行速度	23m/s
悬停精度	±0.1m	最大飞行时长	55min
导航系统	GPS	风速耐受度	15m/s

摄像机参数

参数	数值	参数	数值
质量	0.8kg	广角范围	320°
照片频率	2shot/s	图像清晰度	45×10^6
角动量	±0.01°	像素	4.4μm

(a)

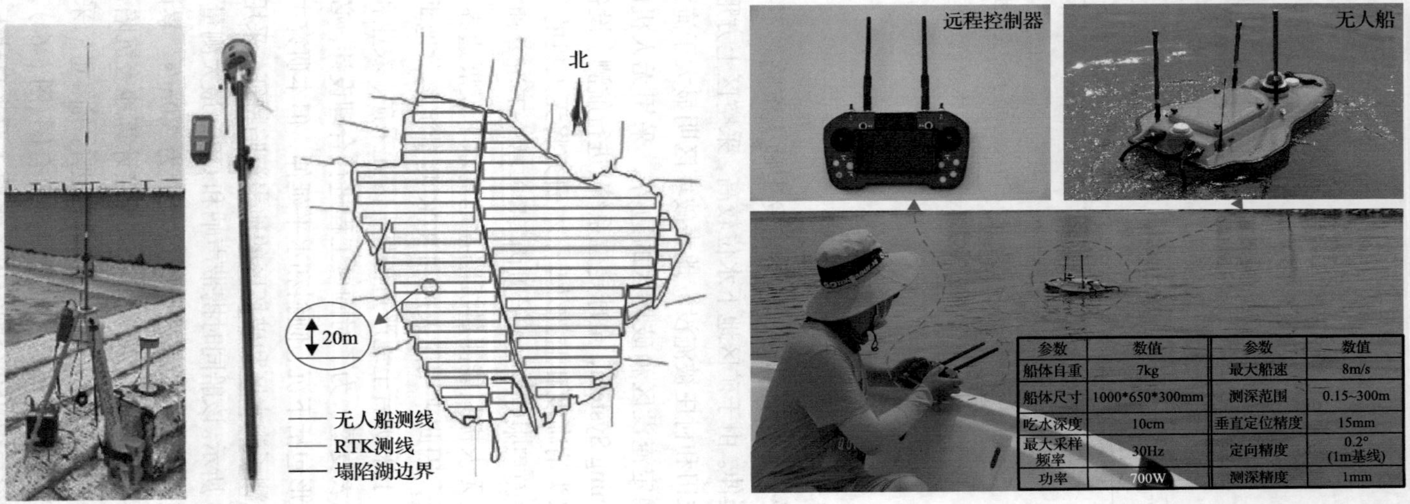

参数	数值	参数	数值
船体自重	7kg	最大船速	8m/s
船体尺寸	1000*650*300mm	测深范围	0.15~300m
吃水深度	10cm	垂直定位精度	15mm
最大采样频率	30Hz	定向精度	0.2°(1m基线)
功率	700W	测深精度	1mm

(b)

图5-63　赵固二矿地表沉陷盆地三维空间形态实测

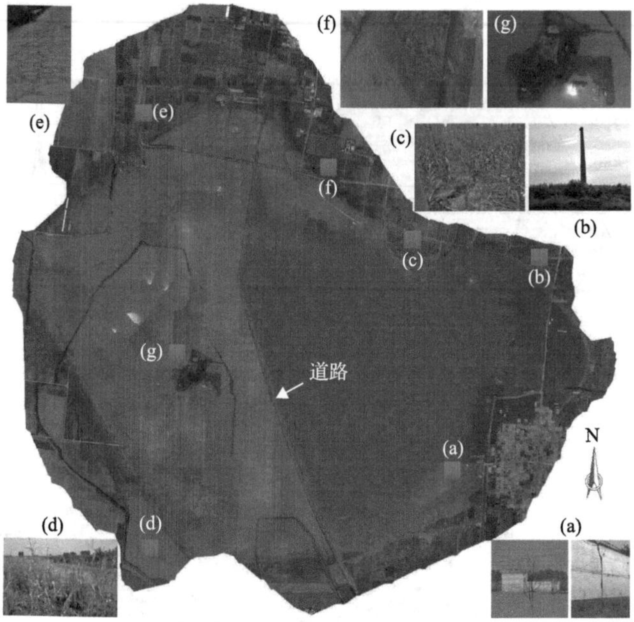

图 5-64　地表环境破坏类型

水包围，墙壁裂缝发育，约 10000 人被迫迁移[图 5-64(a)]。淹没区外，地表倾斜变形明显[图 5-64(b)]，地表农田和道路出现大规模裂缝[图 5-64(c)和(e)]，破坏根系及灌溉能力，导致作物枯萎[图 5-64(d)]，造成植被退化[图 5-64(f)]。淹没区中存在一个湖心岛[图 5-64(g)]。有一条道路从下沉盆地南北向穿过，将下沉盆地分为两段。这条路最初是为行人建造的，后被加固和改造成大坝。

2) 地表生态修复

利用无人船和 RTK 监测数据重构了地表沉陷盆地(图 5-65)，结果显示地表沉陷盆地规模显著大于采空区。地下采空区边界与地表沉陷盆地边界的水平距离在南边界处最大，约 400m；西侧最小，约 200m。整体来看，地表沉陷盆地从东向西逐渐递减。

采动裂隙在破坏区内保持开放状态，破坏了地表连续性，导致根系较短的作物无法生长，但适合种植大树和根系较长的花卉。破坏区被划分为南、北、东、西 4 段。南北两段已被绿化覆盖，种植多种树木和花卉，显著提高了矿区植物多样性，同时大型绿色植物也有助于净化因采矿活动导致的空气污染；西段因地表沉陷不足，未来可能受到采矿扰动影响，未列入当前治理范围；东段则建设了多个采摘园，种植桃、苹果、梨和橘子，吸引大量游客，推动农牧业发展，进一步增加了塌陷区的经济和社会效益，如图 5-66 所示。

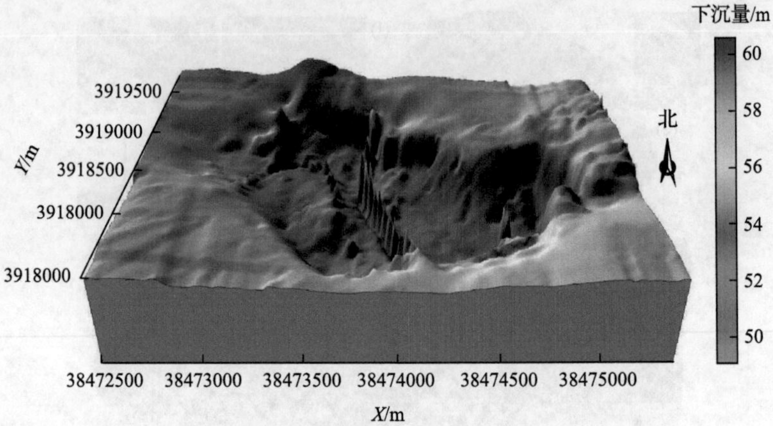

图 5-65　地表沉陷盆地三维模型

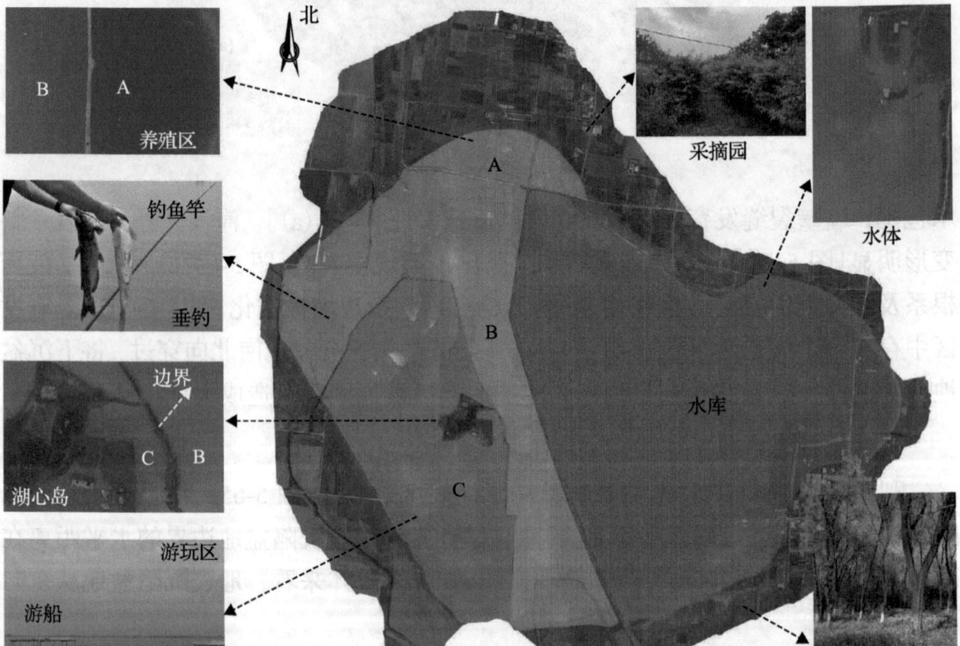

图 5-66　沉陷盆地分区利用

参 考 文 献

[1] 王家臣, 杨敬虎. 水沙涌入工作面顶板结构稳定性分析[J]. 煤炭学报, 2015, 40(2): 254-260.

[2] 许延春, 赵霖, 任志祥, 等. 承压防砂煤(岩)柱下溃水溃砂工作面压架机理及支架阻力确定[J]. 采矿与岩层控制工程学报, 2021, 3(2): 67-75.

[3] 韩宇峰, 王兆会, 唐岳松. 劈裂实验中不同岩石力学行为特征[J]. 中国矿业大学学报, 2020, 49(5): 863-873.

[4] Wang J C, Li M, Wang Z H, et al. A new method for improving coal wall stability in longwall mining by considering support stiffness[J]. Bulletin of Engineering Geology and the Environment, 2023, 82(5): 163-175.
[5] 杨磊, 高富强, 王晓卿, 等. 煤岩组合体的能量演化规律与破坏机制[J]. 煤炭学报, 2019, 44(12): 3894-3902.
[6] 王家臣, 张锦旺, 王兆会. 放顶煤开采基础理论与应用[M]. 北京: 科学出版社, 2018.
[7] Fan H D, Lian X G, Yang W F, et al. Mining large-gradient subsidence monitoring using D-InSAR optimized by GNSS[J]. The Imaging Science Journal, 2021, 69(1-4): 207-218.
[8] Li Y, Liu L M, Li Y H, et al. Quantitative calculation method surface subsidence caused by underground mining based on GIS[J]. Geotechnical and Geological Engineering, 2020, 38(1): 61-69.
[9] Zha J F, Miao P L, Ling H K, et al. Deformation-adapted spatial domain filtering algorithm for UAV mining subsidence monitoring[J]. Sustainability, 2024, 16(18): 8039.
[10] 王兆会, 唐岳松, 李猛, 等. 深埋薄基岩采场覆岩冒落拱与拱脚高耸岩梁复合承载结构形成机理与应用[J]. 煤炭学报, 2023, 48(2): 563-575.
[11] 郭增长, 谢和平, 王金庄. 极不充分开采地表移动和变形预计的概率密度函数法[J]. 煤炭学报, 2004, 29(2): 155-158.
[12] 李广信, 张丙印, 于玉贞. 岩土力学[M]. 北京: 清华大学出版社, 2022.
[13] Zhao B C, Guo Y X, Mao X W, et al. Prediction method for surface subsidence of coal seam mining in Loess Donga based on the probability integration model[J]. Energies, 2022, 15(6): 2282.
[14] Chai H B, Xu M T, Guan P J, et al. Research on mining subsidence prediction parameter inversion based on improved modular vector method[J]. Applied Sciences, 2023, 13(24): 13272.
[15] Wei T, Guo G L, Li H Z, et al. A novel probability integral method segmental modified model for subsidence prediction applicable to thick loose layer mining areas[J]. Environmental Science and Pollution Research, 2023, 30(18): 52049-52061.

第6章 野青灰岩顶板薄煤层工作面旋转开采岩层运动特征及控制

野青灰岩是华北煤炭开采区常见的坚硬顶板岩层，特别在河北峰峰矿区的薄煤层开采中广泛分布。随着矿井长期开采，赋存条件简单的煤炭资源日益减少，不规则工作面布置面临坚硬顶板控制、搬家接替及支架调整等难题，制约了长壁工作面的高效机械化开采。以大社矿为工程背景，本章研究了野青灰岩坚硬顶板条件下矿压显现与覆岩移动规律，开发了适用于薄煤层的连续旋转开采技术，实现了复杂条件下薄煤层不规则工作面的安全高效开采。

6.1 野青灰岩顶板薄煤层赋存特征

峰峰矿区以薄煤层开采为主，顶板广泛赋存致密坚硬、结构稳定的野青灰岩。这种主要由方解石组成的沉积岩呈青灰色或灰黑色，在我国华北、华南等地区均有广泛分布。在开采过程中，野青灰岩顶板因其坚硬特性难以垮落，顶板运动表现为缓慢下沉的规律。峰峰矿区的大社矿、九龙矿、孙庄矿、牛儿庄矿等多个矿区均面临在野青灰岩顶板下开采的挑战。

随着我国东部矿井长期开采，赋存条件简单的煤炭资源逐渐减少，不规则工作面比例增加。受液压支架调整困难及薄煤层开采技术和设备不足的限制，过去针对薄煤层的开采在各大矿区进展有限。目前，我国薄煤层开采普遍采用综采长壁式采煤技术、房柱式采煤法及刨煤机综采法。这些传统方法多以等长布置和直线推进为主，但在薄煤层开采中表现出机械化程度低、劳动强度大、环境恶劣等问题。特别是在采高不足 1m 的极薄煤层中，作业人员的操作和设备运行空间极为有限，导致回采作业速度缓慢，巷道掘进效率低，工作面接替困难。此外，薄煤层开采易受地质条件影响，如断层、陷落柱及采高变化，进一步增加了设备布设和回采作业的难度。

在构造复杂条件下，矿井为提高资源回收率，减少巷道高差及工作面搬迁次数，不规则块段开采常采用旋转开采技术[1-3]。这种方法使工作面围绕轴心点或作业范围旋转推进，根据旋转角度大小分为调斜开采(旋转角度小于 45°)和大角度旋转开采(旋转角度大于 45°)。旋转开采具有提高煤炭资源回收率、适应复杂地质条件的优点，但也面临顶板管理难度加大、支架调整复杂及运输系统需频繁调整等问题。旋转角度越大，工艺难度越高[4-7]。

峰峰矿区野青灰岩顶板薄煤层开采表现出与常规工作面岩层运动显著不同的特征，其采空区顶板不发生破断，而是呈缓慢弯曲下沉、逐渐触底闭合的形态。当不规则工作面需采用旋转开采时，岩层运动进一步复杂化，增大了顶板控制难度，影响安全生产。基于此，野青灰岩顶板薄煤层可归类为复杂难采煤层，需要针对该条件制定适应性的开采技术和策略。

6.2　顶板载荷确定与支护强度

6.2.1　支架与围岩的关系

在长壁综采中，随着回采工作面推进，顶板岩层发生一系列复杂的运动和破坏。直接顶和基本顶在此过程中逐渐离层并垮落，而对覆岩起主要承载作用的关键层也会因承载能力达到极限而发生断裂，从而带动上覆岩层整体运动。这种岩层运动传至地表后，表现为地表沉陷。为了解释这一过程并有效管理顶板岩层控制技术，相关研究建立了如“砌体梁”理论等理论模型。

“砌体梁”理论在宏观上揭示了岩层移动、离层及失稳机制，并提出了相关准则，能够很好地解释垮落法矿压显现与岩层移动规律，以及顶板压力计算方法。其核心思想如下：随着工作面开采推进，直接顶逐步垮落；基本顶在继续推进中发生破断，形成“砌体梁”结构。“砌体梁”结构的前脚拱位于煤壁内，后脚拱则在采空区内。当采场处于“砌体梁”结构保护之下时，支架主要承担直接顶载荷。然而，当“砌体梁”结构失稳后，采场上方的基本顶岩块及其上覆载荷会作用在直接顶上，并通过直接顶传递至支架，从而对工作面形成来压。因此，工作面支架的设计和使用主要聚焦于控制基本顶岩块的运动和冲击，以确保采场安全。

在野青灰岩顶板条件下的薄煤层综采工作面，与普通综采工作面顶板随采随冒的情况不同，采空区有限的高度对顶板的变形和移动构成了较大的约束，顶板变形和移动的空间大幅减少。由于野青灰岩顶板具有良好的完整性，在其自重及上覆岩层载荷作用下，主要以缓慢下沉的形式发生弯曲变形。这种特性导致顶板需要悬顶更长的距离才会发生破断[8]。

此外，野青灰岩顶板上方存在若干软弱岩层，这些岩层随着野青灰岩顶板的下沉而逐渐破断，被视为对支架施加的额外载荷。为研究其运动特征，本节建立了上覆岩层移动模型，如图 6-1 所示。在该条件下，煤层较薄，支架的功能不仅是平衡顶板压力，还需有效控制顶板的下沉变形，以提供足够的回采空间，确保安全生产和通风需求，从而实现回采工作面的平稳推进。

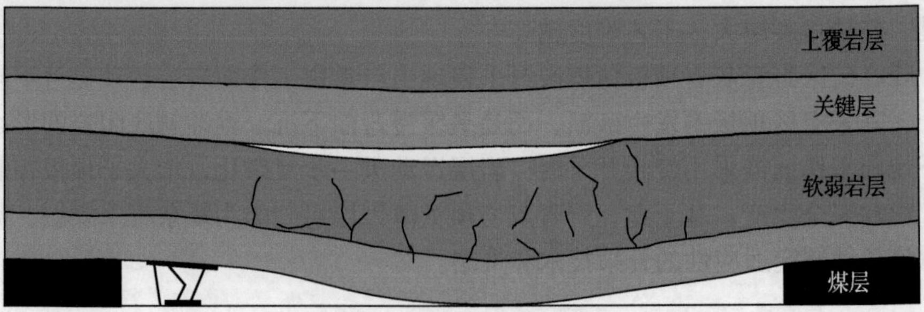

图 6-1　上覆岩层移动模型

因此，需要分别对野青灰岩顶板和其上部软弱岩层的载荷进行合理估算，明确顶板运动的特征与载荷分布，进而优化支架设计，确定合理的支架工作阻力，提升围岩控制水平，确保薄煤层的安全高效开采。

6.2.2　野青灰岩顶板载荷确定

要保证回采空间有足够的高度，就需要通过液压支架来限定顶板的变形。建立野青灰岩顶板运动状态线性简化模型，如图 6-2 所示。

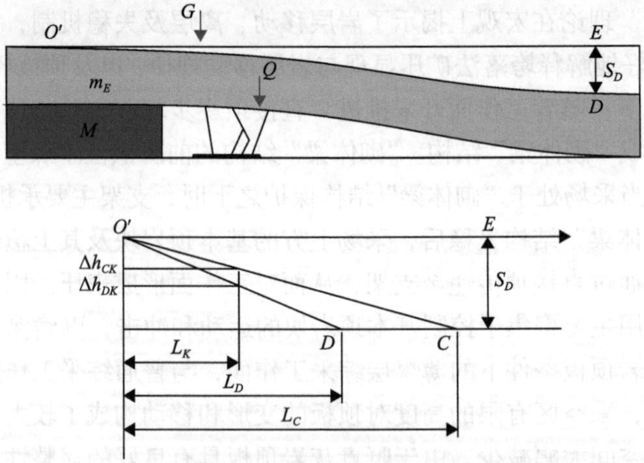

图 6-2　野青灰岩顶板运动状态线性简化模型

当野青灰岩顶板由水平位置 $O'E$ 下沉至最终位态 $O'D$ 时，顶板有最大下沉值 S_D，顶板悬跨度为 L_D，此时控顶距 L_K 处的顶板下沉量为 Δh_{Dk}，顶板在“限定变形”状态下，建立支架阻力与取得平衡的岩梁位置之间的力学关系方程，由几何关系可知：

$$\Delta h_{Dk} = \frac{S_D}{L_D} l_k \tag{6-1}$$

在最终位态下，顶板给支架的最大载荷(按防切顶考虑)为

$$P_{Ei}=\frac{m_E\gamma_E L_D}{K_T l_k} \tag{6-2}$$

式中，K_T 为支架承担顶板质量的比例系数，$K_T \leqslant 2$ 。

在“限定变形”情况下，即顶板未达到最终位态 $O'D$ 而处于Ⅱ位态 $O'C$ 时，顶板跨度为 L_C ，此时控顶距 l_k 处顶板下沉量为 Δh_{Ck} ，由几何关系得

$$\Delta h_{Ck}=\frac{S_D}{L_C}l_k \tag{6-3}$$

顶板可能最大载荷为

$$P_{Ei}=\frac{m_E\gamma_E L_C}{K_T l_k} \tag{6-4}$$

由图 6-2 中几何关系：

$$L_C=\frac{\Delta h_{Dk}}{\Delta h_{Ck}}\cdot L_D \tag{6-5}$$

将式(6-5)代入式(6-4)得

$$P_{Ei}=\frac{m_E\gamma_E L_D}{K_T l_k}\frac{\Delta h_{Dk}}{\Delta h_{Ck}}=K_D\frac{\Delta h_{Dk}}{\Delta h_{Ck}} \tag{6-6}$$

式中，m_E 为野青灰岩顶板厚度，m；γ_E 为顶板体积力，N；L_D 为顶板来压步距，m；K_D 为顶板位态常数，即当顶板下沉量为 Δh_D 时单位面积顶板作用力。

在开采条件一定时，$\dfrac{m_E\gamma_E L_D}{K_T l_k}\Delta h_{Dk}$ 是一常数，记为 T，则式(6-6)可写为

$$P_{Ei}=\frac{T}{\Delta h_{Ck}} \tag{6-7}$$

由式(6-7)可知，“限定变形”工作状态下，顶板给支架的载荷与要求控制的顶板下沉量之间成双曲线关系。

在“限定变形”工作状态下，令野青灰岩顶板刚度为 K_D ，支架刚度为 K_S ，底板刚度为 K_B ，而“野青灰岩顶板-支架-底板”支撑体系的总刚度为 K ，相应的变形量为 Δh_{Ck} 、Δh_{Cs} 、Δh_{Cb} 及 Δh_C ，则

$$\Delta h_C = \Delta h_{Ck} + \Delta h_{Cs} + \Delta h_{Cb} \tag{6-8}$$

$$\frac{1}{K} = \frac{1}{K_D} + \frac{1}{K_S} + \frac{1}{K_B} \tag{6-9}$$

$$K = \frac{K_D K_S K_B}{K_D K_S + K_S K_B + K_D K_B} \tag{6-10}$$

支撑力为

$$P_{Ei} = K_D \Delta h_{Ck} = K_S \Delta h_{Cs} = K_B \Delta h_{Cb}$$

则此支撑系统各个部分变形量分别为

$$\Delta h_{Ck} = \frac{K}{K_D} \Delta h_C \tag{6-11}$$

$$\Delta h_{Cs} = \frac{K}{K_S} \Delta h_C \tag{6-12}$$

$$\Delta h_{Cb} = \frac{K}{K_B} \Delta h_C \tag{6-13}$$

根据式(6-6)得到的“限定变形”工作状态下顶板给支架的载荷，可以进一步得到野青灰岩顶板刚度：

$$K_D = \frac{P_{Ei}}{\Delta h_{Ck}} = \frac{T}{\Delta h_{Ck}^2} \tag{6-14}$$

由此可见，野青灰岩顶板刚度与顶板下沉量的平方成反比关系，顶板刚度越大，在相同支撑力作用下，顶板下沉量越小，这表明顶板越不易发生变形。由于野青灰岩顶板具有较好的完整性，因此其在采空区上方不会随采随冒，而是以缓慢下沉的形式发生弯曲变形。

根据 94604 工作面煤层赋存条件，野青灰岩顶板厚度 m_E 为 1.2m，顶板体积力 γ_E 为 25kN/m^3，顶板周期来压步距 L_D 取 25m，l_k 取 3.8m，支架承担顶板岩梁比例系数 K_T 取 1.6，顶板最终位态时控顶距处下沉量 Δh_{Dk} 取 0.6m，则由式(6-6)可以计算顶板载荷：

$$P_{Ei} = \frac{T}{\Delta h_{Ck}} = \frac{74.01}{\Delta h_{Ck}} (\text{kN/m}^2) \tag{6-15}$$

式中：

$$T = \frac{m_E \gamma_E L_D}{K_T l_k} \Delta h_{Dk} = 74.01(\mathrm{kN/m^2}) \tag{6-16}$$

6.2.3 野青灰岩顶板上部软弱岩层载荷确定

野青灰岩顶板上方存在若干软弱岩层，认为这些软弱岩层随着野青灰岩顶板的下沉而发生破断，视为作用在支架上的载荷。

回采过程中，野青灰岩顶板上部软弱岩层前端作用在煤壁上，中间由液压支架控制，随着工作面推进，岩层在自重 G 及外载荷 Q 作用下，由 OA 位置开始逐渐沉降，当沉降量达到 Δh_{Bk} 时静止，此时软弱岩层处于 OB 位置，灰岩顶板垮落步距为 l_z，控顶距为 l_k，如图 6-3 所示。

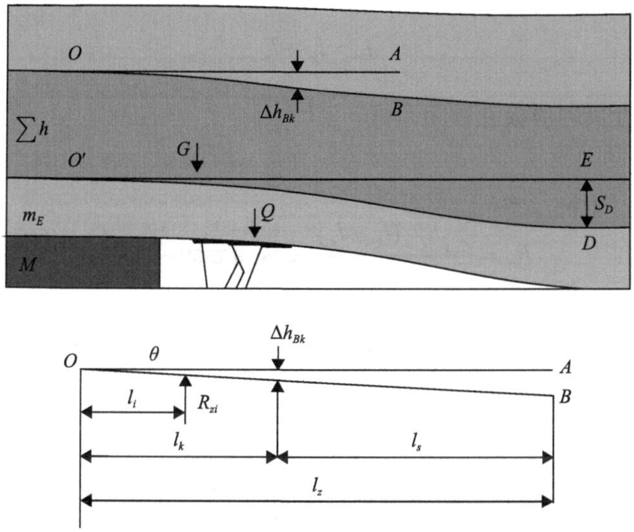

图 6-3　支架与软弱岩层力学模型

上部软弱岩层给支架最大作用力 R_{zi} 满足力矩平衡方程

$$R_{zi} l_i = G \frac{l_z}{2} \cos\theta \tag{6-17}$$

由图 6-3 可知

$$G = \sum h \gamma_z l_z \tag{6-18}$$

$$\tan\theta = \frac{\Delta h_{Bk}}{l_k} \tag{6-19}$$

式中，$\sum h$、γ_z 分别为软弱岩层的厚度、体积力；θ、Δh_{Bk} 分别为软弱岩层最终下沉状态回转角和控顶距处下沉量。

因此：

$$R_{zi} = \frac{\sum h\gamma_z l_z^2}{2l_i}\cos\left(\arctan\frac{\Delta h_{Bk}}{l_k}\right) \tag{6-20}$$

沿工作面布置方向，单位长度支架受力为

$$P_{zi} = \frac{R_{zi}}{l_k} \tag{6-21}$$

$$l_z = l_k + l_s \tag{6-22}$$

式中，l_s 为野青灰岩顶板悬顶距，m。

因此，有

$$P_{zi} = \frac{\sum h\gamma_z (l_k + l_s)^2}{2l_i l_k}\cos\left(\arctan\frac{\Delta h_{Bk}}{l_k}\right) \tag{6-23}$$

由图 6-3 中的几何关系可知，Δh_{Bk} 远小于 l_k。因此，在 Δh_{Bk} 的可能变化范围内，有

$$\cos\left(\arctan\frac{\Delta h_i}{l_k}\right) \approx 1 \tag{6-24}$$

由此得到：

$$P_{zi} = \sum h\gamma_z f_z = A \tag{6-25}$$

式中，f_z 为顶板悬顶系数，该值与控顶距大小和采场支架合力点有关。

顶板悬顶系数的计算公式为

$$f_z = \frac{(l_k + l_s)^2}{2l_i l_k} = \frac{1}{2n_i}\left(1 + \frac{l_s}{l_k}\right)^2 \tag{6-26}$$

式中，n_i 为控顶区内支护反力合力作用位置（l_i）与控顶距（l_k）的比值，即 $n_i=\dfrac{l_i}{l_k}$。

普通顶板条件的综采工作面，顶板一般随采随冒，无悬顶存在，即 $l_s=0$，$l_i={}^{l_k}\!/_2$ 时，$f_z=1$。此时，$P_{zi}=\sum h\gamma_z=A$。野青灰岩顶板条件下的薄煤层综采，顶板作用在采空区底板上，悬顶距离会显著增大，即 $l_s>0$，此时顶板悬顶系数 $f_z>1$，并且有 $P_{zi}\propto\left(1+\dfrac{l_s}{l_k}\right)^2$，则相比于普通顶板条件的综采工作面，支架需要更大的工作阻力才能够平衡直接顶的载荷。

根据 94604 工作面煤层赋存条件，灰岩顶板上方软弱岩层为 3.42m 的页岩、7.00m 的粉砂岩、5.00m 的泥质粉砂岩，体积力分别为 21N/m^3、20N/m^3、20N/m^3，支护阻力合力作用位置 l_i 取 1.65m，l_k 取 3.8m，则由式(6-26)，顶板悬顶系数为

$$f_z=\frac{(l_k+l_s)^2}{2l_il_k}=\frac{(3.8+l_s)^2}{12.54} \tag{6-27}$$

由式(6-25)，则直接顶载荷为

$$P_{zi}=\sum h\gamma_z f_z=(3.42\times21+7.00\times20+5.00\times20)\times\frac{(3.8+l_s)^2}{12.54}=24.87(3.8+l_s)^2(\text{kN/m}^2) \tag{6-28}$$

因此，综合考虑“限定变形”工作状态下支架与围岩的关系，在控顶距 l_k 处产生 Δh_{Ck} 下沉量时，合理支护强度分为两部分，即野青灰岩顶板作用力和灰岩顶板上部软弱岩层作用力，可表示为

$$P_T=P_{zi}+P_{Ei}=A+\frac{T}{\Delta h_{Ck}} \tag{6-29}$$

式中，P_T 为控制顶板下沉量在 Δh_{Ck} 时顶板给支架的作用力；$P_{zi}=A$ 为与控制位态无关的常数，前面已经讨论过。

式(6-29)反映了顶板运动与支架间的相互作用关系，即在支护强度 P_T 作用下，顶板显著运动将发展到位态 Δh_{Ck}，形成稳定结构。由于顶板处于某一位态时，采场内不同控顶距处顶板下沉量不同，因此式(6-27)应看成顶板运动稳定时位态与支架间的相互作用关系方程。两者间的关系是以 $\Delta h_{Ck}=0$ 及 $P_T=A$ 为渐近线的双曲线，如图 6-4 所示。

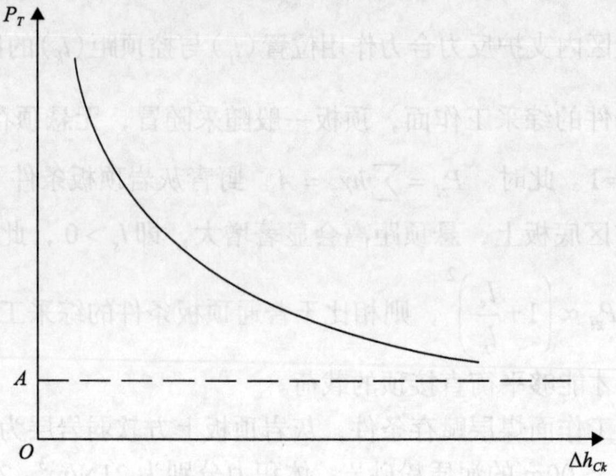

图 6-4　合理支护强度与顶板下沉量之间的关系曲线

通过对野青灰岩顶板载荷进行计算发现，支架对顶板的作用力由顶板位态和垮落步距决定。只要支架合理作用点不变，控制顶板在同一位态所需要的力是恒定的，要求控制的位态越高，所需支架的阻抗力越大。同时，顶板悬顶距离越大，所需要限定一定变形的力越大。

6.2.4　支护强度

当野青灰岩顶板最终位态控顶距处下沉量为 0.6m 时，顶板载荷为

$$P_T = P_{zi} + P_{Ei} = A + \frac{T}{\Delta h_{Ck}} = \left[24.87(3.8 + l_s)^2 + \frac{74.01}{\Delta h_{Ck}}\right](\text{kN/m}^2) \qquad (6\text{-}30)$$

由式(6-30)可以看出，支护强度可以看作与悬顶长度和顶板不同位态相关的函数。

根据大社矿地质条件，对顶板悬顶距(2～12m)和顶板下沉量(0.05～0.3m)进行分析，计算支护强度并绘制回归曲线(图 6-5)。结果显示，顶板下沉量对支架工作阻力影响显著，呈双曲线关系。当悬顶距为 2m，控制下沉量为 0.3m 时，支护强度为 1.08MPa，支护阻力为 6156kN；当下沉量减至 0.05m 时，支护强度增至 2.3MPa，阻力达 13110kN，增幅达 113%。可见，对控制顶板位态要求越高，所需支护阻力越大，且呈非线性增长。

另外，随着悬顶距的增大，软弱岩层载荷显著增加，支护强度与悬顶距成正比关系，且增速逐渐加快(图 6-6)。

因此，要想在有限的回采空间中保证有一定的安全高度，就需要限制顶板下沉量，即控制顶板位态，但是相应需要的支护阻力也会大幅提高。此时可以采取措施减小悬顶距这一敏感因素，有效降低支护阻力，保证回采安全。

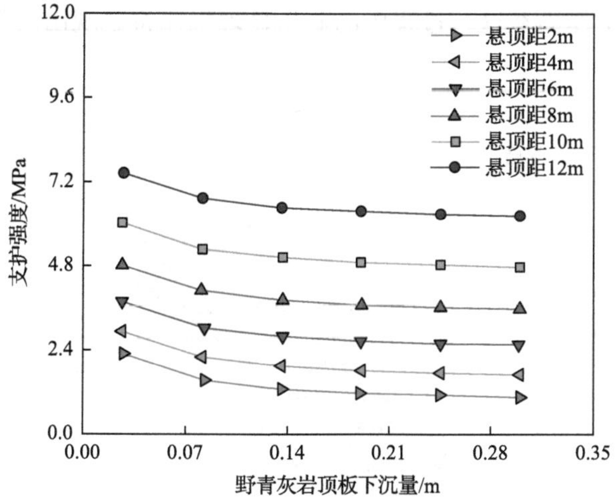

图 6-5　顶板悬顶距和顶板下沉量与支护强度的关系

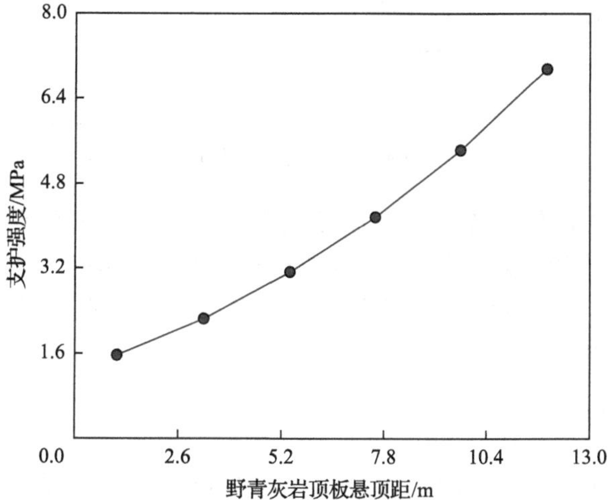

图 6-6　顶板下沉量为 0.1m 条件下顶板悬顶距与支护强度的关系

6.3　旋转开采矿压显现规律

6.3.1　数值模型建立

94604 薄煤层开采工作面布置简图如图 6-7 所示。工作面倾斜长度为 120m，主采煤层平均厚度为 1.3～1.4m，为典型的薄煤层开采工作面。同传统长壁工作面布置不同，该工作面在阶段 2、4、6 分别以 *A*、*B*、*C* 点为中心进行了 3 次回转，使工作面推进方向改变了 90°。由于工作面在阶段 2～6 过程中的非常规推进方式，94604 工作面在这一过程中的矿压显现规律将表现出同常规长壁工作面不同的特点。

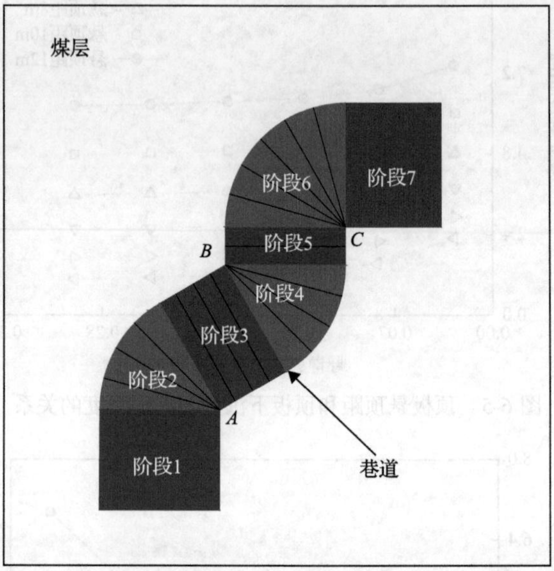

图 6-7　94604 薄煤层开采工作面布置简图

为研究薄煤层旋转工作面的矿压显现规律，根据工作面顶底板岩性，建立图 6-8 所示的数值模型。数值模型尺寸为 500m×500m×101m，工作面长度为 120m，巷道宽 3m、高 2m，卧底掘进。数值模型四周及底部设固定位移边界，顶部施加 10MPa 压应力，以模拟覆岩载荷条件。

6.3.2　覆岩沉降特征

94604 工作面直接顶由 1.5m 厚野青灰岩和 3m 厚页岩组成，随工作面推进，以缓慢下沉形式弯曲变形。在第 1 阶段(图 6-9)，推进至 20m 时，顶板最大下沉量为 0.068m，位于采空区中部，煤壁处为 0.015m，均在允许范围内。推进至 40m 时，顶板最大下沉量增至 0.15m，超前影响范围扩至 15m，煤壁处下沉量增至 0.05m；推进至 100m 时，顶板最大下沉量达 0.34m，煤壁处下沉量增至 0.1m，为旋转前状态。

在第 2 阶段推进过程中，工作面第 1 次回转后(以图 6-7 中点 *A* 为圆心，工作面长度为半径旋转)，顶板下沉特征如图 6-10 所示。靠近旋转中心的推进速度较慢，顶板下沉量缓慢增加；远离旋转中心的一端推进速度较快，顶板受采动影响范围更大。回转阶段顶板下沉量增加速度低于第 1 阶段，最大下沉量由 0.39m 增至 0.45m，位置前移速度减慢。

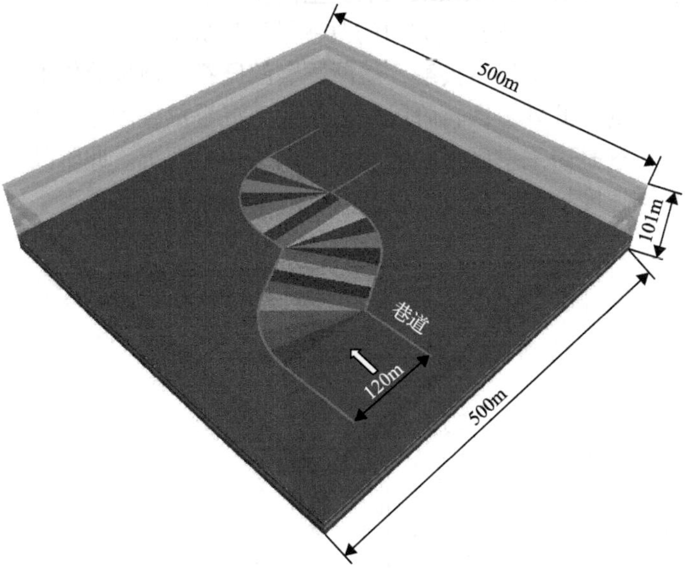

图 6-8　数值模型

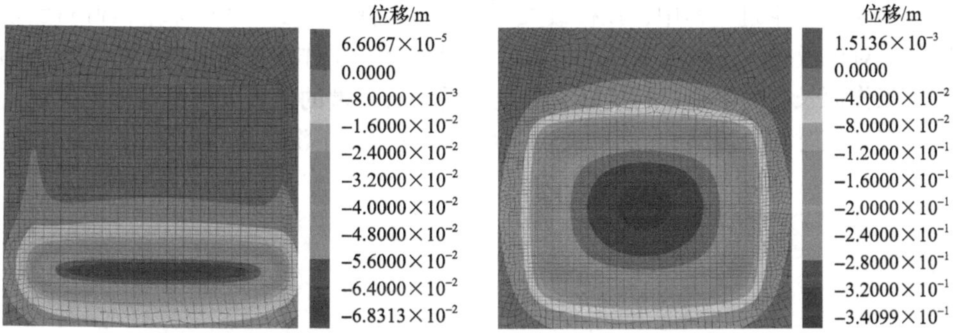

图 6-9　阶段 1 顶板下沉特征

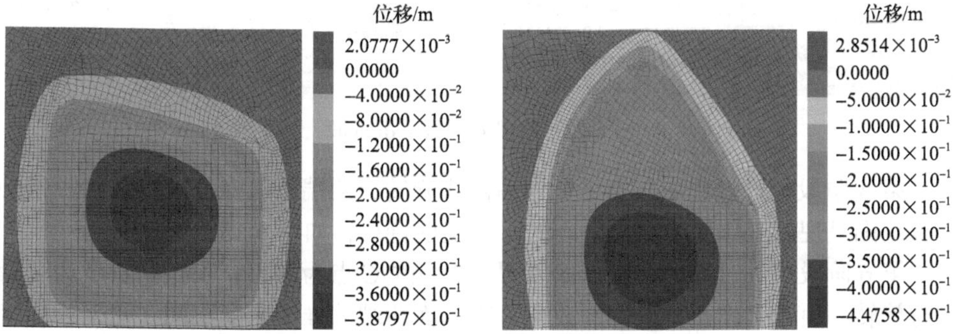

图 6-10　阶段 2 顶板下沉特征

第 3 阶段推进过程中，顶板最大下沉量由 0.46m 增至 0.48m，位置未发生变化，如图 6-11 所示。工作面推进方向的改变导致顶板下沉速度显著降低，这主要是下沉后的基本顶与冒落矸石接触，逐渐压实的矸石对顶板提供了支撑力，减缓了下沉速度造成的。此外，回转阶段顶板最大下沉量位置固定，且下沉量较初采阶段明显减少，这是因采空区形状的变化限制了顶板下沉。此阶段工作面停止旋转，两端以相同速度推进，顶板下沉范围超前工作面同步发育。

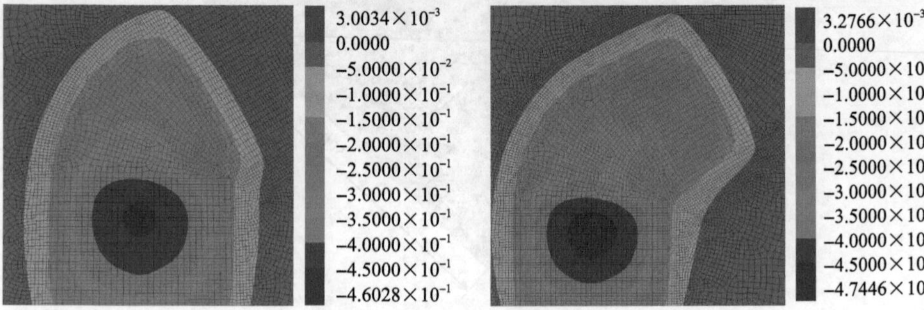

图 6-11 阶段 3 顶板下沉特征

第 4 阶段推进过程中，顶板最大下沉量基本保持不变，表明采空区矸石已被压实，对顶板提供了较强支撑力，如图 6-12 所示。工作面以图 6-7 中的 *B* 点为圆心、工作面长度为半径进行旋转，靠近旋转中心一端的顶板下沉范围停止扩展，但下沉量随时间缓慢增加；远离旋转中心一端的顶板下沉范围则以更快速度发育。

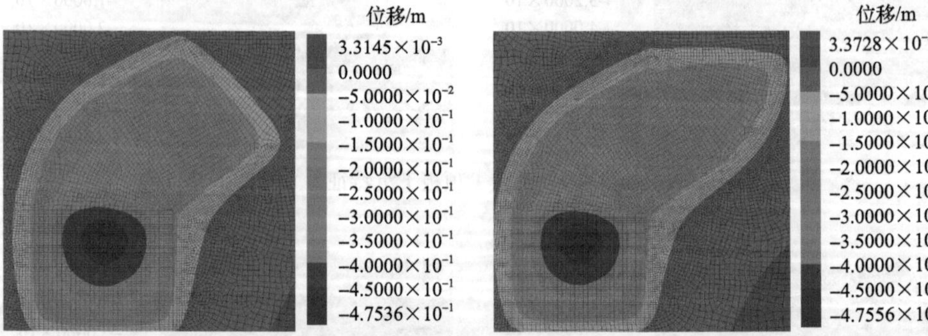

图 6-12 阶段 4 顶板下沉特征

第 5 阶段推进过程中，由于工作面停止旋转，两端正常推进，受采动影响的顶板范围呈现以工作面中部为中心的对称发展特征，如图 6-13 所示。

第 6 阶段推进过程中，工作面以图 6-7 中的 *C* 点为圆心、工作面长度为半径进行旋转。由于工作面推进方向改变，工作面两端的推进速度不同，受采动影响顶板范围的发育速度再次表现出不对称特征，靠近旋转中心端顶板下沉范围发展速度明显小于远离旋转中心端，如图 6-14 所示。

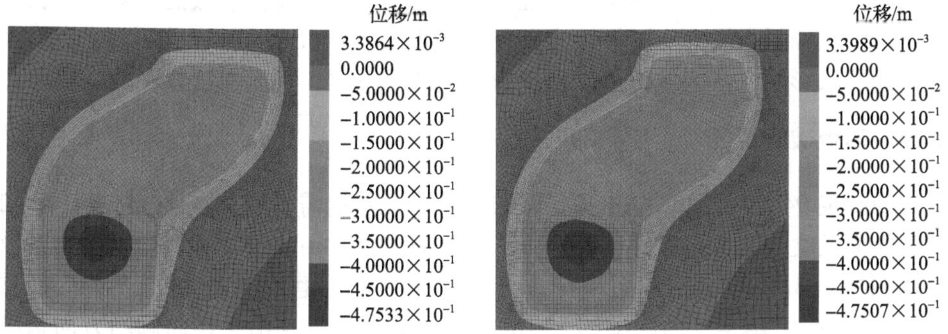

图 6-13　阶段 5 顶板下沉特征

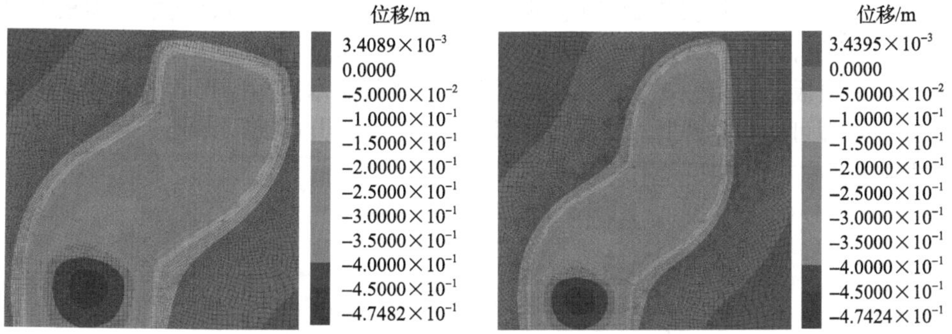

图 6-14　阶段 6 顶板下沉特征

第 7 阶段同初采阶段相比，其工作面的推进方向发生 90°改变，再次进入正常推进阶段，工作面两端顶板下沉量再次呈现出对称分布特征，如图 6-15 所示。

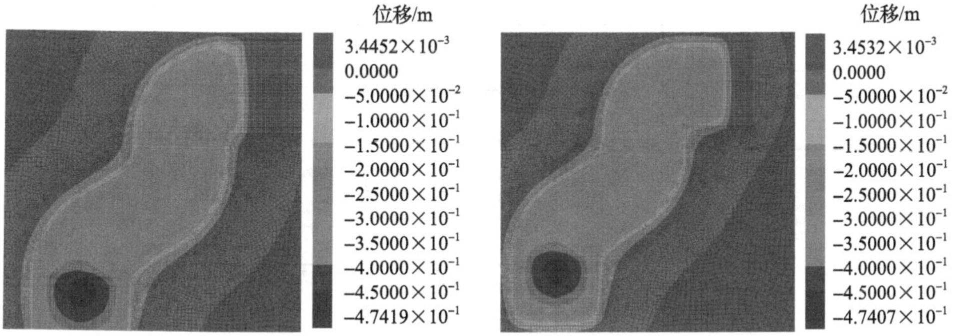

图 6-15　阶段 7 顶板下沉特征

对比图 6-9～图 6-15 中不同推进阶段的顶板下沉量分布特征可知，由于工作面旋转，回转阶段顶板下沉量明显小于初采阶段。初采范围内顶板最大下沉量达

0.47m，远大于基本顶与采空区矸石间可能存在的最大自由空间(0.2m)，表明该范围内采空区矸石已被充分压实；而在工作面回转后，受悬露顶板的影响，顶板可下沉量明显降低，最大下沉量约为 0.3m，说明采空区矸石未被充分压实。受临近工作面回采影响，该区域仍可能出现覆岩大范围下沉，进而引发地表沉陷现象。

6.3.3 顶板破断特征

为确定 94604 工作面基本顶实际破断形态，首先需得到基本顶极限跨距 a 同短工作面长度 b 之间的关系。工作面长度一定的条件下，基本顶极限跨距由其极限屈服弯矩 M 确定。工作面倾斜长度为 120m，回采巷道宽为 3m，两侧煤柱宽度均大于 6m，基本顶为厚度约为 7m 的粉砂岩，基本顶沿工作面倾斜方向长度同其厚度之比大于 5。因此，可将基本顶视为两边简支(左、右两侧为采空区，顶板由煤柱支撑，可发生旋转)、两边固支(前后两侧为实体煤支撑，顶板不可旋转)的薄板，由极限分析定理确定 a 的解析表达式。按照基本顶发生 I 类破坏建立基本顶板结构模型，如图 6-16 所示，以进行基本顶破断形式的判断。由极限分析定理可知，当作用于基本顶的外力功率同内力功率相等时，基本顶达到其极限跨距。

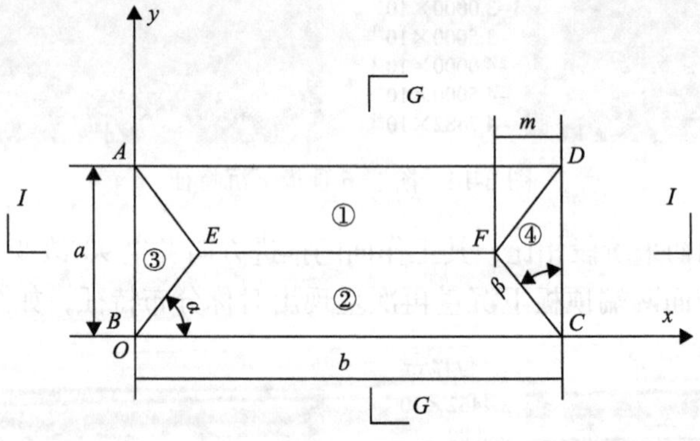

(a) 基本顶破断特征

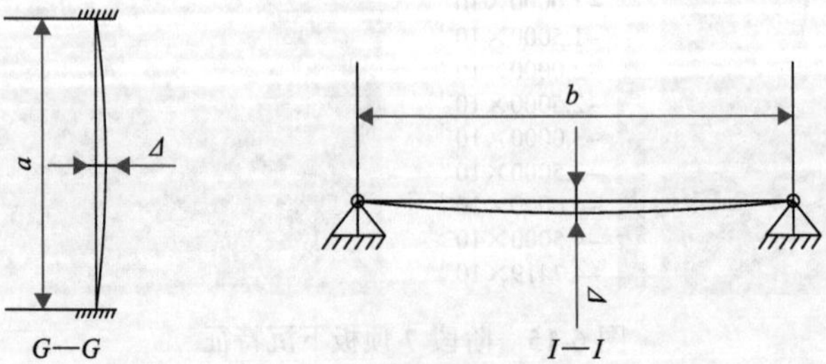

(b) 模型简化

图 6-16　基本顶板结构模型

初采阶段，工作面推进长度小于其倾斜长度，根据薄板 O-X 破断特征，将基本顶分为图 6-16(a)所示的 4 个部分。为简化计算，将工作面两端头弧形三角板简化为三角板，则断裂前 EF 下沉量最大为 $\varDelta$。对于岩板②，其上任意一点的下沉速率为 $2y\varDelta/a$，如图 6-16(b)则基本顶自重及随动层载荷在岩板②上做功功率为

$$\dot{W}_1 = 2\iint_{A_2} 2\frac{y}{a}\dot{\varDelta}q\mathrm{d}x\mathrm{d}y = \frac{1}{4}aq\dot{\varDelta}\left(b-\frac{4}{3}m\right) \tag{6-31}$$

式中，a 为基本顶跨度，m；b 为工作面长度，m；q 为作用于基本顶之上的随动岩层载荷，MPa；m 为弧形三角板高度，m；$\dot{\varDelta}$ 为破断岩板下沉运动速度，m/s；A 为破断岩板面积，m^2。

岩板③上任意一点的下沉速率为 $x\dot{\varDelta}/m$，则载荷在岩板③上做功功率为

$$\dot{W}_3 = \iint_{A_3} \frac{q\dot{\varDelta}}{m}x\mathrm{d}x\mathrm{d}y = \frac{qam\dot{\varDelta}}{6} \tag{6-32}$$

基本顶破断过程中，上覆岩层载荷在其上做功的总功率为

$$\dot{W} = \frac{1}{2}aq\dot{\varDelta}\left(b-\frac{2}{3}m\right) \tag{6-33}$$

岩板①、②在运动过程中产生的回转角均为 $2\varDelta/a$，岩板③、④产生的转角为 $\varDelta/m$，则基本顶在破断过程中内力耗散功率为

$$\dot{U} = 4M\dot{\varDelta}\left(\frac{2b}{a}+\frac{a}{2m}\right) \tag{6-34}$$

式中，M 为基本顶沿工作面推进方向的抗弯强度，$10^6\mathrm{N\cdot m}$。

根据极限分析定理，令式(6-33)和式(6-34)相等，可求得承受载荷及工作面长度一定的条件下，基本顶极限跨距 a 同基本顶沿工作面方向的极限抗弯弯矩之间的关系：

$$a = \sqrt{\frac{48Mmb}{3mqb-2m^2q-12M}} \tag{6-35}$$

由式(6-35)可得基本顶抗弯能力同极限跨距之间的关系，将各参数代入，若得基本顶极限跨距 a 小于工作面长度 b，则基本顶破断类型属于 Ⅰ 型；若极限跨距大于工作面长度，则基本顶破断类型属于 Ⅱ 型。取弧形板高度 m=5m，由组合梁理论可得随动载荷 q=1.05MPa，工作面长度 b=120m。由式(6-35)可得基本顶

极限跨距同基本顶极限抗弯刚度之间的关系曲线，如图 6-17 所示。基本顶极限跨距随着其极限屈服弯矩的增大而增大，当基本顶的极限屈服弯矩达到 80MN·m 时，其极限跨距达到 120m，同工作面倾斜长度相等。若基本顶极限屈服弯矩小于该值，则其破断属于Ⅰ型；若大于该值，则基本顶发生Ⅱ类破断。

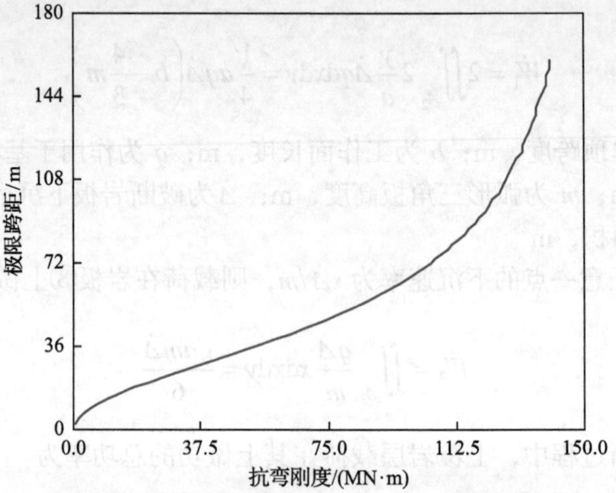

图 6-17　基本顶极限跨距随抗弯刚度变化曲线

94604 工作面基本顶厚度约 7m，抗拉强度约 2MPa，极限抗弯刚度小于 80MN·m。在推进阶段 1 中，基本顶发生Ⅰ类破断，初次破断步距为 40～50m。回转阶段因基本顶悬露形状不规则，破断形式难以通过弹塑性理论进行判断，但推测破断形态复杂，来压强度分布不均。

结果显示，工作面推进至 20m 时，野青灰岩和页岩顶板缓慢下沉弯曲，仅局部出现滞后于工作面的小范围冒落。由于直接顶滞后冒落，因此基本顶悬露范围不足 20m，拉应力水平低，未发生破坏，也未监测到声发射现象。

当工作面推进至 40m 时，直接顶冒落范围沿推进方向扩展，但水平范围未变，基本顶悬露达到 30～40m。下位基本顶进入塑性屈服状态，部分弹性应变能以声能释放，声发射信号集中在采空区中部上方，表明基本顶中部率先破坏。此时，基本顶破坏范围有限，未发生断裂，采空区矸石未被压实，对顶板未形成支撑作用。

工作面推进至 60m 时，直接顶冒落范围继续扩大，中位基本顶产生声发射信号，表明破坏范围增大并发生断裂。基本顶断裂后，上覆岩层随动冒落，采空区矸石逐渐被压实，对顶板产生一定的支撑作用，此时对采空区进行了充填(充填材料采用双屈服模型模拟)。随着工作面的继续推进，基本顶周期性断裂，步距约为 20m。如图 6-18 所示，工作面推进至 80m 和 100m 时，均监测到声发射信号，表明基本顶再次破坏并断裂。

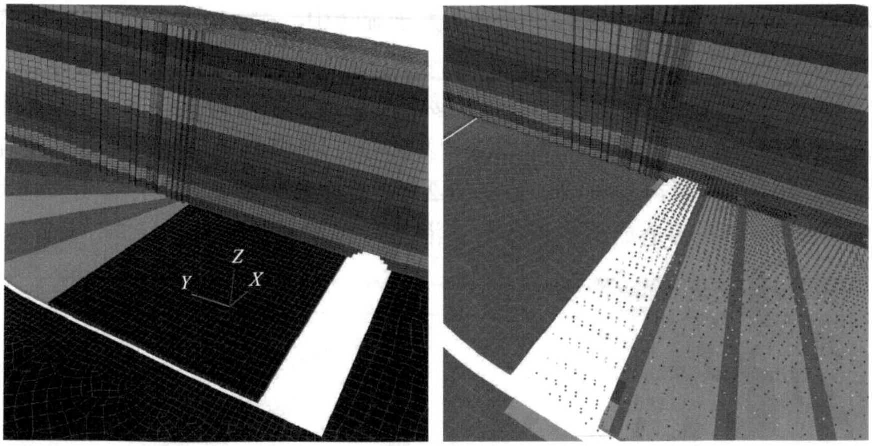

图 6-18　阶段 1 顶板破断特征

在第 2 推进阶段，工作面开始旋转，靠近旋转中心的一端由于推进速度下降甚至停滞，直接顶冒落不充分，下位基本顶岩层中出现声发射信号。旋转中心端基本顶悬露范围小，不会产生拉应力，声发射信号由剪切破坏引起；远离旋转中心的一端基本顶悬露范围较大，产生拉应力，声发射信号由拉伸破坏引起。

由图 6-19 可见，此阶段仅下位基本顶中产生声发射信号，中位和上位基本顶仍处于弹性状态，破坏范围有限，基本顶未发生破断，仅出现弯曲变形。随着悬露长度增加，基本顶下沉量增大，与采空区冒落矸石接触并受到支撑。因此，在回转阶段，由于煤层厚度小，采出空间有限，基本顶以屈曲变形为主，不再发生破断引发周期来压现象，这与现场实际情况一致。

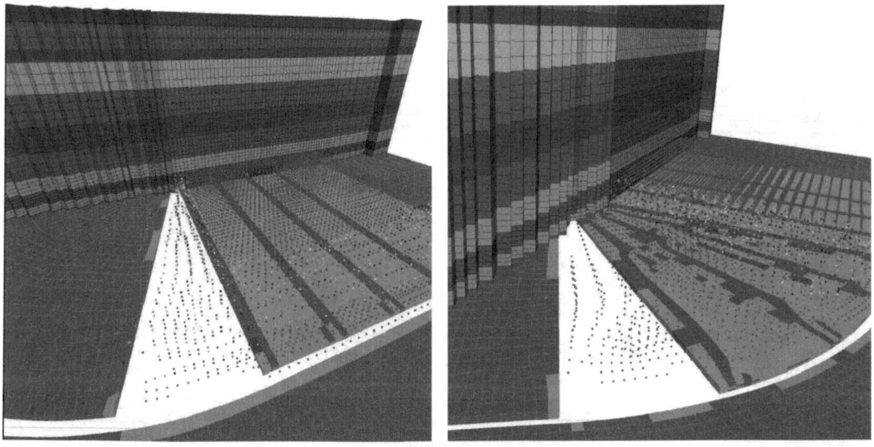

图 6-19　阶段 2 顶板破断特征

在工作面回转阶段，由于工作面两端推进速度不同，顶板运动特征各异，远离旋转中心侧顶板下沉范围的发育速度大于旋转中心侧。对比图 6-20 中工作面两侧顶板冒落特征可知，靠近工作面旋转中心侧，由于工作面推进速度慢，顶板悬露范围小，直接顶垮落高度小，仅直接同煤层接触的野青灰岩发生冒落，野青灰岩之上的页岩在工作面后方形成悬臂不垮落。在远离旋转中心一端，工作面推进速度快，顶板悬露范围大，由图 6-20 可以看出该侧野青灰岩和页岩均发生垮落，即工作面回转造成顶板垮落形态沿工作面倾斜方向的不均匀分布特征。

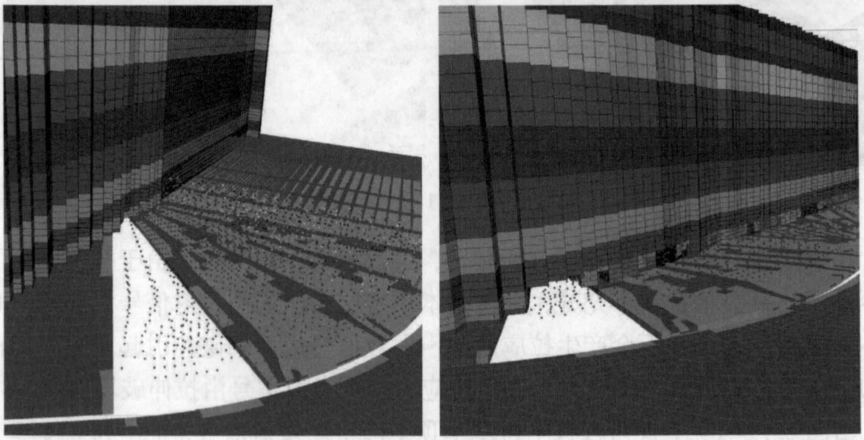

图 6-20　工作面两端头顶板破断特征

在第 3 推进阶段，工作面停止回转，再次正常推进，工作面两侧直接顶破断形态再次表现出沿工作面倾斜方向的对称分布特征。由图 6-21 可知该阶段仅下位基本顶中产生声发射现象，即仅下位基本顶发生破坏。由于基本顶屈服范围小，因此不会发生周期性破断。

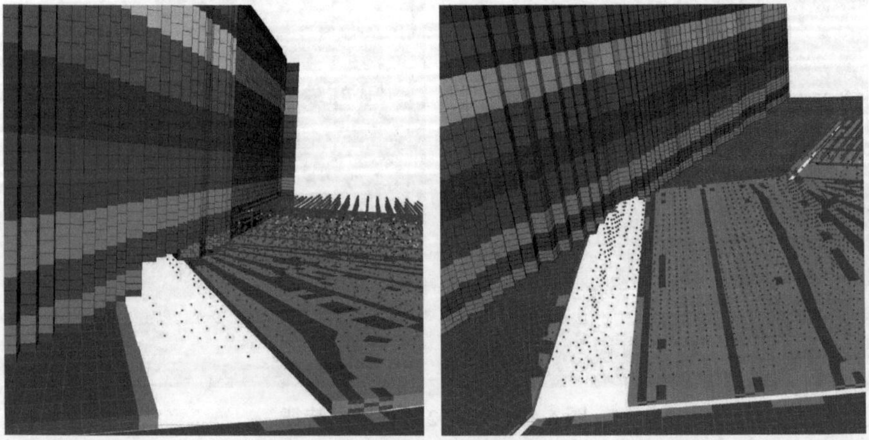

图 6-21　阶段 3 顶板破断特征

在第 4 推进阶段，工作面进行旋转，靠近旋转中心一侧基本顶始终处于弹性状态，无破断风险；远离旋转中心一侧仅下位基本顶出现少量声发射信号，表现为弯曲下沉，无破断风险。工作面旋转后，基本顶由周期性破断转变为弯曲下沉，受工作面形状和推进方向变化及采空区矸石支撑等因素影响。推进速度不均导致顶板冒落形态差异：旋转中心侧垮落不充分，远端随采随冒，如图 6-22 所示。

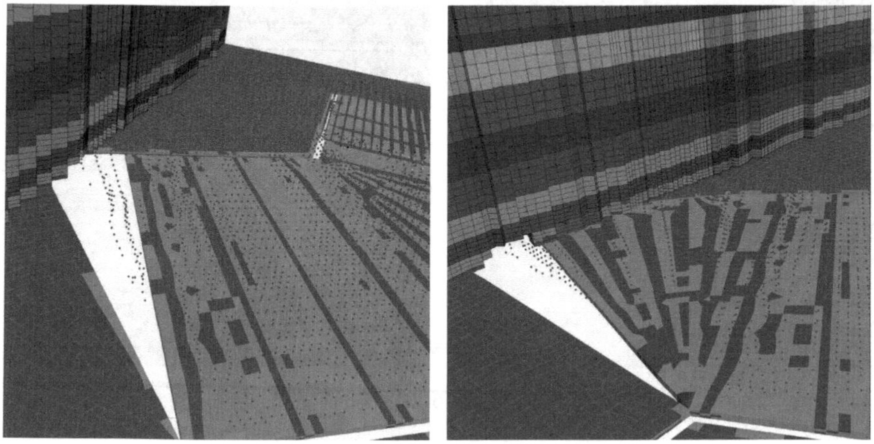

图 6-22　阶段 4 顶板破断特征

在第 5 推进阶段，工作面停止旋转，工作面两端推进速度相同，直接顶冒落形态沿工作面倾斜方向呈对称分布，野青灰岩和页岩均可充分垮落。基本顶中未出现声发射现象，仅在滞后工作面约 15m 处出现少量声发射信号，表明基本顶不会发生周期性断裂，主要表现为弯曲下沉变形，如图 6-23 所示。

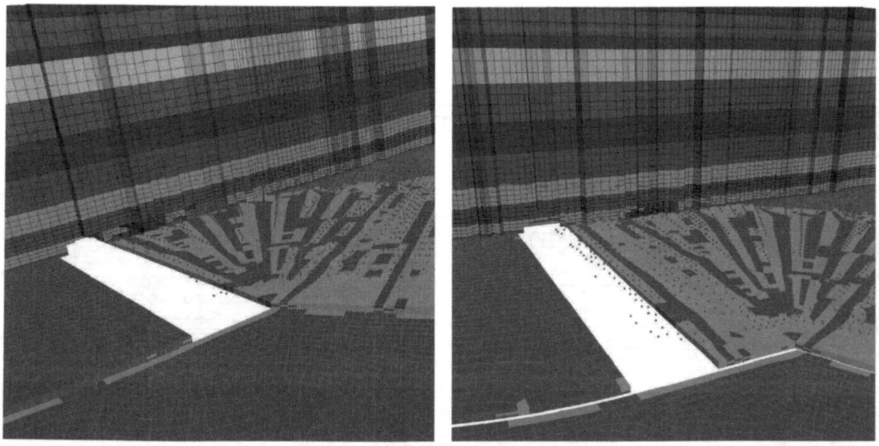

图 6-23　阶段 5 顶板破断特征

在第 6 推进阶段(图 6-24)，工作面再次回转，直接顶垮落特征沿工作面倾斜方向呈不对称分布。推进速度快的一侧直接顶垮落充分，而推进速度慢的一侧直接顶垮落不充分。下位基本顶中出现声发射信号，表明靠近煤层的下位基本顶发生小范围破坏，但由于破坏范围有限，不会造成顶板来压。

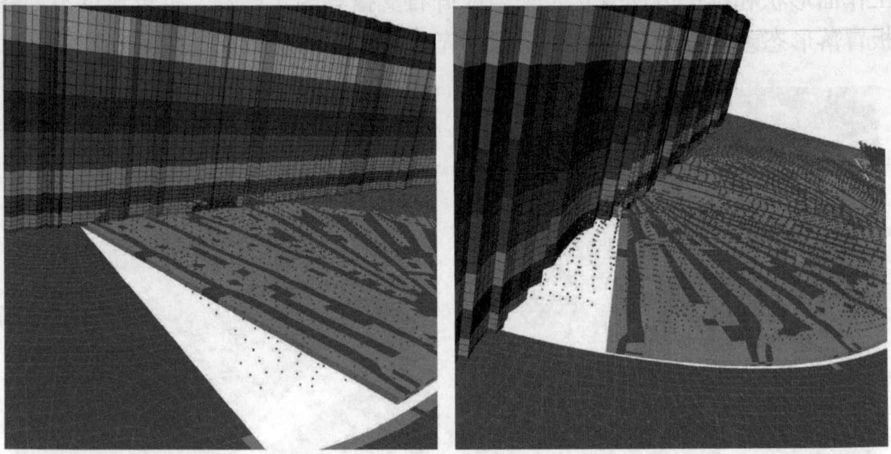

图 6-24 阶段 6 顶板破断特征

在第 7 推进阶段(图 6-25)，工作面再次进入正常推进，工作面两侧推进速度相同。直接顶岩层滞后工作面垮落，且随着岩层层位的升高，垮落位置滞后煤壁的距离逐渐增加。由于工作面不再旋转，直接顶垮落特征沿工作面倾斜方向呈对称分布，野青灰岩和页岩均可充分垮落。此阶段，由于垮落直接顶的支撑作用，基本顶未发生周期性断裂，仅靠近煤层的下位直接顶中出现少量声发射信号，表明基本顶局部区域发生破坏，但范围较小，不会引发基本顶的大范围断裂失稳。

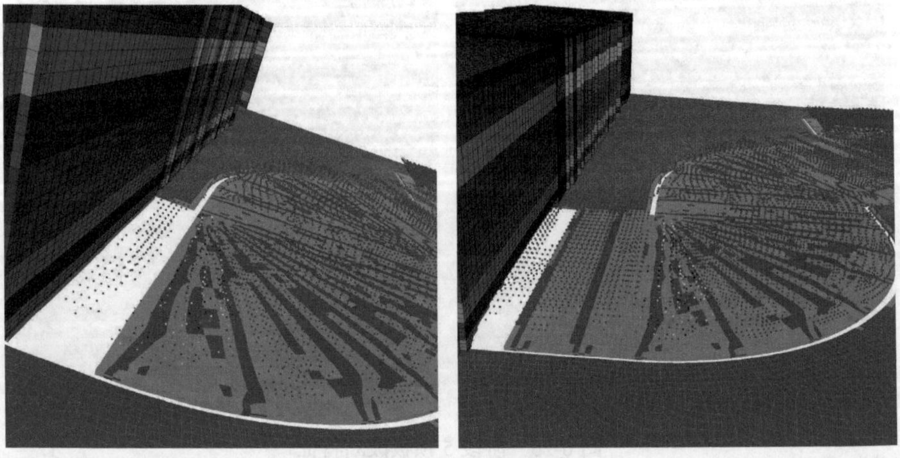

图 6-25 阶段 7 顶板破断特征

6.3.4　煤层应力场分布特征

开采扰动下地应力出现重新分布现象，重新分布后的应力场被称为采动应力场。工作面开挖导致煤层原有的水平约束消失，使煤层中的水平主应力由初始地应力逐渐降低，这一现象被称为开挖引起的卸荷效应。随着与煤壁距离的减小，卸荷效应逐步增强。工作面前方煤体受到采动影响后，主应力逐渐减小，在煤壁位置降至接近零。根据研究结果，从初始采动影响位置到煤壁，开挖引起的水平主应力变化近似满足负指数关系：

$$\sigma_h = \sigma_{hi}[1 - \exp(-\alpha x)] \tag{6-36}$$

式中，σ_{hi} 为初始水平主应力，MPa；α 为拟合常数，控制采动卸压范围及应力变化梯度，该参数受采高、工作面长度及工作面推进速度的影响；x 为工作面前方任意一点煤体距工作面的距离，m，工作面煤壁位置为坐标原点。

开挖在造成侧向卸荷效应的同时，还会引起覆岩的下沉运动。未受采动影响前，覆岩处于初始平衡状态；受采动影响后，部分煤层被回收形成采空区，该范围的上覆岩层失去支撑开始下沉，其重力则通过各岩层向未采出部分煤层转移，使该部分煤体承受的覆岩重力增大，从而在工作面前方产生支承压力。同水平应力在开挖卸荷作用下的降低趋势正好相反，垂直应力自初始采动影响点 O 开始升高。以往学者的理论和现场实测结果表明，垂直应力的升高阶段可由下式拟合：

$$\sigma_v = (K-1)\gamma H \exp[(l-x)/\beta] + \gamma H \tag{6-37}$$

式中，β 为拟合常数；K 为垂直应力峰值系数；l 为垂直应力峰值点距煤壁的距离。

由数值模拟实验和现场实测结果可知，地下开采过程中，垂直应力峰值系数最大值可达到 4，因此 K 的取值范围位于 1～4：

$$\sigma_{v\max} = K\gamma H, K = 1\sim4 \tag{6-38}$$

在峰值点处，煤体进入极限平衡状态，因塑性变形、微裂隙的发育，煤体中开始出现损伤，在不考虑煤体软化的条件下，垂直应力峰值位置至煤壁范围内，煤体均处于极限平衡状态，满足 M-C 屈服准则和变形一致性条件：

$$\sigma_v = N_\varphi \sigma_h + 2\sqrt{N_\varphi} C \tag{6-39}$$

由于水平应力不断减小，该阶段垂直应力由峰值开始降低，最终在煤壁处降至煤体的单轴抗压强度。由此可得垂直应力峰值点 B 至煤壁的水平距离为

$$l=-\frac{1}{\alpha}\ln\left[1-\frac{1}{\sigma_{hi}N_{\varphi}}\left(K\sigma_{vi}-2\sqrt{N_{\varphi}}C\right)\right] \tag{6-40}$$

可得垂直应力峰值位置对应的水平应力值为

$$\sigma_{h\max}=\sigma_{hi}\left(1-\exp\left\{\ln\left[1-\frac{1}{\sigma_{hi}N_{\varphi}}\left(K\sigma_{vi}-2\sqrt{N_{\varphi}}C\right)\right]\right\}\right) \tag{6-41}$$

假设某煤层初始垂直和水平主应力分别为 12MPa、8MPa，支承压力峰值系数 K 取 2，煤体内聚力和内摩擦角分别为 2MPa 和 30°，常数 α 和 β 分别取 0.1 和 20，得出煤壁前方的最大主应力峰值距离煤壁 13m，对应水平主应力值为 4.2MPa，采动影响范围约为 45m。最终煤体中垂直和水平应力分布曲线如图 6-26 所示。在采动影响下，煤层中应力分布自距工作面前方 45m 处开始变化，垂直应力逐渐增大，而水平应力逐渐减小。垂直应力在距煤壁 13m 处达到峰值，之后煤体进入极限平衡状态并开始损伤，随着水平应力的持续降低，垂直应力在峰值点后也逐渐降低。

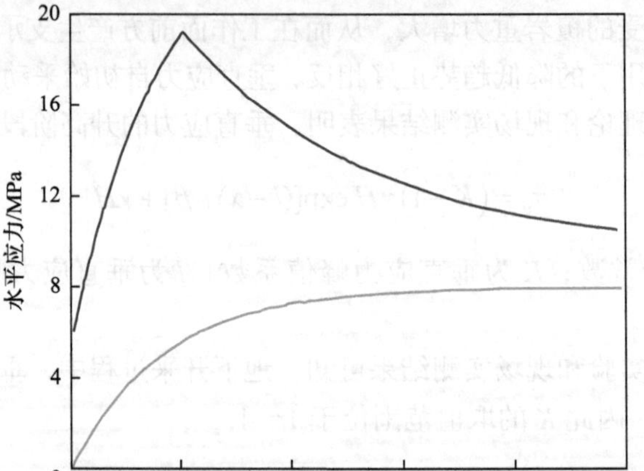

图 6-26 最终煤体中垂直和水平主应力分布曲线

开挖卸荷对垂直应力分布特征的影响尤为显著。近年来，煤层回采引起的开挖卸荷效应逐渐成为研究重点，其作为围岩和煤体破坏的主要原因受到广泛关注。开挖卸荷效应是指开挖引起侧向约束消失，导致水平应力随着距煤壁距离的减小而降低的现象。水平应力的降低速度反映了卸荷效应的剧烈程度，该程度受到工作面推进速度、割煤高度及工作面几何尺寸等多种因素的影响。

如图 6-27 所示，开挖卸荷对煤体中应力分布表现出一定规律性变化。随着参

数 α 的增大，水平应力降低速度加快，煤体初始屈服点迅速向煤壁靠近，煤体从受采动影响到完全损伤的过渡时间缩短。此外，随着水平应力降低速度的增加，采动显著影响的煤体范围减小，而煤体初始屈服位置至工作面煤壁范围内垂直应力的降低梯度显著增大。

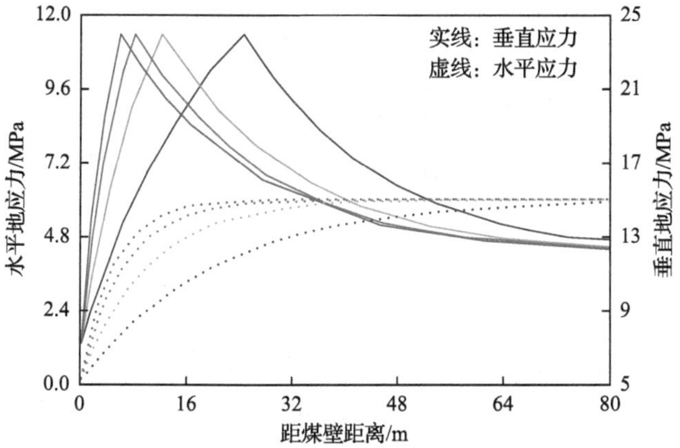

图 6-27　开挖卸荷对煤体中应力分布的影响

在 94604 工作面煤层开采的第 1 阶段，垂直应力分布如图 6-28 所示。工作面推进至 20m 时，支承压力峰值达到 28MPa，初始垂直应力为 10MPa，峰值系数为 2.8，且峰值位于工作面两端。推进至 40m 时，支承压力峰值上升至 31.3MPa，峰值位置向工作面中部转移。随着工作面的持续推进，支承压力峰值不断增大，在推进至 60m、80m 和 100m 时，支承压力峰值呈现明显的增长趋势。

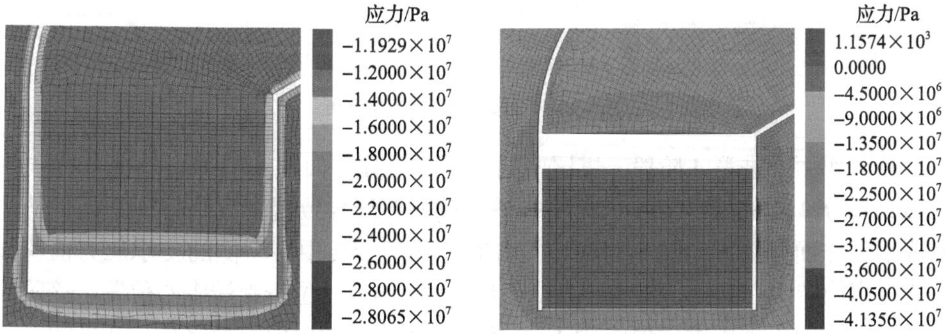

图 6-28　阶段 1 垂直应力分布

在工作面推进第 2 阶段，煤层中垂直应力分布如图 6-29 所示。该阶段工作面开始旋转，分 4 次完成回转过程，煤层中垂直应力峰值分别为 43.3MPa、44.5MPa、45.4MPa 和 46.4MPa。随着工作面的推进，垂直应力峰值持续增长，但相比第 1 阶段，其增长速度明显减缓。这是由于顶板逐渐与采空区矸石接触，采空区矸石在被压实后开始承担部分上覆岩层的重力，从而减缓了实体煤中垂直应力的增长。

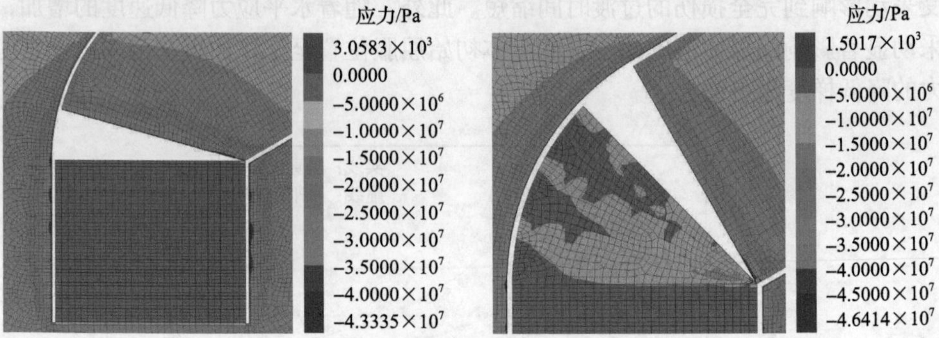

图 6-29　阶段 2 垂直应力分布

在工作面推进第 3 阶段，煤层中垂直应力分布如图 6-30 所示。该阶段分为 4 步完成，每步计算后煤层中的垂直应力峰值均稳定在 4MPa 左右，且峰值位置始终位于工作面中部。与之前阶段相比，支承压力峰值随工作面推进的增长现象不再明显。

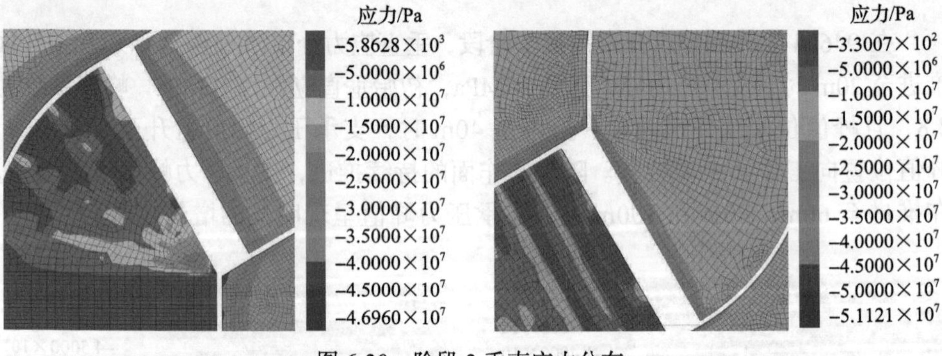

图 6-30　阶段 3 垂直应力分布

在工作面推进第 4 阶段，煤层中的垂直应力分布如图 6-31 所示。工作面再次回转，且分 4 步完成，工作面两侧推进速度的差异导致覆岩沉降特征不同，从而形成沿工作面倾斜方向的不对称应力分布。靠近旋转中心一侧的支承压力值明显大于远离旋转中心一侧，支承压力峰值约为 4MPa，并位于旋转中心位置。该阶段工作面两端的支承压力比值约为 1.5，相较第 2 阶段的比值有所降低，这可能与靠近旋转侧煤层两条边之间夹角 θ 值的增大有关。

在工作面推进第 5 阶段，工作面再次停止回转，支承压力分布再次恢复至沿工作面倾斜方向的对称分布特征，支撑压力最大值位于工作面中部，支承压力峰值系数小于 4，同回转过程中支承压力峰值系数相比，该阶段峰值系数有所降低，如图 6-32 所示。

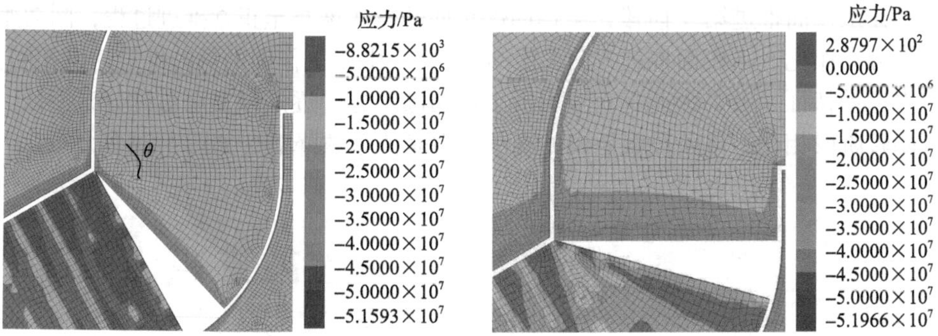

图 6-31　阶段 4 垂直应力分布

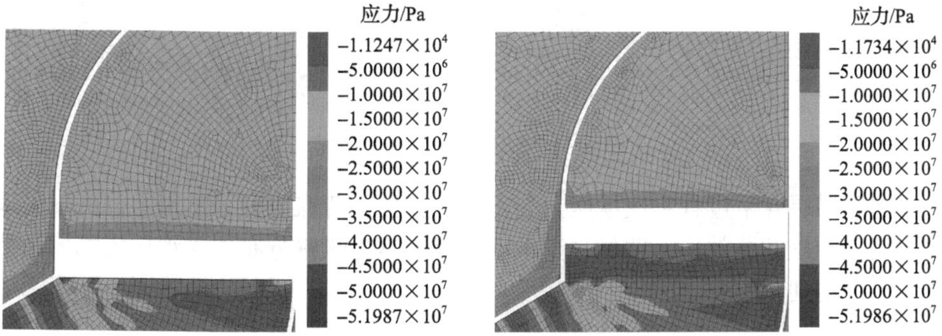

图 6-32　阶段 5 垂直应力分布

在工作面推进第 6 阶段，工作面再次发生回转，支承压力沿工作面倾斜方向再次出现不对称分布特征，靠近旋转中心一侧的支承压力峰值较大，远离旋转中心一侧的支承压力值较小，两端支承压力之间的比值约为 1.3。同第 2 和第 4 推进阶段相比，该比值再次降低。如图 6-33 所示，随着工作面的逐渐回转，垂直应力沿工作面倾斜方向的不均匀分布程度逐渐升高，这可能是由于靠近旋转中心侧煤层两条边之间的夹角 θ 逐渐减小造成的。

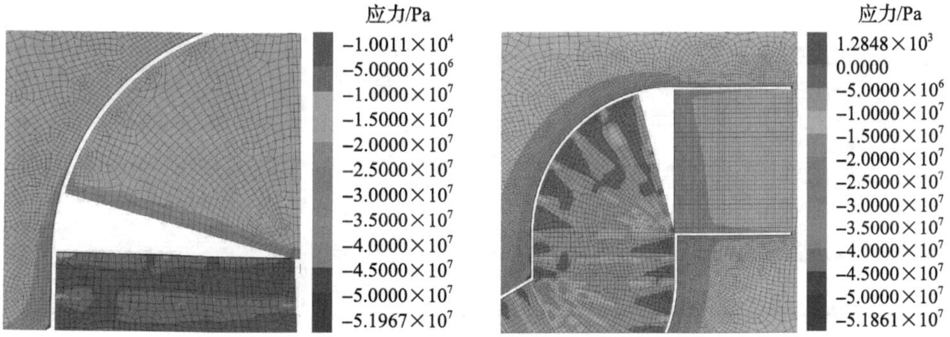

图 6-33　阶段 6 垂直应力分布

在工作面推进第 7 阶段，工作面停止回转再次恢复至正常推进过程，同初始推进方向相比，工作面推进方向发生 90°旋转。由于工作面两端的推进速度相同，覆岩运动特征一致，因此垂直应力沿工作面倾斜方向逐渐恢复至对称分布特征。同回转阶段相比，该阶段煤层中的支承压力峰值系数降低，如图 6-34 所示。

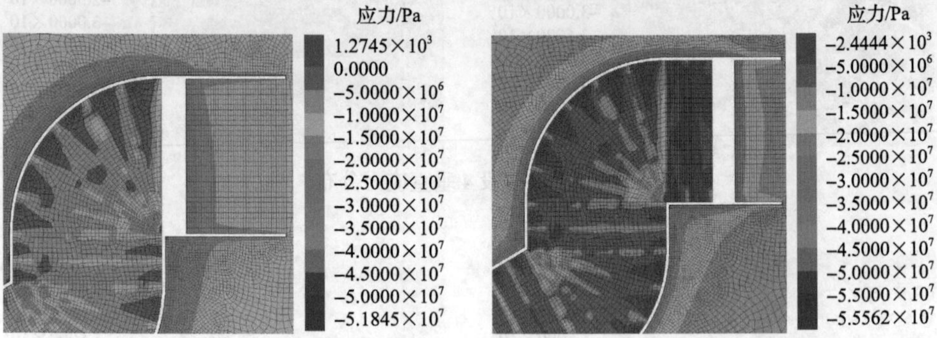

图 6-34　阶段 7 垂直应力分布

同厚煤层开采过程中支承压力分布特征相比，薄煤层开采过程中，由于受采动影响，开挖卸荷效应不明显，支承压力峰值靠近煤壁分布，支承压力峰值系数较大，可达到 4 左右。

6.3.5　煤壁破坏特征

工作面推进过程中，第 1 阶段工作面煤壁破坏特征如图 6-35 所示。工作面推进至 20m 时，由于推进距离小，采出空间有限，支承压力小，因此煤壁没有发生破坏，沿工作面倾斜方向煤壁全部处于弹性状态；工作面推进至 40m 时，采出空间增大，支承压力峰值增加，靠近工作面中部的煤壁发生破坏，但沿工作面推进方向工作面煤壁破坏范围很小，约为 2m；工作面推进至 60m 时，煤层中的垂直应力继续增大，煤壁塑性区范围沿工作面倾斜方向增加，沿工作面推进方向保持不变；工作面推进至 80m 时，煤壁破坏特征同推进至 60m 时相似；工作面推进

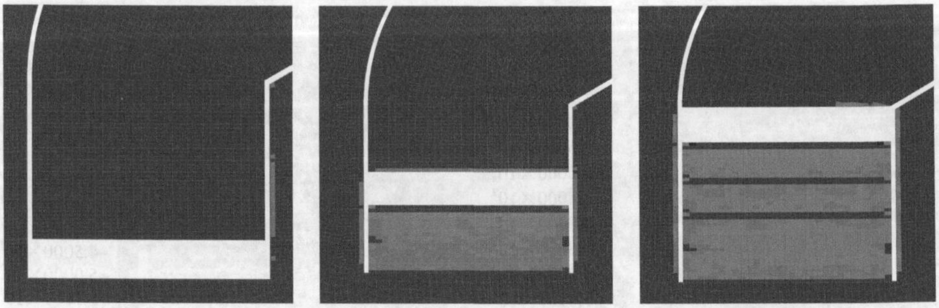

图 6-35　阶段 1 煤壁破坏特征

至 100m 时，工作面开始旋转，此时支承压力峰值向旋转中心靠近，煤壁破坏位置呈现相同的变化特征，靠近旋转中心的煤壁发生破坏，远离旋转中心的煤壁仍然保持完整状态。

在工作面推进第 2 阶段，工作面发生旋转，靠近旋转中心侧的煤壁发生破坏，远离旋转中心的煤壁破坏概率降低，但远离工作面旋转中心的另一端头煤壁同样发生小范围破坏，如图 6-36 所示。

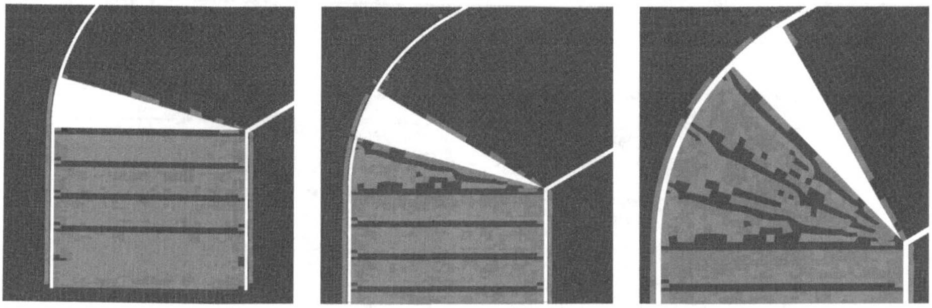

图 6-36　阶段 2 煤壁破坏特征

在工作面推进第 3 阶段，工作面停止回转，两端头推进速度保持一致，覆岩沉降特征相同，煤壁破坏再次恢复至沿工作面倾斜方向的对称分布特征。在该阶段的最后一步，工作面再次发生回转，煤壁破坏再次表现为沿工作面倾斜方向的不均匀分布形态，即靠近旋转中心的煤壁破坏概率大，远离旋转中心的煤壁破坏概率小，如图 6-37 所示。

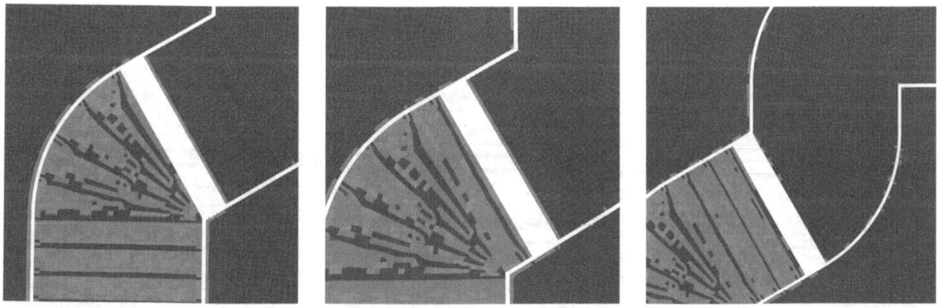

图 6-37　阶段 3 煤壁破坏特征

在工作面推进第 4 阶段，由于工作面沿倾斜方向推进速度不同，因此煤壁破坏概率也不相同，靠近旋转中心的破坏概率较大，远离旋转中心的破坏概率较小，同工作面推进的第 2 阶段，靠近旋转中心的煤壁破坏范围明显减小，如图 6-38 所示。

在工作面推进第 5 阶段，煤壁均处于弹性完整状态，不存在片帮危险，如图 6-39 所示。

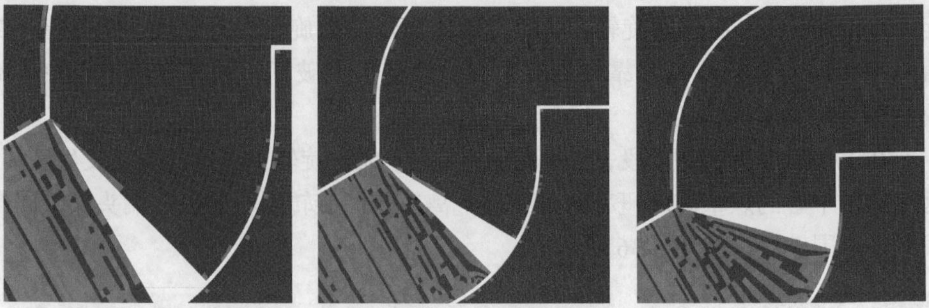

图 6-38　阶段 4 煤壁破坏特征

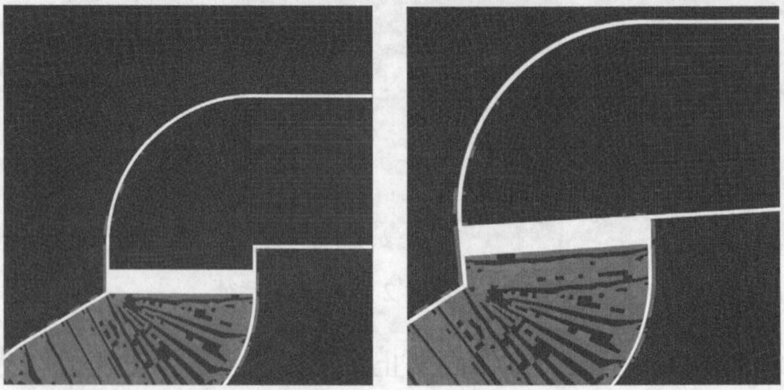

图 6-39　阶段 5 煤壁破坏特征

在工作面推进第 6 阶段，随着工作面的回转，工作面推进速度沿工作面倾向方向再次表现为不均匀分布特征，覆岩沉降程度不同，导致煤壁破坏危险性各异。该阶段靠近旋转中心的煤壁再次发生破坏，远离旋转中心的煤壁则全部保持完整状态，如图 6-40 所示。

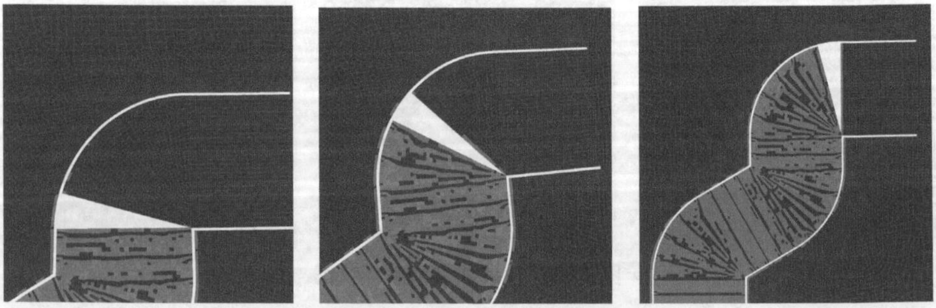

图 6-40　阶段 6 煤壁破坏特征

在工作面推进第 7 阶段，工作面推进方向发生 90°旋转，工作面推进速度沿倾斜方向再次保持一致，煤壁破坏形态同样表现出沿工作面倾斜方向的均匀分布特征，如图 6-41 所示。

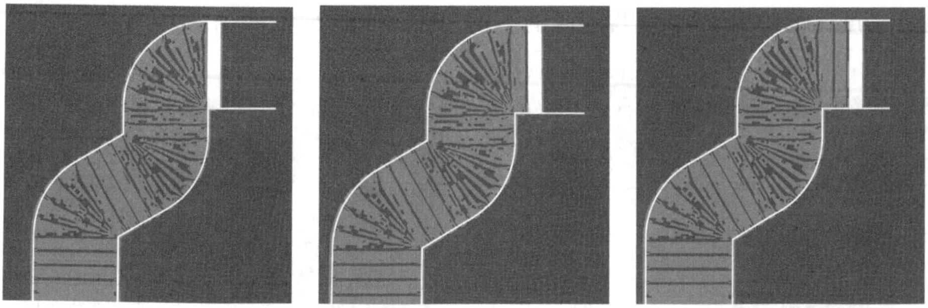

图 6-41　阶段 7 煤壁破坏特征

该薄煤层工作面煤壁破坏范围较小，由于工作面回转，因此不同推进阶段煤壁破坏特征不同。正常推进阶段，煤壁破坏形态沿工作面倾斜方向呈均匀分布；回转阶段，靠近旋转中心一侧的煤壁发生破坏，远离旋转中心一侧的煤壁保持完整。

6.3.6　顶板能量积聚特征

工作面推进过程中，由于覆岩沉降，煤层和顶板岩层中积聚了大量弹性应变能。相比煤层，顶板通常处于受拉状态，由于岩石抗压不抗拉的特性，因此顶板破断的危险性远高于煤体破坏。采矿过程中，大部分冲击地压灾害源于顶板破断引发的大量应变能释放。因此，分析顶板中弹性应变能分布特征对动力灾害位置的预判具有重要意义。

如图 6-42 所示，第 1 阶段工作面正常推进时，顶板弹性应变能密度峰值位于工作面中部，呈对称分布。随着工作面的推进，弹性应变能密度峰值不断增加，表明顶板应变能不断积聚。

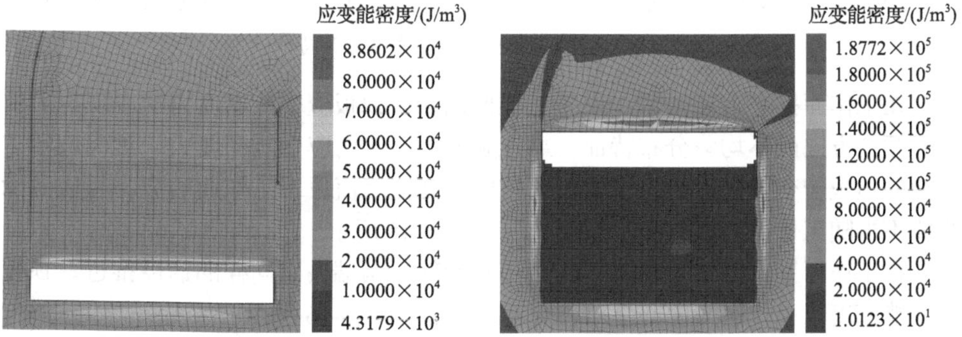

图 6-42　阶段 1 顶板应变能密度分布特征

在工作面推进第 2 阶段，顶板应变能密度持续增大，但增长速度较第 1 阶段明显减缓。由于工作面发生回转，推进速度沿倾斜方向不均，顶板应变能密度分布不再对称，靠近旋转中心一侧的峰值显著高于远离旋转中心一侧，顶板两端应变能密度比值约为 1.9，呈现较高的不均匀性，如图 6-43 所示。

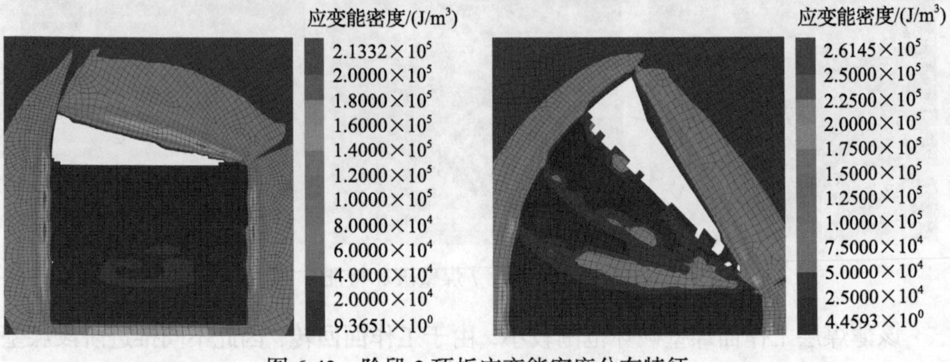

图 6-43　阶段 2 顶板应变能密度分布特征

在工作面推进第 3 阶段，工作面停止旋转，顶板应变能密度沿工作面倾斜方向再次表现为对称分布特征，应变能密度最大值位于工作面中部，且随着工作面推进，其改变不再明显，如图 6-44 所示。

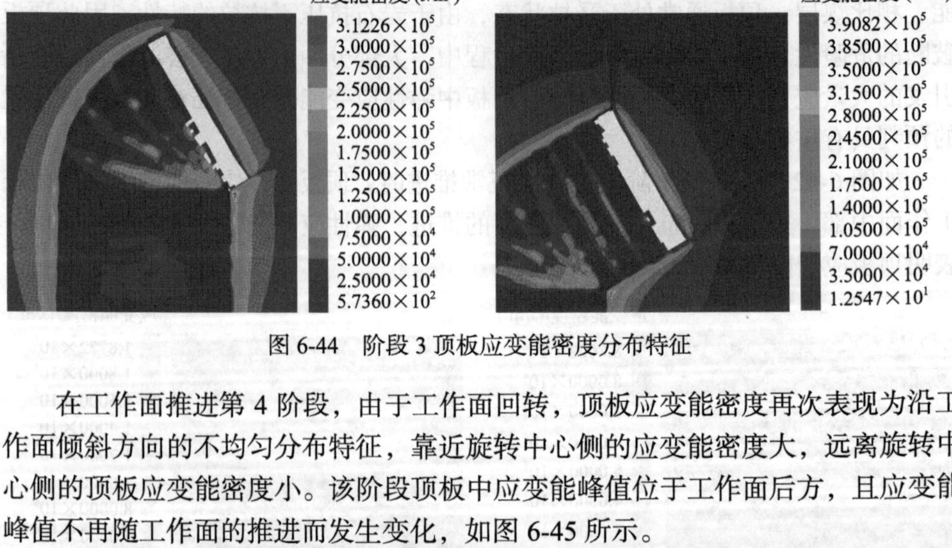

图 6-44　阶段 3 顶板应变能密度分布特征

在工作面推进第 4 阶段，由于工作面回转，顶板应变能密度再次表现为沿工作面倾斜方向的不均匀分布特征，靠近旋转中心侧的应变能密度大，远离旋转中心侧的顶板应变能密度小。该阶段顶板中应变能峰值位于工作面后方，且应变能峰值不再随工作面的推进而发生变化，如图 6-45 所示。

在工作面推进第 5 阶段，工作面停止旋转，两端头以同样的速度推进，顶板应变能密度以工作面为中心呈对称分布特征，如图 6-46 所示。

在工作面推进第 6 阶段，工作面再次旋转，工作面推进速度沿倾斜方向呈不均匀分布，覆岩移动特征不同，顶板应变能密度以沿工作面倾斜方向再次表现出不均匀分布特征，靠近工作面旋转中心侧的顶板应变能密度大，远离旋转中心侧的顶板应变能密度小，在旋转中心侧顶板中积聚的能量明显多于另一端，如图 6-47 所示。

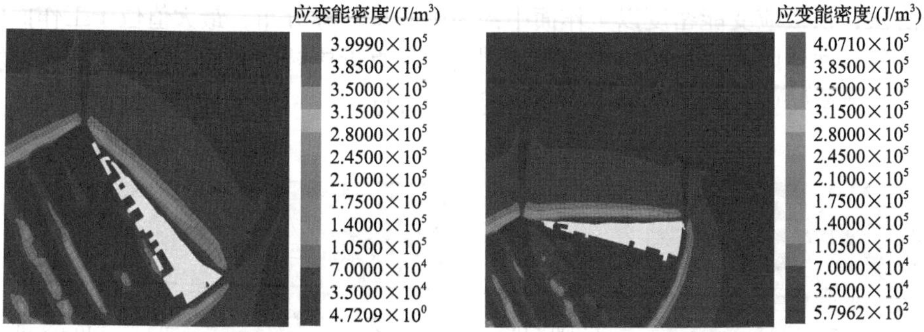

图 6-45　阶段 4 顶板应变能密度分布特征

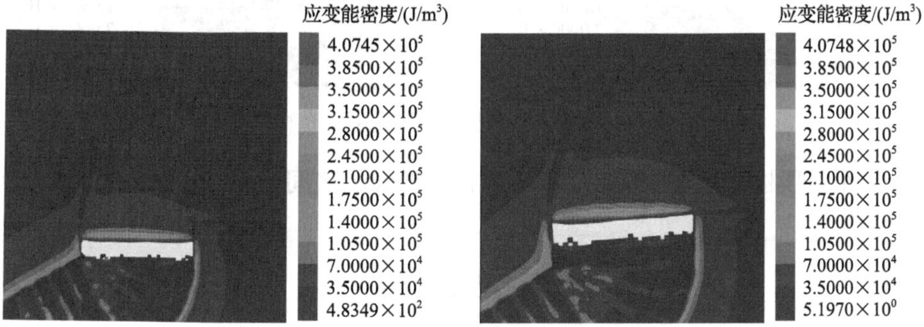

图 6-46　阶段 5 顶板应变能密度分布特征

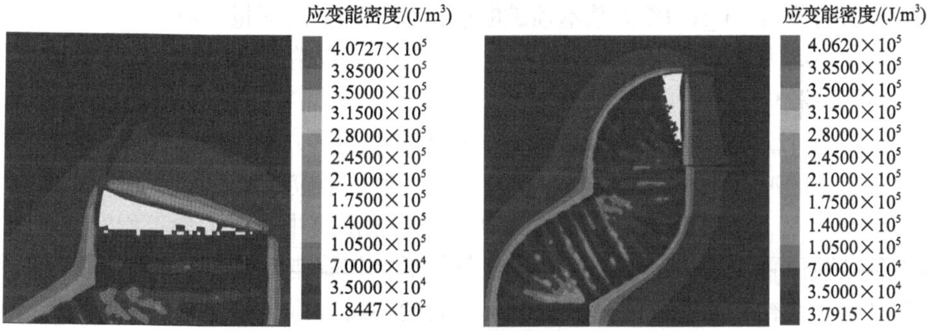

图 6-47　阶段 6 顶板应变能密度分布特征

在工作面推进第 7 阶段，工作面停止回转，再次恢复至正常推进阶段。同初采阶段相比，工作面的推进方向则发生 90°旋转。由于沿工作面倾斜方向工作面推进速度相同，因此顶板中应变能密度表现出以工作面中部为中心的对称分布特征。该阶段煤壁前方顶板应变能密度最大值位于工作面中部，如图 6-48 所示。

初采阶段顶板应变能密度峰值随着工作面推进距离的增加而逐渐增大，但增长速度随着工作面推进距离的增大而逐渐降低，最终顶板应变能密度不再受采出范围的影响。同时，顶板应变能密度分布特征受工作面回转的明显影响，正常推进阶段，顶板应变能密度以工作面中部为中心呈对称分布，最大值位于工作面中部位置；回转阶段，顶板应变能密度则表现为靠近旋转中心侧的顶板应变能密度大，远离旋转中心侧的顶板应变能密度小的特点。

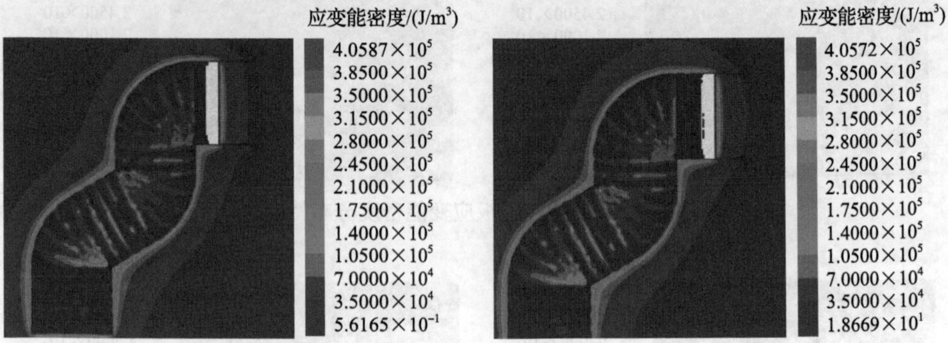

图 6-48　阶段 7 顶板应变能密度分布特征

工作面顶板一旦发生破断，基本顶同下位煤层之间非静态接触产生的冲击作用力峰值为

$$F=G+\frac{1}{t}\sqrt{2\alpha mW_{e}} \tag{6-42}$$

式中，G 为弧形三角岩板的重力，kN；α 为岩块初始动能占积聚应变能的比例；m 为岩块的质量，kg；W_e 为基本顶破断前储存于其中的能量，kJ。

基本顶动力破断产生的冲击载荷以应力波形式传递至煤层后，煤体同时承受动静组合加载作用。

由式(6-42)可知，顶板断前储存于其中的能量越多，发生动力破断后同下位煤体之间产生的冲击作用力越大。煤层开挖后，顶板中应变能密度分布如图 6-43～图 6-48 所示，超前工作面一定位置出现应变能密度集中区。大量工程实践表明，基本顶破断位置位于该区，在坚硬顶板条件下，其储能系数高，基本顶破断后转变为破断岩块初始动能的能量多，引起较大的冲击载荷，最终导致冲击地压等动力灾害的概率升高。根据不同推进阶段顶板中应变能密度分布特征可知，在正常推进段，应将动压灾害防治的重点放在工作面中部；在回转阶段，应将动压灾害防治的重点区域放在靠近旋转中心的一侧。

6.4　切顶预裂伸缩墩柱沿空留巷技术

6.4.1　沿空留巷

大社矿在回采 94604 外工作面时采用了切顶预裂和可伸缩墩柱沿空留巷技

术，将 94604 外工作面回风巷进行保留，用作专用瓦斯排放巷：一方面使得工作面通风系统顺畅，乏风通过三水平东付巷直接由东风井排出，并形成三进一回的通风系统，有效解决了工作面上隅角瓦斯积聚，增加了工作面配风量；另一方面，回收了工作面材料巷和回风巷间原设计宽度为 16m 的护巷煤柱，提高了工作面采出率，减少了资源浪费，增加了经济和社会效益。94604 外工作面巷道布置系统平面位置如图 6-49 所示。

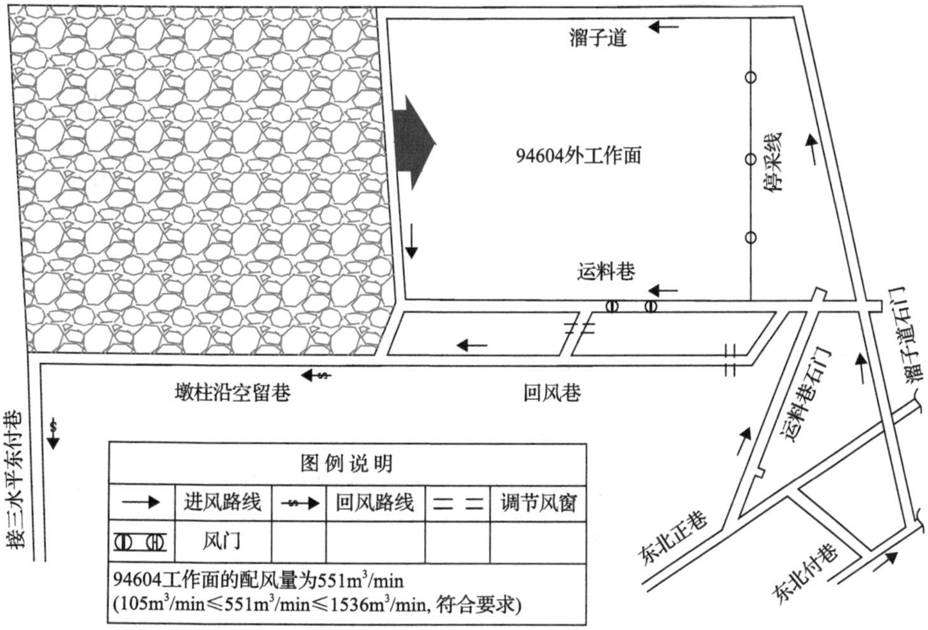

图 6-49　94604 外工作面巷道布置系统平面位置

6.4.2　巷旁支护

大社矿 94604 外工作面回采均厚 1.25m 的 4#煤，预留设的 94604 外回风巷沿煤层顶板掘进，为半煤岩巷，所以在沿空留巷时巷旁支护部分为巷道实体煤帮的上半部分，平面图见图 6-50。综合对比考虑各种巷旁充填支护技术，选择以可伸缩钢筒墩柱配合顶板爆破预裂的方式进行沿空留巷巷旁支护。这种方法的特点包括：①对留巷顶板进行深孔爆破预裂切顶，阻断部分顶板压力传递；②可伸缩钢筒墩柱结构能够灵活适应煤层厚度变化；③使用钢筒预留结构使砂石混合料充填易于操作，降低工人劳动强度。相比传统木垛护巷，墩柱沿空留巷技术的使用降低了辅助运输量和充填体成本，提高了施工速度和支护强度，经济与社会效益显著。

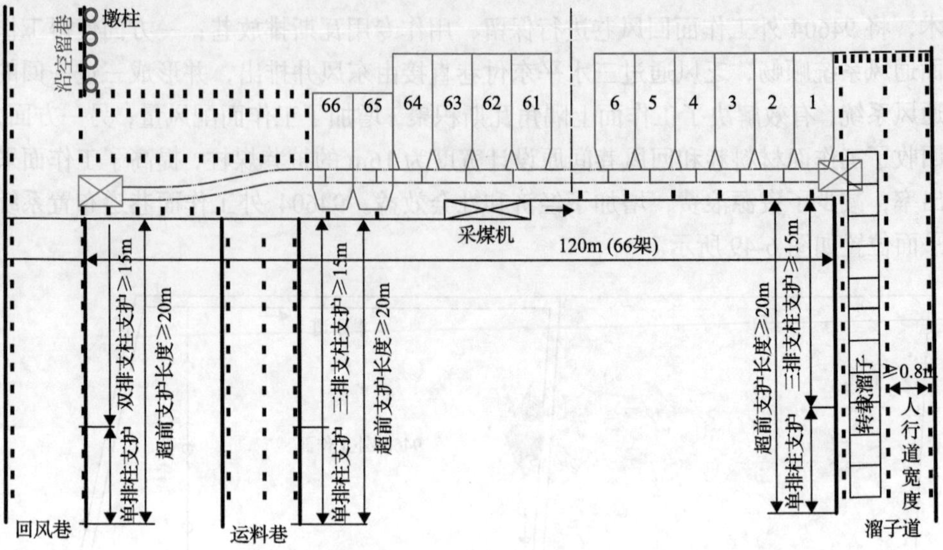

图 6-50　94604 外工作面平面

6.4.3　顶板运动特征与支护阻力计算

1. 墩柱沿空留巷顶板运动特征

随着回采工作面的推进，工作面后方墩柱沿空留巷的顶板运动按时间可划分为 3 个时期，即前期活动、过渡期活动和后期活动。

由于工作面的回采、支架的前移，工作面后方顶板岩层失去支撑，留巷采空区侧的直接顶在预裂切顶和支护体切顶阻力作用下，沿支护体边缘破断，破断直接顶呈倒台阶的悬臂梁状态。这一时期留巷顶板由于直接顶垮落及基本顶下沉的带动，其变形形式主要以旋转变形为主，此阶段的顶板活动称为顶板前期活动。

当直接顶垮落后能充满采空区时，基本顶岩层折断垮落，在平衡过程中基本顶可形成砌体梁结构。当直接顶岩层垮落，破碎岩石不足以充满采空区时，上位部分基本顶岩层也将挠曲断裂，冒落后充填采空区，直至充满采空区的层位后，其上部基本顶岩层方可形成砌体梁结构。随基本顶岩块的旋转，基本顶岩块在下部冒落碎矸石的支撑下形成的“三角块结构”逐渐稳定，从而使沿空巷道一定范围内的应力小于原岩应力，该阶段的顶板运动称为顶板过渡期活动。其变形仍以旋转变形为主，变形速度快，变形量大。

随着矸石的逐渐压实，形成稳定“三角块结构”的上位岩层也将折断、变形下沉，使煤壁乃至直接顶产生损伤，支承压力影响范围加大，峰值进一步内移，留巷上方顶板产生平移下沉。由于受基本顶分层垮落的影响，巷道顶板下沉呈现波动性。此阶段顶板活动称为顶板后期活动，顶板运动特征以旋转下沉为主，但下沉速度较小。

基本顶破断后形成的“三角块结构”有效地保护了巷内支护免受上覆岩层自重应力的作用，“三角块结构”的形态与采高、直接顶厚度、基本顶下位岩层的性质有关。巷内支护和巷旁支护体不能改变基本顶“三角块结构”的形态。巷内支护只需保持直接顶的完整和与基本顶的紧贴，不能改变顶板岩层过渡期活动时顶板下沉量的大小，巷内支架和巷旁支护也不能约束顶板岩层后期活动而引起的平移下沉，支护阻力的大小对后期活动顶板的平移下沉没有影响。也就是说，平移下沉有“给定变形”特点，此时支护载荷完全取决于支护有效刚度的大小。平移下沉的另一个重要特征如下：一般不破坏前期形成的平衡结构的稳定性，而且能使岩层沿平衡结构的内界面向巷道空间“收缩”，即岩层自身平衡结构的范围加大。这是设置沿空留巷支护参数的重要依据。

2. 墩柱沿空留巷顶板力学模型

随着工作面的开采和不断推进，在工作面下端头处，由于该板的隅角处于直角固支状态而产生的“角”效应，使该处呈现弧形破坏，形成“弧形三角板”。“弧形三角板”的稳定与否对沿空留巷影响较大，同样，巷旁支护性能和早期支护参数要借助于“弧形三角板”结构来进行计算。设计沿空留巷支护阻力等参数时，一般考虑其极限状况，即以顶板达到危险状况的断面为截面，得到弹性基础梁模型。随着回采面的推进，控顶范围扩大，引起下位基本顶破断、失稳，巷旁支护体具有的支护阻力应使基本顶沿巷旁支护体侧的弯矩达到极限弯矩，从而切断基本顶。由于巷内支护阻力远小于巷旁支护阻力，因此巷内支护阻力可忽略不计。巷旁支护体与顶板相互作用的力学模型如图 6-51 所示，是以板的中间破断线位置所作的剖面。

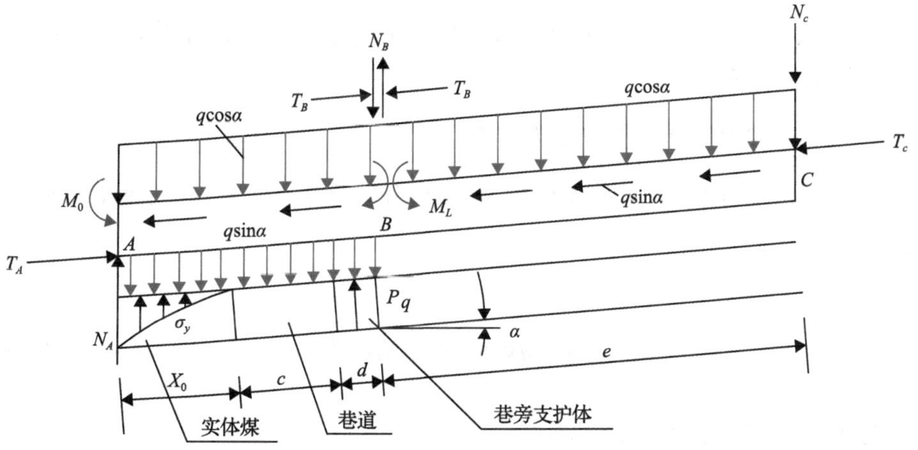

图 6-51　巷旁支护体与顶板相互作用的力学模型

对上述模型作如下简化。

(1)矸石对结构块 AC 的支撑力为零，在采空区侧受到的剪力为 N_C，沿岩层方向的推力为 T_C。T_C 的计算公式为

$$T_C = \frac{Lq\cos\alpha}{2(h-\Delta S_C)} \tag{6-43}$$

式中，α 为煤层倾角，(°)；L 为 AC 岩块的长度，m；q 为 AC 岩块单位长度的自重，N；h 为 AC 岩块的厚度，m；ΔS_C 为 AC 岩块被切断时 C 端的下沉量，m。

(2)因采空区上方直接顶与基本顶之间的离层，以及基本顶之上软弱岩层与更上位岩层之间的离层，故认为其间的剪力为零。

(3)基本顶的自重沿平行岩层和垂直岩层方向分解成两组力。

(4)基本顶之上的软弱岩层均匀地加到基本顶上。

(5)基本顶以煤体弹塑性交界处为旋转轴向采空区侧旋转倾斜。

(6)沿空留巷下侧煤体支承压力 σ_y 和应力极限平衡区宽度 x_0 的计算公式为

$$\sigma_y = \left(\frac{C_0}{\tan\varphi_0} + \frac{P_x}{A}\right)\mathrm{e}^{\frac{2\mathrm{t}g\varphi_0}{MA}x} - \frac{C_0}{\tan\varphi_0} \tag{6-44}$$

$$x_0 = \frac{MA}{2\tan\varphi_0}\ln\frac{k\gamma\cos\alpha\cdot H + \dfrac{C_0}{\tan\varphi_0}}{\dfrac{C_0}{\tan\varphi_0} + \dfrac{P_x}{A}} \tag{6-45}$$

式中，C_0 为煤层与顶底板岩层交界面的黏聚力，kN/m^2；φ_0 为煤层与顶底板岩层交界面内的摩擦角；α 为煤层倾角，(°)；P_x 为支架对煤帮的支护阻力，N；A 为侧压系数；M 为采高，m；H 为开采深度，m；γ 为上覆岩层平均容重，kg/m^3；k 为应力集中系数。

3. 墩柱沿空留巷巷旁支护阻力计算

根据图 6-51，用平衡法对 AB、BC 两岩块分别建立力学方程。在垂直于倾角 α 方向，$\sum F_n = 0$，即

$$N_B - q\cos\alpha\cdot e - N_C = 0 \tag{6-46}$$

在平行于 α 方向，$\sum F_s = 0$，即

$$T_B = T_C + q\sin\alpha \cdot e \tag{6-47}$$

$\sum M_B = 0$，即

$$M_L - \frac{1}{2}q\cos\alpha \cdot e^2 - N_C \cdot e + T_C(h - \Delta S_C) + q\sin\alpha \cdot e\left(\frac{h}{2} - \Delta S_C\right) = 0 \tag{6-48}$$

$$N_C = \frac{M_L + T_C(h - \Delta S_C) + q\sin\alpha \cdot e\left(\frac{h}{2} - \Delta S_C\right) - \frac{1}{2}q\cos\alpha \cdot e^2}{e} \tag{6-49}$$

AB 岩块，$\sum M_A = 0$，即

$$\begin{aligned} &P_q\left(x_0 + c + \frac{d}{2}\right) + \int_0^{x_0} \sigma_y(x_0 - x)\mathrm{d}x + M_0 + T_B(h - \Delta S_B) + q\sin\alpha(x_0 + c + d) \\ &\cdot\left(\frac{h}{2} - \Delta S_B\right) - \frac{1}{2}(q + q_0)\cos\alpha \cdot (x_0 + c + d)^2 - N_B(x_0 + c + d) - M_L = 0 \end{aligned} \tag{6-50}$$

可得

$$\begin{aligned} P_q = \Bigg[& M_L + (N_C + q\cos\alpha \cdot e)(x_0 + c + d) + \frac{1}{2}(q + q_0)\cos\alpha \cdot (x_0 + c + d)^2 \\ & - \int_0^{x_0} \sigma_y(x_0 - x)\mathrm{d}x + q\sin\alpha \cdot e(h - \Delta S_B) - M_0 \\ & - q\sin\alpha(x_0 + c + d) \cdot \left(\frac{h}{2} - \Delta S_B\right)\Bigg] \Big/ \left(x_0 + c + \frac{d}{2}\right) \end{aligned} \tag{6-51}$$

式中，α 为煤层倾角，(°)；c 为巷道宽度，m；d 为巷旁支护体宽度，m；h 为基本顶岩层厚度，m；P_q 为巷旁支护体的切顶阻力，N；M_L 为基本顶岩层的极限弯矩，N·m；M_0 为 *A* 端基本顶的残余弯矩；q 为基本顶及其上部软弱岩层单位长度的自重，N；q_0 为直接顶单位长度自重，N；ΔS_B 为基本顶垮落前 *B* 端的下沉量，m；e 为 *BC* 岩块的长度，m。

4. 墩柱沿空留巷承载能力计算

随着工作面的回采，构筑的充填墩柱将承受直接顶和基本顶传递而来的载荷，同时承受基本顶破断后顶板运动过程中的高应力，从而在工作面后方形成较高的支承压力。若墩柱的纵向承载能力不足，达到极限承载能力时，易导致墩柱压溃，巷道断面急剧缩小，无法满足通风要求，影响工作面产量。因此，保持充填体的

承载能力和稳定性就显得至关重要。

根据设计，将墩柱构筑成圆柱状，由上下两节钢筒组合，使得组合体可以在一定范围内主动伸缩。墩柱载荷主要由钢筒中充填固化的砂石混合料承载，钢筒主要对充填体起到定型和环向约束作用，提高其纵向承载能力。

对墩柱承载能力计算作如下基本假定。

(1)轴力全部由墩柱承担。

(2)钢筒环向应力达到屈服强度，且屈服后保持理想塑性状态。

(3)墩柱的强度准则符合下式：

$$f_c^* = f_c + k \times p \tag{6-52}$$

式中，f_c 为墩柱无侧压时的抗压强度，Pa；k 为墩柱与钢筒的侧压系数，其值介于 3～5；p 为等侧压力。

墩柱达到极限承载力时，其受力状态如图 6-52 所示。

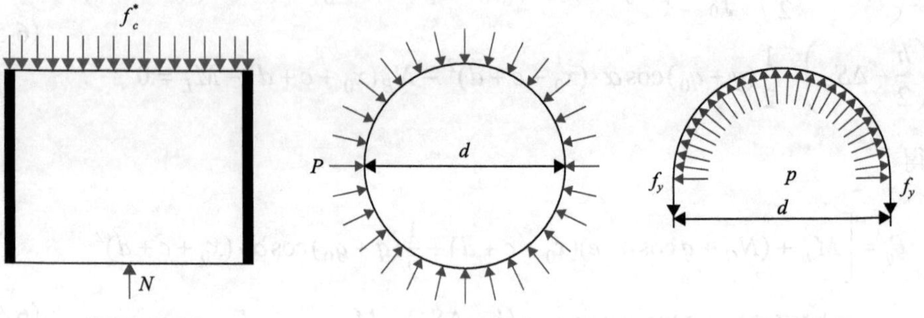

(a) 墩柱纵向受力　　(b) 墩柱环向受力　　(c) 筒壁约束力

图 6-52　墩柱计算分析简图

根据静力平衡条件，有

$$2f_y \times t = p \times d \tag{6-53}$$

则有

$$p = \frac{2f_y \times t}{d} \tag{6-54}$$

将式(6-54)代入式(6-52)，得到墩柱的极限应力，为

$$f_c^* = f_c + k\frac{2f_y \times t}{d} \tag{6-55}$$

故墩柱的极限承载力可以表示为

$$N = Af_c^* = A\left(f_c + k\frac{2f_y \times t}{d}\right) \tag{6-56}$$

式中，f_y 为钢筒的屈服强度，Pa；d 为钢筒的直径，m；t 为钢筒厚度，m；A 为墩柱的横截面积，m^2。

考虑一定的安全系数，将墩柱的支顶阻力与其极限承载力的比值定义为安全系数，则有

$$k_f = \frac{P_q}{N} \tag{6-57}$$

式中，k_f 为安全系数，其值应大于 1.5。

以 94604 工作面为例，临近回风顺槽附近的煤层开采厚度为 1.25m，煤层倾角平均为 7°，工作面长度为 124m，来压步距为 20～25m，巷道埋深为 400m，基本顶平均分层厚度按 3.0m 考虑，直接顶平均厚度为 1.4m，留巷后巷道宽度为 3.8m，墩柱直径为 0.3m，巷道高度为 3.2m，上覆岩层容重为 $25kN/m^3$，应力集中系数为 2.0，岩层抗拉强度为 6MPa，侧压系数取 0.7，煤层黏聚力为 2.0MPa，内摩擦角为 25°，煤帮采用锚杆支护，其支护阻力可达 0.25MPa，直接顶碎胀系数为 1.3～1.5，得到 94604 工作面墩柱的切顶阻力为 3084 kN/个，则每米沿空留巷所需的切顶阻力为 1869kN。

考虑到井下条件，当墩柱直径为 0.3m，钢筒厚度为 10mm 时，屈服强度为 180MPa，得到等侧压强为 3.6MPa。根据充填砂石混合料力学性能，充填体抗压强度在 20.0MPa 以上，钢筒外壁为充填混凝土提供的侧压系数 k 为 4，得到墩柱的极限承载力为 4812kN/个，则每米巷道墩柱的支护阻力为 2916kN/m，其安全系数为 1.56，可见墩柱的承载能力满足要求。

6.4.4　沿空留巷应力分布与演化

1. 数值模型的建立

根据煤系地层赋存特征设计煤层及顶底板岩层，建立沿空留巷三维数值计算模型，如图 6-53 所示，模型尺寸为 160m×160m×110m(长×宽×高)。考虑到工作面岩层运动对称性，工作面回采距离为 100m。回采过程中，在回风巷实施预裂切顶墩柱沿空留巷，巷道宽 3.8m，高 2.6m，巷旁墩柱支护长度为 96m。

以六面块体网格为模型的基本组成单元分布建模，最小的网格尺寸为 1m×0.5m×0.5m(长×宽×高)。模型顶面为应力边界，施加 10.18MPa 等效载荷；其余 5 面均为法相位移约束，侧压系数取 1.0，计算前对各个岩层应力完成初始化。

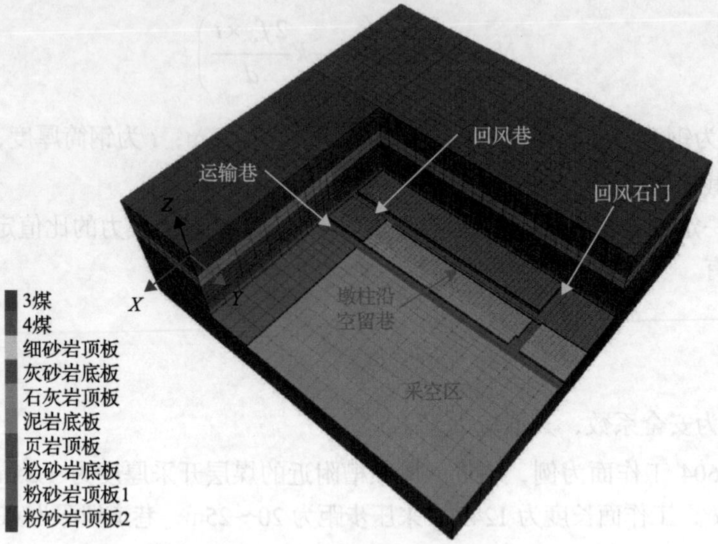

图 6-53　三维数值计算模型

2. 留巷段应力分布与演化

工作面回采后，顶板载荷向采空区周围岩体转移，在工作面前方和侧方形成支承压力区，如图 6-54 所示。

(1)采空区四周煤体内形成显著的支承压力区，侧向煤体的支承应力峰值区应力曲线斜率显著大于前方。观察支承应力曲线形态可以发现，侧向煤体的峰值区应力曲线呈现出“尖而高”的特征，而前方煤体的峰值区应力曲线表现为“缓而低”的特点，这是由岩体与工作面的空间关系决定的：侧向煤体与工作面之间有固定的空间关系，浅部煤体因扰动弱化而无法承担很大的载荷，应力转移至煤体

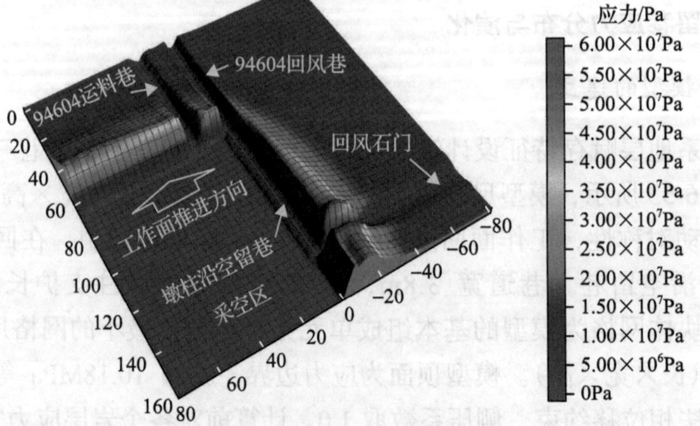

(a) 巷道卧底部分腰线平面

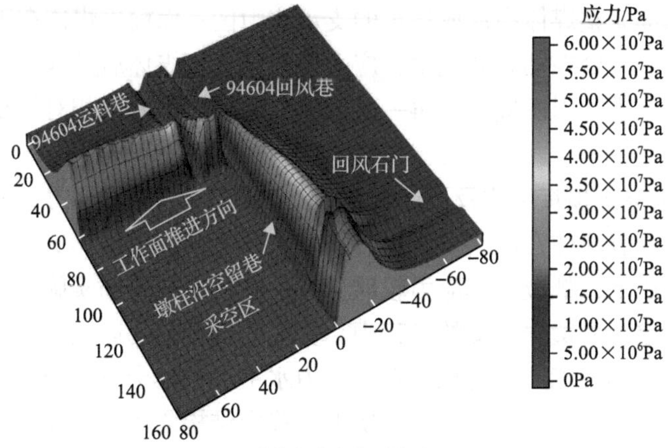

(b) 墩柱巷旁支护腰线平面

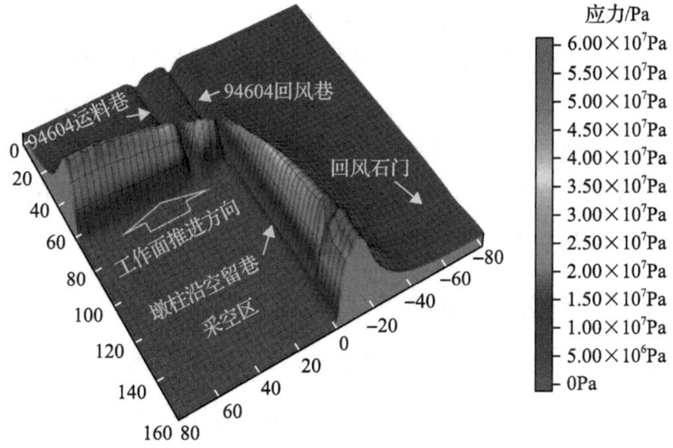

(c) 巷道顶板上方1m处

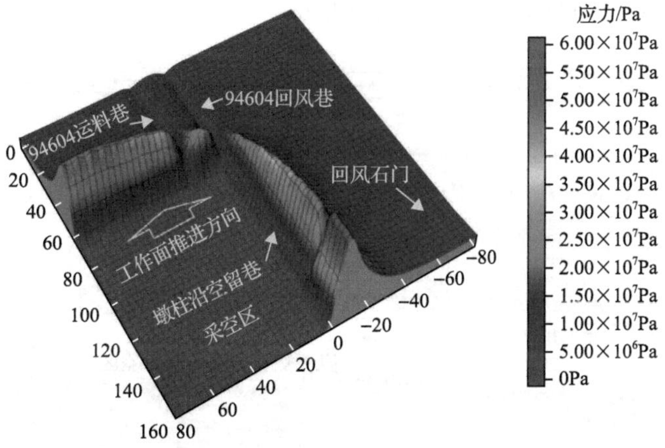

(d) 巷道顶板上方3m处

图 6-54　沿空留巷垂直应力分布

深部，并在深部完整煤体中形成稳定的支承应力区；而前方煤体在工作面的推进方向上，支承应力处在动态调整中，应力转移至深部煤体后尚未完全稳定，工作面已经又向前推进并引发应力的再一次调整，因而应力峰值相对较小而应力曲线相对缓和。

(2)由于采空区顶板结构及岩性特征，工作面及巷道围岩处于低值应力区。采空区侧向顶板断裂块体在倾斜下沉中与接触块体之间形成拱形支撑结构，在拱形块体的保护作用下，低位岩体应力较低，有利于沿空留巷的实施。从岩体承载性能方面，在煤层开采覆岩运动的过程中，受应力场运移的影响，围岩已经形成大量裂隙，岩体力学性能严重弱化，在低应力水平下仍然会发生较大变形；同时，低值应力区形成于顶板完全断裂并再次形成稳定结构之后，而顶板断裂拱结构的形成过程及其对围岩结构的动态影响期才是留巷变形的关键阶段。因此，留巷施工必须参考顶板大小结构动态演化规律。

(3)由于预裂切顶工艺的影响，深孔爆破切断了部分顶板的矿山压力传递，巷旁支护墩柱支撑留巷上方悬臂梁小结构，由图6-54(b)分析得出墩柱腰线处应力在8～10MPa，小于墩柱最大支护强度，安全系数大于1.2。距巷道实体煤帮8m处垂直应力达到峰值。在留巷区域垂直应力分布中，回风巷与回风石门垂直相交，围岩处于高应力叠加区，作为回风出口需要重点支护。

3. 沿空留巷应力侧向分布规律

工作面开采后，采空区侧向顶板存在楔形承载区，顶板压力通过楔形区岩体传递至低位岩层，并向留巷区域施加载荷；而在采空区顶板垮落压实和侧向深部煤体集中承载的双重作用下，过渡区岩体出现一个剪切应力带。图6-55为沿空留巷50m段沿工作面倾向方向剪应力分布情况。

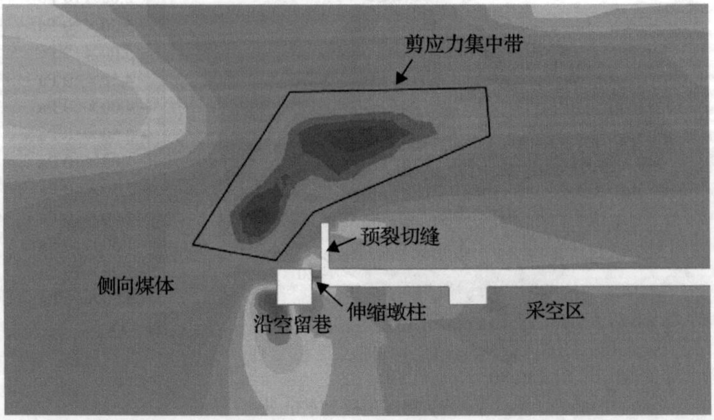

图6-55　沿空留巷50m段沿工作面倾向方向剪应力分布情况

采空区侧向煤体浅部存在一个剪切应力集中带，水平宽度为 10～30m，垂直高度为 10～20m(下边界为直接顶岩层)，应力带内剪切应力数值达到 7.5～12.1MPa。根据岩体的力学特征，剪切应力集中带内岩体纵向裂隙发育，为侧向残留岩块的断裂破坏和旋转下沉提供了条件。由图 6-56 中较大的剪应力集中带位置位于预裂切缝上方可确定顶板断裂边界位于切缝内侧 1～4m，证明采区预裂切缝的工艺能够有效形成人工顶板预裂，使得后期沿空留巷受到周期来压后变形缓和，顶板回转下沉的影响由巷旁墩柱支撑予以缓解，有效形成沿空留巷护巷小结构，如图 6-56 所示。

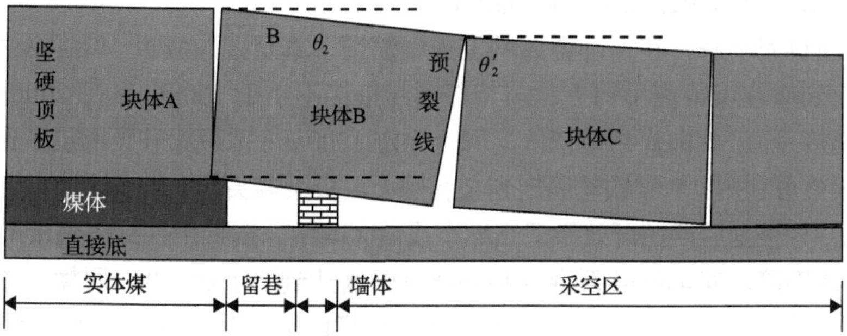

图 6-56　预裂切顶小结构

4. 关键设备与技术

墩柱整体分为上下节钢筒、吊钩、单体支承座和注浆孔，如图 6-57 所示。墩柱上下节钢筒分别采用ϕ309mm、ϕ283mm 和无缝钢管焊制，上节钢筒长度为 900mm 或 800mm，内径为 309mm，外径为 325mm；下节钢筒长度为 900 或 800mm，内径为 283mm，外径为 299mm。钢筒套接部分可自由伸缩，可适应 0.8～1.8m 的巷高。

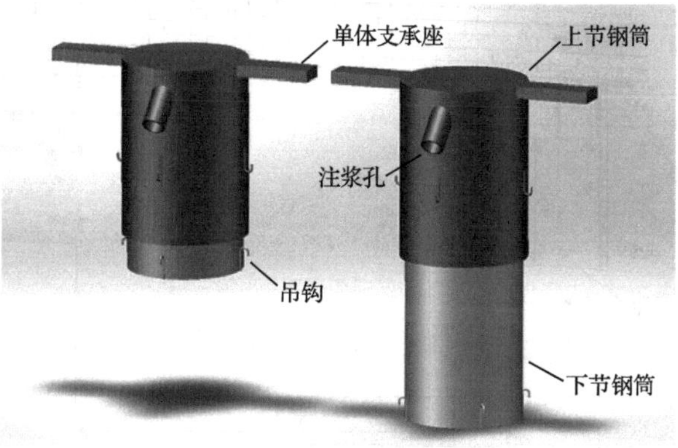

图 6-57　伸缩墩柱结构

墩柱沿巷道走向布置，墩柱中心线距巷道中心线 2509mm，间距为 1000mm。墩柱滞后回采工作面支架 1000mm 时开始打设。

(1) 墩柱打设前先在顶板预铺一层菱形金属网，墩柱紧贴菱形金属网。两人配合作业，先将上下两节钢筒套接，按线扶正，使单体支承座方向平行于巷道中心线，且注料孔朝向行人侧。

(2) 使用相对应高度液压支柱，固定墩柱，单体液压点柱初撑力以使墩柱接顶严实为宜，不宜过大，以免破坏墩柱上的单体支承座结构。

(3) 墩柱打设完毕后，向筒内浇注砂石混合料，浇注高度与注料孔齐平，注料期间在排水孔处利用振捣器振捣混凝土。

(4) 注料完毕后，在顶部金属网上连钢筋网，直至接住底板。钢筋网用 14 号铁丝固定到墩柱煤帮侧吊钩上，与相邻网片搭接不小于 100mm，每 200mm 用 14 号铁丝连接一道。朝向煤帮侧依次向网上固定 1800mm 木板梁和废旧皮带作为隔离墙。木板梁可利用 14 号铁丝固定到金属网上，板梁端头朝向顺巷道走向，间距为 1000mm，并根据后期挡矸效果适当缩小或放大间距。皮带用铁钉钉到板梁上。

(5) 待钢筒内充填的砂石混合料固化且强度达到要求后，可以回撤支撑墩柱的液压点柱。每回撤 5 根单体液压点柱，使用喷浆机集中对采空区侧进行喷浆作业，起到密闭采空区的作用。

沿空留巷巷内支护如图 6-58 和图 6-59 所示，不增加锚杆索支护。在新留巷

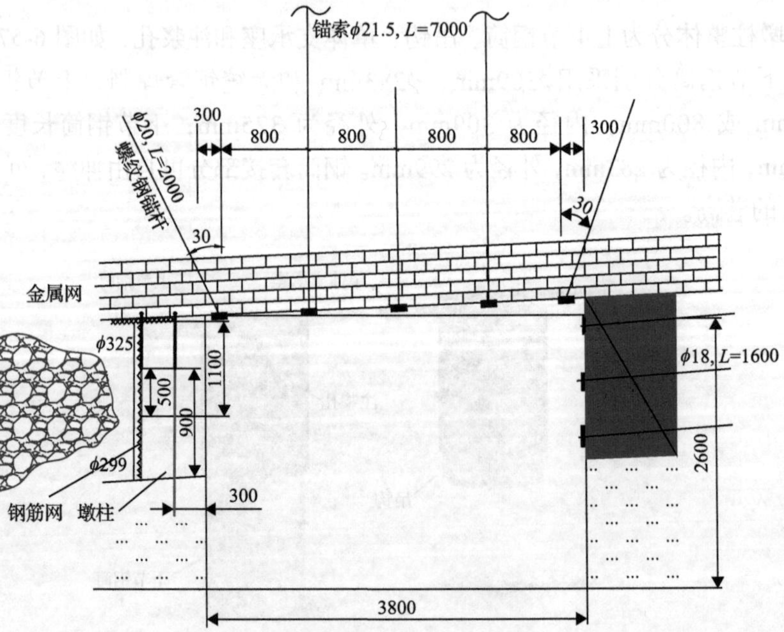

图 6-58　沿空留巷支护断面图(mm)

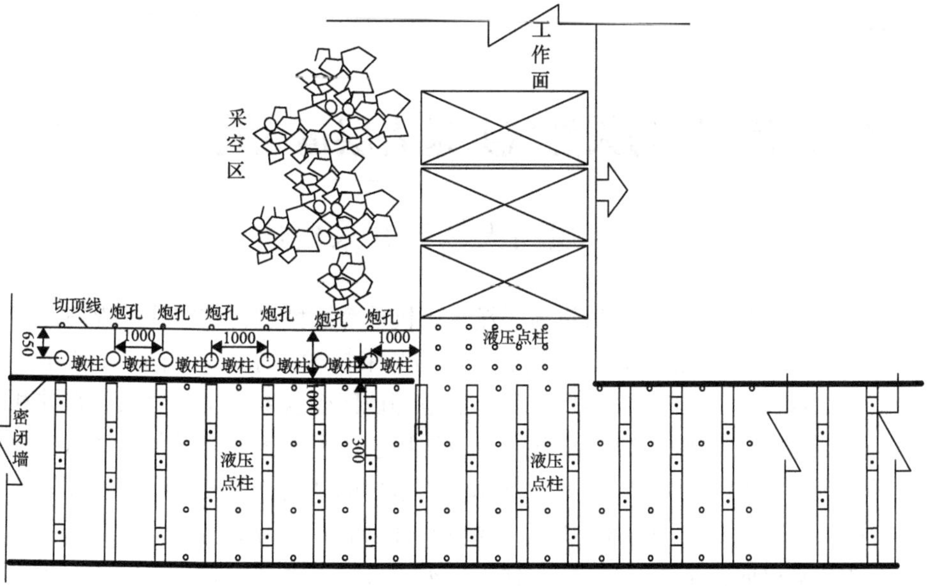

图 6-59　沿空留巷支护(mm)

道内打设一排 4 根单体液压点柱进行临时支护，点柱间距为 1200mm，排距为 1000mm。待墩柱内砂石混合料固化强度达到要求后，可以逐排回撤墩柱单体支承座上和巷内的液压点柱。

参 考 文 献

[1] 屠世浩, 郝明奎, 谢耀社. 孤岛煤柱综采工作面旋转开采关键技术[J]. 中国矿业大学学报, 2004(5): 30-33.

[2] 杨路林, 刘倩, 史晨昊. 虚心旋转综放工作面矿压分布特征分析[J]. 煤炭科学技术, 2022(50): 48-57.

[3] 李顺顺, 高召宁. 综采工作面大角度旋转俯采技术研究[J]. 煤炭科学技术, 2019, 47(6): 133-138.

[4] 杨晓东, 李存洲. 保德煤矿综放工作面旋转开采技术及矿压规律[J]. 煤矿安全, 2021, 52(10): 224-230.

[5] 牛钦环, 李冬伟, 王腾, 等. 初采调斜工作面矿压显现特征研究[J]. 煤炭工程, 2016, 48(8): 81-84.

[6] 杨科, 陆伟, 潘桂如, 等. 复杂条件大倾角大采高旋转综采矿压显现规律及其控制[J]. 采矿与安全工程学报, 2015, 32(2): 199-205.

[7] 陈法兵, 毛德兵, 蓝航, 等. 不规则煤柱影响下旋采工作面冲击地压防治技术[J]. 煤炭科学技术. 2012, 40(2): 8-11.

[8] 杨胜利, 张康宁, 李良晖. 薄煤层 M 形工作面连续旋转开采技术[J]. 煤炭科学技术, 2018, 46(1): 105-111.

第7章　煤与天然气共采岩层运动特征及控制

7.1　煤与天然气共采概述

煤、气协同开采是指将煤炭与天然气矿权重叠区域进行整体开采规划，在资源重叠区域构建时空上合理、协调、有序的开采技术体系[1]，如图7-1所示。我国鄂尔多斯盆地、塔里木盆地及准噶尔盆地等地区蕴含着丰富的煤炭、石油和天然气等矿产资源，这些矿产资源形成了独具特色的平面上相互叠加、垂向上相互叠置的异体共伴生格局[2-5]。其中，鄂尔多斯盆地的新街台格庙矿区煤炭资源与天然气资源完全重叠，矿区矿权中部、北部68%的面积与中国石油的苏里格气田(东区)天然气矿权面积重叠，重叠区面积为547.59km^2，南部约有32%的面积与中国石化的大牛地气田重叠。

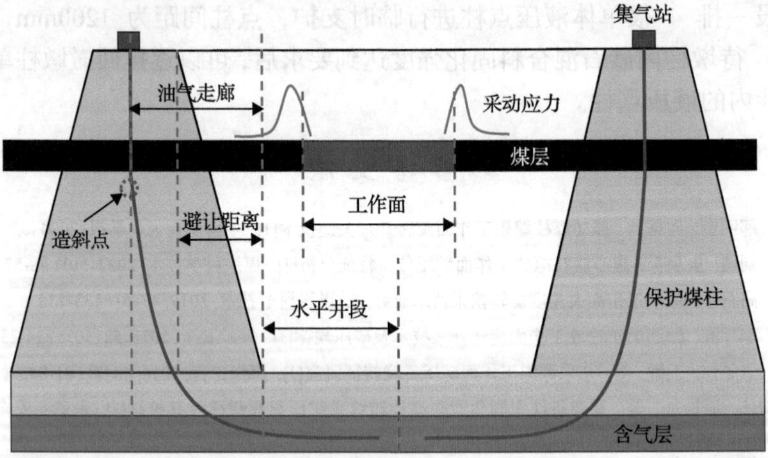

图7-1　煤与天然气协同开采示意图

在传统开采过程中，两者往往采用相互割离、互不影响的开采方式，造成人力、物力和时间上的额外投入，在开采成本提高的同时，开采效率降低。不同于单一的煤层开采和单一的天然气开采，由于天然气井会穿越煤层，当煤与天然气在同一时空内共同开采时会互相影响，从而产生新的安全性问题[6-8]。矿权重叠区内气井、场站、管线等天然气配套生产设施将影响煤炭开采的前期规划、矿井开发建设及开采规划，并压覆大量煤炭资源，增加生产成本的同时加大了生产管理难度，在后续开采活动中存在一定安全隐患，如工作面揭露天然气废弃井工程风险、大面积冒顶、瓦斯爆炸、矿井水大量涌入及有毒有害气体涌入等。此外，煤炭开发造成覆岩运移和地面塌陷，可能影响天然气正常钻井并且破坏天然气井井筒及地面设施设备，造成天然气钻机倾倒、井喷、天然气（瓦斯）着火爆炸等事故。两种资源协同开发生产[9-11]安全风险增加，天然气与煤炭交叉开采互相影响，不论“先煤后气”还是“先气后煤”的开采模式，都将给双方生产企业带来重大安全风险、经济负担和资源浪费。

综上，煤炭与天然气资源在同一区域同时开发的情况将不可避免，单独开发天然气或煤炭资源浪费巨大，两种资源的协调开发将是必然的，也是紧迫的。煤炭与天然气资源勘查程度加深，使得未来双方生产区域进一步扩展，将出现更多的资源叠置问题。如果当前资源叠置问题引起的煤与天然气开发矛盾不能够得到有效解决，后续开发工作难以开展，将会引起更大的资源浪费问题。当前煤与天然气资源重叠区域立体空间关系不明确，导致煤与天然气开采没有明确的规划依据，现有的“先气后煤”开采模式导致煤炭资源回采率低，重叠区全覆岩岩层移动规律不清楚，煤层采动下覆岩运移对天然气井的作用机制[12]研究薄弱。面对当前严峻的重叠区煤与天然气开采形势，亟须提出一种煤与天然气协同开采的技术体系[13-15]，实现煤炭与天然气资源安全、高效、科学、合理的统筹开发。将煤炭及共生资源作为宝贵的资源加以保护、开采与利用，在保护环境的同时变废为宝，实现煤炭资源绿色开采。

7.2　多煤层重复采动覆岩运移特征

7.2.1　近场围岩应力演化特征

新街一井地表一般海拔标高为+1360m～+1480m，平均海拔标高约为+1420m。新街一井立井开拓，盘区布置，首采工作面布置 2 个，分别为 112-2 上 05 工作面、122-207 工作面。112-2 上 05 工作面埋深约 810m，开采厚度为 2.74m；122-207 工作面埋深约 814m，开采厚度为 7.10m。

基于上述首采工作面，选取埋深 700～900m 进行数值模型构建，建立近场围岩开挖数值模拟模型，如图 7-2 所示。数值模型大小设置为 700m×600m×200m，共有 604487 单元。模型前后边界采用滚动约束，模型下表面进行固定处理，于模型顶部加载 17.5MPa 垂直向下的力模拟模型受到的上覆岩层重力，结合现场实际测量数据将水平、垂直应力设置为相同数值，数值模型使用摩尔库仑本构模型。

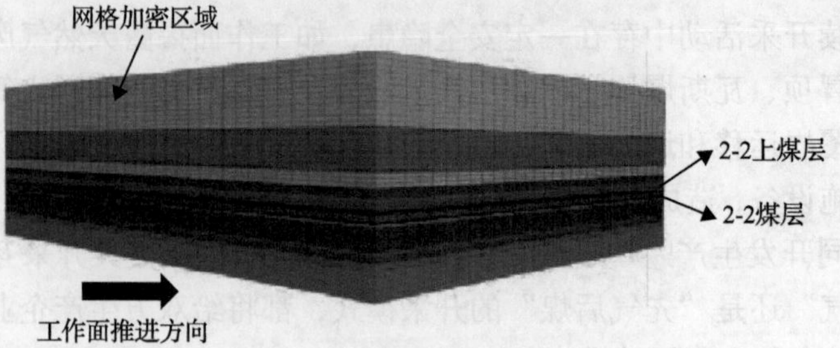

图 7-2 近场围岩开挖数值模拟模型

为得到近场围岩应力演化规律，通过数值模拟得出新街一井矿区煤层群开采过程中应力动态迁移演化特征。先开采 2-2 上煤层，后开采 2-2 煤层，每次推进距离为 20m，随着工作面推进监测煤壁前方支承压力。2-2 上煤层开采时围岩垂直应力分布及演化情况如图 7-3 所示。

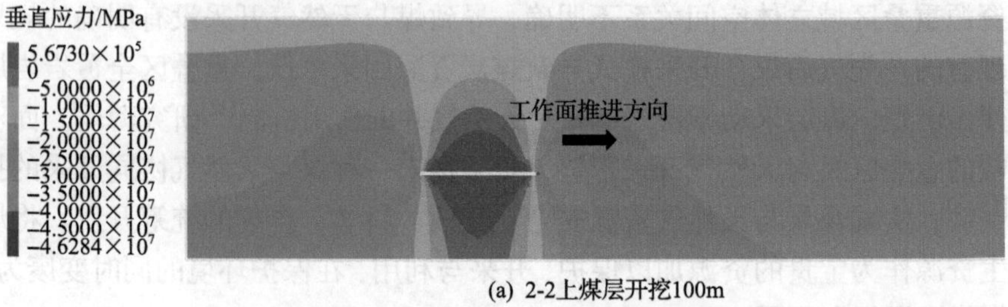

(a) 2-2上煤层开挖100m

(b) 2-2上煤层开挖300m

图 7-3 2-2 上煤层开采时围岩垂直应力分布及演化情况

2-2 上煤层工作面开采时围岩应力呈现动态演化规律，工作面侧向支承压力不断增大，且煤壁侧垂直应力值中峰值略大于开切眼处垂直应力峰值。当开挖至 300m，即工作面见方时，垂直应力集中峰值可达 58.6MPa，约为原岩应力的 2.93 倍。

由图 7-4 可知，工作面开采后上覆岩层主要压覆在两侧煤柱，导致工作面前方及开切眼位置垂直支承压力不断增大，煤壁侧垂直应力集中峰值明显大于开切眼侧垂直应力集中峰值。

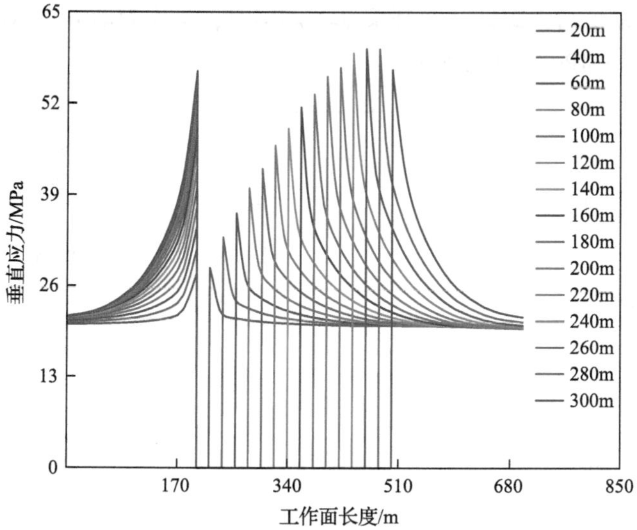

图 7-4　2-2 上煤层开采围岩垂直支承压力曲线

2-2 煤层开采时围岩垂直应力分布及演化情况如图 7-5 所示。

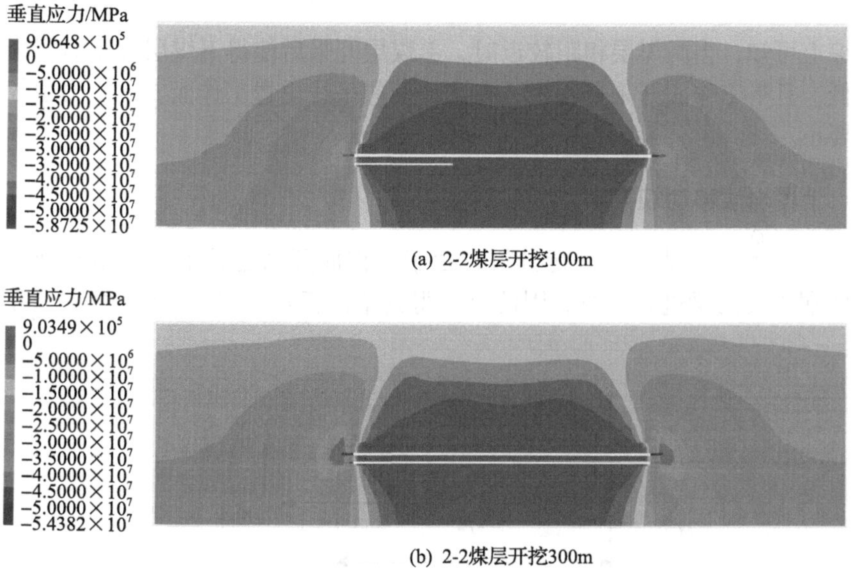

(a) 2-2煤层开挖100m

(b) 2-2煤层开挖300m

图 7-5　2-2 煤层开采时围岩垂直应力分布及演化情况

因 2-2 上煤层开采后产生应力卸压区域，2-2 煤层开挖时并未产生较大的应力集中，2-2 煤层煤壁前方及开切眼位置垂直应力较小，因此在开采 2-2 煤层时需要注意进行顶板的支护，以防止发生大面积冒顶，由此产生大范围来压。

由图 7-6 所示，因 2-2 上煤层与 2-2 煤层相距较近，2-2 上煤层开采后导致底板及 2-2 煤层发生塑性破坏，在开采 2-2 煤层时，工作面前方支承压力较小，仅在煤壁产生 2～3MPa 的侧向支承压力。

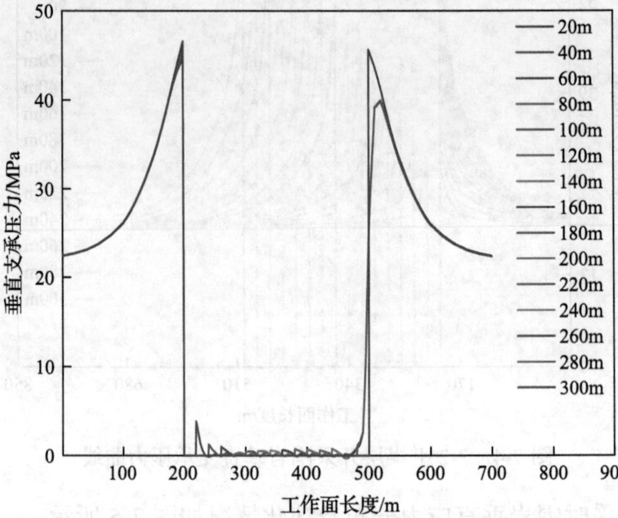

图 7-6　2-2 煤层开采围岩垂直支承压力曲线

综上可知，当两煤层相距较近时，上煤层开采后使得下煤层开采时工作面来压降低，且下工作面开采过程中，在工作面停采线位置工作面支承压力也较上工作面要小。

7.2.2　上覆岩层移动规律

对采场覆岩移动规律进行分析，由于工作面开采过程中上方基本顶可以简化为两端固支的梁进行计算，因此可以得到梁内任意一点的应力状态，如图 7-7 所示。

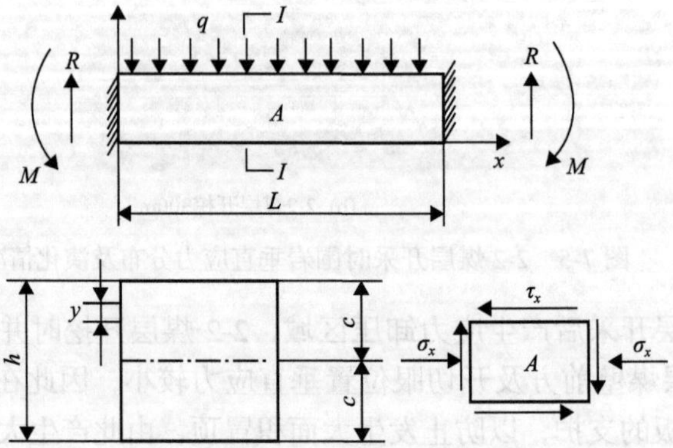

图 7-7　岩梁上任意点的应力分析

已知梁内任意点的正应力 σ 为

$$\sigma = \frac{My}{J_z} \tag{7-1}$$

式中，M 为截面弯矩，kN·m；y 为与截面中轴距离，m；J_z 为对称中性轴的断面矩，m^4。

因此，最大拉应力 $\sigma_{\max}$ 为

$$\sigma_{\max} = \frac{6 \times \frac{1}{12} qL^2}{h^2} = \frac{qL^2}{2h^2} \tag{7-2}$$

当 $\sigma_{\max} = R_t$ 时，可知梁断裂的极限跨距为

$$L_t = h\sqrt{\frac{2R_t}{q}} \tag{7-3}$$

一般情况下，基本顶上方的岩层由多层岩层组成，这就需要根据多层岩层之间的相互影响进行评定。假定岩层共有 n 层，其中基本顶之上的上覆岩层共有 $n-1$ 层，各层覆岩厚度为 $h_i(i=1,2,\cdots,n)$，容重为 $\gamma_i(i=1,2,\cdots,n)$，弹性模量为 $E_i(i=1,2,\cdots,n)$，采动影响后，组合梁截面上的剪力 Q 和弯矩 M 都由这 n 层岩层各自的截面承担，其关系为

$$Q = Q_1 + Q_2 + \cdots + Q_n \tag{7-4}$$

$$M = M_1 + M_2 + \cdots + M_n \tag{7-5}$$

根据材料力学中曲率与弯矩的关系，形成以下关系：

$$\frac{M_1}{E_1J_1} = \frac{M_2}{E_2J_2} = \cdots = \frac{M_n}{E_nJ_n} \tag{7-6}$$

由于 $\frac{\mathrm{d}M}{\mathrm{d}x} = Q$，且 $\frac{\mathrm{d}Q}{\mathrm{d}x} = q$，则

$$(q_n)_1 = \frac{E_1J_1q}{E_1J_1 + E_2J_2 + \cdots + E_nJ_n} \tag{7-7}$$

式中，$q=\gamma_1 h_1+\gamma_2 h_2+\cdots+\gamma_n h_n$；$J_1=\dfrac{bh_1^3}{12}$；$J_2=\dfrac{bh_2^3}{12}$；…；$J_n=\dfrac{bh_n^3}{12}$。

推导计算可得：

$$(q_n)_1=\frac{E_1 h_1^3(\gamma_1 h_1+\gamma_2 h_2+\cdots\gamma_n h_n)}{E_1 h_1^3+E_2 h_2^3+\cdots+E_n h_n^3} \tag{7-8}$$

根据现场地质资料，2-2 上工作面上覆岩层厚度、容重及弹性模量等力学参数如表 7-1 所示。

表 7-1　2-2 上工作面上覆岩层煤层力学参数

岩层	岩性	容重/(kN/m^3)	层厚/m	弹性模量/GPa	抗拉强度/MPa
1	粗粒砂岩	25.6	9.5	20	1.7
2	粗粒砂岩	25.6	12.49	20	2.0
3	中粒砂岩	27	3.1	23	3.2

第 1 层本身的载荷 q_1 为

$$q_1=\gamma_1 h_1=25.6\times 9.5=246.05(\text{kPa}) \tag{7-9}$$

考虑第 2 层对第 1 层的作用：

$$(q_2)_1=\frac{E_1 h_1^3(\gamma_1 h_1+\gamma_2 h_2)}{E_1 h_1^3+E_2 h_2^3}=172.02(\text{kPa}) \tag{7-10}$$

因此，2-2 上煤层基本顶极限跨距为

$$L_t=h\sqrt{\frac{2R_t}{q}}=9.5\times\sqrt{\frac{2\times 1.7\times 10^6}{246.05\times 10^3}}=35.31(\text{m}) \tag{7-11}$$

2-2 上煤层基本顶周期来压步距为

$$L=h\sqrt{\frac{R_t}{3q}}=9.5\times\sqrt{\frac{3.5\times 10^6}{3\times 246.05\times 10^3}}=14.42(\text{m}) \tag{7-12}$$

根据现场地质资料，2-2 工作面上覆岩层厚度、容重及弹性模量等力学参数如表 7-2 所示。

表 7-2 2-2 工作面上覆岩层煤层力学参数

岩层	岩性	容重/(kN/m^3)	层厚/m	弹性模量/GPa	抗拉强度/MPa
1	中粒砂岩	27	4.76	23	3.2
2	砂质泥岩	26.4	1.58	20	4.3
3	2-2 煤采空区垮落岩层	25	4.9	23	3.5

第 1 层本身的载荷 q_1 为

$$q_1 = \gamma_1 h_1 = 27 \times 4.76 = 128.52(\text{kPa}) \tag{7-13}$$

考虑第 2 层对基本顶的作用：

$$(q_2)_1 = \frac{E_1 h_1^3(\gamma_1 h_1 + \gamma_2 h_2)}{E_1 h_1^3 + E_2 h_2^3} = 164.98(\text{kPa}) \tag{7-14}$$

考虑第 3 层对基本顶的作用：

$$(q_3)_1 = \frac{E_1 h_1^3(\gamma_1 h_1 + \gamma_2 h_2 + \gamma_3 h_3)}{E_1 h_1^3 + E_2 h_2^3 + E_3 h_3^3} = 137.91(\text{kPa}) \tag{7-15}$$

因此，2-2 煤层基本顶极限跨距为

$$L_t = h\sqrt{\frac{2R_t}{q}} = 4.76 \times \sqrt{\frac{2 \times 3.2 \times 10^6}{164.98 \times 10^3}} = 29.65(\text{m}) \tag{7-16}$$

2-2 煤层基本顶周期来压步距为

$$L = h\sqrt{\frac{R_t}{3q}} = 4.76 \times \sqrt{\frac{3.2 \times 10^6}{3 \times 164.98 \times 10^3}} = 12.10(\text{m}) \tag{7-17}$$

为揭示煤层群采动影响下顶板破坏特征及上覆岩层移动规律，以新街矿区近距离煤层工作面开采作为模型构建基础，利用 UDEC 软件模拟分析在工作面持续推进过程中的上覆岩层移动规律。数值模型长度为 400m，工作面两端各留设 50m 的煤柱作为边界，工作面高度为 200m，模拟工作面采深 800m，模型煤层厚度分别为 3.31m 与 2.4m，模型两侧边界设置为固定边界条件，如图 7-8 所示。

开采 2-2 上煤层时，在不同推进距离下上覆岩层移动规律特征如图 7-9 所示。当工作面开挖 20m 时，工作面直接顶发生初次垮落，而基本顶并未出现破断；推进至 40m 时，直接顶垮落后，其上方基本顶发生破断并且形成砌体梁结构，因此

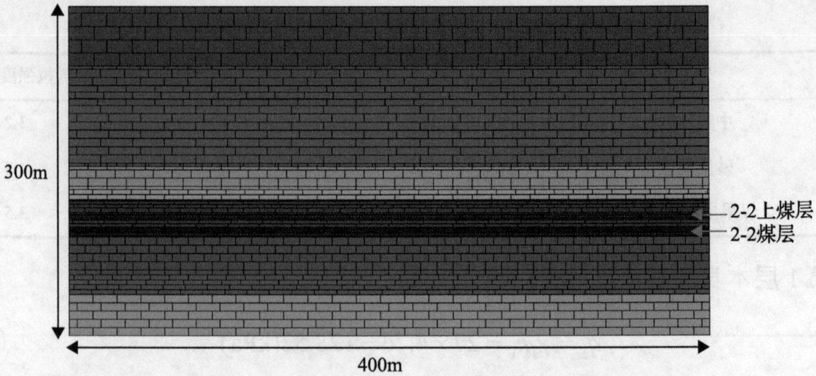

图 7-8　煤层群开采上覆岩层移动规律模型

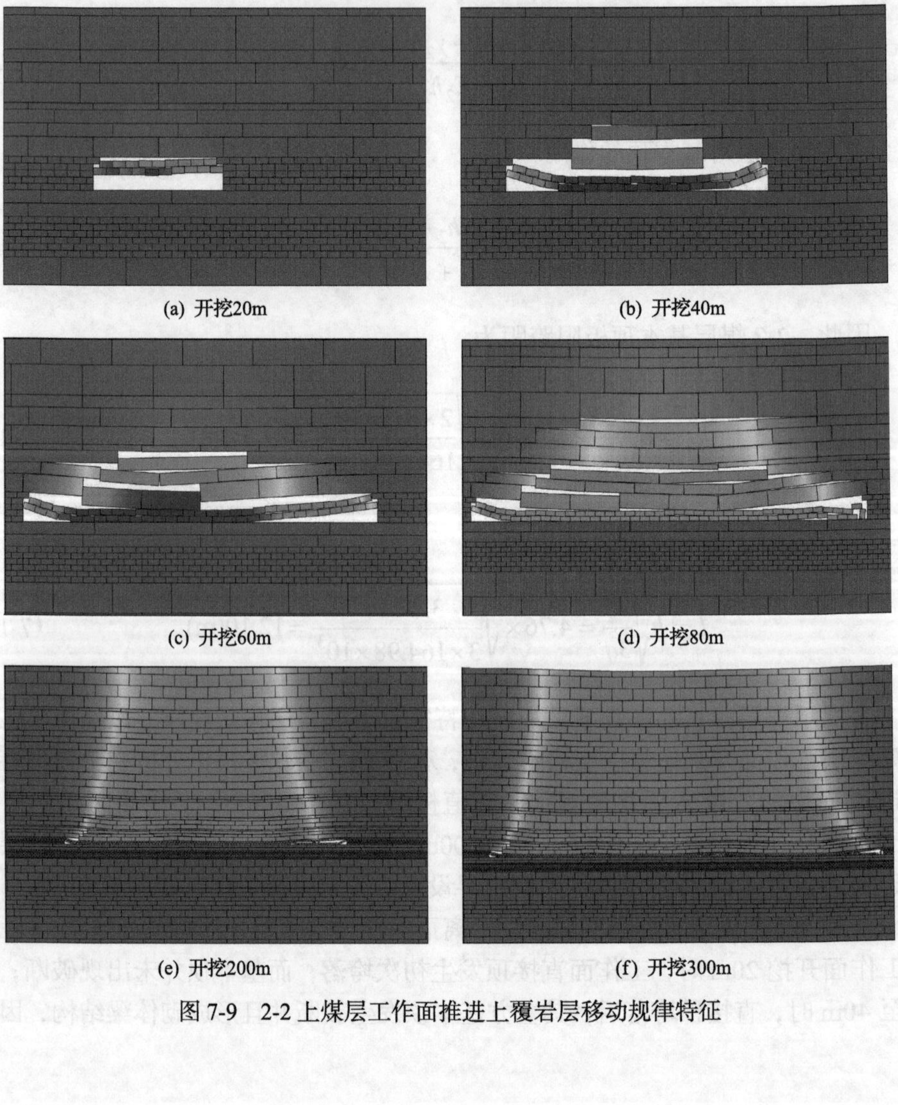

图 7-9　2-2 上煤层工作面推进上覆岩层移动规律特征

在 20～40m 工作面发生第一次大面积来压现象，即为基本顶的初次来压；推进至 60m 时，基本顶破断块体的回转导致工作面顶板急剧下沉，因此在 40～60m 工作面发生第一次周期来压现象；推进至 80m 时，基本顶破断范围增大，且基本顶及其上覆岩层形成砌体梁结构，上覆岩层垂直方向位移不断增大，并且形成梯形结构，在关键层砾岩岩层处产生离层。同时，天然气井随着上覆岩层的运动向采空区侧偏移，当开挖至保护煤柱前方时，上覆岩层运移量达到最大值。

2-2 煤层不同开采距离下上覆岩层移动规律特征如图 7-10 所示。

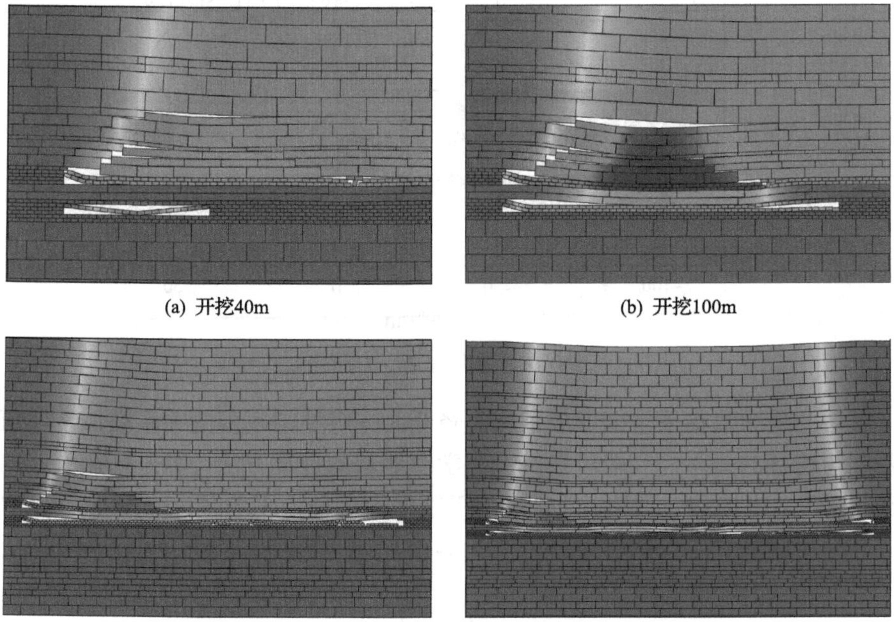

(a) 开挖40m　(b) 开挖100m

(c) 开挖200m　(d) 开挖300m

图 7-10　2-2 煤层工作面推进上覆岩层移动规律特征

2-2 煤层工作面开挖至 20～40m 时直接顶发生垮落，因 2-2 上煤层开采后采空区重新压实，2-2 煤层开采对上覆岩层垂直与水平方向位移影响较小。

7.2.3　底板破坏深度

煤层开采后不仅引起顶板岩层的移动和破坏，也导致底板岩层在一定范围内的移动和破坏。煤层开采后引起的底板破坏，其范围将与开采范围及采空区周围的支承压力分布有关。底板的破坏可能导致地下水分布的变化，采动底板突水事故是采动对底板破坏及底板承压水共同作用导致的，因此应重点研究采动影响下的底板破坏规律。

图 7-11 所示为多煤层开采时垂直应力等应力线分布，图中表示了第一层留

有煤柱，第二层开采线超过第三层开采线一定距离后形成的等铅直应力线。显然，此时第一层的煤柱已对第二层、第三层无多大影响。

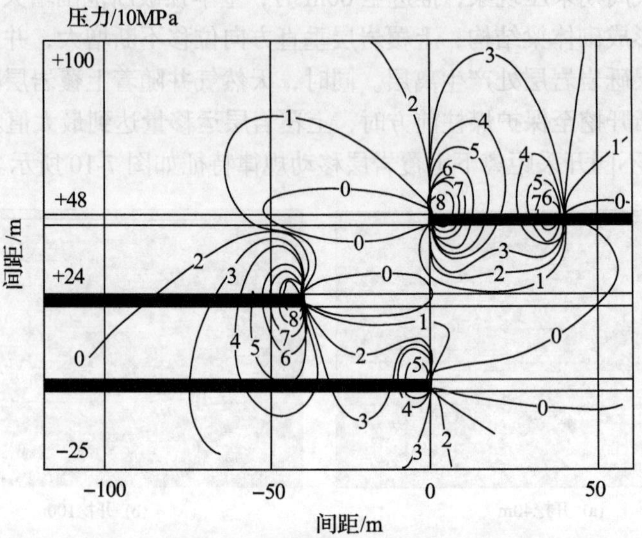

图 7-11 多煤层开采时垂直应力等应力线分布

煤层开采导致在采空区形成了应力降低区，煤柱与底板的关系类似于建筑物的基础与地基的关系，一般可采用土力学中地基的计算方法计算开采而引起的底板破坏深度。根据塑性理论，地基中的极限平衡区分为 3 个区，800m 采深条件下煤层开采后底板岩层内的应力分布如图 7-12 所示。

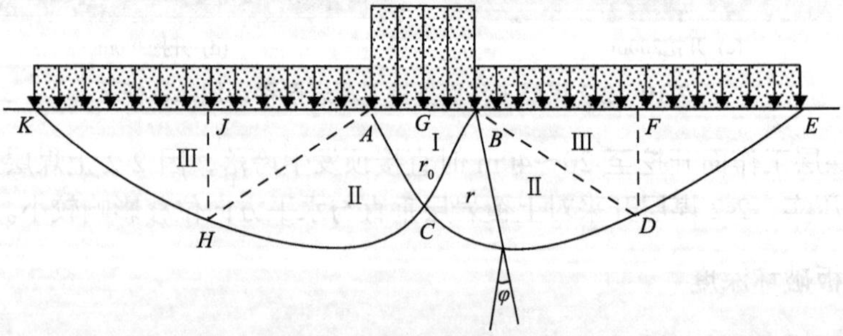

图 7-12 地基中的极限平衡区

图 7-12 中，Ⅰ区为主动应力区，其中：

$$\angle CBG = \angle CAG = 45° + \frac{\varphi}{2} \tag{7-18}$$

式中，φ 为内摩擦角。

Ⅱ区为过渡区，*CH* 和 *CD* 曲线为对数螺线，其原点为 *B* 和 *A*，则其方程为

$$r = r_0 \mathrm{e}^{a+\tan\varphi}$$

式中，r 为以 A、B 为原点与 r_0 成 a 角处的螺线半径，m；r_0 为 BC 或 AC 的长度，m；φ 为 r 与 r_0 的夹角，(°)。

Ⅲ区为被动应力区，其中：

$$\angle FED = \angle JKH = 45° - \frac{\varphi}{2} \tag{7-19}$$

$$D = r\cos\theta = r_0 \mathrm{e}^{a\tan\varphi}\cos\theta$$

$$r_0 = \frac{L}{2\cos\left(\frac{\pi}{4}+\frac{\varphi}{2}\right)} \tag{7-20}$$

$$\begin{aligned} \theta &= \frac{\pi}{2} - \left[\frac{\pi}{2} - \alpha + \left(\frac{\pi}{4} - \frac{\varphi}{2}\right)\right] \\ \cos\theta &= \cos\left(\alpha + \frac{\varphi}{2} - \frac{\pi}{4}\right) \end{aligned} \tag{7-21}$$

支承压力形成的底板破坏深度如图 7-13 所示，底板最大破坏深度为

$$a_0 = \frac{L\sin\theta}{2\cos\left(\frac{\pi}{4}+\frac{\varphi}{2}\right)} \mathrm{e}^{\left(\frac{\pi}{4}+\frac{\varphi}{2}\right)\tan\varphi} = 3.48672 \tag{7-22}$$

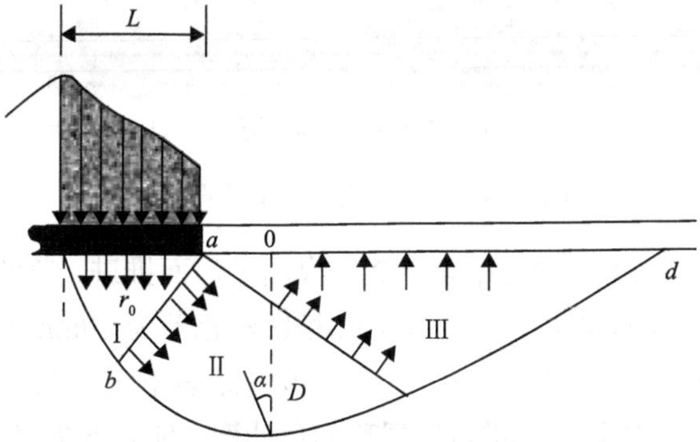

图 7-13　支承压力形成的底板破坏深度

7.3　多煤层重复采动地表运移规律

在煤与天然气协同开采过程中，地表移动直接影响天然气地面设施稳定性。地表运移对天然气设施的影响主要体现在地面沉降、裂缝和不均匀变形可能导致的设施损坏、功能失效，甚至可能引发泄漏或爆炸等安全事故，影响天然气设施的长期使用寿命，增加维护成本。新街一井煤与天然气矿权重叠区域有多处天然气地面场站与管线等设施，为研究地表移动对天然气设施的影响，本节以新街一井为例开展多煤层重复采动地表运移规律研究。

7.3.1　岩层移动角度

为模拟新街一井 2-2 上煤层开采岩层移动角角度，利用 UDEC 模拟软件，按照工作面地质条件，选取地表向下至 2-2 上煤层作为研究对象，岩层移动角数值计算模型如图 7-14 所示。由于 2-2 上煤层埋深为 800m，因此模型长度应能够满足充分采动条件，即工作面推进长度为采深的 1.2～1.4 倍，因此模型尺寸为 2100m×870m。

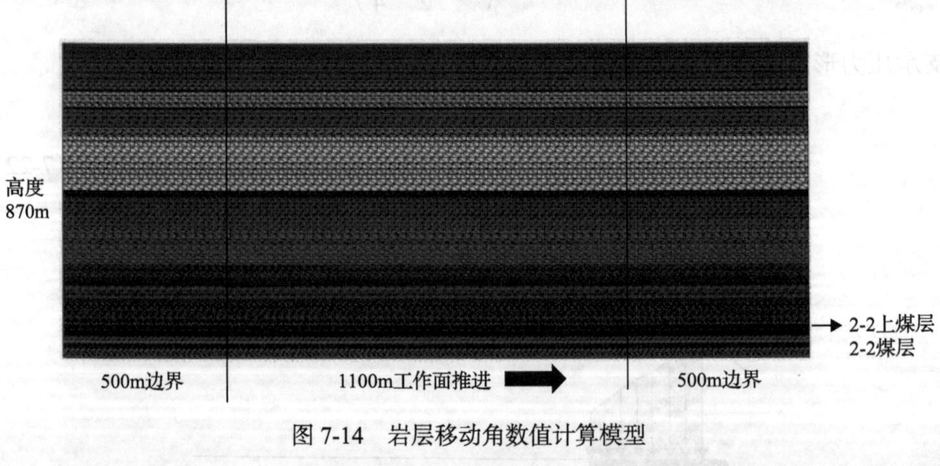

图 7-14　岩层移动角数值计算模型

设置单次开挖距离为 100m，随 2-2 上煤层工作面推进，监测地表盆地下沉量的变化值。当开挖至 1100m 时，与 1000m 相比较相差为 10mm 以内，可以认为达到充分采动，进而计算岩层移动角。工作面开挖地表下沉曲线如图 7-15 所示，以地表下沉为 10mm 为边界点，进行岩层移动角计算。地表下沉点横坐标为 140.3m，计算得岩层移动角为 65.78°，与邻近矿区 65°岩层移动角基本一致。

7.3.2 地表破坏规律

工作面推进过程中，形成的地表移动盆地称为动态盆地。当工作面推进到停采边界后，地表移动并未立刻停止，而是还要延续一段时间才逐渐稳定下来并趋于静止，形成一个最终的地表盆地，为静态移动盆地。建立了新街一井 2-2 上煤层开采地表下沉数值计算模型，如图 7-15 所示。随工作面推进 1000m 与 1100m 的地表位移云图如图 7-16 所示。

通过对地表垂直位移进行数据处理分析，当推进至 1100m 时，地表下沉趋于稳定，地表下沉量最大值不再发生变化。地表下沉呈四阶段发展，开始为下沉初始期，在下沉速度大于 1.7mm/d(50mm/月)后处于下沉活跃期，再次低于该值后进入下沉衰退期，最后进入稳定期，这主要与覆岩关键层的破断运移有关。

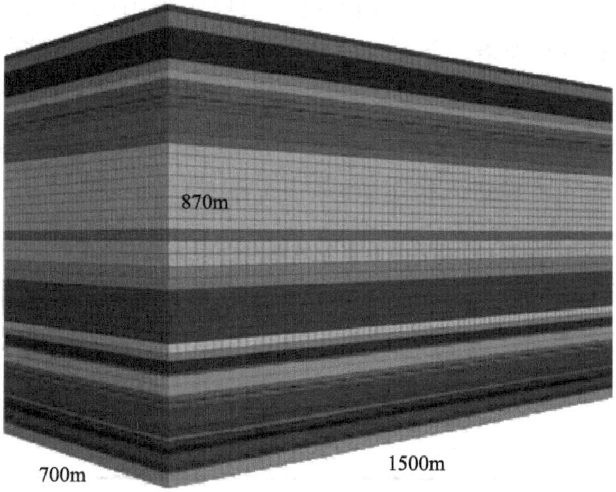

图 7-15 地表下沉数值计算模型

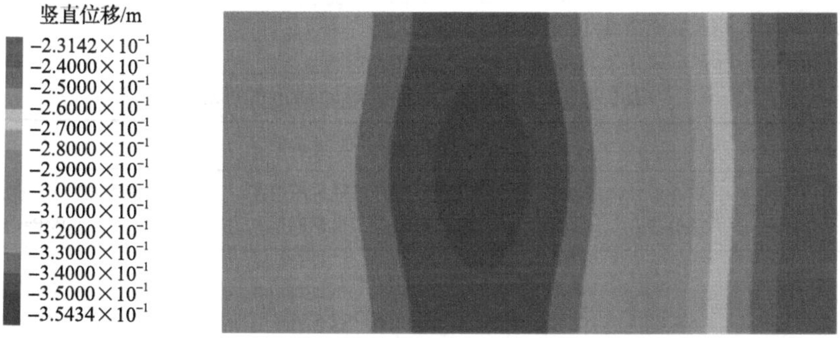

(a) 1000m

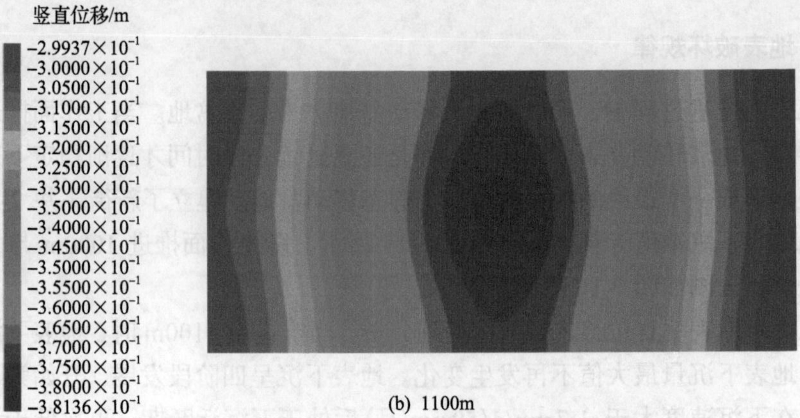

(b) 1100m

图 7-16 随工作面推进 1000m 与 1100m 的地表位移云图

新街一井、二井尚未开采，周边的红庆河煤矿采用地面钻孔原位监测方法，开展了深井特大采高开采条件下覆岩内部移动规律的实测与反演研究。31402 工作面埋深 679～719m，采高 6m，地表滞后 410m(采后 65 天)进入地表沉陷衰退期，沉降速度约在 2mm/d。根据表 7-3，地表下沉速度小于 1mm/d，且连续 6 个月累计下沉值小于 30mm 才能进入稳定状态。

表 7-3 下沉速度确定采空区场地稳定性等级

稳定状态	下沉速度 V/(mm/d)	连续 6 个月累计下沉值/mm
稳定	$V<1$	<30
基本稳定	$V<1$	≥30
不稳定	$V\geqslant1$	—

新街一井、二井泥岩组(饱和抗压强度为 1.40～64.50MPa)和砂岩组(饱和抗压强度为 0.33～70.80MPa)为煤系地层的主要岩组，新街一井、二井为中硬覆岩。根据表 7-4，地表沉陷稳定需要 2.5 年以上。

表 7-4 按岩性确定采空区场地稳定性等级

稳定等级	采动区终采时间 t/年		
	软弱覆岩(综合单轴抗压强度≤30MPa)	中硬覆岩(综合单轴抗压强度>30MPa 且≤60MPa)	坚硬覆岩(综合单轴抗压强度>60MPa)
稳定	$t>1$	$t>2.5$	$t>4$
基本稳定	$0.6<t\leqslant1$	$1.5<t\leqslant2.5$	$2.5<t\leqslant4$
不稳定	$t\leqslant0.6$	$t\leqslant1.5$	$t\leqslant2.5$

当无实测资料时，地表移动持续时间 T(天)在开采深度大于 400m 时，可按照下式计算确定：

$$T = 1000e^{1-400/H} \tag{7-23}$$

式中，T 为地表移动持续时间，天；H 为开采深度，m。

新街一井 2-2 上煤埋深按 800m 计算，代入式(7-23)，可得地表移动持续时间为 4.5 年。若考虑到多煤层重复采动的影响，则地表移动持续时间将进一步增加。

综上计算分析可知，当工作面推进 1100m 时，地表下沉趋于稳定，类比红庆河煤矿，并基于《煤矿采空区岩土工程勘察规范》(GB 51044—2014)，新街北部四井单工作面采空区约在 2 个月后地表沉陷进入衰退期，沉陷稳定需要 2.5 年以上，估值为 4.5 年。在实际开采过程中，应加强对各个地表下沉阶段地表下沉速度的监测，从而得到实际地表沉陷的稳定时间。

7.4　多煤层重复采动对天然气井受采动影响

7.4.1　天然气井受采动规律分析

1. 采动影响下天然气井套管变形破坏分析

由于天然气资源储存较深，天然气开采时井身必然穿过煤层所在层位，当天然气井井身与煤层工作面距离较近时，煤层采动会对天然气井产生影响，如图 7-17 所示。对于正常生产的天然气井，其井下套管与地层已处于相对平衡状态。在无外压、套管自身性能的缺陷及开采工艺影响的情况下，天然气井套管将不会发生变形

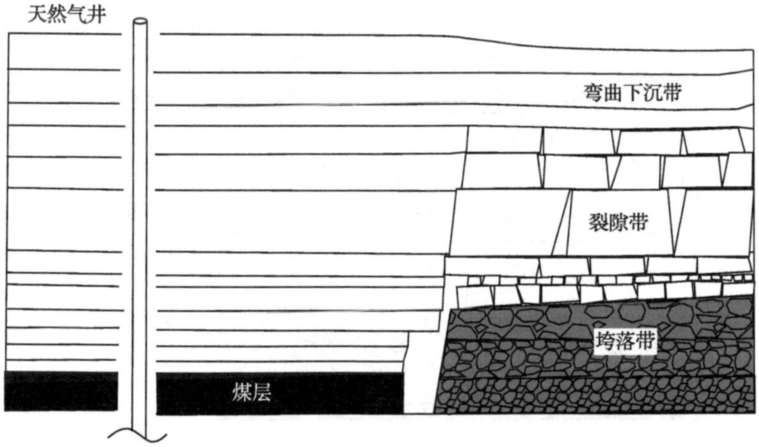

图 7-17　天然气井受采动影响

破坏。当开采与天然气在同一矿田范围内不同埋深的煤炭资源时，这种平衡状态将被破坏，必将引起应力的重新分布，由此可能引起天然气井套管的变形破坏。

由煤柱上方岩层变形规律及钻采天然气时天然气套管变形破坏机理，可得采动影响下天然气井套管变形破坏特点，具体如下。

(1) 位于煤柱内天然气井套管水平移动较小，主要受到轴向应力的作用。

(2) 受采动影响的天然气井套管在同一岩层内产生连续性移动。

(3) 天然气井套管在地表水平移动最大，越往下水平移动越小，故天然气井套管变形破坏与其在采场中的埋深有关。

(4) 天然气井套管在其围岩岩性发生变化时，天然气井套管移动发生突变，则天然气井套管易产生弯曲变形和剪切破坏。

(5) 由煤柱上方岩层在岩性变化处岩层的下沉特点可知，位于该围岩处的天然气井套管可能会在软岩处发生缩径、弯曲变形，在硬岩处可能会因硬岩被压裂而导致天然气井套管变形甚至破裂。

(6) 由采场覆岩越靠近采空区其移动越剧烈可得，天然气井套管变形程度与天然气井中心位置和回采工作面之间的距离有关，距离越小变形程度越大，距离越大变形程度越小。

2. 纵向剖面天然气井套管及采后覆岩的结构力学模型

采后覆岩及天然气井套管结构力学模型包括两方面的内容，具体如下。

1) 采后覆岩结构力学模型

采后覆岩结构力学模型又称为岩移“四带”模型，如图 7-18 所示。

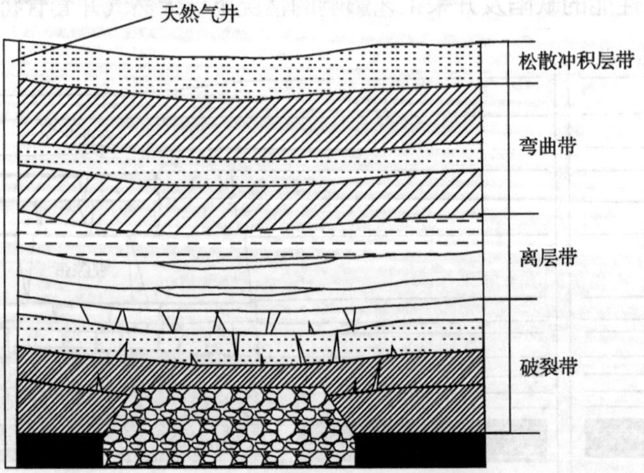

图 7-18　采后覆岩结构力学模型

采后覆岩结构力学模型最下部的两侧为煤柱及顶板岩层，中部为垮落矸石和断裂岩块，这些岩层已丧失了结构连续性，只对上部岩层起支撑作用，称为破裂带；破裂带之上，各自独立弯曲变形，称为离层带；离层带之上，各岩层层面为原有弹性接触，保持原有力学结构性质，以整体形式弯曲下沉，称为弯曲带；最上部是独具结构特征和力学性质的松散冲积层，称为松散冲积层带。该模型实质上将基岩依据其破坏后的力学模型特征进行了分带，从基岩整体来看，是将其视为了一种非均质、非连续的各向同性体，表土层则作为非均质、各向异性的不抗拉松散体。

2) 天然气井套管结构力学模型

由于天然气井套管无法抗拒采动后覆岩的移动变形，其将随着岩层的移动变形而发生变形破坏，因此天然气井中心位置离工作面越近，受采动影响就越大。为了使地下开采不影响天然气井的正常生产，必将对天然气井套管留设足够大的保护煤柱。位于煤柱上方的天然气井套管将更多地发生水平移动，而位于煤柱内的天然气井套管主要受到来自煤柱上覆岩层质量及煤柱一侧或两侧采空区悬露岩层转移到煤柱上的部分质量形成的轴向应力的影响。因此，将天然气井套管结构力学模型分成两带模型：煤柱带(煤柱段)，天然气井套管主要受轴向应力(煤柱载荷)作用；水平移动带(煤柱上方岩层至地表段)，天然气井套管移动主要以水平移动为主。

7.4.2 相似模拟研究

1. 实验原理及相似模拟材料配比

为分析留设安全煤柱下煤层采场覆岩运移变化、天然气井近场围岩力学变化特征及煤层重复采动的影响，开展二维相似模拟实验，以模拟采场工作面的开挖。通过 DIC 散斑测量系统监测煤层开采过程中覆岩的位移规律，在天然气井所在区域由下至上布置 60 个应变片，记录天然气井及近场围岩应力特点，如图 7-19 所示。其开挖顺序为先开挖 2-2 上煤，再开挖 2-2 煤。

在进行相似模拟实验之前，要满足原型和模型的几何相似、运动相似、动力相似等条件。综合考虑，几何相似比确定为 1∶400，模型整体长为 2m，煤层、煤柱及边界分别为 300m、400m 和 100m，模型中分别为 75cm、100cm 和 25cm。其他相似比参数如下：泊松相似比为 1∶1.5，密度相似比为 1∶1.5，刚度相似比为 1∶150，应力相似比为 1∶150，时间相似比为 1∶10。相似模拟实验实物如图 7-20 所示。

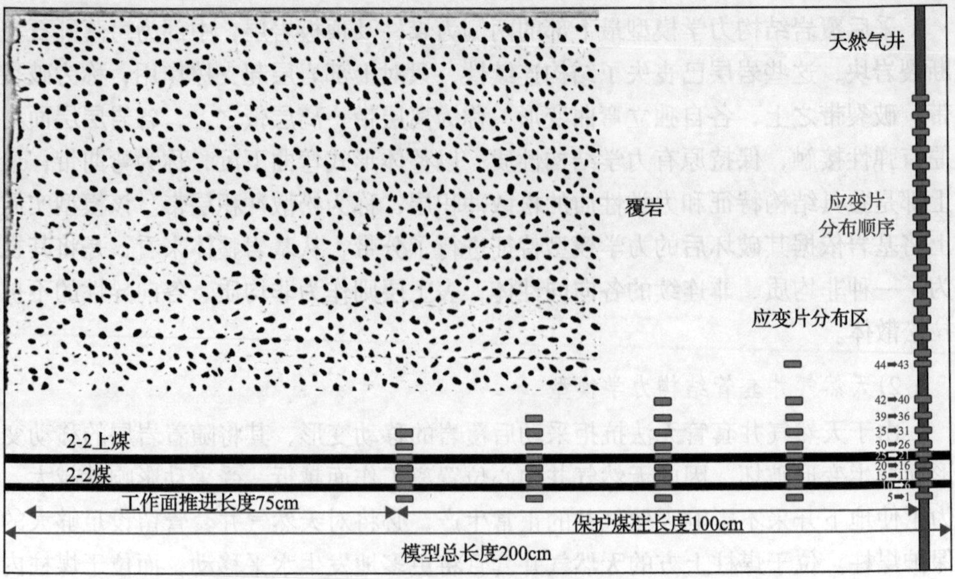

图 7-19　应变片布置示意图

图 7-20　相似模拟实验实物

2. 实验过程

1) 2-2 上煤开挖

开展 2-2 上煤的开挖，每次开挖 5cm，共开挖 75cm。开挖过程中直接顶不断垮落，基本顶形成稳定结构，呈周期性断裂，开挖过程上覆岩层的运动状态通过 DIC 散斑测量系统记录。

图 7-21 为模型开挖 0～75cm 过程中上覆岩层的运移情况，当模型开挖至 30cm 时，覆岩断裂形成铰接结构，横向裂隙长度约为 30cm，厚度约为 5cm。随着模型开挖，煤层上方岩层出现二次大范围垮落，横向裂隙长度扩展至 45cm，厚度扩展至 25cm，此时煤层上方 25cm 处覆岩层出现第三条纵向裂隙，裂隙角度约为 45°。观察到此时煤壁后端形成“三角形”采空区，开挖至 75cm 时变化较小，说明 70cm 时已充分卸压。

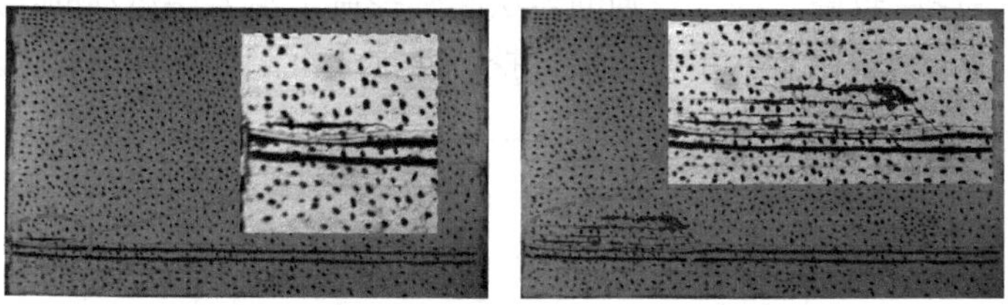

(a) 开挖30cm　(b) 开挖75cm

图 7-21　2-2 上煤开挖过程中上覆岩层的运移情况

2）2-2 煤开挖

2-2 煤开挖过程中上覆岩层的运移情况如图 7-22 所示。随着模型开挖，2-2 煤层上覆岩层开始断裂并铰接，顶板横向裂隙长度为 15cm，厚度为 5cm，2-2 上煤采空区扩大。随着模型继续推进，距 2-2 煤上部 40cm 处岩层开始出现新的裂隙，采动影响纵向进一步扩大，垮落区域基本维持不变。继续开挖推进，除覆岩稳定下沉外，来压基本稳定。

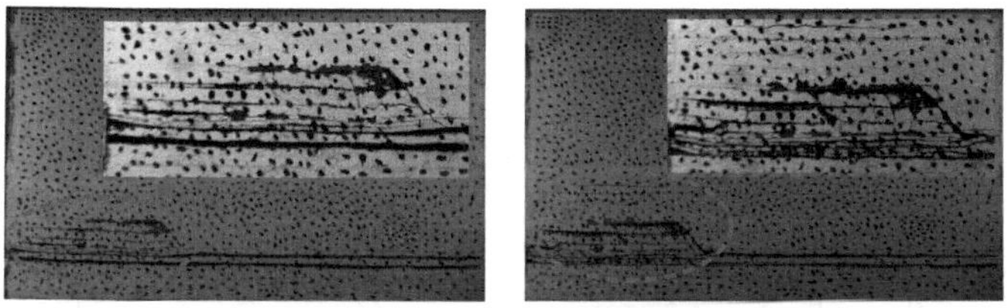

(a) 开挖5cm　(b) 开挖75cm

图 7-22　2-2 煤开挖过程中上覆岩层的运移情况

3. 实验结果分析

通过统计预埋在天然气井处的应变片数据，记录开挖过程中天然气井垂直方向应力变化，并对记录的数据进行整理，删除错误数据和重复数据，绘制成煤层推进过程中天然气井垂直应力变化表，如图 7-23 所示。

从图 7-23 中可以看出，应变片 1-1、1-6、1-40 和 1-60 随着推进距离增加出现逐渐增加的趋势，1-40 位于覆岩处，受上覆坚硬、较厚岩层运移的影响，随煤层采动产生较大应力值，在采动趋于稳定后应力值同样趋于稳定；1-60 位于近地表处，与地面沉陷关系较大，且随着煤层的不断采出，应力逐渐变大。1-11、1-16 和 1-21 随着工作面推进起伏变化不断，最后逐渐趋近于零。其他区域应力变化较为稳定，随着推进稳定增加，整体表现为随着埋藏高度的增加，应力值逐渐减小的特征。

从图 7-24 中可以看出，垂直应力整体变化较为平稳，其中 1-40 与覆岩的运移有关，有些厚度较高、硬度较强的岩层起到控制上覆岩层运动的作用，称为关键层。1-60 位于地表附近，由于煤层开挖产生地表沉陷，从而引起天然气井上部

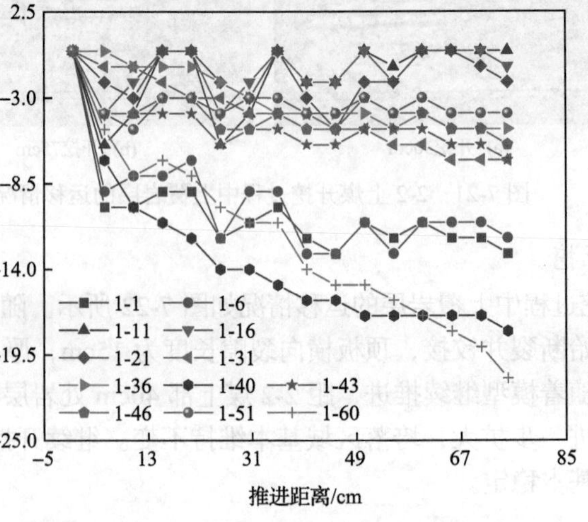

图 7-23　2-2 上煤开挖天然气井垂直应力变化

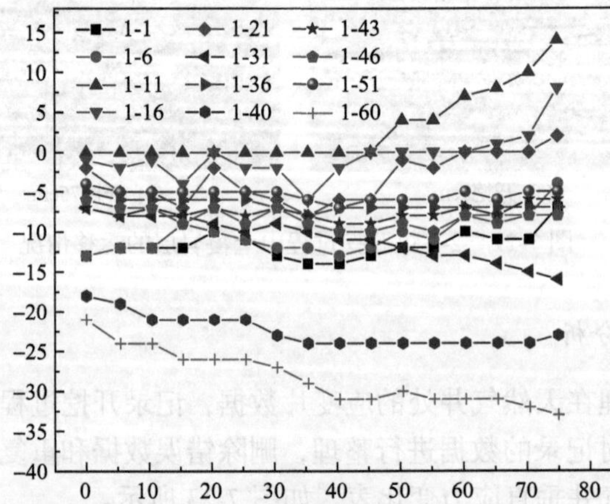

图 7-24　2-2 煤开挖天然气井垂直应力变化

产生较大的应力变化。1-11 与 1-16、1-21 受到煤层重复采动的影响较大，1-11 与 1-16、1-21 出现应力方向改变，表明天然气井该区域会产生较大的剪切错动力。

综上可知，随着煤层工作面的推进，覆岩逐渐破断垮落，并呈阶段式垮落变形，形成“正梯形”结构，应重点注意覆岩大范围的垮落。分析应变片数据可知，天然气井处应力变化与层位有关，影响较大区域为煤层附近、覆岩关键岩层附近和近地表处，同时煤层重复采动会对天然气井产生剪切错动作用，应加强对这些区域的研究、监测与维护。

7.4.3　重复采动下天然气井应力演化特征

开展多煤层重复采动下煤气共采数值模拟实验，探究多煤层重复采动下天然气井的应力、位移演化规律。设置煤层工作面长度为 300m，保护煤柱宽度为 400m，推进长度为 50～300m，监测天然气井套管应力及变形规律，如图 7-25 所示。

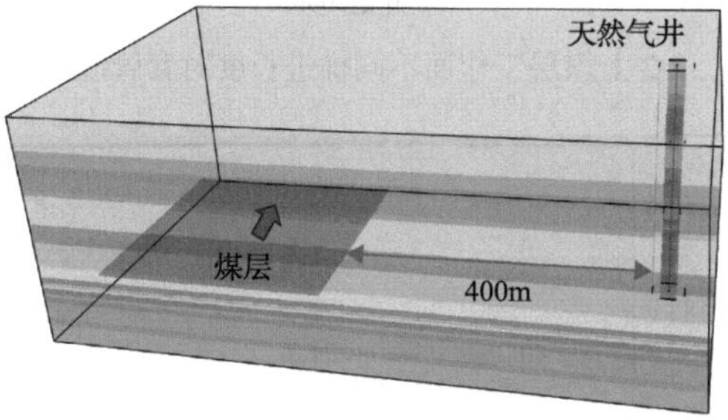

图 7-25　工作面及天然气井布置

监测双煤层开采时对天然气井应力变形情况，分析套管应力峰值位置及应力峰值演化情况，探究不同层位煤层开挖时对套管的影响程度，与套管屈服应力强度进行对比，确保套管应力峰值不超过套管安全生产的应力标准。

由图 7-26 可知，天然气井所受剪切应力呈区域式聚集，分为煤层区、上覆岩层区和底板岩层区。其中，剪切应力最大值出现在煤层区，由于煤层被采出形成空间空洞，出现自由面，剪切应力通过煤层附近的围岩传递至天然气井，形成较大的剪切作用。上覆岩层区同样出现了剪切应力集中，这是由于部分覆岩随着煤层开采逐渐变形垮落，水平方向上的力逐渐传递至天然气井，覆岩破断会形成砌体梁结构，本身具有一定的稳定性，因此作用于天然气井的剪切应力较煤层区小。

图 7-27 为 2-2 上煤开挖时天然气井所受剪切应力变化折线。由图 7-27 可知，剪切应力整体呈现上升趋势，随着工作面推进，天然气井所受剪切应力逐渐增大。

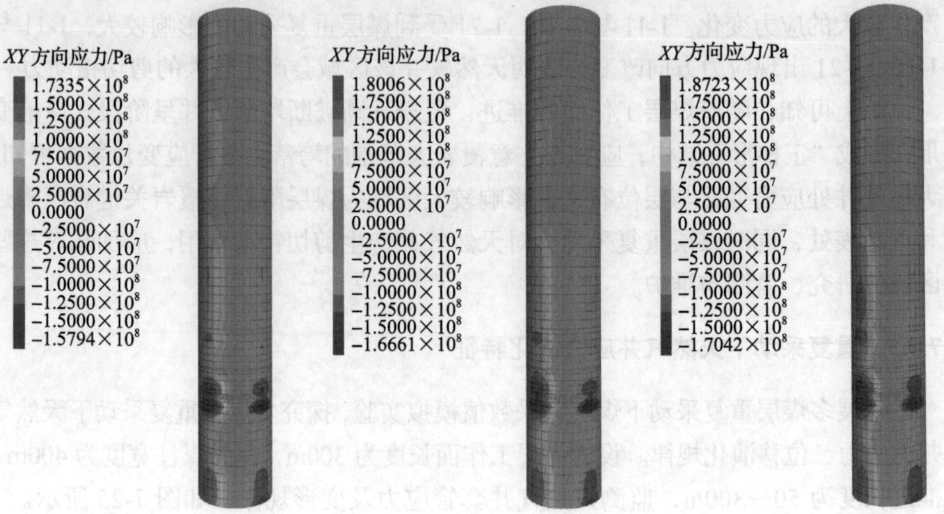

(a) 开挖50m　　(b) 开挖200m　　(c) 开挖300m

图 7-26　2-2 上煤层工作面不同推进长度时套管应力演化特征

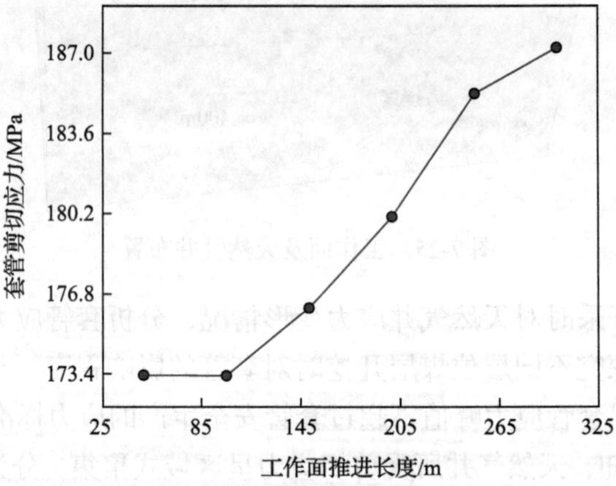

图 7-27　2-2 上煤开挖时天然气井所受剪切应力变化折线

图 7-28 为 2-2 煤层工作面开采时天然气井所受剪切应力变化情况。天然气井所受剪切应力同样出现区域聚集现象，通过对比 2-2 上煤层开采，2-2 煤层开采产生的应力集中局域更加明显，应力值普遍增大。

图 7-29 为 2-2 煤开采时天然气井所受剪切应力变化折线。由图 7-29 可知，天然气井所受剪切应力曲线呈缓慢上升趋势，随着采空区的增加，煤层重复采动下天然气井所受剪切应力普遍增大。

综上所述，2-2 上煤开采时，天然气井所受剪切应力随着工作面推进增长迅速，剪切应力最大值主要集中在煤层同一层位天然气井处；2-2 煤开采时，天然

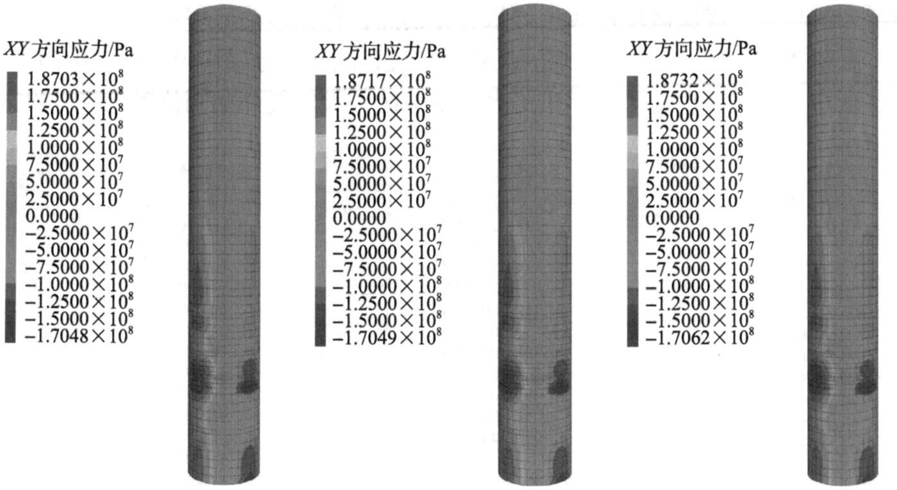

(a) 开挖50m　(b) 开挖200m　(c) 开挖300m

图 7-28　2-2 煤层工作面开采时天然气井所受剪切应力变化情况

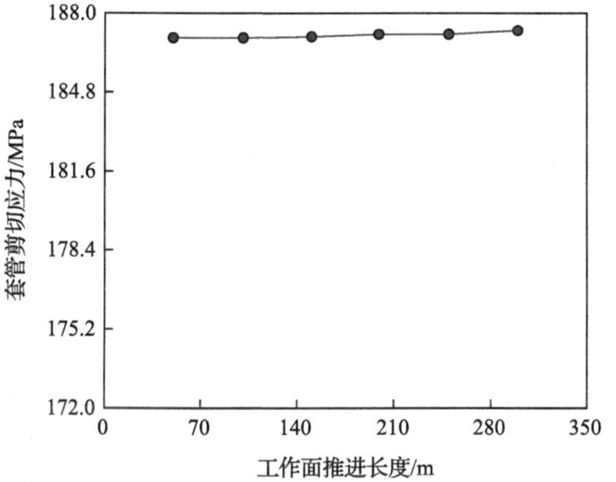

图 7-29　2-2 煤开采时天然气井所受剪切应力变化折线

气井所受剪切应力增长缓慢但维持较高的水平，整体高于上层煤所受剪切应力大小，最大值集中区域与上层煤开挖一致。

7.4.4　重复采动下天然气井位移弯曲情况

通过分析位移变化情况，可以看出力的作用位置、作用范围等。以留设 400m 煤柱为例，记录 X 轴位移数据，对比分析 2-2 上煤开采与 2-2 煤重复采动下天然气井位移弯曲情况。

图 7-30 为 2-2 上煤开采时天然气井位移变化情况。随着推进长度增大，天然气井位移量逐渐增加，位移量变化呈分层现象，整体呈从天然气井中部向两端逐

渐增大的趋势，煤层区域形成位移量变化拐点，存在错动剪切现象。

由图 7-31 可知，开挖 2-2 煤时天然气井位移同样呈分层均匀分布，由中部向两端逐渐增大，煤层重复采动形成更大的采空区，天然气井相同位置位移量更大。

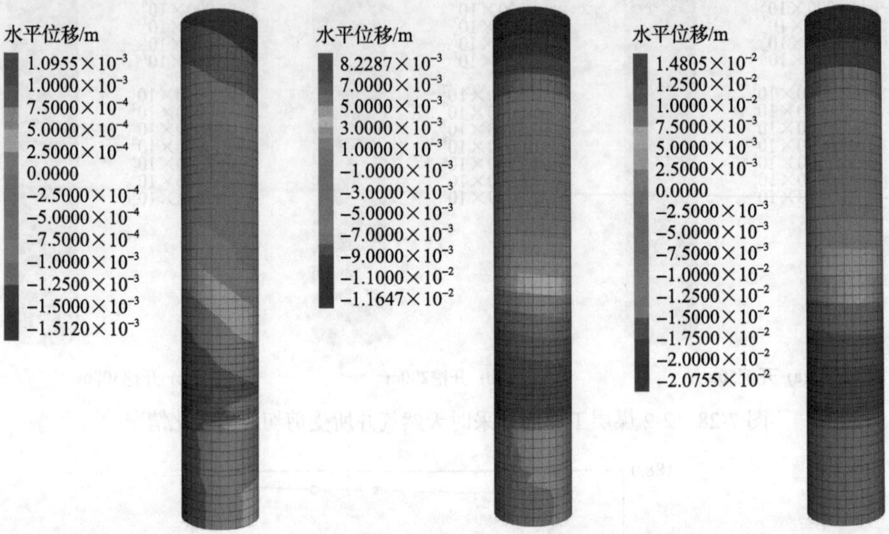

(a) 开挖50m (b) 开挖200m (c) 开挖300m

图 7-30 2-2 上煤开采时天然气井位移变化情况

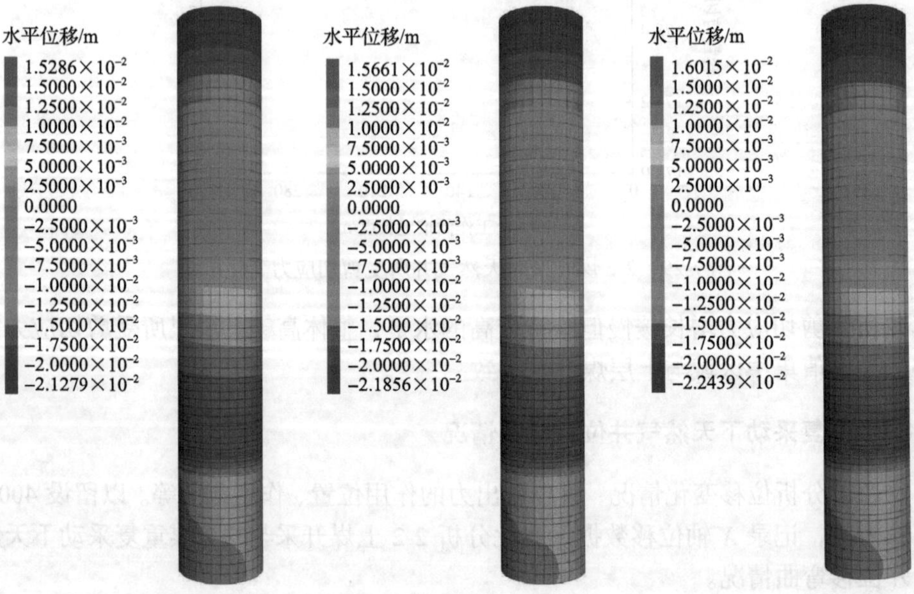

(a) 开挖50m (b) 开挖100m (c) 开挖150m

图 7-31 2-2 煤开采时天然气井位移变化情况

图 7-32 为 2-2 上煤与 2-2 煤开采时，天然气井位移变化折线。2-2 上煤开挖时，天然气井位移随着推进长度增大，且上升幅度逐渐增大；因 2-2 上煤开采结束后，覆岩垮落压力释放，采空区应力重新分布达到稳定，2-2 煤开挖时天然气井位移随着推进长度增大变化程度较小，呈稳定上升趋势。

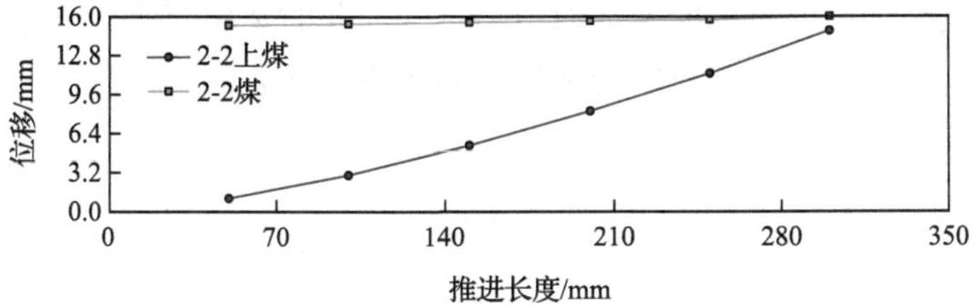

图 7-32　2-2 上煤与 2-2 煤开采时，天然气井位移变化折线

7.5　多煤层重复采动对天然气管线影响规律

7.5.1　天然气管线受采动规律分析

1. 天然气管线管土协同变形规律

开采影响前，天然气管道的初始载荷主要包括管道建材质量和管道输送介质质量，在地基反力及管周土体约束力的作用下达到应力平衡。在采动影响下的地表土体中管土之间相互作用，在天然气管道与地表土体沉降变形的演化过程中，天然气管道与其周围土壤之间的变形经历了 2 个阶段：协同变形和非协同变形。开采沉陷初期对地表土体造成的影响较小，天然气管道与周围土体并不会出现管土分离状态，天然气管道呈现与土体同时下沉的态势。因此，在此阶段中，地表土体的下沉变形量与天然气管道的下沉变形量可近似视为等同。协同变形阶段埋地管道的受力如图 7-33 所示。

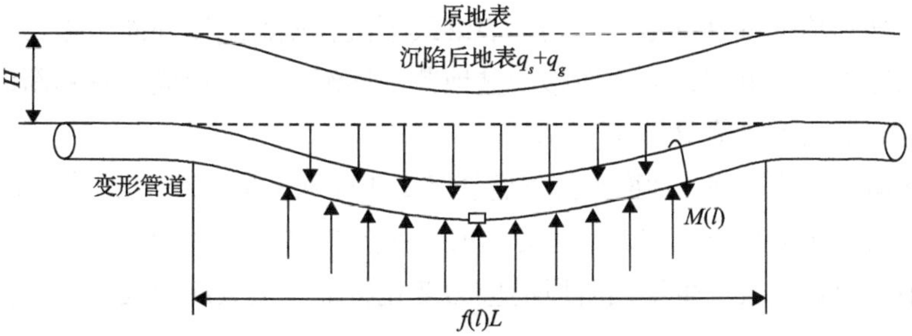

图 7-33　协同变形阶段埋地管道的受力

在天然气管道与管周土体协同变形阶段，管道的力学性质可近似等同于连续梁进行计算。随着工作面的不断推进，管周土体对管道的支撑力 $f(l)$逐渐减小，等效载荷也在不断变化。随着工作面的不断推进，天然气管道与其周围土体的下沉呈现不一致性，管底与底部土地产生离层，即进入非协同变形阶段。此阶段离层范围会随地表破坏变形程度的增加而不断扩大，此时离层范围内管道顶部所受附加应力可简化为上方土体载荷所带来的竖向压力。非协同变形阶段埋地管道的受力如图 7-34 所示。

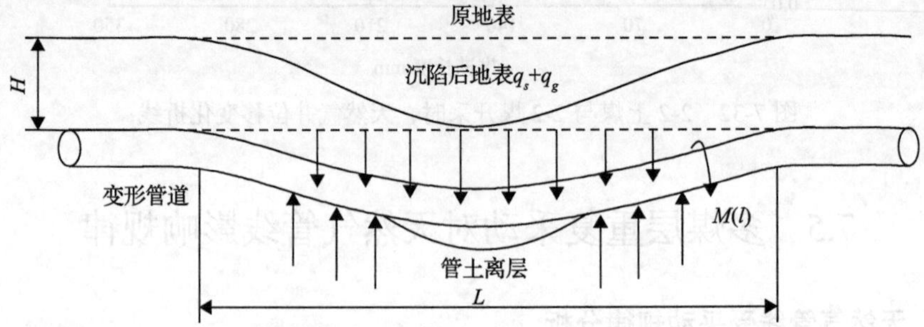

图 7-34　非协同变形阶段埋地管道的受力

2. 天然气管线受地表移动盆地影响

地表移动盆地是在工作面推进过程中岩层移动由下而上传递到地表的最终反映。当工作面推进至 0.25 至 0.5 倍平均采深时，地表才开始受开采影响下沉。习惯上把开采影响开始波及地表的开采空间宽度称为起动距。随着工作面向前推进，地表的影响范围不断扩大，下沉值不断增加，最终在地表形成一个比开采范围大的下沉盆地。

如图 7-35 所示，当工作面由开切眼推进到位置 1 时，地表形成最大下沉值为 W_1 的范围较小的移动盆地；随着工作面依次由位置 1 向 2、3、4 位置推进，开采至位置 1 所形成的移动盆地以内的地表继续下沉，该盆地以外尚未移动的地表点陆续进入地表下沉范围，从而使移动盆地范围逐渐扩大，形成一系列新的移动盆地和对应的最大下沉值 W_2、W_3、W_4。

受移动盆地的影响，地面天然气管线随着工作面推进会产生不同程度的影响。当地面管线轴向平行于工作面推进方向时，如图 7-36 所示，随着煤层开采对地表沉陷的不同影响，会产生不同阶段的应力变化特征，最大应力变化点会随着移动盆地运动。

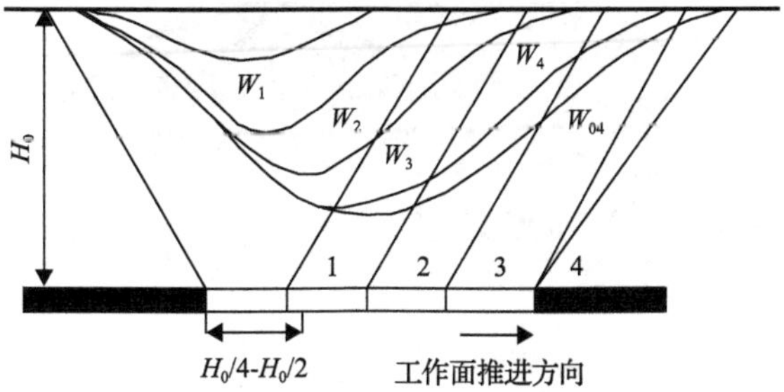

图 7-35　工作面推进过程中地表移动变形规律

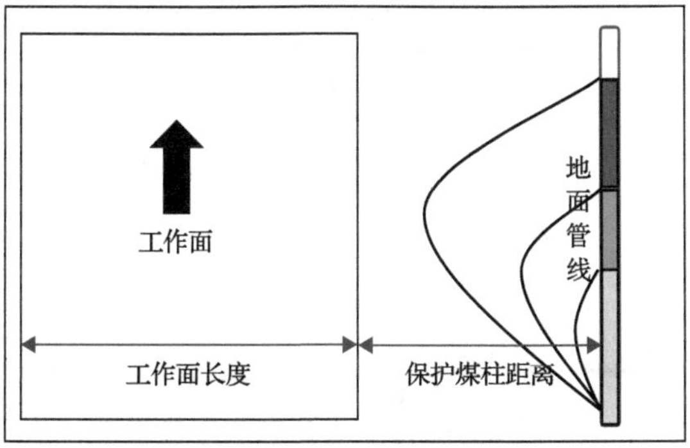

图 7-36　地面管线受采动影响特征

煤层重复采动是由于两层距离相近的煤层开挖产生的采动应力叠加现象，本节在天然气管线常规规律的基础上，进一步分析煤层重复采动对天然气管线的应力及位移变化的影响。

7.5.2　重复采动下天然气管线应力演化特征

煤层距离天然气管线较远，且开挖周期较长，难以进行现场监测，通过数值模拟软件 $FLAC^{3D}$ 建模并模拟开挖，在地面附近布置天然气管线模型。天然气管线在地表下沉的影响下主要表现为向下弯曲，在模型中主要表现为承受管线下方岩层对管线下表面的支撑力和管线上方岩层对管线上表面的压力，记录天然气管线受采动变化的 *ZZ* 方向的应力数据。综合分析其上下表面的应力变化特点，天然气管线受采动影响模型如图 7-37 所示。

煤层推进 1100m 至充分采动，列举 2-2 上煤和 2-2 煤推进距离 100、700 和 1100m 时天然气管线应力变化情况。以煤柱留设 400m 为例，天然气管线垂直应力分布情况如图 7-38 所示。

在开挖 2-2 上煤时，开挖至 1100m 时下表面所受应力最大为 2.85MPa；开挖 2-2 煤时，推进 700m 时下表面所受应力最大值为 2.96MPa，推进 1100m 时上表面所受应力最大值为 8.05MPa。

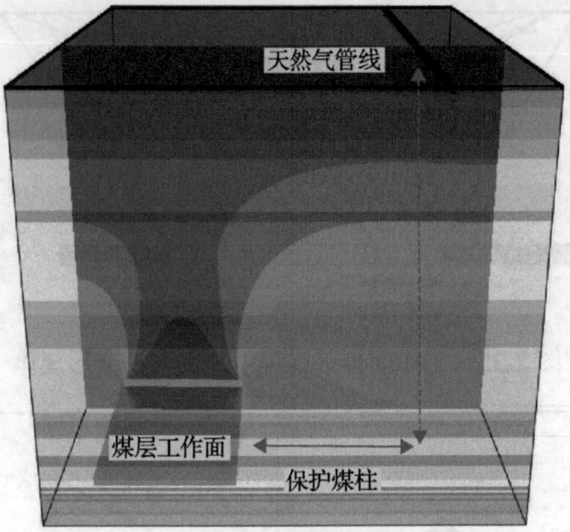

图 7-37　天然气管线受采动影响模型

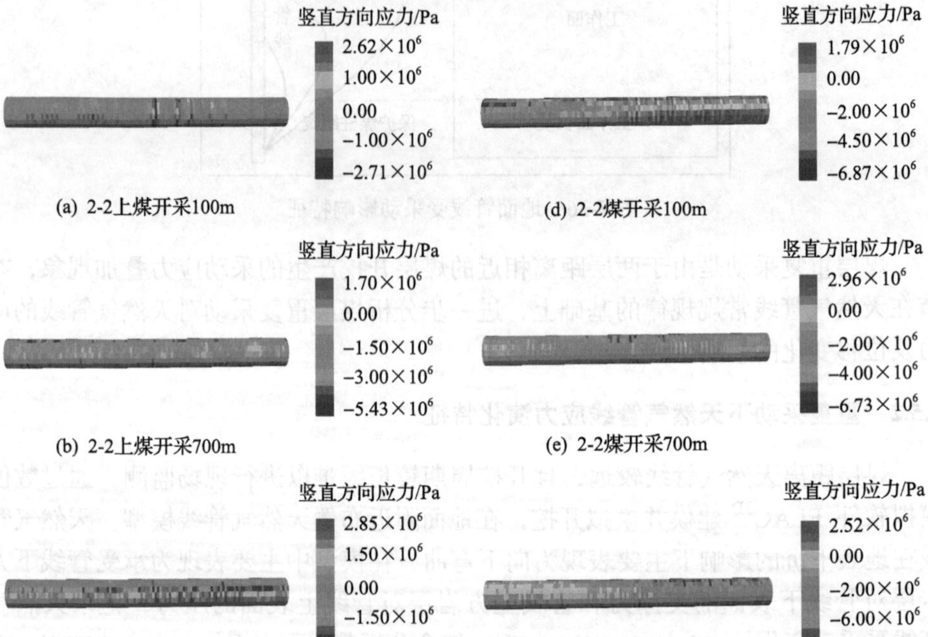

(a) 2-2上煤开采100m　(d) 2-2煤开采100m

(b) 2-2上煤开采700m　(e) 2-2煤开采700m

(c) 2-2上煤开采1100m　(f) 2-2煤开采1100m

图 7-38　天然气管线垂直应力分布情况

天然气管线下表面应力变化如图 7-39 所示，下表面主要受到管线下方岩层的支撑力。2-2 上煤开采时应力呈现曲折变化，这主要与覆岩周期性垮落有关；2-2 煤开采时应力在中部位置维持最高，且变化程度较小，煤层重复采动主要起到维持应力状态的效果。

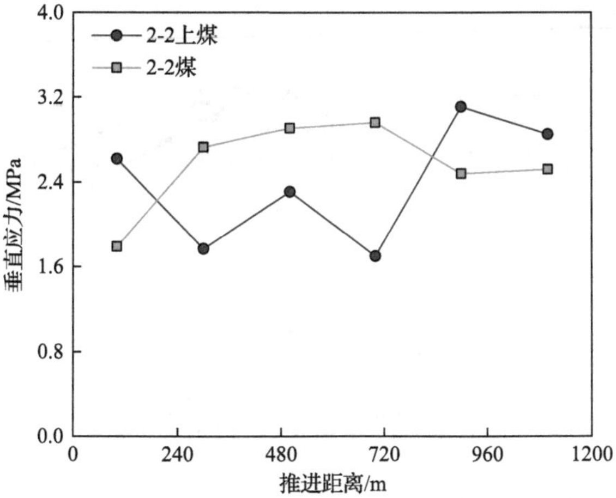

图 7-39　天然气管线下表面应力变化

天然气管线上表面应力变化如图 7-40 所示，上表面主要受到管线上方岩层的压力。2-2 上煤开采时在中部形成较大的应力状态，表明此时管线受弯曲作用较大；2-2 煤开采时整体呈现应力升高趋势，表明煤层重复采动对天然气管线应力变化影响较小。

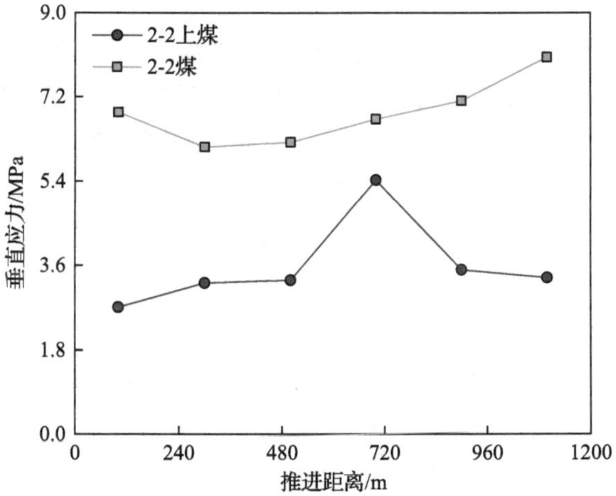

图 7-40　天然气管线上表面应力变化

7.5.3　重复采动下天然气管线位移弯曲情况

煤层开采会引起地表沉陷，地面天然气管线受采动影响会产生不同的应力及位移变化。以留设 400m 保护煤柱为例进行数值模拟，整体模型如图 7-41 所示。记录地面天然气管线 z 方向位移变化数据，探究 2-2 上煤和 2-2 煤重复采动对地面天然气管线的影响。

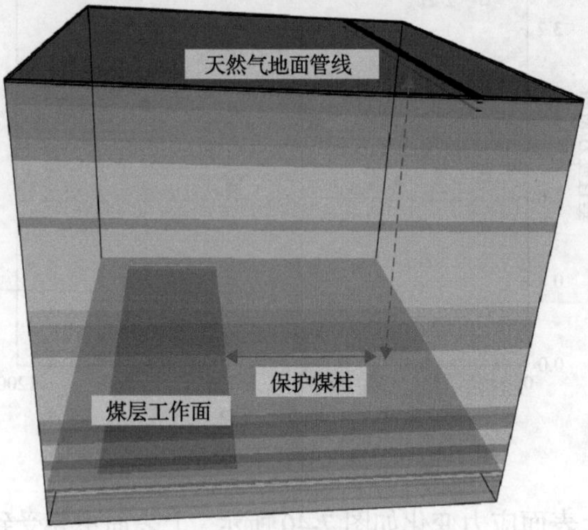

图 7-41 数值模拟整体模型

通过分析位移变化，可以得出力的作用位置、作用范围等。以留设 400m 煤柱为例，记录 z 轴位移数据，分析 2-2 上煤与 2-2 煤重复采动下天然气管线位移弯曲情况。

图 7-42 为保护煤柱 400m 时，2-2 上煤、2-2 煤开采对天然气管线位移的影响情况。随着 2-2 上煤层推进，管线位移最大值逐渐增大，煤层采动对地面管线的影响逐渐增加。2-2 煤开采时，天然气管线位移影响区域变化较小，主要集中于管线左半部分，天然气管线位移逐渐增大，且整体高于 2-2 上煤开采时天然气管线的位移大小，说明煤层重复采动对天然气管线位移数值具有较大影响。

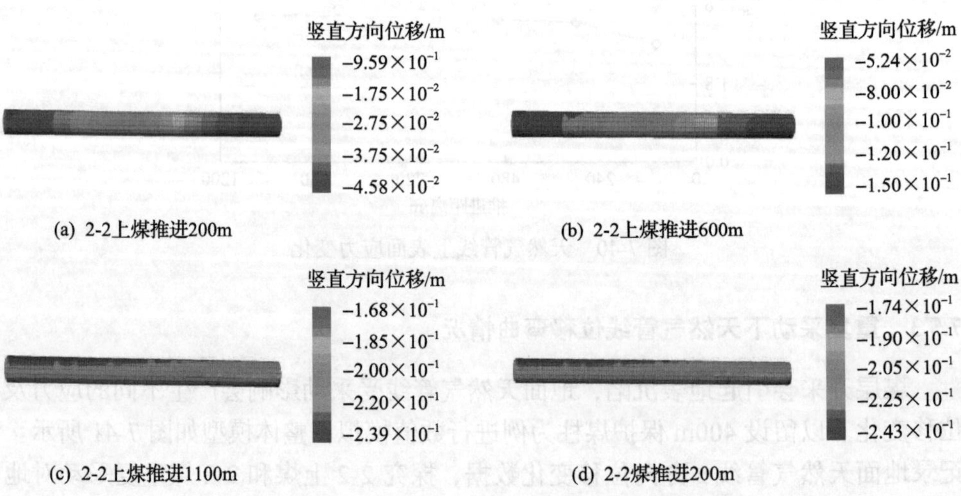

(a) 2-2上煤推进200m　(b) 2-2上煤推进600m

(c) 2-2上煤推进1100m　(d) 2-2煤推进200m

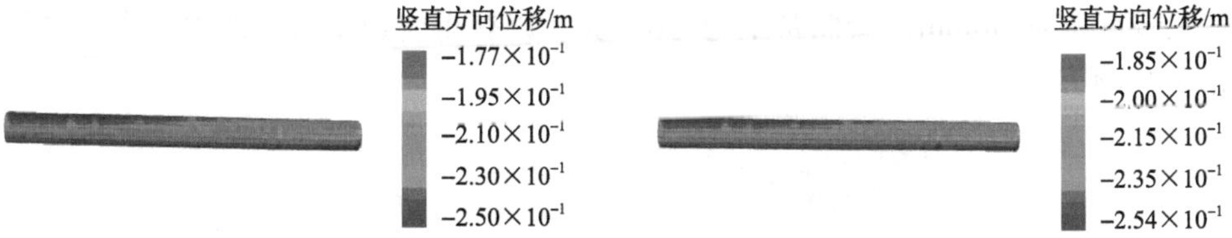

(e) 2-2煤推进600m　　(f) 2-2煤推进1100m

图 7-42　2-2 上煤、2-2 煤开采对天然气管线位移的影响情况

图 7-43 所示为保护煤柱 400m 时，2-2 上煤与 2-2 煤开采对天然气管线位移的影响情况。2-2 上煤与 2-2 煤开采对天然气管线位移的影响整体呈上升趋势，2-2 上煤开采时天然气管线位移随着煤层开采增长较快，2-2 煤开采时天然气管线位移整体较高但增长速度较慢。煤层重复采动时，首采煤层对天然气管线位移数值和范围变化影响较大，后续煤层开采对天然气管线位移最大值影响较大。

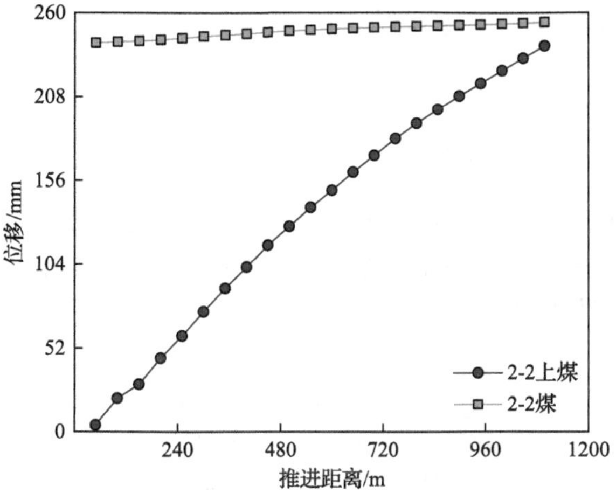

图 7-43　2-2 上煤与 2-2 煤开采对天然气管线位移的影响情况

7.5.4　天然气地面管线采动影响临界变形指标实验

因地表沉陷及岩层运动引起管线发生弯曲，需要确定实际管线的抗弯能力。本节基于三点弯曲实验原理，结合实际地面管线的实际情况，截取并制作了室内金属管试件，通过弯曲实验，得到天然气管线的弯曲临界值。

1. 天然气地面管线弯曲实验方案

依据实际天然气地面管线，选用测试样品 L245N，管道直径为 60mm，管道壁厚为 3.5mm。实验设备为 100T 弯管液压实验机，参照《金属材料—管—弯曲试验方法》(GB/T 244—2020)，进行 90°弯曲实验。设置弯心直径为 160mm，内芯工装直径为 90mm，弯曲跨距为 300mm，以获得管道最大弯曲力。实验设备如图 7-44 所示。

图 7-44　实验设备

2. 天然气地面管线弯曲实验过程及破坏形态

将实验管道精确放置于弯心下方，通过控制弯心上方的压头施加载荷，进行弯曲实验。实验过程中，实时记录弯曲力及管道变形数据，直至管道达到完全弯曲状态。实验过程如图 7-45 所示。

图 7-45　实验过程

由实验结果可见，管道弯曲后仍保持完整，无明显可见裂纹。因此，在实际使用时，管道不会出现漏气现象，管道韧性较好。

3. 天然气地面管线弯曲破坏屈服强度及临界变形值

通过分析管道弯曲力-变形数据可知，管道最大弯曲力为 24.3kN，弯曲破坏屈服强度为 9.82MPa。实验结果表明，管道弯曲后仍具有一定的韧性，可确保管道的正常运输，但会对运输速度产生一定的影响。

7.6　煤-气工程活动对天然气井及其近场围岩影响机理

7.6.1　天然气井套管破坏形态与准则

采动过程中地面钻井主要存在 3 种破坏形式：轴向拉压破坏、径向挤压破坏和径向剪切破坏。钻井变形破坏是多种破坏形式组合且以其中一种或几种形式为主的破坏模式，如图 7-46 所示，在不同地质条件下钻井破坏的形式、位置和类型都有所不同。根据具体地质条件，准确判断钻井破坏时期和工作面推进度的相互关系，并确定相应高危位置的破坏类型，进而采取相应的强化钻井稳定性的措施，将对钻井的可持续抽采具有重要的现实意义。

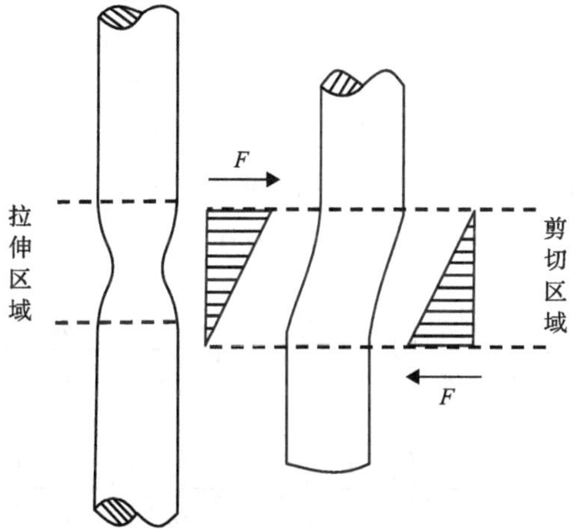

图 7-46　钻井“颈缩”破坏与“S”形剪切破坏

当套管外部出现不均匀应力作用时，会出现套管部分区域应力集中现象，导致套管发生破坏变形，而套管上作用力大于套管屈服强度时会导致套管发生破坏。一般界定套管是否处于屈服状态时以 Mises 准则作为判断依据，此准则通常被用来判断金属材料是否发生破坏。金属材料进入屈服状态的判断依据为

$$f=\frac{1}{2}[(\sigma_x-\sigma_y)^2+(\sigma_y-\sigma_z)^2+(\sigma_z-\sigma_x)^2+6(\tau^2{}_{xy}+\tau^2{}_{yz}+\tau^2{}_{xz})]-\sigma_s^2 \tag{7-24}$$

式中，σ_s 为金属材料屈服强度，Pa；σ_x、σ_y、σ_z 分别为 x 轴、y 轴、z 轴主应力，Pa；τ_{xy}、τ_{yz}、τ_{xz} 分别为 xy、yz、xz 方向切应力，Pa。

1. 套管力学分布

在实际生产过程中，套管受到的力是极其复杂的。将井下套管受力进行简化处理，构建套管空间受力模型，仅研究套管受力情况，如图 7-47 所示。

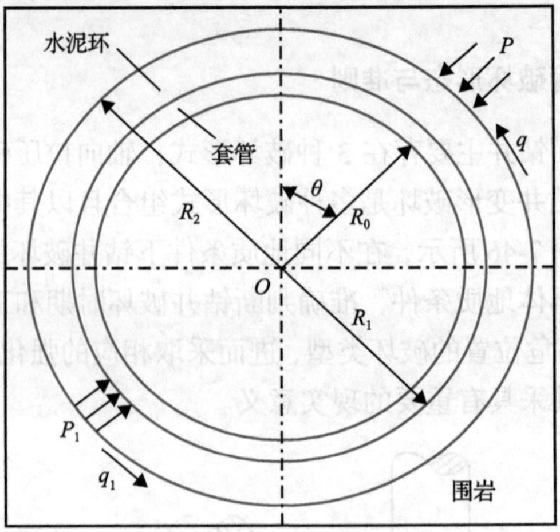

图 7-47 套管受力情况

为研究套管受力情况，对套管整体构建空间立体模型，其中模型的原点位于套管的地面井口截面的圆心处，则三向应力 σ_r、σ_θ、σ_z 分别为

$$\sigma_r=\frac{m^2}{n^2-m^2}\left(1-\frac{n^2}{r^2}\right)P_1-\frac{n^2}{n^2-m^2}\left(1-\frac{m^2}{r^2}\right)P_2 \tag{7-25}$$

$$\sigma_\theta=\frac{m^2}{n^2-m^2}\left(1+\frac{n^2}{r^2}\right)P_1-\frac{n^2}{n^2-m^2}\left(1+\frac{m^2}{r^2}\right)P_2 \tag{7-26}$$

$$\sigma_z=\frac{2\mu}{n^2-m^2}\left(m^2P_1-n^2P_2\right)+\gamma(H-D) \tag{7-27}$$

式中，m、n 分别为套管内外径尺寸，m；P_1、P_2 为套管的内压力、外挤力，N；γ 为套管重度，N/m^3；μ 为套管泊松比；L 为套管总长度，m。

2. 有水泥环作用下套管强度计算

将水泥环与套管视为一个整体，认为整体为平面应变情况，则对于套管而言，径向变形方程为

$$u_r^s = \frac{1+u_s}{E_s}\left[\frac{(1-2\mu_s)r^2+n^2}{r(t_s-1)}P_1 - \frac{(1-2\mu_s)r^2t_s^2+n^2}{r(t_s^2-1)}P_3\right] \tag{7-28}$$

径向与切向应力可表示为

$$\sigma_r^s = \frac{u_s E_s}{(1+\mu_s)(1-2\mu_s)}\left(\frac{\mathrm{d}u_r^s}{\mathrm{d}r}+\frac{u_r^s}{r}\right)+\frac{E_s}{1+\mu_s}\frac{u_r^s}{r} \tag{7-29}$$

$$\sigma_\theta^s = \frac{u_s E_s}{(1+\mu_s)(1-2\mu_s)}\left(\frac{\mathrm{d}u_r^s}{\mathrm{d}r}+\frac{u_r^s}{r}\right)+\frac{E_s}{1+\mu_s}\frac{u_r^s}{r} \tag{7-30}$$

根据边界条件：

$$r = m,\quad \sigma_r^s = -P_1 \tag{7-31}$$

$$r = n,\quad \sigma_r^s = -P_3 \tag{7-32}$$

当套管水泥环组合的 $r=a,\ P_i=0$，套管切向力的最大值为

$$\sigma_{\theta\max}^s = \frac{2m^2}{m^2-n^2}P_3 \tag{7-33}$$

令 $\sigma_{\theta\max}^s = Y_p$，套管的抗挤强度为

$$P_m = \frac{m^2-n^2}{2n^2}Y_p \tag{7-34}$$

3. API 挤毁压力计算公式

美国石油学会（American Petroleum Institute，API）判断准则是判断套管是否发生破坏时经常使用的判断依据。该准则根据套管半径与套管厚度比值不同归纳了 4 种类型的破坏公式，分别用于计算屈服强度挤毁、塑性挤毁、弹塑性挤毁和弹性挤毁压力，并且每一种公式都有其特定的使用范围。

（1）屈服强度挤毁压力（当 $D/t \leqslant (D/t)_{YP}$ 时）的计算公式为

$$P_{YP} = 2Y\left[\frac{(D/t)-1}{(D/t)^2}\right]$$

$$(D/t)_{YP} = \frac{\sqrt{(A-2)^2 + 8(B + 6.894757C/Y_P) + (A-2)}}{2(B + 6.894757C/Y_P)} \tag{7-35}$$

(2)塑性挤毁压力(当$(D/t)_{YP} \leqslant D/t \leqslant (D/t)_{PT}$时)的计算公式为

$$P_P = Y_P\left(\frac{A}{D/t} - B\right) - 6.894757C$$

$$(D/t)_{PT} = \frac{Y_P(A-F)}{6.894757 + Y_P(B-G)} \tag{7-36}$$

(3)弹塑性挤毁压力(当$(D/t)_{PT} \leqslant D/t \leqslant (D/t)_{TE}$时)的计算公式为

$$P_T = Y_P\left(\frac{F}{D/t} - G\right)$$

$$(D/t)_{TE} = \frac{2 + B/A}{2B/A} \tag{7-37}$$

(4)弹性挤毁压力(当$D/t \geqslant (D/t)_{TE}$时)的计算公式为

$$P_E = \frac{323.71 \times 10^3}{(D/t)[(D/t)-1]^2} \tag{7-38}$$

式中,D为套管外半径,m;t为套管壁厚,m;D/t为套管外径与壁厚比值;P_{YP}、P_P、P_T、P_E分别为屈服强度挤毁压力、塑性挤毁压力、弹塑性挤毁压力、弹性挤毁压力,N;$(D/t)_{YP}$、$(D/t)_{PT}$、$(D/t)_{TE}$分别为 4 种挤毁压力的分界值,N;Y_P为套管屈服强度,Pa。

7.6.2 天然气井采动影响临界变形指标实验

基于前文分析可知,煤层重复采动会对天然气井所受剪切应力产生影响,同时天然气井抗剪切强度也是后续进行保护煤柱优化的参照指标,因此确定天然气井抗剪切强度十分重要。本节选用天然气井常用钢材,对其进行适当截取并制作成室内剪切试件,研制室内剪切实验工装,进行剪切实验,得到井筒剪切临界值。

1. 天然气井剪切实验方案

目前天然气井常用材质为 N80 型钢材，因此选用天然气井 N80 套管开展剪切实验，以获得套管水平抗剪切强度。

套管试样：直径 114.3mm，壁厚 7.37mm，管长度 45mm。

实验设备：200T 压缩实验机，主要包括上压头、下冲、保护板、填充内芯。

实验时将套管竖起，直立放置在上压头下方，通过添加填充内芯来减小套管自身变形对实验结果的影响，具体实验工装布置如图 7-48 所示。

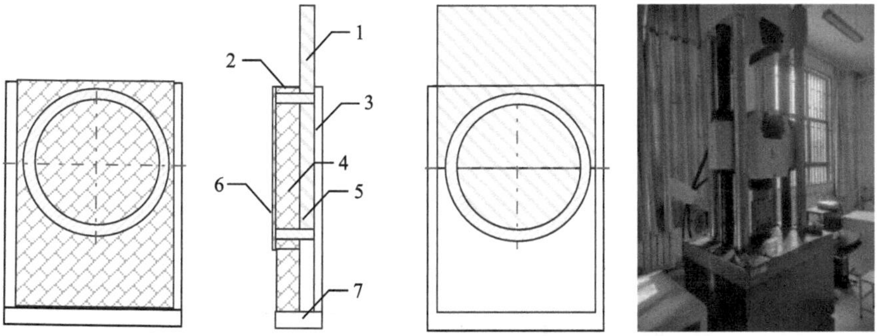

图 7-48　实验工装布置

1. 上压头；2. 下冲；3. 保护板；4. 填充内芯；5. 填充外芯；6. 保护板；7. 底座

2. 天然气井实验过程及破坏形态

设置实验测试速度(上压头下降速度为 0.2mm/min)，记录剪切力与套管变形数据，直至套管被剪断，实验过程及套管破断形态如图 7-49 所示，套管被剪切成两部分，剪切表面较为光滑。

图 7-49　实验过程及套管破断形态

3. 天然气井剪切破坏屈服强度及临界应力值

测试曲线如图 7-50 所示。套管测试曲线前期缓慢，在变形值为 3.6mm 时开始上升，此时剪切力约为 70kN。随着剪切力的增加，套管变形缓慢增长，直至 11.5mm 时套管被剪断。套管最大剪切压力为 1168.8kN，而套管直径为 114.3mm，壁厚为 7.37mm，整管所受应力为 472.33MPa。

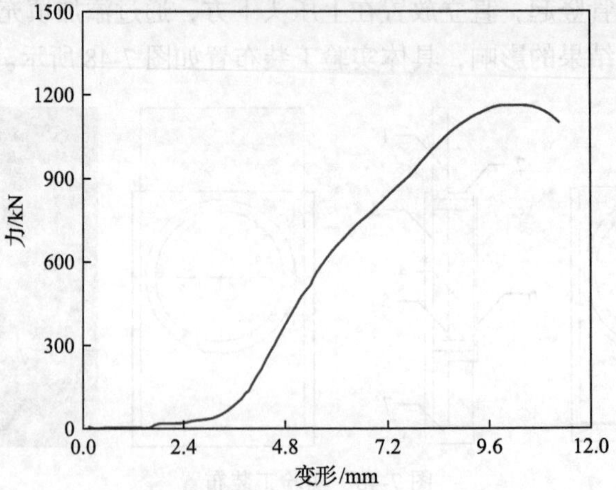

图 7-50　测试曲线

7.7　天然气井、管线与场站等设施保安煤柱留设尺寸研究

保护煤柱留设宽度研究是本节的重点内容。通过前文研究可知，煤层重复采动对天然气井、天然气管线的影响与煤气距离具有明显的关系，随着距离的变化，天然气井、天然气管线所受采动影响情况不同。煤气距离指的是保护煤柱的距离，通过合理调整保护煤柱的留设宽度，可以在有效控制采动对天然气设施影响的同时，实现煤气资源采出率的最大化，从而达到资源开发与设施保护的双重优化目标。本节首先基于三下开采规范计算保护煤柱留设安全距离，由于规范存在普遍性，因此针对实际矿井条件可以进行煤柱留设的优化。通过前两节室内实验可知，天然气井抗剪切强度为 300～400MPa，考虑安全余量，数值模拟中以抗剪切强度 310MPa 的 J55 井筒为研究对象，临界抗剪切强度设置为 310MPa，通过设置不同保护煤柱距离，对照临界抗剪切强度进行保护煤柱距离的优化。同时，天然气管线抗弯曲能力较强，不会因沉陷产生破坏，因此数值模拟难以进行有效优化，只做破坏区域参考，具体留设宽度还应以规范和现场情况为准。

7.7.1　三下开采规范下保护煤柱尺寸

由于天然气资源与煤炭资源需要进行时间与空间上的配合开采，考虑到煤炭开采对天然气井有较大的影响，因此需要保证新增的天然气井有合理的打井位置。工作面埋深为 800m，其中松散层厚度为 10m，按 I 级保护级别维护，围护带宽度取 20m，下伏各煤层参考与本矿区地质条件类似的生产矿井，表土层移动角取 45°，基岩走向移动角取 65°，按照三下开采规范计算得保护煤柱留设尺寸为 400m。为了更加直观地测定煤柱宽度，将其在图片上进行剖面绘制，其中斜线与各煤层交点处距离天然气井的水平距离即为保护煤柱尺寸，如图 7-51 所示。

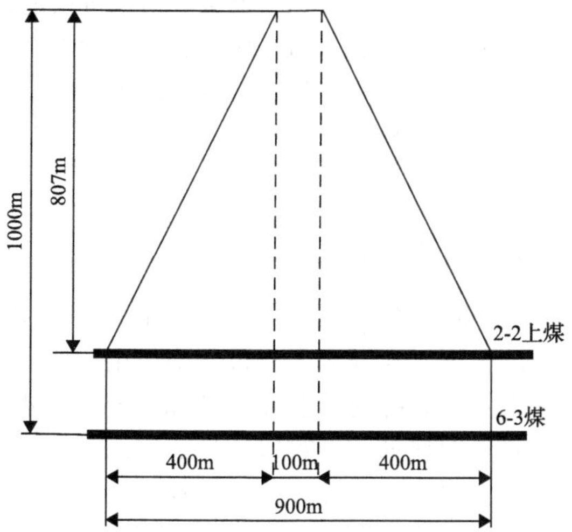

图 7-51　天然气井保护煤柱留设示意图

同理，进行大巷与天然气井、工作面与天然气管线保护煤柱计算。综上可知，按照三下规程计算，工作面与天然气井保护煤柱距离为 400m，工作面与天然气管线煤柱留设为 400m。

根据《煤矿防治水细则》2018 版，对三下开采规范留设的煤柱宽度进行校核，公式如下：

$$L = 0.5KM\sqrt{\frac{3p}{K_p}} \tag{7-39}$$

式中，L 为煤柱留设的宽度，m；K 为安全系数，一般取 2～5；M 为煤层厚度或者采高，m；p 为实际水头值，MPa；K_p 为煤的抗拉强度，MPa。

根据式(7-38)，安全系数 K 取最大值 5，煤层厚度取井田内 4-0 钻孔测得的煤厚 8.45m，钻井液、固井液的压力(800m 埋深，1.25 容重)约 10MPa，固井水泥的压力(800m 埋深，1.4～1.9 容重)为 11.2～15.2MPa，煤的抗拉强度为 2.23MPa，带入可得煤柱留设宽度为 82.0～95.5m，煤柱留设的宽度均远小于三下开采规范留设煤柱宽度 400m，后者完全可以满足隔绝固井水泥、压裂液、固井液压力的安全煤柱距离。

7.7.2 巷道与天然气井合理煤柱宽度研究

根据《石油天然气钻井井控技术规范》(GB/T 31033—2014)，矿产采掘井巷道距离天然气井不小于 100m。该规范主要为了防止钻井液和固井液流入煤矿井下采掘空间，考虑了先掘进巷道后进行钻井工程的情况。但是，在先有天然气井后有掘进工程时，尚无统一明确的规范要求。考虑到巷道掘进仅能影响 3～5 倍洞径的围岩，理论上，5m 宽度的巷道在掘进过程中不会影响到 25m 之外的既有天然气井的安全性，《油气与煤炭矿权重叠区交叉开采安全要求》(SY/T 7782—2024)(即将实施)要求矿产采掘井巷道距离既有天然气井井身轨迹不小于 50m。为了探究该问题，本节开展了下述分析。

1. 大巷侧天然气井布置数值模拟方案

由于在新街一井开采前该区域已存在部分完工的天然气井，因此该区域可作为部分规划区。这种情况下，在开掘大巷过程中，由于大巷与天然气井的距离较近，因此既要保证天然气井井筒不会发生破坏及变形，也要兼顾天然气井对大巷的影响，避免大巷出现变形或者难以支护等问题。因此，需要深入研究大巷采掘对天然气井套管的损伤规律及天然气井存在时对大巷近场围岩力学行为的影响，大巷保护煤柱示意如图 7-52 所示。

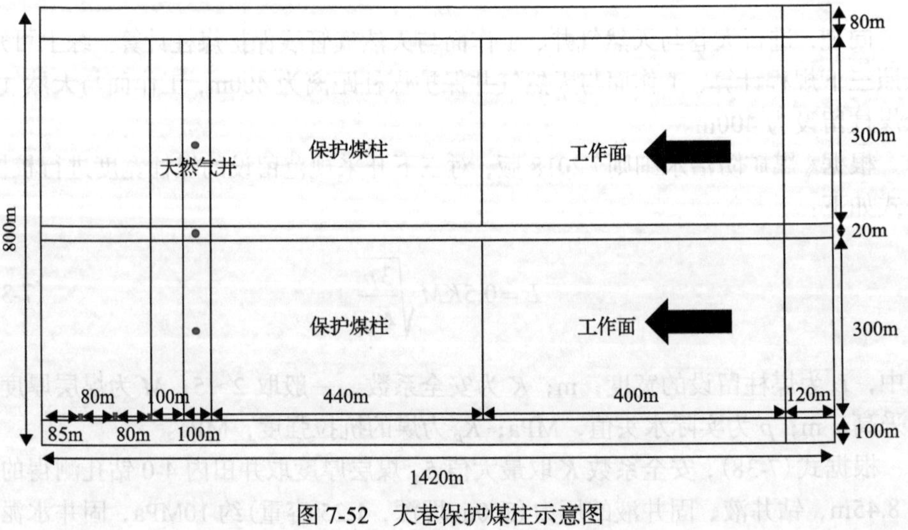

图 7-52 大巷保护煤柱示意图

为模拟大巷采掘对天然气井造成的采动影响，利用 FLAC^{3D} 模拟软件，按照工作面地质条件，自地表建模，建立大巷与天然气井三维模型，如图 7-53 所示。按照三下规程，将大巷与天然气井之间保护煤柱留设宽度设计为 100m，监测是否达到套管破坏屈服强度。若套管仍能够承载并未达到屈服强度，则进一步研究当大巷与天然气井套管不断接近时，套管损伤规律、位移弯曲规律及大巷近场围岩稳定性。

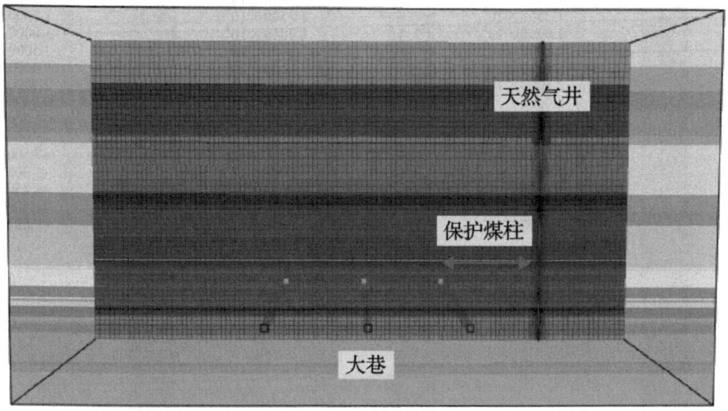

图 7-53　大巷保护煤柱模拟方案

其中，天然气井构造简化为围岩、水泥环、套管模型，水泥环作为套管的外层进行保护。实际天然气井管材中 N80 材质套管优于 J55 材质套管，但目前仍有部分天然气井使用 J55 套管，为了保证实际生产中 J55 套管不会发生破坏导致漏气，下述数值模拟中选用强度较差的 J55 套管进行，确保 J55 套管不发生破坏，同时也认为 N80 套管能够正常完整地完成输气工作。J55 钢材的剪切屈服强度为 310MPa，由于受到采动影响，因此主要考虑套管的剪切应力及套管变形。水泥环及套管力学参数、接触面力学性质参数如表 7-5 和表 7-6 所示。

表 7-5　水泥环及套管力学参数

岩性	体积模量/GPa	剪切模量/GPa	密度/(kg/m^3)	内聚力/MPa	内摩擦角/(°)	抗拉强度/MPa
水泥环	9.3	3.8	2000	2	24	1.0
套管	100	40.2	6800	—	—	—

表 7-6　接触面力学性质参数

接触面	切向刚度/MPa	法向刚度/MPa	内摩擦角/(°)
岩层间	17	17	20
套管水泥环间	80000	80000	20

2. 大巷侧天然气井套管应力分析

工作面开采时，对天然气井套管水平剪切应力进行监测，并探究随着大巷与套管距离缩减，套管水平剪切应力变化规律，如图 7-54 所示。

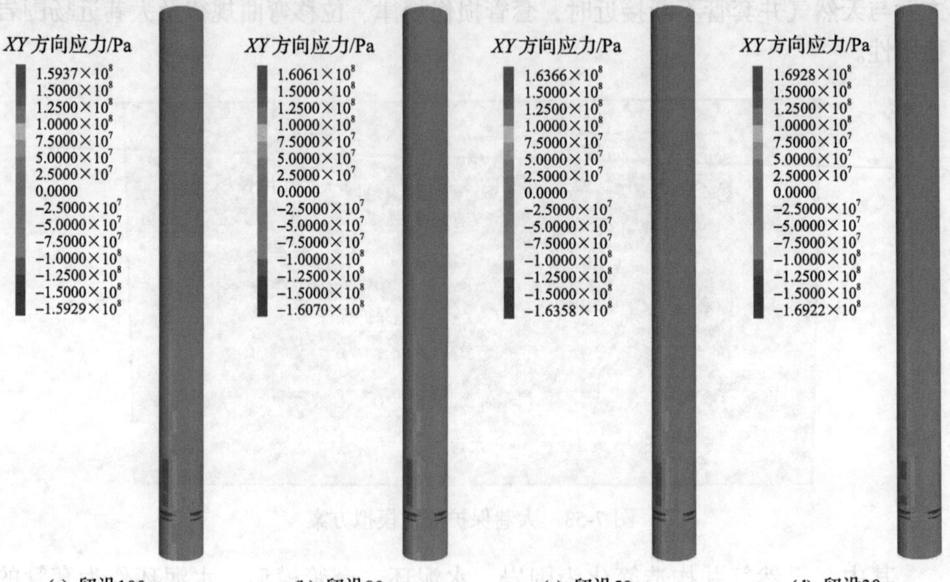

(a) 留设100m　(b) 留设80m　(c) 留设50m　(d) 留设30m

图 7-54　2-2 煤层工作面推进大巷侧天然气井套管应力分布

当天然气井与大巷距离为 100m 时，天然气井套管应力集中位置主要位于煤层处，应力峰值为 159.37MPa，并未超出天然气井屈服应力值，因此继续缩小天然气井与大巷之间的距离。图 7-55 为大巷距离天然气井 100m 逐渐减小到 10m 过程中水平应力峰值变化。

其中，在距离大巷 100m 时，水平剪切应力最大值可达 160MPa。由于 J55 钢材剪切屈服强度为 310MPa，因此可以继续缩小煤柱尺寸，在留设宽度为 100-30m 时应力增长较为平缓；在 10～20m 宽度时，应力峰值增加均较为迅速；当大巷与天然气井之间距离为 10m 时，应力峰值达到 177.65MPa。

3. 大巷侧天然气套管弯曲变形分析

工作面开采时，采空区不断扩大导致覆岩移动，进而带动天然气井出现水平方向的位移及弯曲。图 7-56 为大巷侧天然气套管位移变化情况。

由图 7-56 可知，在大巷与天然气井套管间距离不断缩减过程中，在缩减至 30m 之前套管位移均小幅度增长，当继续缩减时，天然气井套管位移会出现增长迅速的情况。

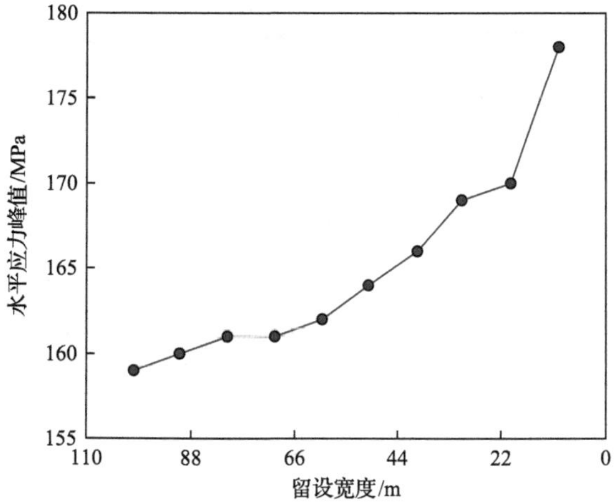

图 7-55　随距离缩减时套管水平应力峰值变化

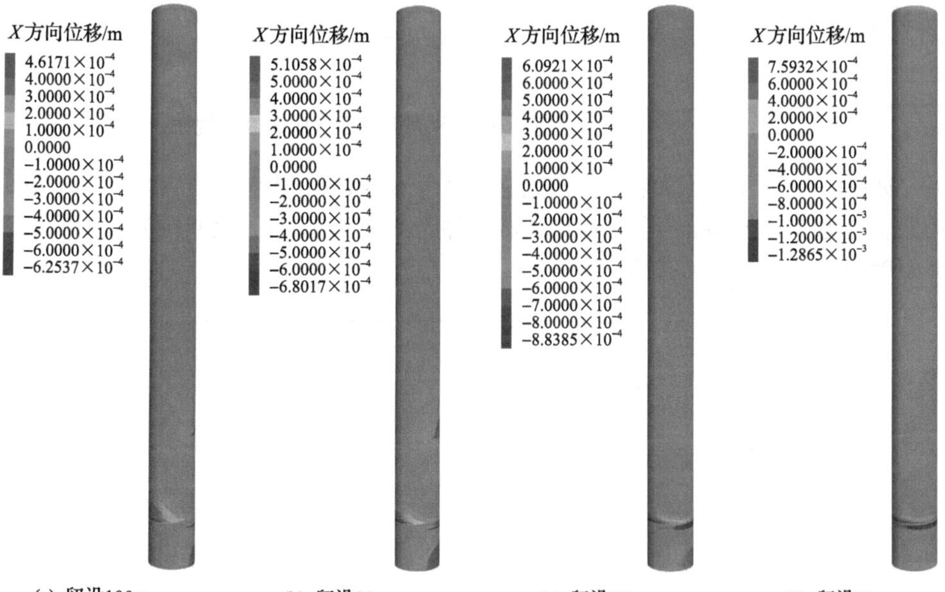

(a) 留设100m　(b) 留设80m　(c) 留设50m　(d) 留设30m

图 7-56　大巷侧天然气套管位移变化情况

4. 大巷围岩应力变化特征

随着大巷与套管距离缩减，大巷围岩应力变化规律如图 7-57 所示。天然气井采掘与大巷掘进均会产生扰动，导致应力重新分布，因此，在保证天然气井安全的同时，应考虑天然气井掘进对大巷近场围岩应力的扰动情况。

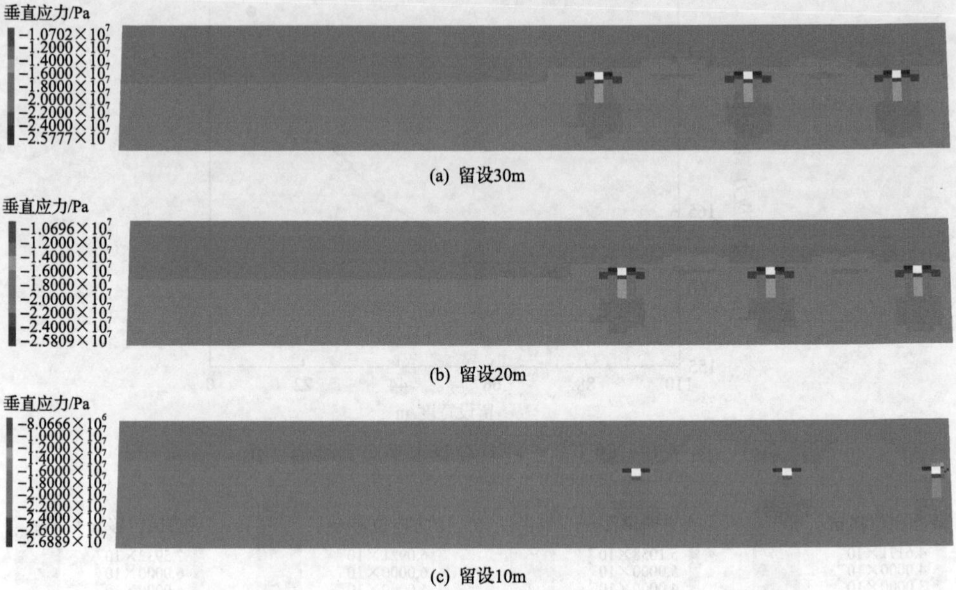

图 7-57 2-2 煤层工作面推进大巷侧近场围岩应力变化规律

如图 7-58 所示，当大巷井距离大巷宽度为 100m 时，大巷围岩应力为 25.7MPa，较原岩应力上升 5MPa；当大巷与天然气井距离为 10m 时，大巷围岩应力峰值升高幅度较大。

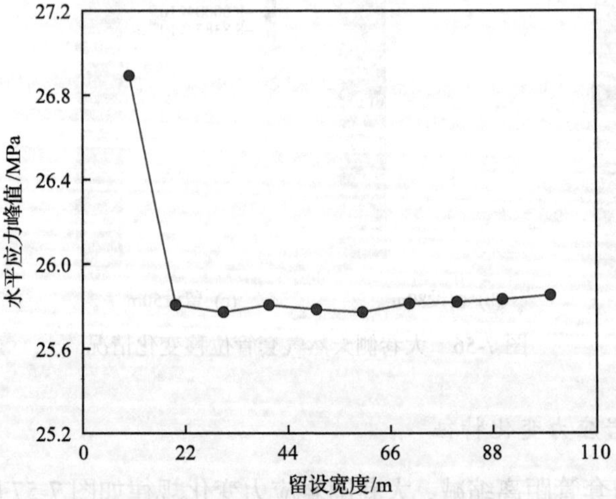

图 7-58 随距离缩减时大巷围岩应力变化

综上所述，大巷与天然气井之间保护煤柱留设宽度应在 30m 左右较为安全。

7.7.3　工作面与天然气井合理煤柱宽度研究

1. 重复采动下工作面侧天然气井保护煤柱留设方案

以 2-2 上煤层为例，展示两个相邻工作面之间需要留设天然气井保护煤柱的示意图，按照三下开采规范(I)级建筑分析，在地表井口处留设长宽均为 20m 的正方形保护边界，计算得煤层处煤柱宽度为 400m。在数值模拟方案中初始设计煤柱宽度为 400m，探究在套管达到破坏极限前的应力及位移演化规律，对应图 7-59 进行数值建模。

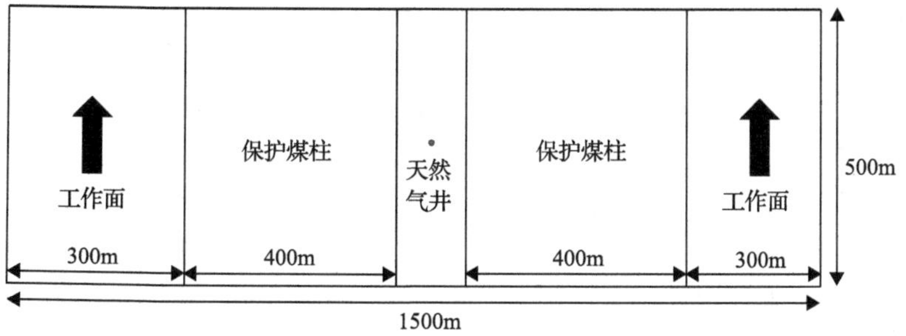

图 7-59　天然气井保护煤柱动态留设示意图

工作面推进总长度为 420m，由于推进距离较长，因此越靠近天然气井中心位置单次推进距离就越短。在 0～50m 一次性开挖 50m；在 50～80m 一次性开挖 30m；在 80～180m 单次开挖 20m，分 5 次推进完成；在 180～200m 单次开挖 10m，分 2 次推进完成；在 200～220m 单次开挖 5m，分 4 次推进完成；在 220～240m 单次开挖 10m，分 2 次推进完成；在 240～340m 单次开挖 20m，分 5 次推进完成；在 340～370m 单次开挖 30m；在 370～420m 单次开挖 50m。

2. 重复采动下天然气井套管应力演化特征

随工作面推进天然气井套管上的水平剪切应力发生变化，套管安全稳定生产的前提是保证其应力不高于其额定屈服强度，分析在相同工作面推进情况下套管上水平剪切应力峰值的变化趋势。工作面与天然气井保护煤柱留设整体示意图如图 7-60 所示。

1) 2-2 上煤层左工作面

在开采 2-2 上煤层左工作面的不同推进距离下天然气井套管水平剪切应力峰值演化趋势如图 7-61 所示。在工作面推进至 340m 之前，间距为 300m 套管所受应力均高于间距留设 400m。当工作面推进至 420m 时，天然气井套管峰值应力两者相差不大。当保护煤柱宽度为 200m 时，水平剪切应力明显高于留设 300、400m。

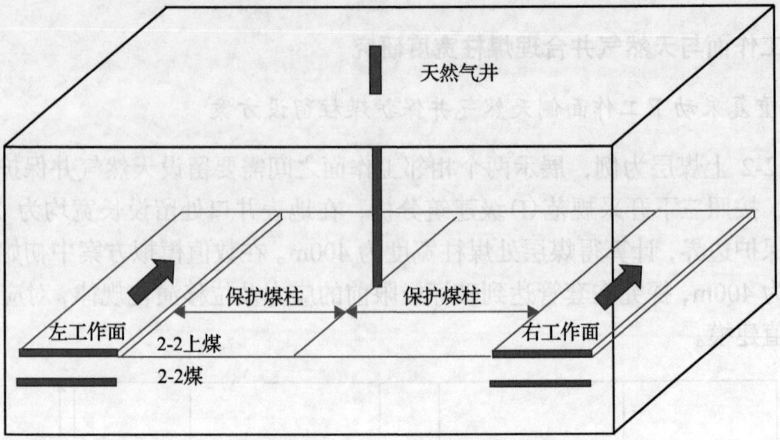

图 7-60　工作面与天然气井保护煤柱留设整体示意图

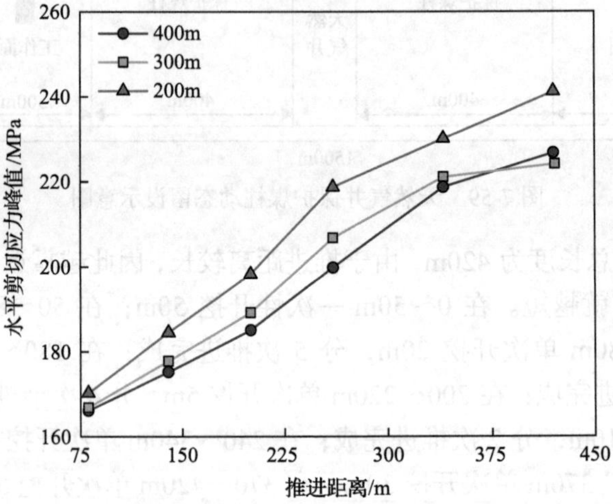

图 7-61　2-2 上煤层左工作面开采套管水平剪切应力峰值演化趋势

2) 2-2 上煤层右工作面

在开采 2-2 上煤层右工作面的不同推进距离下天然气井套管水平剪切应力峰值演化趋势如图 7-62 所示。

2-2 上煤层右工作面推进过程中，煤层与天然气井距离为 200m 时应力明显要高于留设 300m 与 400m 间距。留设 200m 时，其套管水平剪切应力已接近 300MPa；而留设 300m 与 400m 宽度时，其套管水平剪切应力为 270MPa 左右。

考虑煤层采出率，开采 2-2 上煤时左右工作面留设 300m 保护煤柱较为合理。

3) 2-2 煤层左工作面

在开采 2-2 煤层左工作面的不同推进距离下天然气井套管水平剪切应力峰值

演化趋势如图 7-63 所示。留设 200m 宽度情况下，水平剪切应力维持在 295MPa 左右；留设 300m 与 400m 宽度时，两方案水平剪切应力基本保持一致且维持在 270～275MPa 区间，且两方案下套管水平剪切应力基本保持相同。

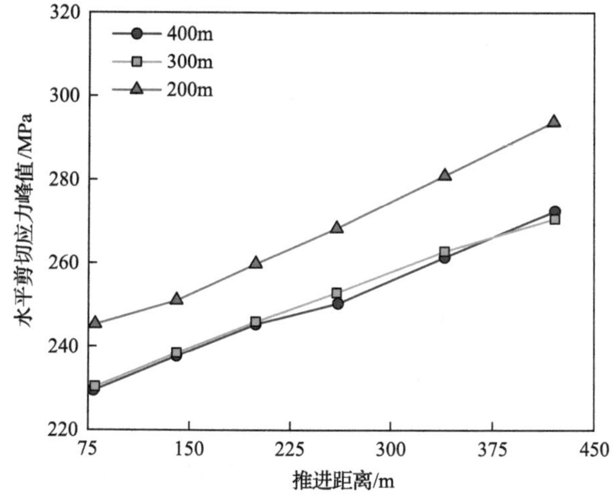

图 7-62　2-2 上煤层右工作面开采套管水平剪切应力峰值演化趋势

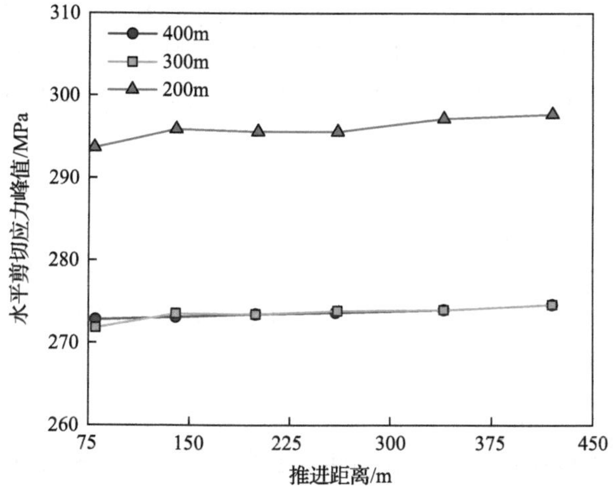

图 7-63　2-2 煤层左工作面开采套管水平剪切应力峰值演化趋势

4)2-2 煤层右工作面

在开采 2-2 煤层右工作面的不同推进距离下天然气井套管水平剪切应力峰值演化趋势如图 7-64 所示。

在推进过程中，各方案下天然气井套管水平剪切应力基本保持在一个范围内上下波动，并未出现大幅上升的情况。留设 200m 间距时，天然气井套管水平剪切应力峰值已大于 300MPa；留设 300m 和 400m 间距时，天然气井套管水平剪切应力稳定在 275～280MPa 范围内。

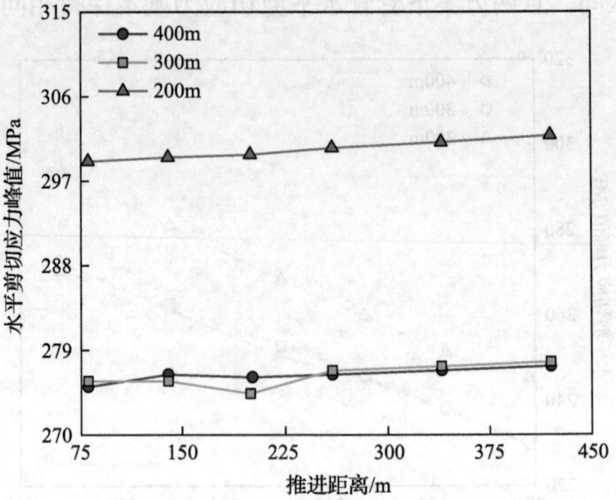

图 7-64　2-2 煤层右工作面开采套管水平剪切应力峰值演化趋势

间距为 300m 与 400m 宽度时套管水平剪切应力相差不大，且当天然气井与煤层间距为 400m 及 300m 时天然气井套管并未达到其屈服应力值，并留有一定空间。综合考虑，在天然气套管水平剪切应力方面留设 300m 保护煤柱宽度更为合理，以保证天然气井套管安全生产并能够缩短煤柱宽度，提高煤炭的回收率。

3. 重复采动下天然气井套管位移与弯曲演化特征

随着工作面不断推进，天然气井套管上的水平位移不断发生改变并在一定范围内发生弯曲变形。为了使套管安全稳定生产，对不同保护煤柱宽度下的套管水平位移进行监测，分析在相同工作面推进情况下套管上弯曲位置及弯曲程度的变化趋势。

1) 2-2 上煤层左工作面

在开采 2-2 上煤层左工作面的不同推进距离下天然气井套管水平位移及套管弯曲情况如图 7-65 所示。

在工作面推进过程中，采空区范围不断扩大，从而导致天然气井套管倾斜程度随之增大，并且弯曲部位主要集中在地表及煤层处。对比 200m、300m、400m 天然气井与工作面间距，可知两者间距越大，套管倾斜程度及弯曲变形越大。

2) 2-2 上煤层右工作面

在开采 2-2 上煤层右工作面的不同推进距离下天然气井套管水平位移及套管弯曲情况如图 7-66 所示。套管水平位移量大小为间距 400m＞300m＞200m，随着保护煤柱宽度减小，天然气井套管水平位移量及套管弯曲程度也在逐渐减小。

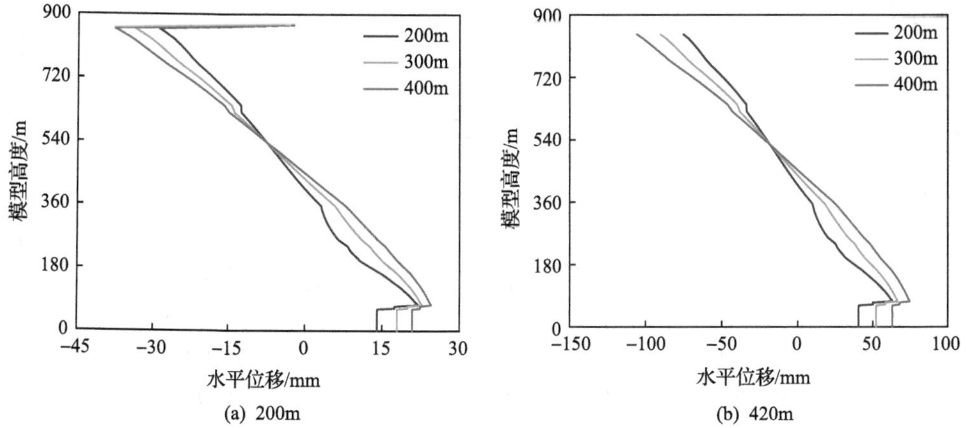

图 7-65　2-2 上煤层左工作面开采套管水平位移及套管弯曲情况

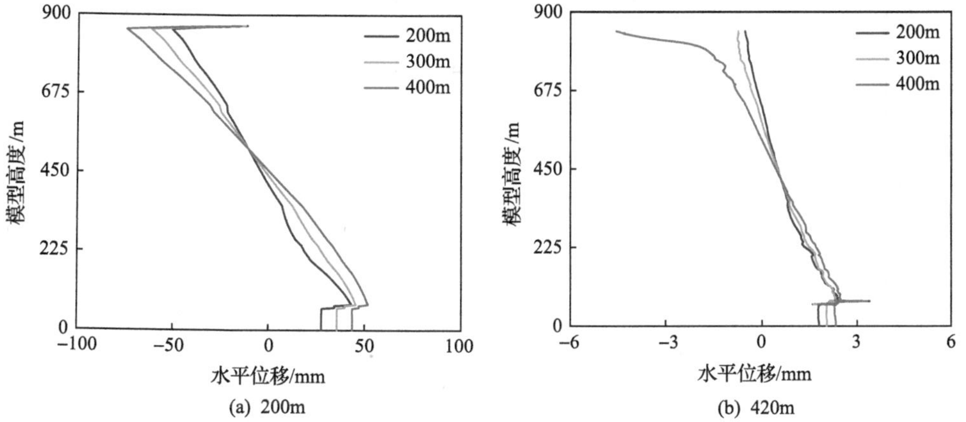

图 7-66　2-2 上煤层右工作面开采套管水平位移及套管弯曲情况

3）2-2 煤层左工作面

在开采 2-2 煤层左工作面的不同推进距离下天然气井套管水平位移及套管弯曲情况如图 7-67 所示。

分析图 7-67，可知主要弯曲位置在地表及煤层位置，天然气井套管随着 2-2 煤层左工作面开采向左侧采空区稍有倾斜，且 400m 间距倾斜程度要明显高于 300m、200m 间距下天然气井套管倾斜值。

4）2-2 煤层右工作面

在开采 2-2 煤层右工作面的不同推进距离下天然气井套管水平位移及套管弯曲情况如图 7-68 所示。

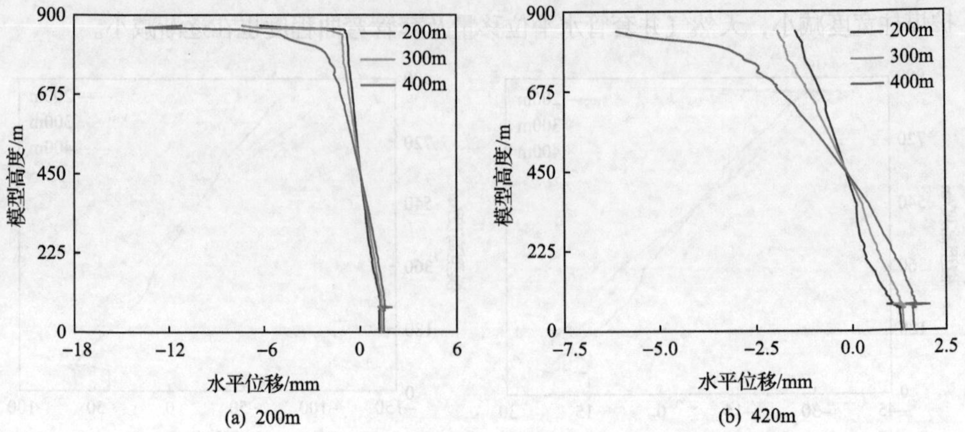

图 7-67　2-2 煤层左工作面开采套管水平位移及套管弯曲情况

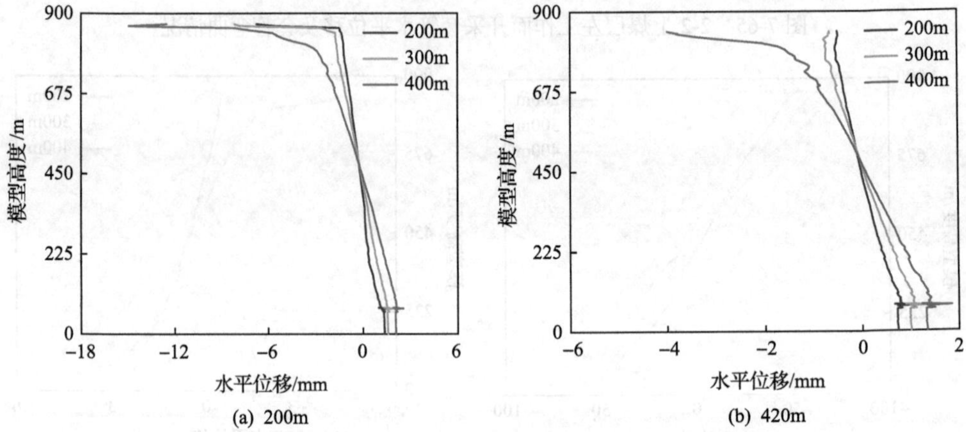

图 7-68　2-2 煤层右工作面开采套管水平位移及套管弯曲情况

在工作面开采过程中，随着右侧采空区扩大，天然气井套管有向中轴回正的趋势，但是在开采 2-2 煤层时天然气井套管相较于开采 2-2 上煤层套管水平位移较小，在 400m 间距情况下套管弯曲量大于 300m、200m 间距套管弯曲量。

综上可知，当天然气井与煤层工作面间距为 400m 时，天然气井套管水平位移量及地表、煤层处弯曲量要明显大于间距留设为 300m、200m 的情况，其中留设 300m、200m 间距时天然气井套管水平位移量及弯曲值相差较小。因此，可以选择留设 300m 保护煤柱宽度。

4. 单工作面侧开采天然气井套管应力演化特征

为了进一步分析煤柱留设对天然气井套管应力演化的影响，分别研究单侧工作面保护煤柱留设宽度为 140m、150m、160m、200m、240m、280m、320m、360m、

400m时，天然气井套管应力随煤层推进的剪切应力变化情况。

图7-69为2-2上煤开采时，天然气井在不同煤柱留设宽度下随工作面推进剪切应力变化情况。其中，煤柱留设宽度为140m与150m位移曲线几乎重叠，表明天然气井位移受煤层采动的影响会有一个极限值。因此，选择能够有效抵抗变形的天然气井套管至关重要，其可以有效减小煤柱的留设宽度，从而增加煤炭产量。

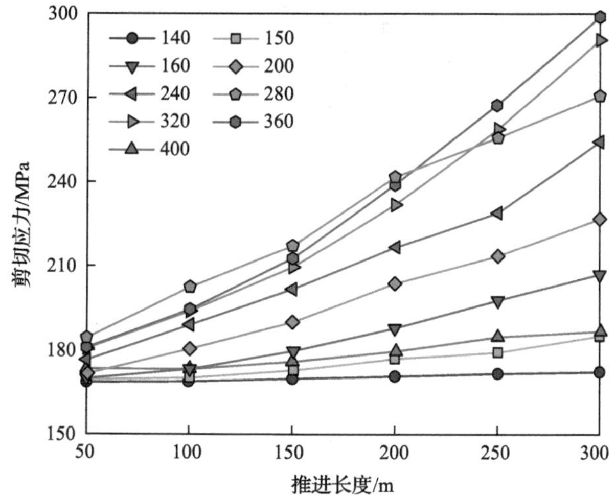

图7-69 2-2上煤开采天然气井剪切应力变化情况

图7-70所示为2-2煤开采时，不同保护煤柱留设宽度下天然气井随煤层推进剪切应力变化情况。由于2-2上煤开采引起围岩应力重新分布，应力逐渐趋于平衡，因此2-2煤的开采对围岩的二次扰动较小。

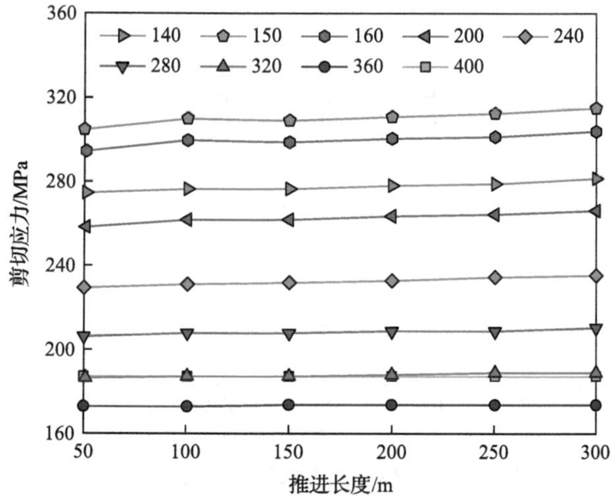

图7-70 2-2煤开采天然气井剪切应力变化情况

5. 单工作面开采天然气井套管位移演化特征

图 7-71 为 2-2 上煤开采时，天然气井在不同煤柱留设宽度下随工作面推进位移变化情况。随着工作面推进长度的增加，天然气井位移逐渐变大且斜率逐渐增大，说明煤层采动会对天然气井造成持续影响。

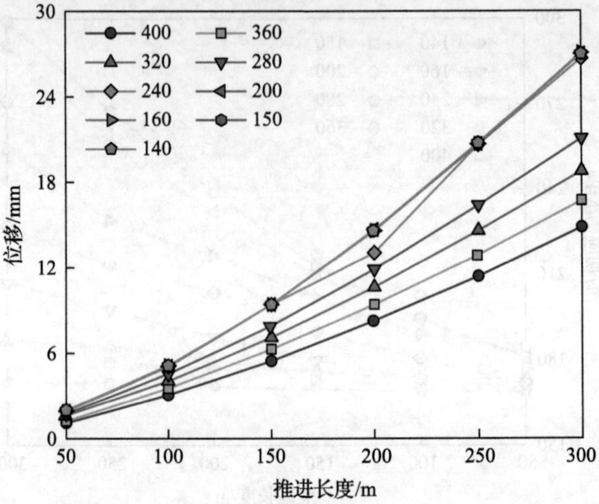

图 7-71　2-2 上煤开采天然气井位移变化情况

图 7-72 为 2-2 煤开采时，不同煤柱留设宽度下天然气井位移随工作面推进位移变化情况。由于 2-2 上煤的开采使得周围岩层达到一个应力平衡的环境，因此

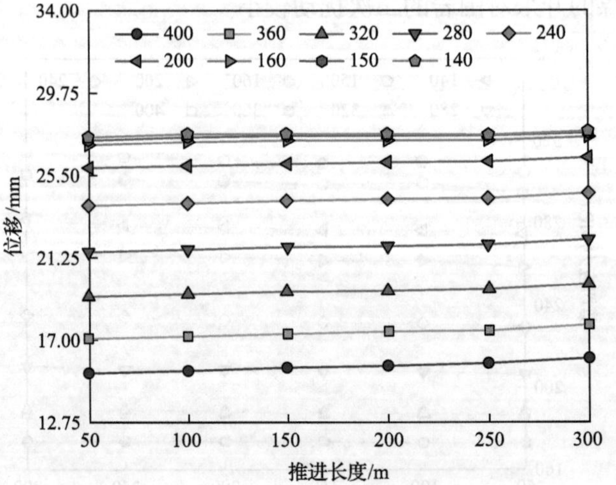

图 7-72　2-2 煤开采天然气井位移变化情况

2-2 煤的开采难以产生较大的波动。随着煤柱留设宽度的增加，天然气井位移量逐渐减小，当煤柱距离较小时，各位移曲线差异不大。

综上所述，当留设 160m 保护煤柱宽度时，达到天然气井临界变形值 310MPa。但考虑到天然气井安全生产条件，因此增加 20%保护煤柱安全余量，此时煤柱留设 200m 时最大剪切应力不超过 260MPa，能够保证天然气井正常生产。因此，基于天然气井临界变形值得出临界保护煤柱宽度为 160m，合理保护煤柱宽度为 200m。

7.7.4　工作面与管线合理煤柱宽度研究

管线与工作面虽然不在一个层位，但煤层开采会引起地表沉陷，进而对天然气地面管线产生影响。按照三下规程计算得到煤柱合理留设宽度为 400m，通过数值模拟分别设置保护煤柱宽度为 400m、300m、200m、100m 和不留保护煤柱，探究不同煤柱留设对地面天然气管线位移的影响。工作面与天然气管线布置如图 7-73 所示。

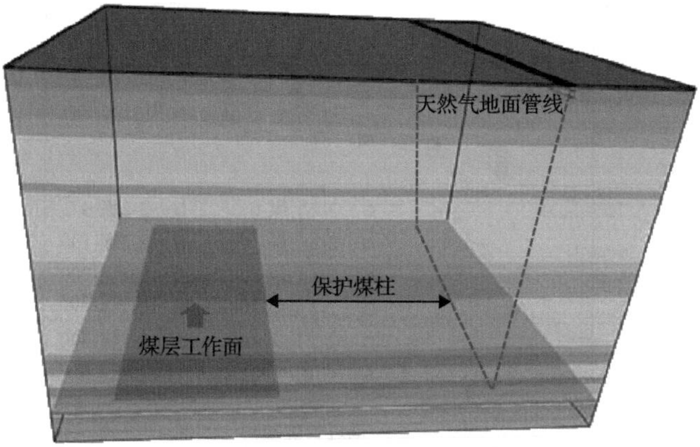

图 7-73　天然气管线保护煤柱留设整体图

图 7-74 所示为不同煤柱距离下，天然气管线应力变化情况。随着煤柱距离的减小，天然气管线所受应力先减小后增大，在距离工作面一定程度时会存在应力降低区，将管线布置在该区域可以减小煤层采动影响，而布置在更远区域反而会产生较大的应力变化，对管线稳定性产生影响。因此，天然气管线煤柱留设合理距离应为 100～200m。

图 7-75 所示为不同保护煤柱下，2-2 上煤与 2-2 煤开采对天然气管线位移的影响情况。

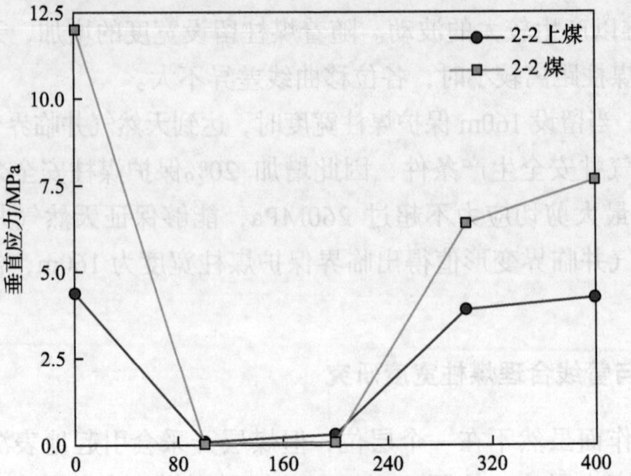

图 7-74　不同煤柱距离天然气管线应力变化情况

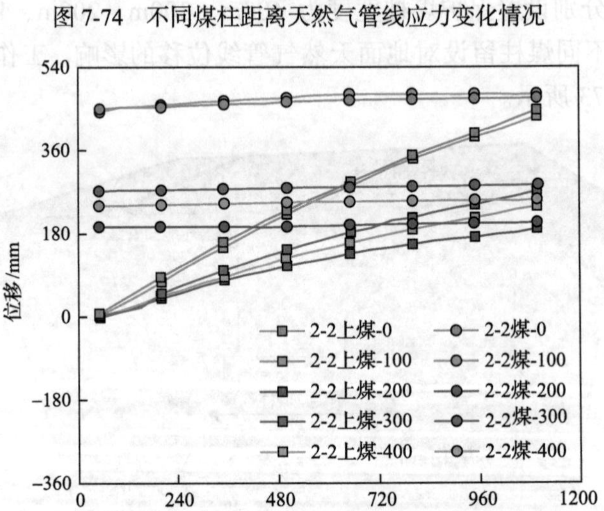

图 7-75　不同保护煤柱下天然气管线位移的影响情况

综上可知，当保护煤柱宽度留设 200m 时，既可以确保天然气管线位移影响较小，又可以提高煤炭的采出率，因此留设保护煤柱宽度为 200m 最为合理。

参 考 文 献

[1] 杨胜利，张燊，王旭东，等. 煤与天然气协同开采理论与技术构想[J]. 煤炭科学技术，2024, 52(4): 50-68.

[2] 刘池洋，王建强，张东东，等. 鄂尔多斯盆地油气资源丰富的成因与赋存-成藏特点[J]. 石油与天然气地质，2021, 42(5): 1011-1029.

[3] 付金华，董国栋，周新平，等. 鄂尔多斯盆地油气地质研究进展与勘探技术[J]. 中国石油勘探，2021, 26(3): 19-40.

[4] 张才利, 刘新社, 杨亚娟, 等. 鄂尔多斯盆地长庆油田油气勘探历程与启示[J]. 新疆石油地质, 2021, 42(3): 253-263.
[5] 路玉林, 林燕, 易继宁, 等. 鄂尔多斯盆地矿产资源现状及勘查开发建议[J]. 中国矿业, 2015, 24(10): 15-21, 32.
[6] 王文, 杨昆, 何云, 等. 煤-气交叉开采区天然气井防碰撞预警技术研究[J]. 矿业科学学报, 2022, 7(4): 490-497.
[7] 王文, 任建东, 李小军, 等. 开采沉陷区天然气井避让距离控制预测方法研究[J]. 中国矿业大学学报, 2021, 50(5): 943-954.
[8] 徐祖成, 李延祥. 中国采气采煤协调发展的“三交模式”[J]. 天然气工业, 2010, 30(6): 106-108, 134-135.
[9] Hao D, Zhang T, Yang Y, et al. Study on the disturbance characteristics and control strategies of coordinated exploitation of superimposed resources of coal and oil - type gas in Ordos Basin[J]. Energy Science & Engineering, 2023, 11(11): 3964-3978.
[10] 郭润生, 余晓钟, 王文. 天然气—煤炭交叉开采事故致因机理研究[J]. 矿业科学学报, 2023, 8(2): 222-231.
[11] 倪炜, 孙宝东, 郝秀强, 等. 新街台格庙矿区高质量开发路径及关键问题研究[J]. 煤炭工程, 2023, 55(5): 1-7.
[12] 李东印, 李明亮, 王文, 等. 不均匀载荷下天然气井井身结构力学性能试验[J]. 煤炭科学技术, 2025, 3(3): 400-411.
[13] 袁亮, 张通, 赵毅鑫, 等. 煤与共伴生资源精准协调开采: 以鄂尔多斯盆地煤与伴生特种稀有金属精准协调开采为例[J]. 中国矿业大学学报, 2017, 46(3): 449-459.
[14] 高士岗, 李臣, 辛德林, 等. 矿权重叠区煤-气协同开发走廊规划及数值模拟研究[J]. 煤炭工程, 2024, 56(10): 165-171.
[15] 梁顺. 长壁开采区内垂直页岩气井稳定性研究[D]. 徐州: 中国矿业大学, 2015.

第8章 复杂难采煤层采场围岩智能控制技术路径与设想

煤矿采场围岩的智能控制是实现煤矿智能化的重要组成部分。本章明确了采场围岩控制的范围，包括工作面推进与垂直方向上基本顶范围内支架围岩“小结构”及影响采场围岩控制的远场岩层；根据作用方式将采场围岩系统因素分为“可控因素”与“不可控因素”，由此确定了围岩智能控制的重点和基本原理；建立了采场围岩系统“多参量智能感知—精准分析模式判别—自主决策—快速执行—控制效果动态评价”智能控制的技术构架，进一步明确了实现智能围岩控制的科学问题和关键技术难题，并提出了工作面开采系统智能化、装备围岩自适应智能控制、复杂条件工作面智能开采技术、统一坐标系下采场围岩的智能控制 4 点关键技术设想；结合实际案例分析了支架工况信息的可挖掘性，并用堆叠 LSTM(Long Short Term Network，长短时记忆网络)实现对采场矿压的智能预测。

8.1 采场围岩智能控制基本原理

1. 采场围岩系统内涵

传统意义上的采场围岩系统，在工作面推进方向上主要包括工作面前方一定范围内的煤壁、工作面液压支架及工作面后方采空区的煤矸体；在垂直方向上则涵盖基本顶、直接顶、工作面液压支架及采场底板。然而，大量工程实践表明，基本顶以上的关键层乃至关键层之上的覆岩，对于采场的矿压显现、采准巷道的稳定性有着重要的作用，因此出现了“工作面远近场”的概念。工作面远场岩层的失稳导致的应力传递和传统意义上的近场基本顶范围内的顶板破断和围岩破坏，均会对采场安全生产产生重要影响[1]。在分析采场围岩系统时，有必要将上述所有要素考虑在内，构建出广义上的采场围岩系统，即包括工作面推进与垂直方向上基本顶范围内支架围岩“小结构”，以及会对采场围岩控制产生作用的远场岩层，如图 8-1 所示。

采场围岩系统中包含较多因素，可以将这些因素按对采场围岩控制的作用方式分为“可控因素”和“不可控因素”两类，如图 8-2 所示。由地质条件决定的工作面埋深、厚度、倾角、煤岩体强度，以及采场技术确定后无法改变的支架刚度、顶板来压等是“不可控因素”。“可控因素”则是可人为调整或借助采场设备

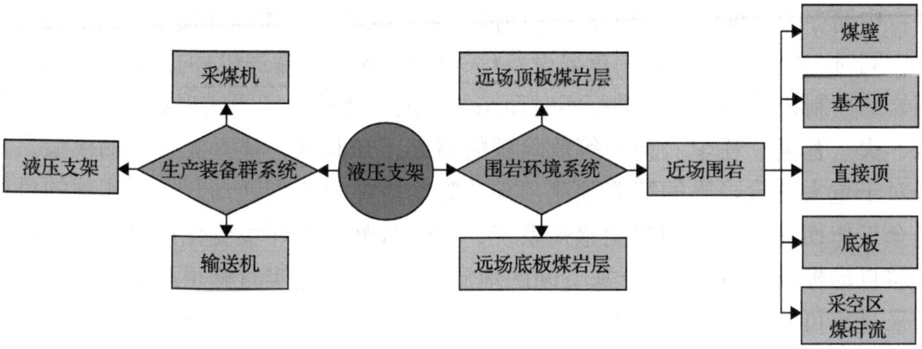

图 8-1　采场围岩系统

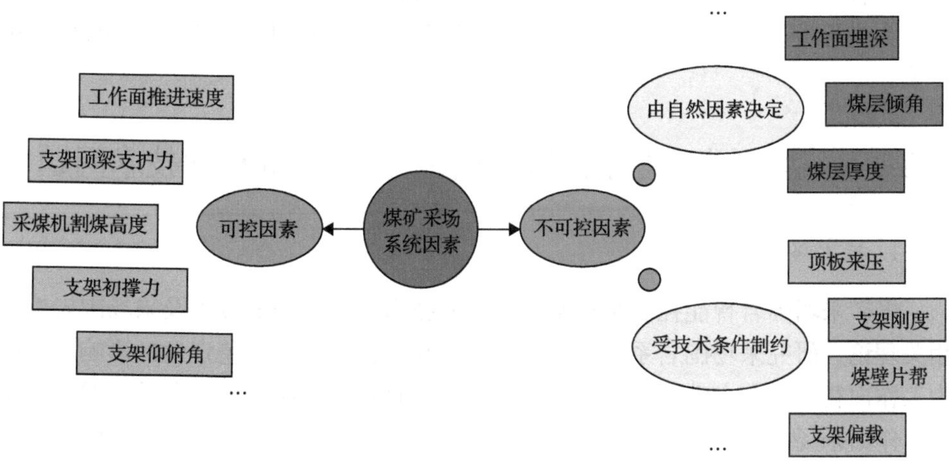

图 8-2　采场系统因素分类

改善的因素，如工作面推进速度、支架初撑力、采煤机截割高度等，这些因素会不同程度地影响采场围岩控制效果。

2. 采场环境—生产系统耦合作用原理

工作面生产系统主要包括以液压支架为核心的支护系统及由采煤机、刮板输送机构成的采运系统。采场环境除了包括顶底板与围岩，还包括水、火、瓦斯等危险源。在工作面推进过程中，生产系统会受到采场环境的影响和制约，只有建立采场环境-生产系统耦合关系，才能真正为采场围岩控制和生产系统实现智能化控制奠定基础。

将采场环境与生产系统联系起来，具体来说就是重点考虑地质条件与煤层变化对采煤机割煤的影响、顶板与围岩变化对支架支护系统的影响，以及空间感知与地质条件对输送机推进的影响。利用采煤机截割时感知的信息和矿井地质管理平台中储存的三维信息，建立工作面前方未采区域的地质预测模型，实现超前预测；同时，应对生产系统中重要设备(采煤机、支架、输送机)的位置、姿态及对围岩的控制状况和效果等进行实时动态的监测。此外，还要实现对于采场空间内水、火、瓦斯、粉尘、顶板等危险源的精准感知监测，建立灾害预测模型，实现对于重大危险隐患的智能预测预警及防治措施的智能联动。最终实现的目标是全工作面建立完善的智能感知系统，实时监测开采环境变化情况，生产系统能够自动根据采场环境(开采空间的地质条件)的变化实时修正开采行为，并对开采过程可能遇到的问题进行预判。开采系统能够进行自主学习，对不同条件的煤层开采方法进行学习与训练，找到特定条件下最优的工作行为，当今后的开采过程中遇到类似条件时，系统能够自主决策，自动根据已经掌握的最优开采行为进行开采，提高生产和围岩控制的科学性与适应性，实现真正的智能化开采。

8.2　采场围岩智能控制的技术路径与关键科学技术问题

1. 技术路径

煤矿采场围岩智能控制是指基于计算机技术、人工智能技术及采场围岩控制相关理论，研究采场围岩系统中各要素及其相互作用对围岩稳定性的影响，从而为工作面智能化与自动化开采提供安全、可靠且智能可控的开采条件。要实现煤矿工作面采场围岩的智能控制，就要深入研究围岩系统中各要素相互之间的关系，明确各因素对围岩环境的影响及采场围岩系统内各要素间的相互影响规律，使得各要素能够相互平衡，达到采场围岩系统动态稳定的状态，为工作面智能化开采提供安全保障。

采场围岩系统“多参量智能感知—精准分析模式判别—自主决策—快速执行—控制效果动态评价”是实现采场围岩智能控制的主要环节(图 8-3)。将工作面采场围岩控制理论与采矿学科理论相结合，并融入人工智能、系统工程等相关学科的理论与方法，以物联网和多传感技术为核心，实现对采场围岩系统多参量信息的精准感知；运用以深度学习为核心的大数据分析、云计算及人工智能算法，对多源异构数据进行处理和挖掘，建立模型，实现对岩层状态动态的预测及装备运行状态的实时分析，可实现对采场围岩系统当前所处状态优劣的智能判别；在分析过程中，系统通过不断学习与更新，扩充数据库并优化模型，确定当前采场围岩系统达到最佳状态所需的各要素参数，并基于此对工作面“可控因素”的相关参数进行动态调整。随着工作面的推进，“感知—分析—判别—调整”过程往复进行，并不断对围岩系统的控制效果进行实时评价与更新，根据围岩系统的状态制定出稳定可靠的风险防范措施，实现采场围岩系统的智能化控制。

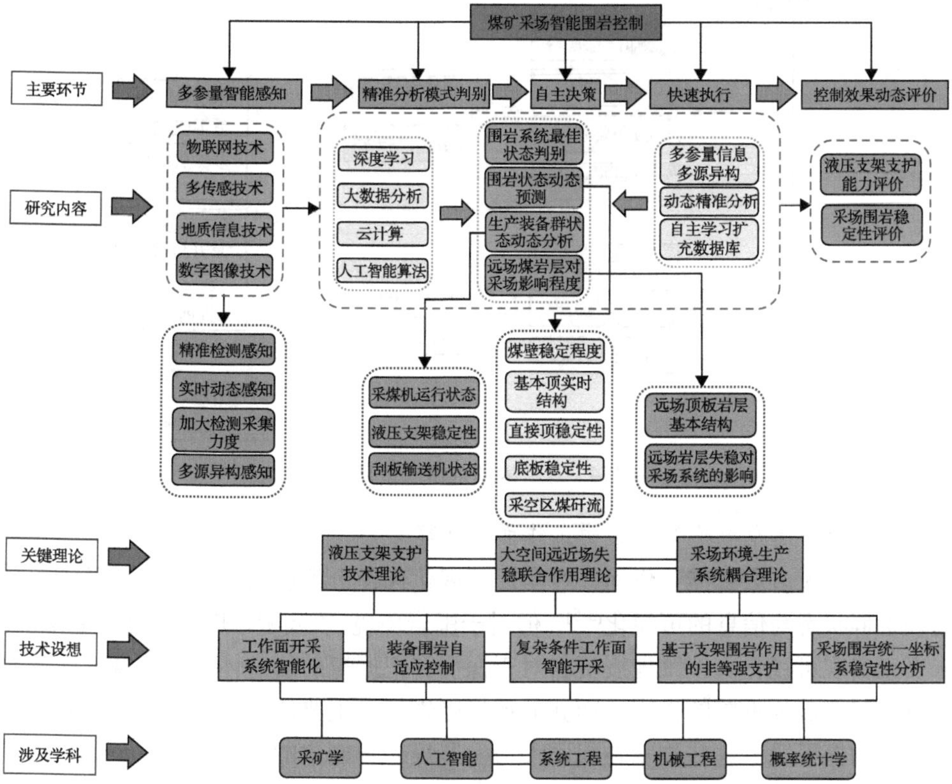

图 8-3　实现采场围岩智能控制的技术路径

2. 关键科学技术问题

1）采场围岩系统多要素信息感知与数据交互

采场围岩系统所含要素较多，数据是实现采场围岩控制的基础[2]。对于整个采场围岩系统而言，实际获取数据过程中存在监测误差大、数据规模大、数据结构复杂且数据的价值密度低等特点。因此，在未来发展过程中，一方面要利用多种监测手段加大对采场围岩系统有用信息的采集力度，采集过程要能够保证相关信息与数据的及时性与准确性，满足围岩控制对于数据的动态调用需求；另一方面，由于采场系统的各个环节关联性强，对围岩系统多要素数据的融合与处理提出了更高要求，需要对不同类型数据集成不同的数据库进行优化，对融合程度不同的数据抽取方案进行优选，运用深度学习、知识图谱等人工智能算法挖掘数据间的纵向和横向关系，最终实现围岩系统的全面态势感知与预测，建立统一的标准化数据管理平台(图 8-4)。

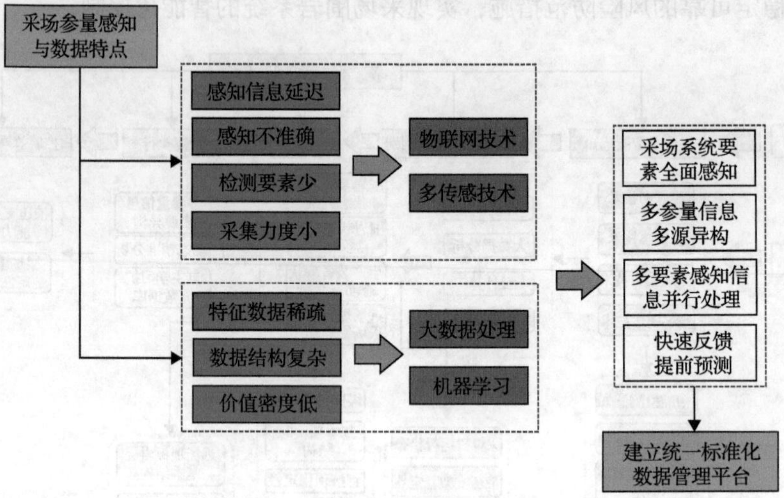

图 8-4 煤矿采场数据特点与利用

2)地质信息精准感知和透明工作面的构建

目前，大多数智能工作面已经实现可视化远程干预控制，这主要是基于对采场装备群状态与信息的可视化[3-5]，但对于围岩环境(顶底板、煤壁及远场岩层)并未真正实现可视化。三维地震资料对于探明和把握煤矿的整体围岩环境，尤其是远场岩层有极为重要的作用；而获取近场围岩信息主要依靠钻孔数据，并辅之以一定的物探手段。这些技术在我国大力发展煤矿智能化的近些年来发展迅速，但也面临发展瓶颈，如三维地震资料的动态解释、钻孔物探难以充分捕捉对工作面有影响的关键信息。同时，对于通过不同手段获取的多元异构信息的融合，目前仍缺乏高效的技术手段。因此，加快研发高精度的采场地质与应力探测技术与装备，对于实现复杂围岩系统的精准探测具有重要意义。

3)采场围岩大数据处理技术与“子要素-大系统”稳定性关系模型的构建

在采场围岩系统中，利用多种技术手段对采场的关键信息进行监测、获取并累积大量的历史监测数据，能为直接、准确、全面了解围岩状态奠定基础。总体来说，现有的针对采场围岩进行研究的驱动数据可分为静态数据和动态数据两类，如图 8-5 所示。静态数据可分为由自然因素决定的数据和开采技术参数。动态数据根据监测对象划分为两类：一是对围岩(顶底板岩层、煤壁)活动的监测，主要是利用多种技术手段实现对于位移、应力和能量演化信息的获取；二是基于对海量支架数据的研究，支架数据可分为压力数据、位姿数据和循环数据。通常来说，动态监测数据大都具备一定的时间和空间的联系，而从时空序列角度出发构建模型对这些动态监测数据进行研究已经成为热门。

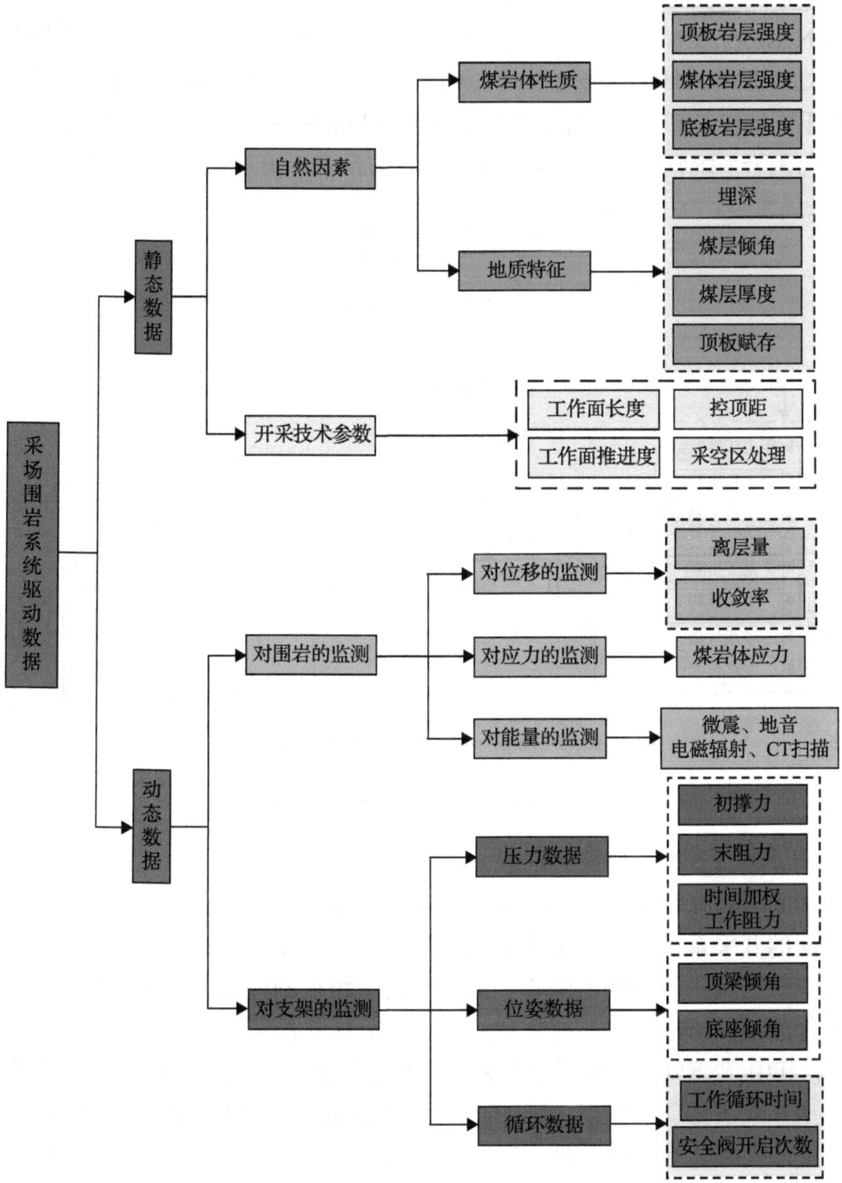

图 8-5　采场围岩系统驱动数据

智能算法具有强大的数据处理能力，相对于传统分析能更有效地解决非线性关系的问题，找到数据中不易被揭示的规律。采场监测数据涉及种类多，复杂程度高，数据驱动与智能算法相结合对相关问题进行研究是发展趋势。一些学者采用支持向量机(Support Vector Machine, SVM)关联顶板来压数据和支架阻力数据，以分析顶板的来压问题[6, 7]；采用深度学习中的卷积神经网络(Convolutional Neural Network, CNN)解决开采过程中难以解决的煤岩识别问题[8-10]；利用深度学习的 LSTM 预测采场矿压显现[11]等。要实现采场围岩的智能控制，就要以数据为基础，以不同的智能算法为引擎，处理不同要素反映的信息，进一步建立反映不同要素稳定与围岩系统整体稳定性高度相关的算法系统，构建关系模型(图 8-6)。

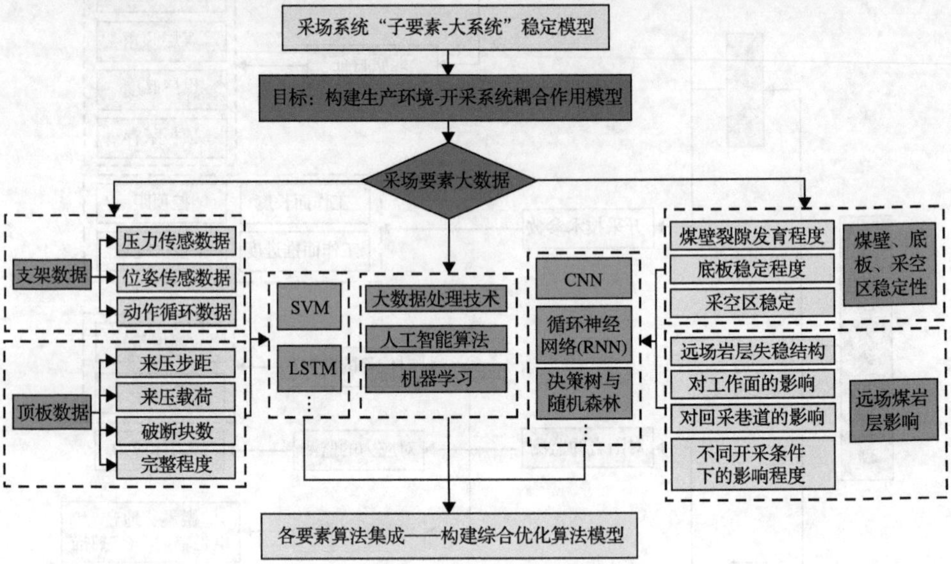

图 8-6　大数据处理与智能算法模型关系

4) 采场围岩系统智能控制框架的构建

构建围岩系统智能控制框架要以智能化工作面开采系统框架为基础。当前智能工作面的开采系统基本实现了集成控制，不少工作面建立了以“开采作业区域—井下集成区域—地面调度中心”为核心的三级控制框架，而围岩系统除了配合智能工作面的总体框架，还应完成“感知—分析—决策—执行—反馈”的集成架构[12,13]。其中，“感知”过程要实现采场围岩系统各要素的可视化，构建三维模型，并对模型参数进行动态修正；“分析”过程要利用人工智能算法，根据围岩系统各要素“关联性强”且“时效性强”的特征制定算法规则，分析模型各要素间的耦合性，并能够实现对系统“可控因素”的参数优化；“决策”过程要利用基于深度学习的知识库，根据系统优化的“可控因素”的参数实现自控制；“执行—反馈”阶段依靠决策系统指令实现围岩系统各要素间的自适应，根据执行效果对系统进行反馈，不断扩充数据库，实现智能控制系统数据的动态更新与效果优化，提高采场围岩控制的可靠性。

8.3　围岩智能控制的关键技术设想

1. 工作面开采系统智能化

工作面开采系统智能化是实现工作面智能化开采的基础，也是采场围岩实现智能化控制的保障和动力。当前，我国煤炭智能化开采仍处于初级阶段，大多数智能工作面已实现了以采煤机记忆截割、液压支架自动跟机及工作面集中控制技术为代表的采煤机与支架协调联动开采模式，基本形成了以自动化控制为主、人工干预为辅的开采方式。这种模式能够基于工作面关键设备的工况与关键参数的实时感知，实现对开采系统的初步控制。但要真正实现开采系统的智能化，不仅需要对设备参数的感知，更需要对采场地质围岩与地理信息的感知，最终构建“透明工作面”，实现对采场环境因素的智能感知(图 8-7)。基于此实现工作面生产系统的设备自控制，才能为“无人化”完成整个生产过程奠定基础。

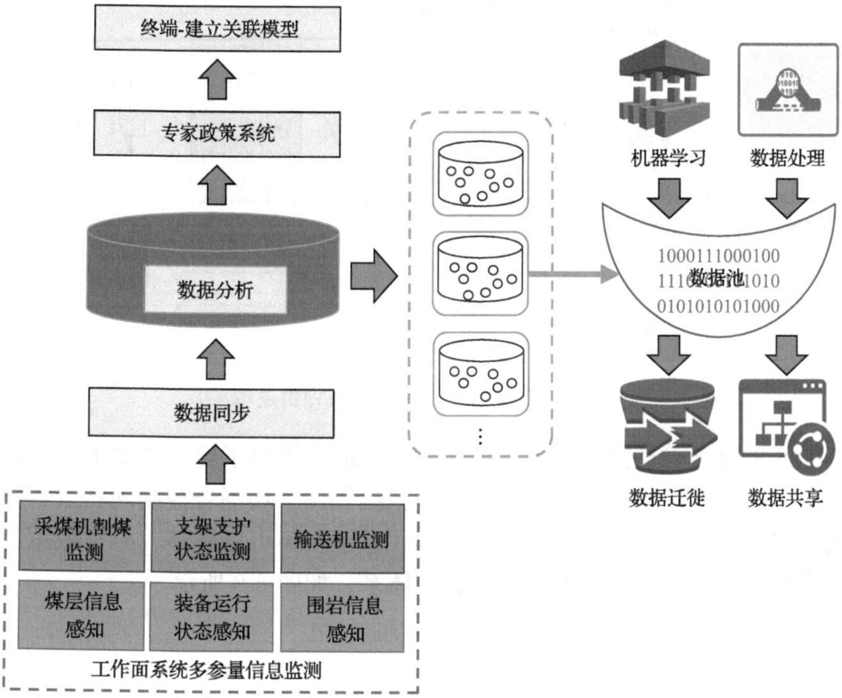

图 8-7　开采系统智能化技术实现路径

2. 装备围岩自适应智能控制

液压支架是煤炭安全开采的重要保障，支架与围岩作用是安全生产的核心。

我国大多智能工作面实现了支架的自动化跟机，但在工作面整体协调推进及支架与采场围岩的适应性方面还并未实现智能化。要大力探索发展支架围岩自适应技术，对工作面围岩状态感知与液压支架智能控制方式进行系统研究。

本研究为实现综采工作面智能化开采提供了围岩-装备耦合智能控制思路：以建立围岩-支架耦合模型为目标，对液压支架进行实时监测，评价支架支护状态；对工作面围岩控制效果进行多方位评价，建立围岩控制效果评价模型。通过对比评价，实现液压支架对围岩的自适应。支架围岩自适应效果评价逻辑如图 8-8 所示。

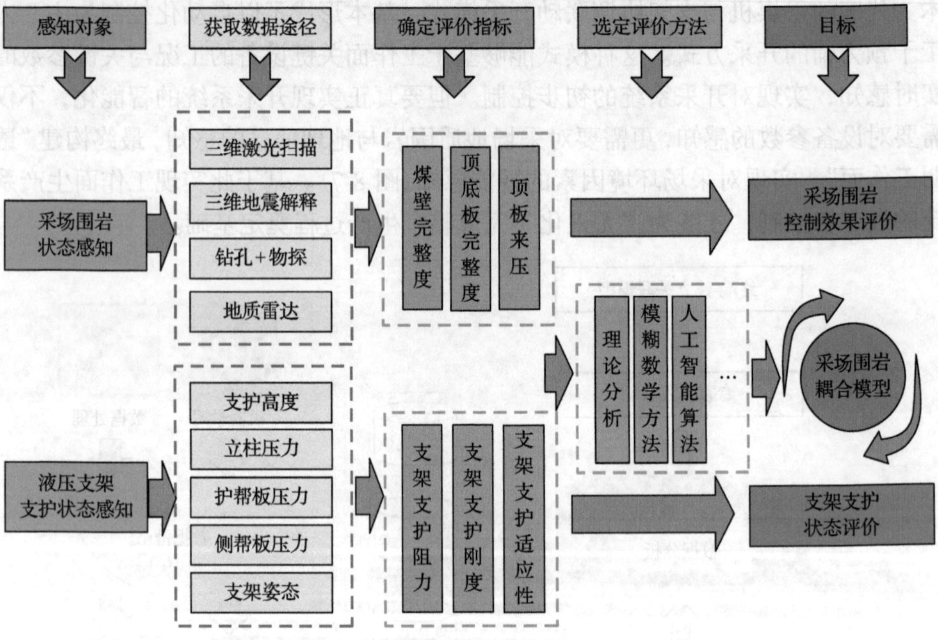

图 8-8　支架围岩自适应效果评价逻辑

智能开采对于采场围岩的状态评估方法与途径提出了更高的要求，目前尚未建立较为完善的采场围岩状态评估体系。依据我国采场围岩控制现状及智能开采对采场围岩稳定性要求，本研究初步提出了基于明显可见破坏、异常数据及多源信息融合的采场围岩状态分级评估方法和体系，如图 8-9 所示。

3. 复杂条件工作面智能开采技术

当前我国的智能化采煤受制于煤层与地质条件的不确定性，未来的智能化采煤技术必然要从适应简单地质条件走向适应较复杂的煤层地质条件。复杂条件下的工作面智能开采关键技术与设想如图 8-10 所示。构建复杂条件下智能化工作面，最为重要的就是探明工作面地质条件，发展工作面智能化监测技术手段，利用三维激光扫描、地质雷达及物联网、多传感等先进技术精准探明采场系统的煤层地质与围岩情况，实现动态监测与实时修正，构建“透明工作面”；提高生产系

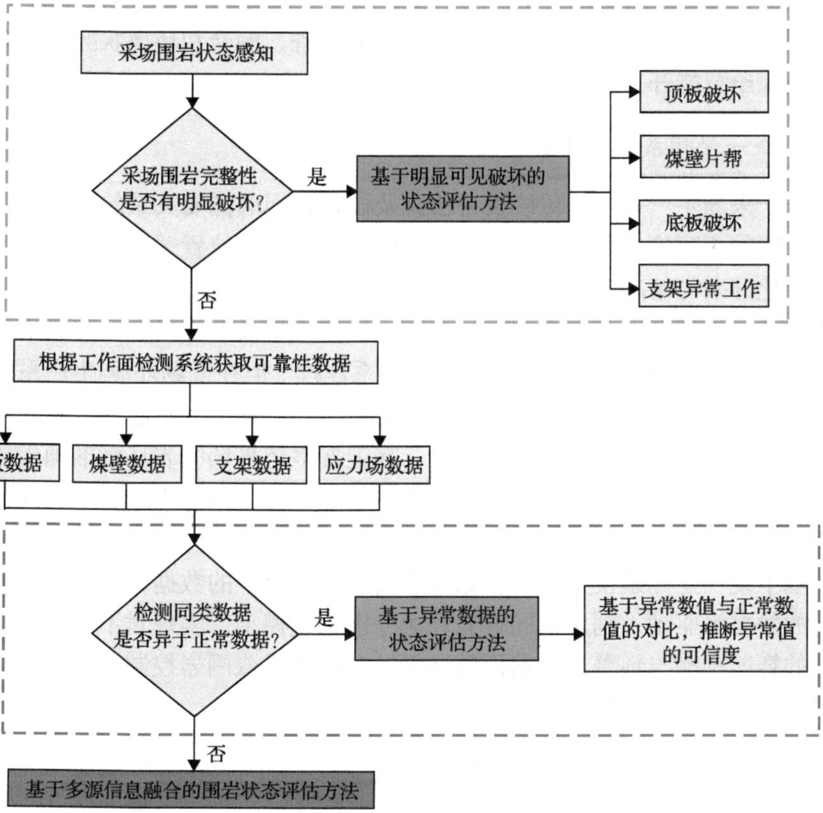

图 8-9　采场围岩状态分级评估方法和体系

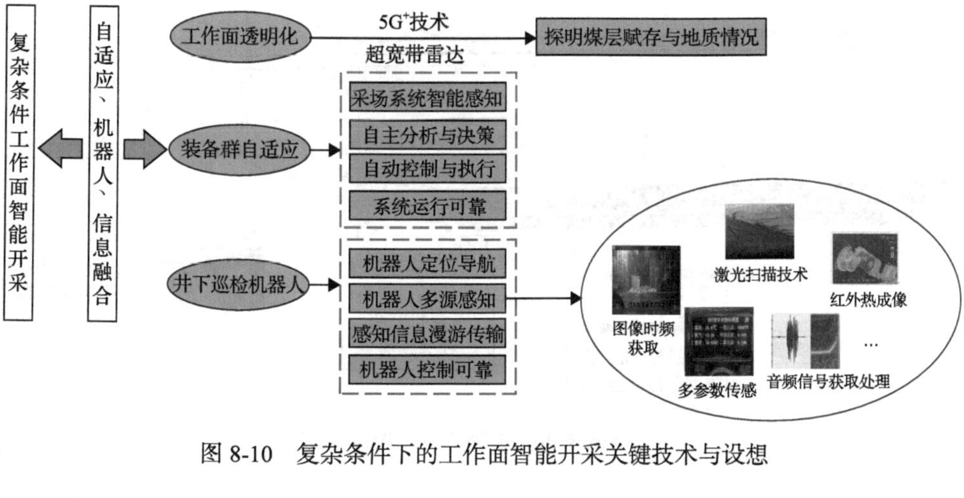

图 8-10　复杂条件下的工作面智能开采关键技术与设想

统装备群的自适应技术，实现生产系统与开采环境相适应；工作面无人化是智能化工作面的最终目标，大力发展机器人技术，实现井下巡检机器人替代工作面的巡检人员，实时监测工作面生产的采支运过程，利用机器人自身具备的“多传感、高精度、实时响应”特点实时处理所采集的设备、围岩和环境状况的感知数据，及时反馈给智能开采系统。

4. 统一坐标系下采场围岩的智能控制

对于采场生产系统，传统设备位置及设备之间的位姿关系的描述，主要是基于设备间的相互连接约束及相对于工作面、巷道间的位置关系来完成的，无法满足智能化开采与精准开采的要求。王国法等[14]基于智慧煤矿逻辑模型，提出考虑随机误差的强耦合设备群空间坐标来统一描述模型及各设备空间关联坐标系转换方法，实现了采场生产系统设备群位姿关系建模。但在采场环境-生产系统的耦合关系场中，要实现采场围岩的智能化控制目标，这是远远不够的。智能化开采下开采系统与围岩系统有高度耦合关系，在把握整体采场围岩环境准确坐标规整且不发生大变化的基础上，应在围岩系统内部建立覆盖范围更广、更为规范科学的采场围岩统一数学坐标系模型，如图 8-11 所示。

基于统一坐标系模型，为多源要素信息赋予统一的数据化特征，以统一特征化后的数据为驱动，利用不同智能算法分别构建模型，实现对不同采场围岩灾变类型的智能预测与预警，根据预警结果针对性地采取围岩控制措施，最终实现采场围岩的智能控制。

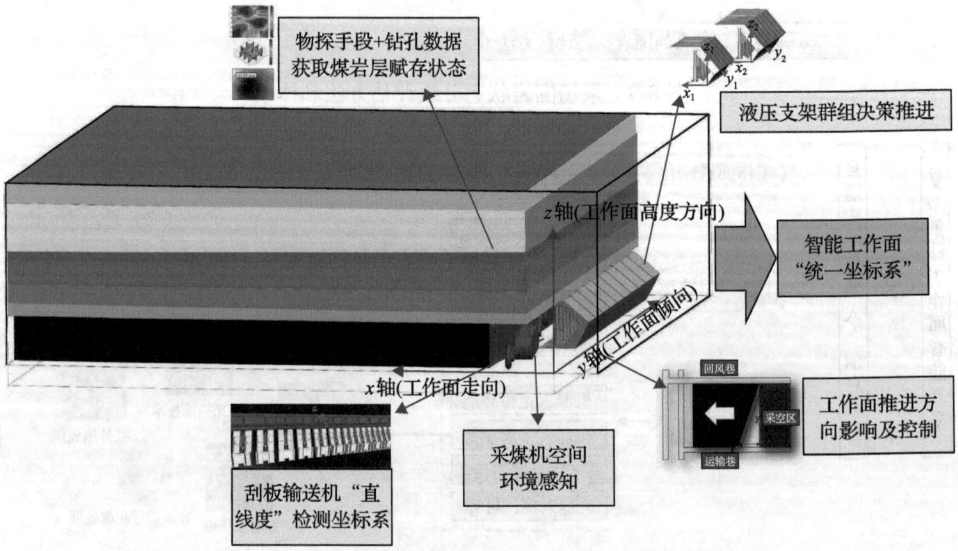

(a) “采场环境-生产系统”统一坐标系模型

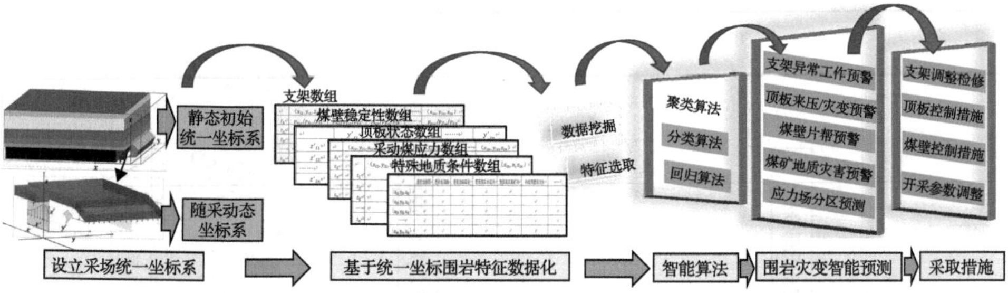

(b) 围岩智能控制方法

图 8-11　“采场环境-生产系统”统一坐标系模型及围岩智能控制方法

8.4　基于支架信息的来压智能预测

采场支架电液系统提供的海量数据是进行采场矿压分析的主要数据。对获取的支架大数据进行分析，为探索顶板状态与支架围岩关系和围岩智能控制提供了基础。如图 8-12 所示，利用支架原始时序数据可以实现对矿压的预测分析、阻力实时预测及顶板稳定性分析。

1. 案例工程背景

以北辛窑煤矿 8103 初采工作面顶板来压为研究对象，利用深度学习中的堆叠 LSTM 算法，基于支架原始阻力时序数据对顶板来压进行预测。北辛窑煤矿 8103 工作面煤层厚度为 4.3～7.0m，平均厚度为 5.6m，煤层倾角为 19°～25°，平均为 22°，工作面平均走向长度约为 1868.8m，倾斜长度为 165.9m，可采储量为 1.28Mt。煤层厚度变化不大，结构复杂，煤层中含 2～7 层夹矸，夹矸厚 0.1～1m。8103 工作面为首采面，基本不受四邻巷道采掘影响。直接顶或基本顶为平均厚度 11.96m 的砂岩，直接底为均厚 4.18m 的砂质泥岩。工作面共设 105 台液压支架，其中第 1～3 号及第 101～105 号为过渡支架，从 1 号支架开始，每隔 7 座支架进行在线监测。本次实验采用工作面在线矿压数据，基于堆叠式 LSTM 算法建立周期来压预测模型。

2. 算法原理简介

循环神经网络(Recurrent Neural Network, RNN)在工作面矿压预测的应用已经十分广泛[15-18]。LSTM 是一种特殊的循环神经网络算法，能够解决 RNN 在长序列数据训练过程中的梯度消失和梯度爆炸问题，已经被广泛地用于有明显时序规律的数据训练与预测中。通过门结构将短时记忆信息与长时记忆信息结合，LSTM 网络结构能够更好地体现时序特性，如图 8-13 所示。

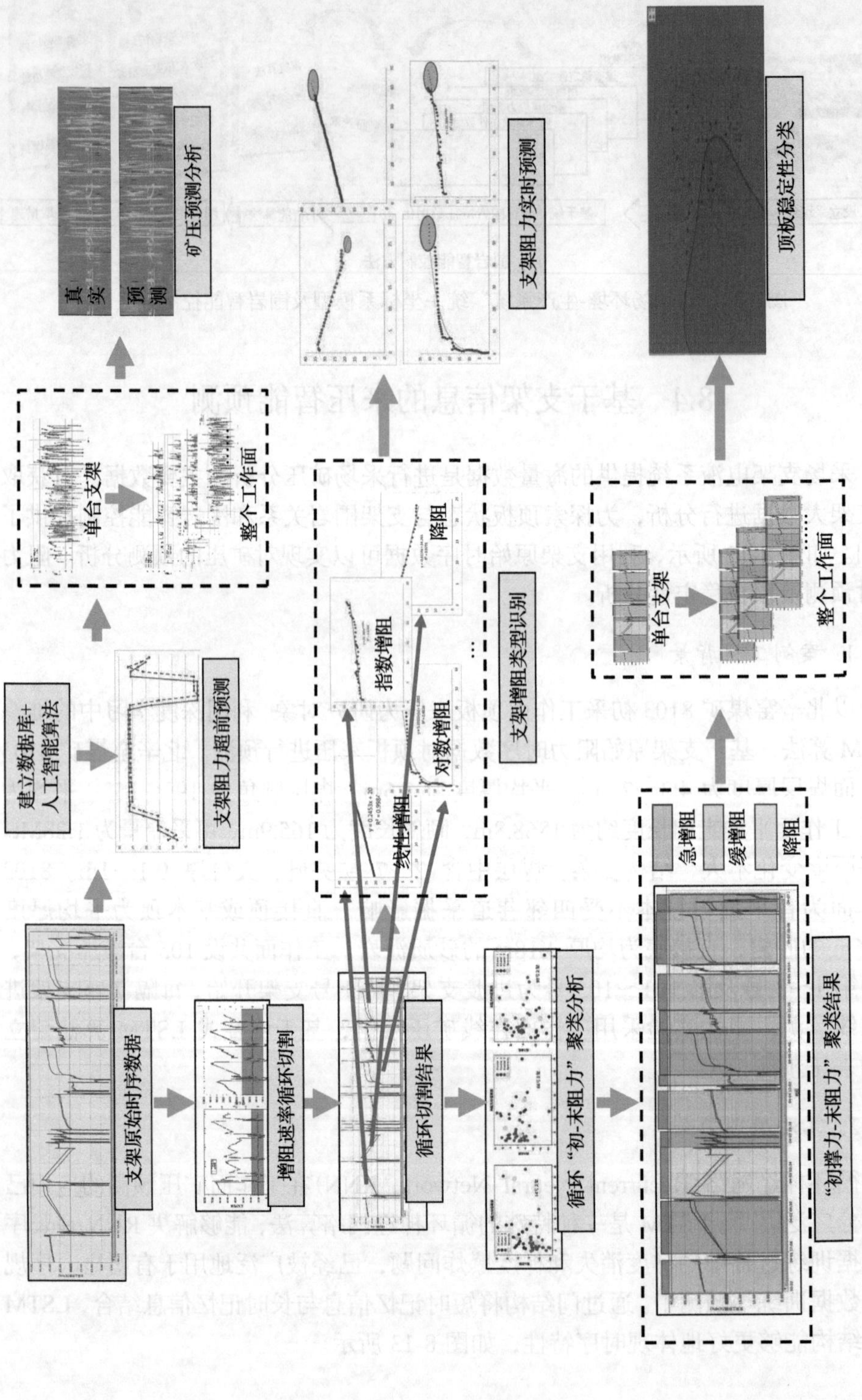

图 8-12 支架信息的可挖掘性

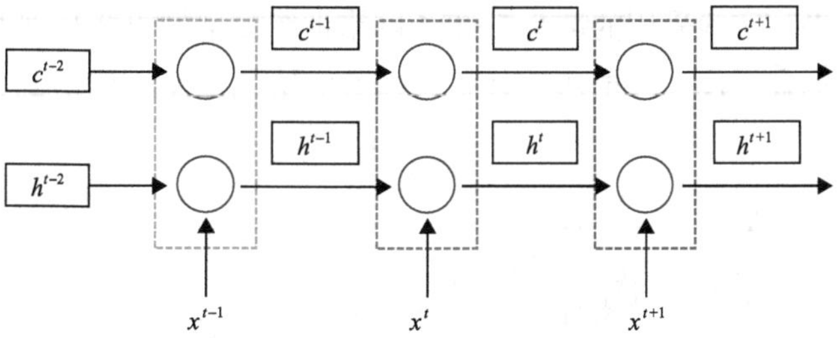

图 8-13　LSTM 网络结构

LSTM 模型的核心特征就是内部神经元的门结构(图 8-14)，主要包括遗忘门、更新门和输出门。内部计算和更新遵循以下公式：

$$\begin{cases} f_t=\sigma(\overline{f}_t)=\sigma(W_{xf}x_t+W_{hf}h_{t-1}+b_f) \\ g_t=\tan(\overline{g}_t)=\tan(W_{xg}x_t+W_{hg}h_{t-1}+b_g) \\ i_t=\sigma(\overline{i}_t)=\sigma(W_{xi}x_t+W_{hi}h_{t-1}+b_i) \\ c_t=c_{t-1}f_t+g_ti_t \\ o_t=\sigma(\overline{o}_t)=\sigma(W_{xo}x_t+W_{ho}h_{t-1}+b_o) \\ m_t=\tanh(c_t) \\ y_t=W_{yh}h_t+b_y \end{cases} \tag{8-1}$$

式中，f_t、i_t、o_t 分别为遗忘门、更新门、输出门的激活函数；c_{t-1}、h_{t-1}、x_t 为输入信息；W_{xf}、W_{hf}，W_{xg}、W_{hg}，W_{xo}、W_{ho} 分别为 3 个门的权重参数。

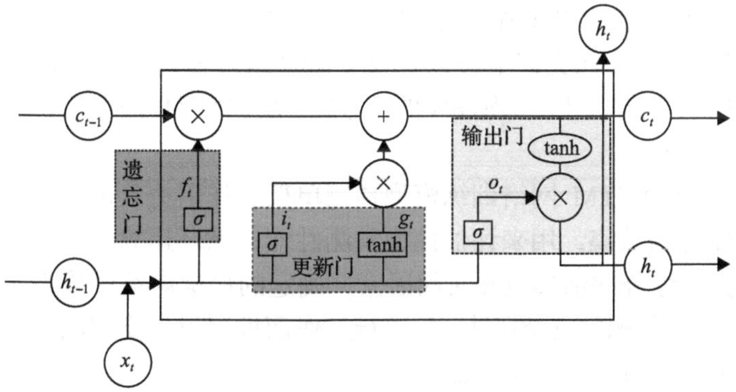

图 8-14　LSTM 内部门结构

支架矿压数据作为有周期性的时序数据，LSTM 有很高的适用性。大量实践表明，用 LSTM 进行预测时，准确率的提升往往和网络的深度有关。通过加深模型网络的深度，能够提高训练效率，获得更好的预测效果。在现场进行矿压预测时，在时间成本允许的情况下，通过增加网络层数，能够更好地提取数据特征，从而达到更好的预测效果。实验采用的堆叠 LSTM 网络训练模型如图 8-15 所示。为了验证效果，实验用堆叠门控循环单元(Gated Recurrent Unit, GRU)网络进行对比分析。

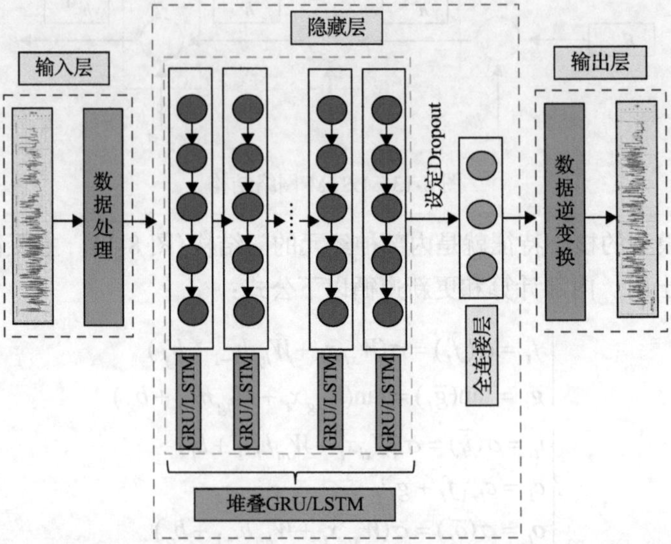

图 8-15　堆叠 LSTM 网络训练模型

3. 数据处理过程与结果分析

运用堆叠 LSTM 进行支架阻力分析，具体步骤如下。

(1)确定样本数据集。从支架在线监测系统提取 2 月 15 日至 5 月 15 日的中下部区域 67～92 号支架的原始时序数据作为数据集，取样间隔为 5min。

(2)数据预处理。在支架电液系统发生故障或传输过程中存在矿压监测异常数据，采用拉依达准则进行识别和剔除，并使用拉格朗日插值对矿压缺失值进行插值，以减小误差。

(3)建立堆叠 LSTM 网络训练模型预测单架工作阻力。由于数据量足够，因此划分 10%作为测试集，用来评估模型预测性能；循环运算选择最优的网络堆叠层数，本次实验综合评估参数和时间因素，确定的最优堆叠层数为 4 层。

(4)输出模型预测的支架阻力，并进行工作面推进过程支架阻力分布的整体分析，与真实阻力分布进行对比验证。

(5)采用时间加权平均工作阻力进行来压判据。以支架每个循环的加权工作阻力的平均值与其 1 倍方差之和作为判断顶板来压判据，计算公式为

$$p'_t = \overline{p}_t + \sigma_{p_t} \tag{8-2}$$

(6)对每座支架推进过程中的顶板来压情况进行可视化展示，并对来压预测准确率进行输出，如图 8-16 所示。

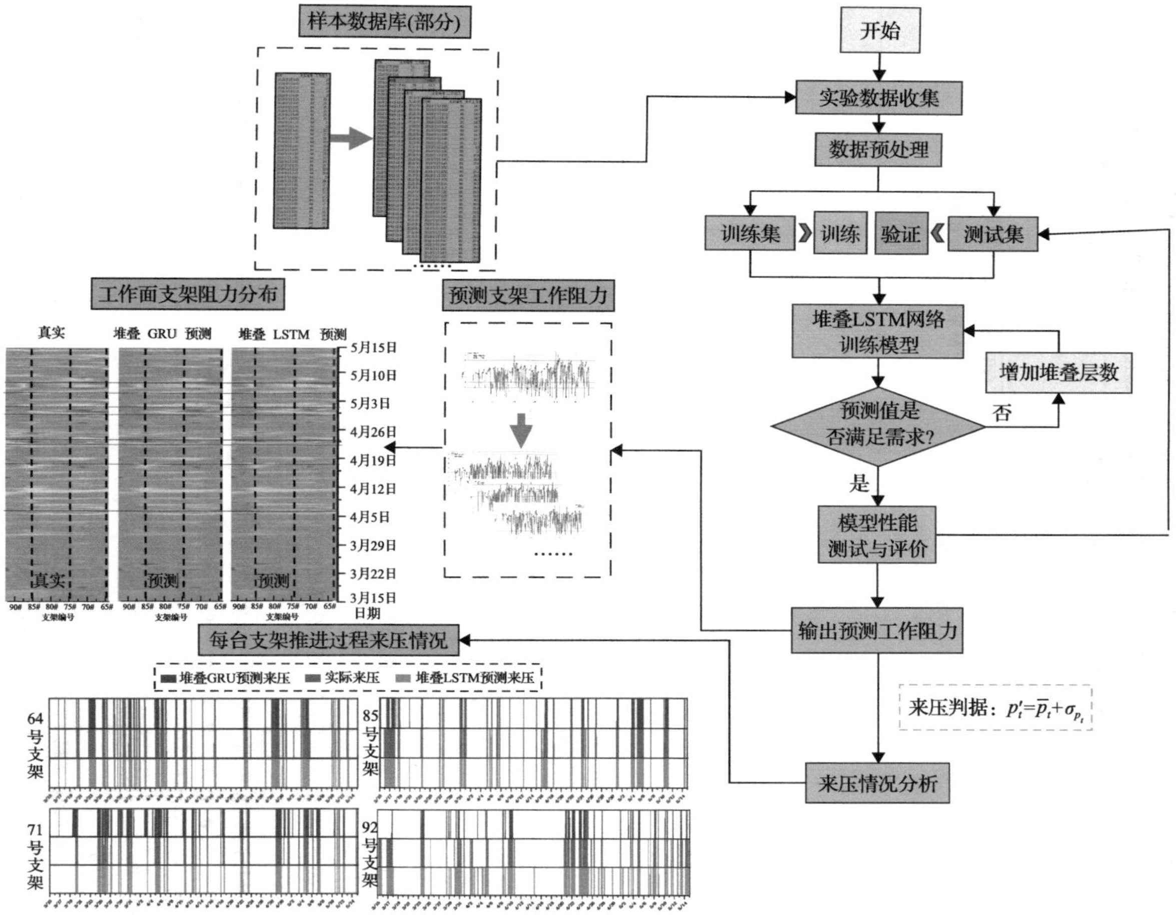

图 8-16　基于堆叠LSTM网络训练模型预测矿压的流程及输出结果

通过分析图 8-16 中工作阻力与来压情况可以发现堆叠 LSTM 网络训练模型的矿压预测模型能够准确地对工作阻力进行预测，对工作面推进过程中周期来压明显的区域能够实现准确地预测与预警；对于每一台支架，堆叠 LSTM 网络训练模型能很好地预测来压时间和范围。通过图 8-17 来压预测准确率分析可知，对比堆叠 GRU 模型，堆叠 LSTM 模型预测准确率多高于 97%，在顶板来压方面有很高的适应性。

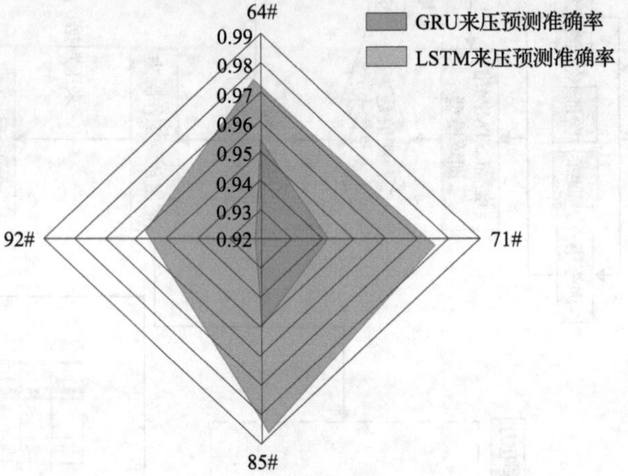

图 8-17　来压预测准确率

参 考 文 献

[1] 于斌, 高瑞, 孟祥斌, 等. 大空间远近场结构失稳矿压作用与控制技术[J]. 岩石力学与工程学报, 2018, 37(5): 1134-1145.

[2] 王国法, 任怀伟, 赵国瑞, 等. 智能化煤矿数据模型及复杂巨系统耦合技术体系[J]. 煤炭学报, 2022, 47(1): 61-74.

[3] 高士岗, 高登彦, 欧阳一博, 等. 中薄煤层智能开采技术及其装备[J]. 煤炭学报, 2020, 45(6): 1997-2007.

[4] 程建远, 朱梦博, 王云宏, 等. 煤炭智能精准开采工作面地质模型梯级构建及其关键技术[J]. 煤炭学报, 2019, 44(8): 2285-2295.

[5] 刘万里, 张学亮, 王世博. 采煤工作面煤层三维模型构建及动态修正技术[J]. 煤炭学报, 2020, 45(6): 1973-1983.

[6] 孙宇航. 基于改进模糊支持向量机的煤与瓦斯突出预测[D]. 徐州: 中国矿业大学, 2019.

[7] 王旭峰. 基于支持向量机与模糊贝叶斯方法的煤矿事故致因研究[D]. 徐州: 中国矿业大学, 2019.

[8] 王文清, 潘杉, 潘涛, 等. 动态补偿模糊神经网络在煤矸识别中的应用[J]. 北京工业职业技术学院学报, 2019, 18(2): 1-7.

[9] 薛光辉, 李秀莹, 钱孝玲, 等. 基于随机森林的综放工作面煤矸图像识别[J]. 工矿自动化, 2020, 46(5): 57-62.

[10] 于斌, 徐刚, 黄志增, 等. 特厚煤层智能化综放开采理论与关键技术架构[J]. 煤炭学报, 2019, 44(1): 42-53.

[11] 赵毅鑫, 杨志良, 马斌杰, 等. 基于深度学习的大采高工作面矿压预测分析及模型泛化[J]. 煤炭学报, 2020, 45(1): 54-65.
[12] 黄曾华, 王峰, 张守祥. 智能化采煤系统架构及关键技术研究[J]. 煤炭学报, 2020, 45(6): 1959-72.
[13] 张建国, 朱同功, 杨党委. 深部煤层智能化大采长综采工作面关键技术研究[J]. 煤炭科学技术, 2020, 48(7): 62-72.
[14] 任怀伟, 王国法, 赵国瑞, 等. 智慧煤矿信息逻辑模型及开采系统决策控制方法[J]. 煤炭学报, 2019, 44(9): 2923-2935.
[15] 庞义辉, 王国法, 任怀伟. 智慧煤矿主体架构设计与系统平台建设关键技术[J]. 煤炭科学技术, 2019, 47(3): 35-42.
[16] 尹希文, 徐刚, 刘前进, 等. 基于支架载荷的矿压双周期分析预测方法[J]. 煤炭学报, 2021, 46(10): 3116-3126.
[17] 李化敏, 王伸, 李东印, 等. 煤矿采场智能岩层控制原理及方法[J]. 煤炭学报, 2019, 44(1): 127-140.
[18] 曾庆田, 吕珍珍, 石永奎, 等. 基于 Prophet+LSTM 模型的煤矿井下工作面矿压预测研究[J]. 煤炭科学技术, 2021, 49(7): 16-23.